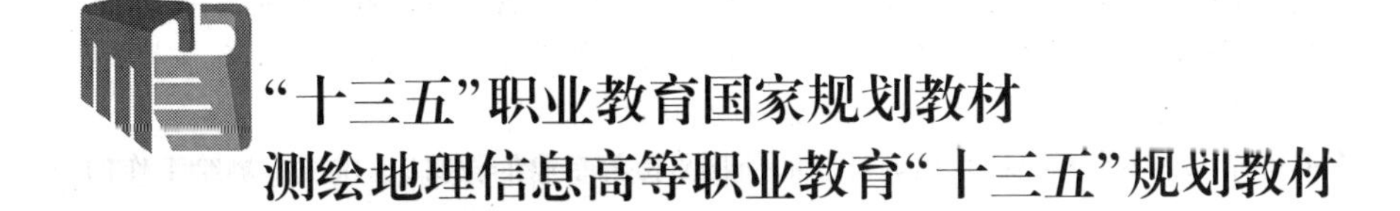

摄影测量与遥感

主　编　张　军

副主编　刘　辉　陈会明　刘安伟

主　审　李丑荣　张晓东

黄河水利出版社

·郑州·

内容提要

本书是全国测绘地理信息职业教育教学指导委员会测绘地理信息高等职业教育“十三五”规划教材，具体内容包括影像获取及预处理、像片控制测量、解析空中三角测量、3D 数据生产、像片调绘及地物补测、遥感图像处理、遥感图像的计算机分类、遥感专题制图与应用等。

本书可作为高职高专院校工程测量技术专业及相关专业的教材，也供从事测绘工作的技术人员学习参考。

图书在版编目(CIP)数据

摄影测量与遥感/张军主编. —郑州：黄河水利出版社，2019.8 (2022.9 重印)

全国测绘地理信息职业教育教学指导委员会测绘地理信息高等职业教育“十三五”规划教材

ISBN 978-7-5509-2368-3

Ⅰ. ①摄… Ⅱ. ①张… Ⅲ. ①摄影测量-高等职业教育-教材②遥感技术-高等职业教育-教材 Ⅳ. ①P23 ②TP7

中国版本图书馆 CIP 数据核字(2019)第 099388 号

策划编辑：陶金志　电话：0371-66025273　E-mail：838739632@qq.com

出 版 社：黄河水利出版社　　网址：www.yrcp.com

地址：河南省郑州市顺河路黄委会综合楼 14 层　　邮政编码：450003

发行单位：黄河水利出版社

发行部电话：0371-66026940、66020550、66028024、66022620(传真)

E-mail：hhslcbs@126.com

承印单位：河南承创印务有限公司

开本：787 mm×1 092 mm　1/16

印张：16.5

字数：381 千字

版次：2019 年 8 月第 1 版　　印次：2022 年 9 月第 3 次印刷

定价：48.00 元

前 言

本书立足于高等职业教育摄影测量与遥感技术的理论及实践经验而编写。本书根据职业教育的特点,注重理论及实践内容的结合;结合各位参编者多年摄影测量与遥感的教学及生产经验,充分参考相关资料,比较系统地介绍了摄影测量与遥感技术的理论基础,同时结合试验介绍了基本理论体系及工作流程。在编写过程中,本书努力贯彻高等职业教育的教学原则,做到"必需、够用、实用"。

本书按照项目化模式编写,每项目列出了任务描述、教学目标、相关知识、任务实施、技能训练及思考练习,其中相关知识主要介绍理论基础,每个项目结束附有技能训练及思考练习进行知识巩固。全书以具体生产流程为主线分8个项目,覆盖摄影测量与遥感的生产全过程。

本书编写人员及编写分工如下:绪论、项目一、项目三由甘肃工业职业技术学院张军编写,项目二、项目五由华北水利水电大学刘辉编写,项目四、项目六由甘肃工业职业技术学院刘安伟编写,项目七、项目八由河南测绘职业学院陈会明编写。本书由张军担任主编,由刘辉、陈会明、刘安伟担任副主编。全书由张军负责统稿,由甘肃省测绘工程院高级工程师李丑荣及甘肃工业职业技术学院张晓东审阅全书并定稿。

本书优化了知识结构,突出了能力培养和技能训练的职业教育特点。学生通过对本书的学习,能参与完成摄影测量的生产任务,并能解决工作中出现的技术问题。

本书可作为高职高专院校工程测量技术专业及相关专业的教材,也可供从事测绘工作的技术人员学习参考。

由于编者水平有限,书中难免有疏漏及不足之处,敬请读者批评指正。

编 者

2019年3月

目 录

绪 论

一、摄影测量的基本概念、分类及特点

摄影测量学是通过影像研究信息获取、处理、提取和成果表达的一门信息科学。

传统的摄影测量学是利用光学摄影机摄取的像片，研究和确定被摄物体的形状、大小、位置、性质和相互关系的一门学科和技术。它的内容包括获取被摄物体的影像，研究单张和多张影像处理的理论、方法、设备和技术，以及如何将所测得的成果以图解形式或数字形式表示出来。

现代摄影测量学是运用声、光、电等遥感技术设备(摄像机、扫描仪、雷达)测量被测物，生成图片或者声像数据的学科，一般认为就是“拍照—测量”。摄影测量的主要特点是在像片上进行量测和解译，无须接触物体本身，因而很少受到自然和地理环境的限制。

摄影测量的主要任务是测制各种比例尺的地形图，建立地形数据库，并为各种地理信息系统和土地信息系统提供基础数据(4D 数据)。摄影测量研究内容如图 0-1 所示。

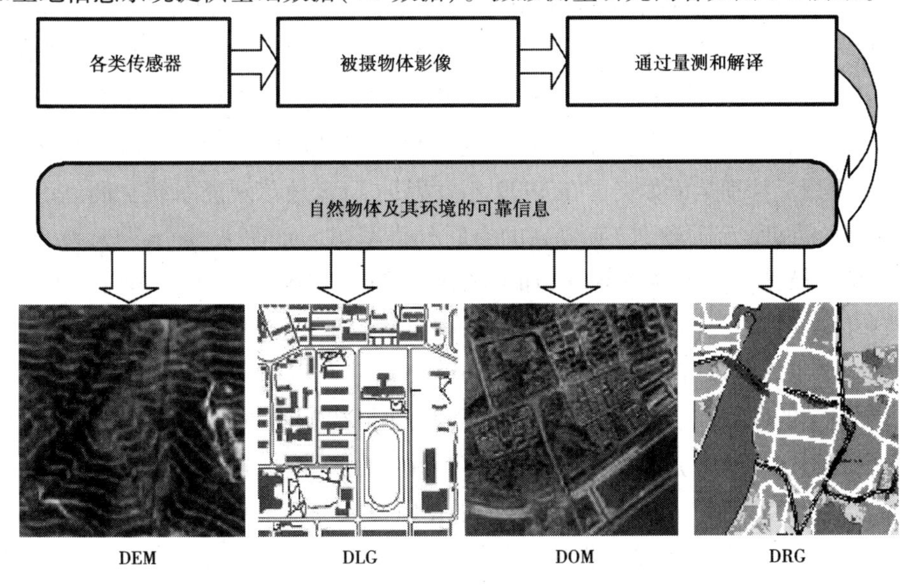

图 0-1 摄影测量研究内容

4D 数据具体指以下内容：

(1)数字高程模型(digital elevation model，DEM)。

数字高程模型是投影平面上规则格网点平面坐标(x,y)及其高程(z)的数据集。

(2)数字正射影像图(digital orthophoto map，DOM)。

数字正射影像图是利用数字高程模型对航空像片/遥感像片(单色/彩色)，经逐像元进

行纠正，再按影像镶嵌，根据图幅范围剪裁生成的影像数据，一般是带有格网，图廓内、外整饰和注记的平面图。

(3)数字线画地图(digital line graphic，DLG)。

数字线画地图是现有地形图上基础地理要素的矢量数据集，保存了要素间空间关系和相关的属性信息。

(4)数字栅格地图(digital raster graphic，DRG)。

数字栅格地图是纸质地形图的数字化产品。每幅图经扫描、纠正、图幅处理及数据压缩处理后，形成在内容、几何精度和色彩上与地形图保持一致的栅格文件。

二、遥感的基本概念

摄影测量与遥感(photogram metry and Remote Sensing，photogram metry and RS)是对非接触传感器系统获取的影像与数字表达的记录进行量测与解译的过程，是获取自然物体环境可靠信息的一门工艺、学科和技术，主要用于资源与环境的调查，为国土、农业、气象、环境、地质、海洋等部门服务。

自从苏联宇航员加加林进入太空之后，在20世纪60年代，航天技术迅速发展起来，美国地理学者首先提出了“遥感”这个名词，用来取代传统的“航片判读”这一术语，随后得到了广泛使用。遥感的含义是一种探测物体而又不接触物体的技术。

遥感技术对摄影测量学的冲击作用在于它打破了摄影测量学长期以来过分局限于测绘物体形状与大小等数据的几何处理，尤其是航空摄影测量长期以来只偏重于测制地形图的局限。在遥感技术中，除使用可见光的框幅式黑白摄影机外，还使用彩色摄影、彩红外摄影、全景摄影、红外扫描仪、多光谱扫描仪、成像光谱仪、CCD阵列扫描和矩阵摄影机合成孔径侧视雷达等手段。特别是诸如美国在1999年发射的EOS地球观测系统空间站，主要传感器ASTER覆盖可见光到远红外，有较高的空间分辨率(15 m)和温度分辨率(0.3 K)。其中，高分辨率成像光谱仪有36个波段，加上其微波遥感EOSSAR，基本上覆盖了大气窗的所有电磁波范围。空间飞行器作为平台，围绕地球长期运行，为我们提供大量的多时相、多光谱、多分辨率的丰富影像信息，而且所有的航天传感器也可以用于航空遥感。正由于遥感技术对摄影测量学的作用，早在1980年汉堡大会上，国际摄影测量学会就正式更名为国际摄影测量与遥感学会(ISPRS)，世界各国对此均有相应的变动，并且在第14届大会上提出了摄影测量与遥感的新定义：使用一种传感器，根据电磁波的辐射原理，不接触物体而通过一系列的技术处理，获得物体的物理性质与几何性质。

三、摄影测量与遥感的发展史及发展趋势

(一)摄影测量与遥感的发展史

摄影测量从诞生到现在已有百余年的历史，经历了由模拟摄影测量、解析摄影测量到数字摄影测量的一个相当长的发展阶段。

模拟摄影测量是用光学机械的方法模拟摄影时的几何关系，通过对航空摄影过程的几

何反转,由像片重建一个缩小了的所摄物体的几何模型,对几何模型进行量测便可得出所需的图形,如地形原图。模拟摄影测量是最直观的一种摄影测量,也是延续时间最久的一种摄影测量方法。1859 年法国陆军上校劳赛达特在巴黎试验用像片测制地形图获得成功,从而诞生了摄影测量以来,除最初的手工量测外,模拟摄影测量主要致力于模拟解算的理论方法和设备研究。在飞机发明以前,虽然借助气球和风筝也取得了空中拍摄的照片,但是并未形成真正的航空摄影测量。在飞机发明以后,特别是第一次世界大战,加速了航空摄影测量事业的发展,模拟摄影测量的技术方法也由地面摄影测量发展到航空摄影测量的阶段。

解析摄影测量是伴随电子计算机的出现和发展而发展起来的。它始于 20 世纪 50 代末,完成于 80 年代。解析摄影测量是依据像点与相应地面点间的数学关系,用电子计算机解算像点与相应地面点的坐标和进行测图解算的技术。在解析摄影测量中利用少量的野外控制点加密测图用的控制点或其他用途的更加密集的控制点的工作,叫作解析空中三角测量。由电子计算机实施解算和控制进行测图则称为解析测图,相应的仪器系统称为解析测图仪。解析空中三角测量俗称电算加密。电算加密和解析测图仪的出现,是摄影测量进入解析摄影测量阶段的重要标志。

数字摄影测量则是以数字影像为基础,用电子计算机进行分析和处理,确定被摄物体的形状、大小、空间位置及其性质的技术,它具有全数字的特点。数字影像的获取方式有两种:一是由数字式遥感器在摄影时直接获取,二是通过对像片的数字化扫描获取。对已获取的数字影像进行预处理,使之适于判读与量测,然后在数字摄影测量系统中进行影像匹配和摄影测量处理,便可以得到各种数字成果。这些成果可以输出成图形、图像,也可以直接应用。数字摄影测量适用性很强,能处理航空像片、航天像片和近景摄影像片等各种资料,能为地图数据库的建立与更新提供数据,能用于制作数字地形模型、数字地球,它是地理信息系统获取地面数据的重要手段之一。数字摄影测量目前已得到广泛应用,并仍在迅速发展之中。图 0-2 表示了摄影测量的发展历程。不同摄影测量方法的特点见表 0-1。

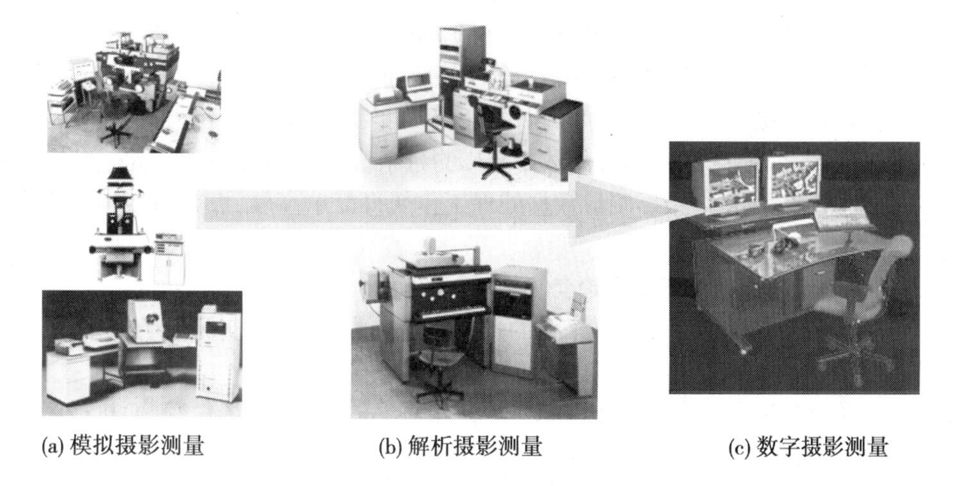

(a) 模拟摄影测量　　(b) 解析摄影测量　　(c) 数字摄影测量

图 0-2　摄影测量的发展历程

表 0-1　不同摄影测量方法的特点

分类	发展阶段	原始资料	投影方式	仪器	操作方式	产品
模拟摄影测量	20 世纪 30 ~ 70 年代	像片	物理投影	模拟测图仪	作业员手工	模拟产品
解析摄影测量	20 世纪 60 ~ 90 年代	像片	数字投影	解析测图仪	机助作业员操作	模拟产品、数字产品
数字摄影测量	20 世纪 90 年代至今	像片、数字影像、数字化影像	数字投影	计算机	自动化操作 + 作业员干预	数字产品

(二)摄影测量与遥感技术发展现状

(1)轻小型低空摄影测量及遥感平台的广泛应用。轻小型低空摄影测量及遥感平台有着方便、灵活、经济的特点。低空摄影测量及遥感平台对低空数码影像资料比较容易获取,而且可以放大比例尺测图,可用于高精度城市三维建模,因而满足了各类工程技术项目中的应用需要。由于其经济实惠、机动灵活,受云层的影响较小,所以对现有的航空遥感手段起到了很好的补充作用。

(2)高分辨率卫星遥感影像技术的发展。随着科技水平的发展,国内外已有多颗高分辨率的遥感卫星得以成功发射。卫星遥感影像的分辨率不断提高,而且其成像的方式多样,由原先的单线阵推扫成像方式逐渐发展成为多线阵推扫成像方式。另外,其立体模型的构建方式也呈现多元化倾向,立体成图随着基高比和多像交会方式的提高而更为精准。

(3)航空数码相机的使用。随着影像技术的发展,传统的胶片式航测相机逐渐被航空数码相机所替代,成为大比例尺地理空间数据信息的主要获取手段。2008 年,自 Vexcel、Leica 等多家厂商推出新型航空数码相机以来,多种型号的航空数码相机相继问世,相机的硬件性能在原来基础上有了很大的提高。我国以往仍需进口大幅面的航空数码相机,而在 2007 年,由刘先林院士支持研发的 SWDC 系列航空数码相机的问世改变了此局面,该相机的系统技术指标达到了国际先进水平,在选用 50 mm 的镜头时,相机的精度高达 1/10 000,而且价格低,使我国的影像技术有了一个新的突破。

(4)新一代数字摄影测量系统发展平民化。近几年我国高校及企业自主研发的新一代数字摄影测量系统非常多,相比传统的数字摄影测量系统,具有智能化程度高、操作简单、精度高、界面友好等特点,使得摄影测量数据处理工作变得简单高效,极大地促进了摄影测量技术的发展及普及。

(三)摄影测量与遥感技术发展趋势

(1)传感器平台多样化。传感器平台的选择在进一步丰富,在实际的生产作业中,我们可以根据生产需要,选择适合的传感器和传感平台。

(2)新型传感器入市。多种新型传感器流入市场,并增加其市场份额,而机械激光雷达系统对于获取点云数据发挥着重要的作用。

(3)摄影测量软件平台的并行化。随着新型数字航摄仪的出现和遥感传感器的分辨率大大提高,获得的数据量也相应增加。此外,测图周期缩短,数据必须在短时期内处理完成,因而对摄影测量平台的数据处理能力提高了要求,推动器向并行化方向发展。

(4)新型传感器SAR系统及其数据处理。怎样合理高效地处理SAR数据并进行信息提取是当今研究的一个重要方向,在立体SAR方面,构像方程的建立、精度评估和平差参数的选取还将是研究的重点。在参数的提取上已经发展到基于知识的识别阶段,处理对象发生从像元到同质像斑的转变,但是SAR数据参数的提取效率和精度仍然影响着其发展。

(5)多源遥感数据融合。在多源遥感数据融合方面,线特征的配准是当今的研究重点,现如今,各种新的数据融合方法不断出现,目标旨在保持丰富的光谱信息并提高计算效率。但是目前还缺乏统一的融合模型以及客观的评价方法。

(6)高级新型分类算法。分类计数在近几年飞速发展,各种智能化和自动化程度很高的新算法涌现出来,成为了研究的热点。这些新的算法在精度方面都有了明显提高,而且分类的不确定性分析也受到了重视。

(7)遥感可反演参数的类型增多,精度提高。在参数反演方面,通过引进先验知识,改进参数的反演策略,使得涉及海洋、陆地、大气、社会、生物等多领域的反演参数类型有了增加,而且其精度正在提高。

四、摄影测量与遥感在现代测绘地理信息中的作用

摄影测量与遥感技术推动了测绘技术的进步。现阶段,我国数字栅格图、数字高程模型、数字正射影像等的建立,为摄影测量以及数据库的多样性做出了重要贡献,为生产运用提供了技术支持,测绘技术也得到了进一步的发展。摄影测量与遥感技术的发展也推动了地理信息数据库的建立,为我国开展土地调查提供了便利。摄影测量与遥感技术促进了空间数据获取能力的提高,通过对自主知识产权的处理遥感数据平台的研发,我国国产卫星遥感摄像地面处理系统不断建立和完善,为我国独立处理地理信息提供了先进的技术手段。随着摄影测量与遥感技术的发展,获取数据的能力不断增强,对于资源勘察、气象预测、环境减灾能力的提高有着重要意义,对海洋现象、大气成分以及自然灾害的监测也不断完善。

五、数字摄影测量系统概述(数字摄影测量工作站)

数字摄影测量工作站指具有高精度、大容量、高处理速度、高显示分辨率、良好的用户界面、功能较强的支持局域网硬、软件及外围设备和用户开放系统的特性,按照摄影测量的原理,把数字影像或数字化影像作为输入,以交互或自动方式进行摄影测量处理和输出的计算机硬、软件系统。

数字摄影测量工作站是摄影测量技术进行产品生产的工具,摄影测量技术分为两个部分,一部分是航空摄影,另一部分就是内业摄影测量工作,航空摄影主要是获取影像,内业摄影测量主要是通过获取的影像进行测绘产品的生产,而数字摄影测量工作站是内业处理的工具。现代数字摄影测量工作站主要分为两大模块,第一模块是解析空中三角测量及DEM、DOM的生产,第二模块是DLG的采集。

项目一　影像获取及预处理

项目概述

影像数据是摄影测量所有工作的基础材料，在了解影像资料自身性质特点的基础上，去学习影像资料采集的方法。影像获取平台包含两个内容，一是飞行平台的选择，二是航摄仪的选择。在此基础上学习如何获取航空摄影影像，对获取的影像进行分析及预处理，为后期内业工作做好准备。

任务一　摄影测量影像获取

一、任务描述

摄影测量是基于影像获取地表信息的一门技术，如何获取影像以及了解获取影像过程中涉及影响影像质量的因素，都是摄影测量学习过程中需要重点掌握的内容。从影像分类、影像的质量要求、相机的要求、航摄飞行平台的选取及航空摄影的实施几个方面去掌握摄影测量影像获取的基本知识。

二、教学目标

(1)掌握航摄影像的基本特点。
(2)掌握摄影测量对于航摄影像的基本要求。
(3)了解航摄相机及飞行平台的基本知识。
(4)掌握航空摄影的基本流程。

三、相关知识

(一)航摄影像的分类

通过航空摄影得到的影像主要分为胶片影像和数字影像两类。

1. 胶片影像

以胶片作为介质存储的影像称为胶片影像。

传统摄影一般分为三个主要过程，即摄影过程、负片过程和正片过程。摄影过程是将装有感光材料的照相机对准被摄景物，随之通过镜头的移动，使物、像之间满足透镜成像公式，此过程称为调焦或对光。然后，根据感光材料的感光性能和景物的光照等条件，调节照相机的光圈和快门，使胶片获得正确的曝光量，此过程称为曝光。这时由于感光物质受光后发生化学反应，而部分卤化银还原为金属银，其作用的大小与景物所反射的光线强弱成正比，故使感光片上构成了金属影像。由于光对卤化银的还原能力很弱，生成的金属银很少，一般肉眼是看不见的，故把这种影像称为潜影。为了使潜影成为可见影像，应将曝光后的感光材料在暗室里进行冲洗处理，这个过程称为负片过程。负片过程包括显影、定影、水洗、干燥等步骤，因形成的影像层次与景物的明暗相反，故称为负片或阴片，又因常根据它洗印影像，故称为底片。为了得到与景物明暗相同的影像，必须再利用感光材料紧密叠加于负片上曝光影像，经过与负片一样的显影、定影、水洗、干燥等处理后，则可得到与负片黑白相反，而与景物明暗相同的影像，具有这种影像的片子称为正片或阳片，如果晒印在像纸上，也可称为影像，上述处理过程称为正片过程。

摄影测量是以被测量物体的影像信息为依据的。传统摄影测量的影像信息主要是利用光学摄影机摄取的框幅式影像，是记录在感光胶片上的影像信息，这种影像也称模拟影像。

2. 数字影像

以数字形式存储的影像称为数字影像，获取数字影像主要通过数字相机来实现。

数字相机（即数字式摄影机）也叫数字式照相机，英文全称为 digital camera，简称 DC。数字相机是集光学、机械、电子为一体的产品。数字相机最早出现在美国，人们曾利用它通过卫星向地面传送照片，后来数字摄影转为民用并不断拓展应用范围。数字相机以电子存储设备作为摄像记录载体，通过光学镜头在光圈和快门的控制下，实现被摄物体在电子存储设备上曝光，完成被摄影像的记录。传统相机使用胶片（卷）作为记录信息的载体，而数字相机的“胶片”则是其成像感光器件加存储器。目前，数字相机的核心成像感光器件有两种：一种是广泛使用的电荷耦合器件（charge coupled device ，CCD）图像传感器，另一种是互补金属氧化物半导体（complementary metal oxide semiconductor，CMOS）图像传感器。数字相机由光学镜头、光电传感器、微电脑、操作面板、取景器、LCD 显示器、存储卡、闪光灯、连接接口、电源等部分构成。它集成了影像信息的转换、存储和传输等部件，具有数字化存取模式与电脑交互处理和实时拍摄等特点。数字相机以电子存储设备作为摄像记录载体，在摄影期间完全摒弃了传统的曝光、冲洗、扫描等过程，而是由电子元器件直接记录、存储地面信息，获取数字影像。数字影像可以借助各种媒介实现图像的实时传递，直接提供给数字摄影测量、遥感图像处理系统做进一步处理。随着科学技术的发展进步，数字相机在摄影测量中的应用日益广泛。

1）数字影像获取

数字影像是对现实事物离散化的一个描述方式，是一种栅格数据形式。数字影像的采样是对实际连续函数模型离散化的量测过程，每隔一个间隔获取一个点的灰度值，这样获取的一个点称为样点，也就是像素。这样的一个间隔称为一个采样间隔，间隔的大小称为像素大小，一般采样以矩形为主，也可使用六边形、三角形等。如图 1-1 所示为数字图像采样。

2）影像灰度及量化

如图 1-1 所示，数字影像表示的最小单位为栅格，每个栅格用影像的灰度代表其属性。灰度就是光学密度，影像的灰度值反映了影像的透光能力。式（1-1）表示其光学密度：

69	78	72	76	85	73	73	70	71	65	67
74	86	85	255	255	255	255	255	70	67	68
71	72	255	41	63	76	96	82	255	68	65
87	255	53	47	74	79	81	80	76	255	72
86	255	74	99	141	118	78	69	69	255	77
89	255	65	113	192	186	141	79	77	255	77
105	100	255	122	217	231	196	95	255	77	67
124	91	74	255	255	255	255	255	92	71	86
126	96	85	151	219	216	216	204	142	85	73

图 1-1　数字图像采样

$$\left.\begin{aligned} T &= \frac{F}{F_0} \\ O &= \frac{F_0}{F} \end{aligned}\right\} \tag{1-1}$$

式中：T 为光线的透过率；O 为阻光率；F_0 为投射在底片上的光通量；F 为透过底片的光通量。

人眼对明暗程度的感觉是以阻光率的对数关系变化的，若灰度用 D 表示，则有：

$$D = \lg O = \lg \frac{1}{T} \tag{1-2}$$

灰度值如果用实数表示，则一幅数字影像的存储空间将非常大，为解决这一问题，实际应用时需要进行量化处理。

将各点的灰度值转换为整数，将透明底片有可能出现的最大灰度变化范围进行等分，分为若干灰度等级，一般取为 2^m。m 取 8 时得到 256 个灰度级，其级数是介于 0 ~ 255 的一个整数，0 为黑，255 为白，每个像元素的灰度值占 8 bit，即一个字节。

3）数字影像重采样

数字影像只记录采样点的灰度级值，当所求像点不落在原始影像上像元素的中心（非采样点）时，要获取非采样点的灰度值就要在原采样的基础上再一次采样，即重采样（resampling），如图 1-2 所示。数字影像重采样的方法有很多，下面简要介绍几种常用方法。

（1）最近相邻插值算法。

最近相邻插值算法也叫最邻近像元法（nearest neighbour interpolation），是一种速度快但精度低的图像像素模拟方法。该方法中缺少的像素通过直接使用与之最接近的原有像素的灰度生成，也就是说照搬旁边的像素，这样做的结果是产生了明显可见的锯齿。如图 1-3 所示，中间点的像素灰度直接取图 1-3 右上角点的灰度值。

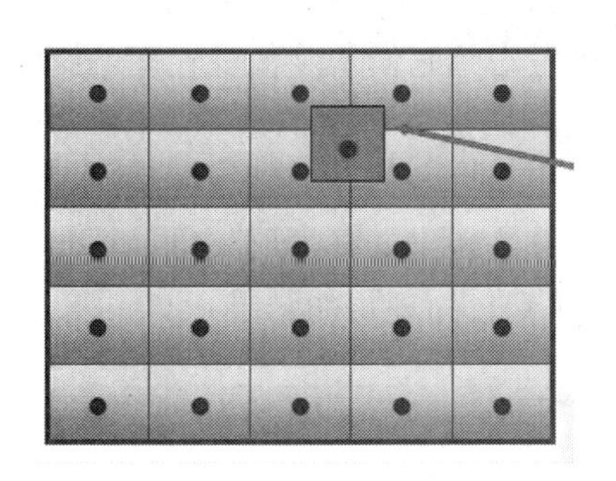
图 1-2　影像重采样

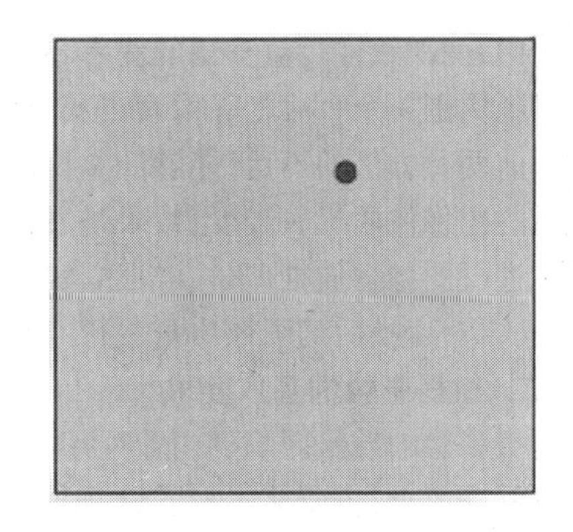
图 1-3　最近相邻插值算法

最近相邻插值算法的优点是计算量很小，算法也简单，因此运算速度较快。但它仅使用离待测采样点最近的像素的灰度值作为该采样点的灰度值，而没考虑其他相邻像素点的影响，因而重新采样后灰度值有明显的不连续性，图像质量损失较大，会产生明显的“马赛克”和锯齿现象。

(2)两次线性插值算法。

两次线性插值算法(bilinear interpolation)是一种通过平均周围像素颜色值来添加像素的方法。该方法可生成中等品质的图像。两次线性插值算法输出图像的每个像素都是原图中 4 个像素(2×2)运算的结果，由于它是从原图 4 个像素运算得到的，因此这种算法很大程度上消除了锯齿现象，而且效果也比较好。如图 1-4 所示，P 点的灰度是由周围 4 个点的灰度按比例内插得到的。

两次线性插值算法是一种较好的材质影像插补的处理方法，会先找出最直接相邻像素点的 4 个图素，然后在它们之间做差补效果，最后产生的结果才会被贴到像素的位置上，这样不会看到“马赛克”现象。这种处理方式较适用于有一定景深的静态影像，不过无法提供最佳品质。两次线性插值算法效果要好于最近相邻插值算法，只是计算量稍大一些，算法复杂些，程序运行时间也稍长些，但缩放后图像质量高，基本克服了最近相邻插值算法灰度值不连续的缺点，因为它考虑了待测采样点周围 4 个直接相邻像素点对该采样点的相关性影响。但是，此方法仅考虑待测样点周围 4 个直接相邻像素点灰度值的影响，而未考虑到各邻点间灰度值变化率的影响，因此具有低通滤波器的性质，从而导致缩放后图像的高频分量受到损失，图像边缘在一定程度上变得较为模糊。

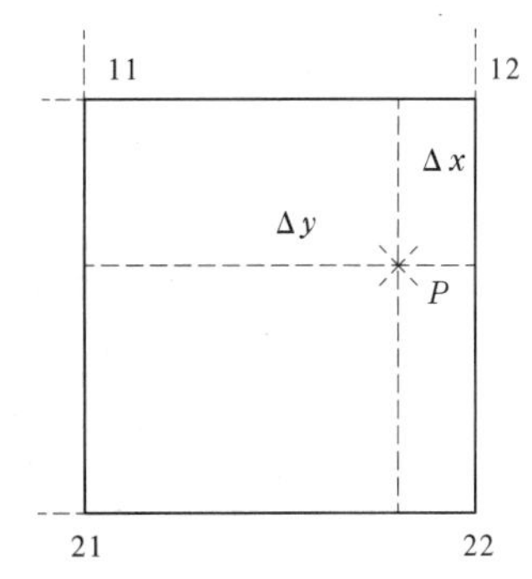

图 1-4　两次线性插值算法

(3)两次立方插值算法。

两次立方插值算法(bicubic interpolation)是两次线性插值算法的改进算法，它输出图像的每个像素都是原图 16 个像素(4×4)运算的结果。该算法效果较好，运算速度也不慢。

两次立方插值算法计算量最大，算法也是最为复杂的。在几何运算中，两次线性插值算法的平滑作用可能会使图像的细节产生退化，在进行放大处理时，这种影响更为明显。在其

他应用中,两次线性插值算法的斜率不连续性会产生不理想的结果。两次立方插值算法不仅考虑到周围4个直接相邻像素点灰度值的影响,还考虑到它们灰度值变化率的影响,因此克服了前两种方法的不足,能够产生比两次线性插值算法更为平滑的边缘,计算精度很高,处理后的图像像质损失最少,效果是最佳的。

在进行图像缩放处理时,应根据实际情况对几种算法做出选择,既要考虑时间方面的可行性,又要对变换后的图像质量进行考虑,这样才能达到较为理想的结果。

(二)航摄影像的基本要求

航摄影像的质量影响到内业处理成果的可靠性,数字航空摄影规范对于航摄影像质量做出了明确要求,主要从飞行质量及影像质量两方面去衡量影像整体质量。

1. 飞行质量

1)影像重叠度

摄影测量使用的航摄影像,要求沿航线飞行方向两相邻影像上对所摄的地面有一定的重叠影像,这种重叠影像部分称为航向重叠,其重叠影像与像幅边长之比的百分数称为航向重叠度。对于区域摄影(面积航空摄影),要求两相邻航带影像之间有一定的影像重叠,这种重叠影像部分称为旁向重叠,其重叠影像与边长之比的百分数称为旁向重叠度(见图1-5、图1-6)。

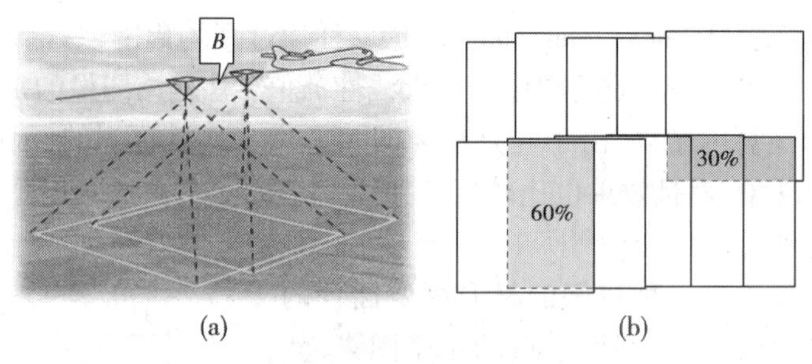

图1-5 影像重叠度示意

图1-6 影像重叠度实例

影像的重叠部分是立体观察和影像模型连接所必需的条件。在航向方向必须要有三张相邻影像有公共重叠影像,这一公共重叠部分称为三度重叠部分,这是摄影测量选定控制点的要求。所以,一般情况下要求航向重叠度保持在60% ~65%,最小不能小于53%;旁向重叠度保持在30% ~35%,最小不能小于15%。对于低空无人机数字摄影测量来说,要求可以放宽很多,重叠度大大增加。

2)影像倾斜角

影像倾斜角指的是航摄仪物镜主光轴与铅垂线之间的夹角,以 α 表示(见图1-7)。以测绘地形为目的的空中摄影多采用竖直摄影方式,要求航摄仪在曝光的瞬间物镜主光轴保持垂直于地面。实际上,由于飞机的稳定性和摄影操作的技能限制,航摄仪主光轴在曝光时总会有微小的倾斜,按规范要求影像倾斜角 α 应小于2°~3°,这种摄影方式称为竖直摄影。

3)影像旋偏角

相邻两影像的主点连线与像幅航带飞行方向的两框标连线之间的夹角称为影像的旋偏角,习惯用 k 表示。它是由于摄影时,航摄仪定向不准确而产生的。旋偏角不但会影响影像的重叠度,而且给航测内业作业增加困难。因此,对影像的旋偏角,一般要求小于6°,个别最大不应大于8°,而且不能连续三片有超过6°的情况(见图1-8)。

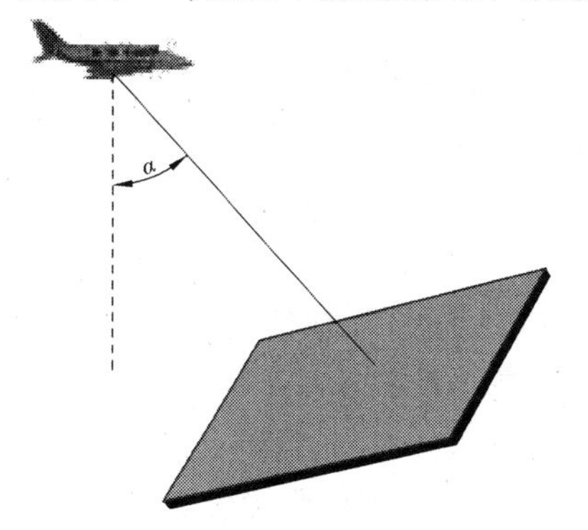

图1-7　影像倾斜角

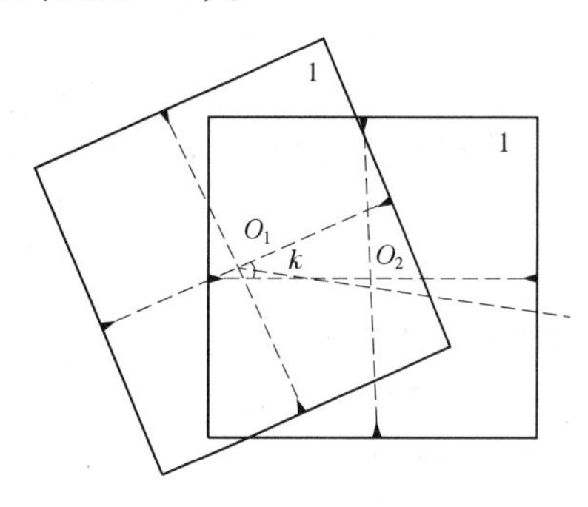

图1-8　影像旋偏角

4)航带弯曲度

沿航线方向两相邻摄影站之间的距离称为摄影基线 B[见图1-5(a)]。

一条航线上,实际航迹与航线首末端像主点连线的偏离程度称为航带弯曲度,通常以最大弯曲的矢距 L 与航线长度 D 之比来表示(见图1-9航带弯曲)。通常要求航线弯曲度R不超过3%,如公式(1-3)所示,以免影响旁向重叠以及导致常规测绘过程中的空中三角加密和影像联测等发生困难。

$$R = L/D \times 100\% \tag{1-3}$$

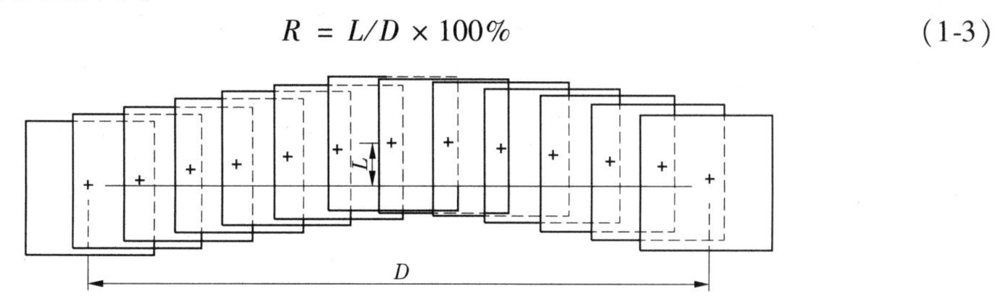

图1-9　航带弯曲

5)航高差

摄影航高称为航高 $H_{相}$,是指航摄仪物镜中心 S 在摄影瞬间相对某一基准面的高度。航高是从该基准面起算的,向上为正号。根据所取基准面的不同,航高可分为相对航高和绝对航高(见图 1-10)。

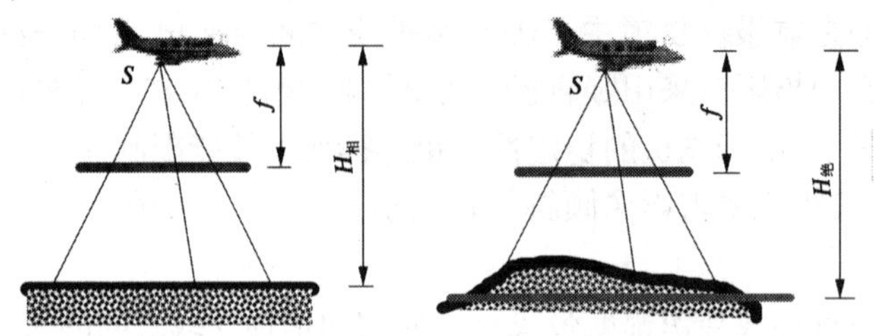

图 1-10　摄影航高

(1)相对航高 $H_{相}$:航摄仪物镜中心 S 在摄影瞬间相对于某一基准面(通常是摄影区域地面平均高程基准面)的高度。

(2)绝对航高 $H_{绝}$:航摄仪物镜中心 S 在摄影瞬间相对于大地水准面的高度。摄影区域地面平均高程 A、相对航高 $H_{相}$、绝对航高 $H_{绝}$之间的关系为

$$H_{绝} = A + H_{相} \tag{1-4}$$

为了避免同一摄取影像比例尺不一致,《1:5 000　1:10 000　1:25 000　1:50 000　1:100 000地形图航空摄影规范》(GB/T 15661—2008)规定,同一航线内最大航高与最小航高之差不得大于 30 m,摄影区域内实际航高与设计航高之差不得大于 50 m。

6)摄影比例尺

摄影比例尺是指空中摄影设计时的影像比例尺。航摄比例尺要考虑成图比例尺、摄影测量内业成图方法和成图精度等因素来选取,还要考虑经济性和摄影资料的可使用性。摄影比例尺可分为大、中、小三种。为充分发挥航摄负片的使用潜力,考虑上述因素,一般都应选择较小的摄影比例尺。航空摄影比例尺与成图比例尺之间的关系参照表 1-1 确定。

表 1-1　航空摄影比例尺与成图比例尺的关系

比例尺类别	航摄比例尺	成图比例尺
大比例尺	1:2 000 ~ 1:3 000	1:500
	1:4 000 ~ 1:6 000	1:1 000
	1:8 000 ~ 1:12 000	1:2 000
中比例尺	1:15 000 ~ 1:20 000	1:5 000
	1:10 000 ~ 1:25 000	1:10 000
	1:25 000 ~ 1:30 000	
小比例尺	1:20 000 ~ 1:30 000	1:25 000
	1:35 000 ~ 1:55 000	1:50 000

在实际应用中,航空摄影比例尺是由摄影机的主距和摄影航高来确定的,即

$$1/m = f/H \tag{1-5}$$

式中：m 为航摄比例尺分母；f 为航摄仪的主距；H 为摄影航高。对于数码影像成图，其精度主要由影像的地面采样间隔决定，比例尺的概念弱化了。

利用此公式在航摄仪确定的情况下可以根据影像地面分辨率的要求计算摄影航高。

2. 影像质量

对于传统胶片影像，主要从以下几方面判断其质量：

(1)负片上影像是否清晰，框标影像是否齐全，像幅四周指示器件的影像是否清晰可辨。

(2)由于太阳高压角的影响，地物阴影长度是否超过规定，地物阴暗和明亮部分的细部能否辨认。

(3)负片上是否存在云影、划痕、折伤和乳剂脱落等现象。

(4)负片上的黑度是否符合要求，影像反差是否超限。

(5)航带的直线性、平行性、重叠度、航高差、摄影比例尺等是否超出规定的技术指标。

对于数字影像，主要从以下几方面判断其质量：

(1)影像应清晰，层次丰富，反差适中，色调柔和；应能辨认出与地面分辨率相适应的细小地物影像，能够建立清晰的立体模型。

(2)影像上不应有云、云影、烟、大面积反光、污点等缺陷。虽然存在少量缺陷，但不影响立体模型的链接与测绘，可以用于测制线画图。

(3)确保因飞机的速度影响，在曝光瞬间造成的像点位移不大于一个像素，最大不大于1.5个像素。

(4)拼接影像应无明显模糊、重影和错位现象。

(三)航摄相机(航摄仪)的分类及要求

安装在飞机上对着地面能自动进行连续摄影的照相机称为航摄相机。由于当代航摄相机都是一台相当复杂、精密的全自动光学电子机械装置，具有精密的光学系统和电动结构，所摄取的影像能满足量测和判读的要求。因此，航摄相机一般也称为航摄仪，表示这种照相机如同一台结构复杂的光学仪器。

航摄相机的结构形式种类繁多，但其基本结构大致相同，有镜箱和暗箱两个基本部分，一般由物镜、光圈、快门、暗箱、检影器及附加装置组成。

根据摄影时摄影物镜主光轴与地面的相对位置，航摄相机可分为框幅式航摄相机和全景式航摄相机两大类。框幅式航摄相机摄影时主光轴对地面的方向保持不变，每曝光一次获得一幅中心透视投影的图像，与普通的120型、135型相机相同；全景式航摄相机摄影时主光轴相对地面在不断移动。

因为航摄相机是用来从空中对地面进行大面积摄影的，所摄取的影像又必须能满足量测和判读的要求，所以无论是航摄相机的结构还是摄影物镜的光学质量都与普通相机有重大的区别。在结构上，现代航摄相机一般备有重叠度调整器，能每隔一定时间间隔进行连续摄影，保证在同一条航线上，相邻影像之间保持一定的重叠度以满足立体观测要求。根据摄影测量的需要，航摄相机的焦平面上必须有压平装置及贴附框，并在贴附框的四边中央及角隅处分别装有机械框标和光学框标。此外，为了避免各种环境因素的影响，航摄相机必须有减振装置，制作航摄相机的机械部件应选用防腐蚀和变形极小的特种合金，以保证航摄相机光学系统的稳定性，防止飞机发动机的振动、大气温度的变化(±40 ℃)和飞机升降时由于过载负荷等因素对摄影影像质量的影响。现代最新型的航摄相机还备有像移补偿装置，以

消除曝光瞬间由于飞机向前运动而引起的像点位移。

航摄相机的像幅比较大，一般有 18 cm×18 cm、23 cm×23 cm、30 cm×30 cm 三种。要在这样大的幅面内获取高质量的影像，在摄影物镜的光学设计，制造摄影物镜所用的光学玻璃的选材、加工、安装和调试等方面都要求特别精细。此外，摄影时为了保证正确曝光，当代航摄相机一般具有自动测光系统，因此航摄相机的光学系统是相当复杂的。随着当代科学技术的不断进步，摄影物镜和航摄胶片质量的不断提高，航摄资料用途的不断开拓，现代航摄相机已发展成高度精密的全自动化航摄仪。

1. 按摄影机物镜的焦距和像场角分类

航摄相机可按摄影机物镜的焦距和像场角分类：

（1）短焦距航摄相机，其焦距 $f<150$ mm，相应的像场角 $2\beta>100°$。

（2）中焦距航摄相机，其焦距 150 mm $<f<$ 300 mm，相应的像场角 $70°<2\beta<100°$。

（3）长焦距航摄相机，其焦距 $f>300$ mm，相应的像场角 $2\beta\leqslant 70°$。

2. 从专业角度分类

航摄相机从专业角度可划分为量测用与非量测用两类。

量测用相机是专业用于摄影测量的相机，这类相机具有相幅大（通过多镜头影像组合）、有框标、内方位元素已知、分辨率高、体积大、对于航摄平台要求高、甚至有多光谱特性等。

量测用摄影相机要求：

（1）物镜具备良好的光学特性，物镜的畸变差要小，分辨率要高，透光率要强。

（2）机械结构要稳定。

（3）航空摄影仪应同时具备摄影过程的自动化装置，使安装在飞机上的此类摄影仪能对地面连续进行摄影。

量测用摄影相机特征：

（1）量测用相机的像距是一个固定的已知值。用于测绘地形的航摄相机，摄影的物距要比像距大得多，摄影时摄影物镜固定调焦于无穷远点处，因此像距是一个定值，约等于摄影物镜的焦距 f。

（2）相机像面框架上有框标标志（fiducial marks）。像平面与物镜的主光轴垂直，同时像平面也是一个框标平面（见图 1-11），因此像点在影像平面上的位置，可以根据影像上的框标坐标系来确定（见图 1-12）。

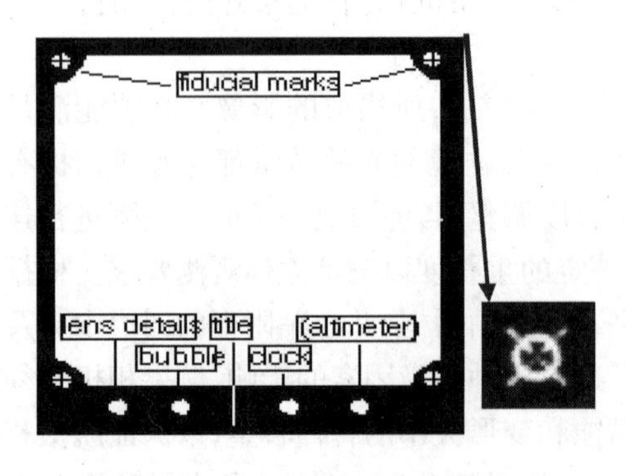

图 1-11　相机框标平面

图 1-12　影像上的框标

(3)内方位元素(interior orientation elements)的数值是已知的。

像主点(principal point):相机主光轴与像平面的交点[像主点在框标坐标系坐标(x_0,y_0)]。

影像主距(f):相机物镜后节点到影像主点的垂距(见图1-13)。

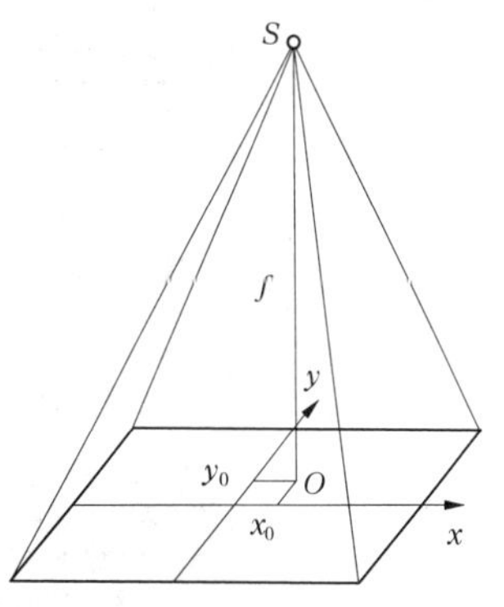

图1-13　内方位元素示意

随着无人机技术的发展,以其为航摄平台,大量的非量测相机用于摄影测量技术,非量测相机的特点是质量轻、无框标、分辨率满足摄影测量要求、内方位元素未知(需要进行相机检校获取)、使用灵活、价格经济等。

几种摄影仪简介:RC-30航空摄影系统由RC-30航摄仪、陀螺稳定平台和飞行管理系统组成,具有像移补偿装置和自动曝光控制设备,并具有GPS导航数据接口,可进行GPS辅助航空摄影,如图1-14所示。UltraCam-D采用了由8个小型镜头组成的镜头组,共有13块大小为4 008×2 672像素的CCD面阵传感器担负感光的责任,其中9个为全色波段,另外4个为R、G、B和近红外波段,如图1-15所示。LeicaADS机载数字航空摄影测量系统是目前先进的推扫式机载数字航空摄影测量系统,LeicaADS集成了高精度的惯性导航定向系统(IMU)和全球卫星定位系统(GPS),采用12 000像元的三线阵(SH81型号相机有11条、SH82型号相机有12条)CCD扫描和专业的单一大孔径焦阑(远心)镜头,一次飞行就可以同时获取前视、底点和后视的具有100%三度重叠、连续无缝、具有相同影像分辨率和良好光谱特性的全色立体影像以及彩色影像和彩红外影像。在ADS SH82相机的12条CCD中,每条CCD为12 000像元,像元大小为6.5 μm,按照前视(28°)、下视(0°)、后视(14°)分为三组排列,前视组包括一条单独的全色CCD,底视组包括一对相错半个像素的全色CCD和红、绿、蓝、近红外等各一条CCD,后视组包括一条单独的全色CCD和红、绿、蓝、近红外等各一条CCD,如图1-16所示。

图1-14　RC-30航空摄影系统

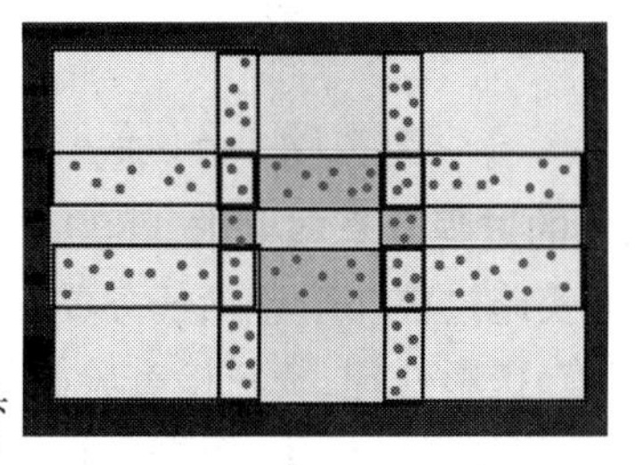
图1-15　UltraCam-D

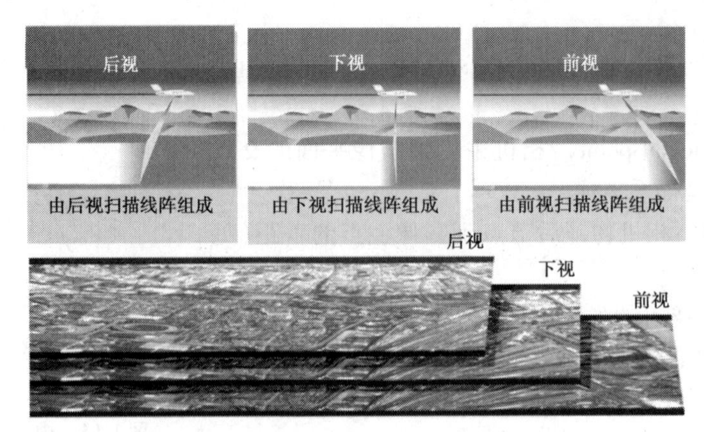

图 1-16　三线阵数字航空摄影原理示意

(四)航摄飞行平台的分类及分析

可用于航空摄影的飞行平台很多,使用比较普遍的有以下几种:卫星、喷气式飞机、直升机、滑翔飞机、飞艇、无人机等。

航摄平台的选择:

(1)量测用航摄仪质量比较大,应选择飞机、飞艇等平台。

(2)非量测相机质量比较小,一般选择各种类型的无人机作为航摄平台。无人机根据其动力来源可分为油机、电机及油电混合三种类型;根据其飞行模式可分为固定翼及旋翼两种类型,固定翼无人机根据其起飞方式又可分为滑跑式、弹射式、垂直起降式、手抛式四种类型,旋翼无人机可分为四旋翼、六旋翼、八旋翼三种主要类型。

(3)大型飞行平台稳定性好、抗风能力强、续航时间长、对场地要求比较高、使用不灵活;无人机使用灵活、对飞行场地要求比较低、可云下摄影、使用成本低,如图 1-17 所示为垂直起降固定翼无人机。

图 1-17　垂直起降固定翼无人机

(五)航空摄影的过程及基本要求

航空摄影任务实施过程一般包括任务委托、签订合同、航摄技术计划制订、航摄申请与审批、空中摄影实施、摄影处理、资料检查验收等环节。在空中摄影实施前,任务承担单位应根据下达的任务,收集资料及设备,依据现行航空摄影技术设计规定及待测图相应比例尺地形图的航空摄影规范,拟订技术设计书,制订航摄任务计划。为了满足测绘地形图以及获取地面信息的需要,空中摄影要按航摄计划的要求进行,并确保获得完整的立体覆盖及航摄影像质量。航空摄影作业通常是通过飞机上的导航系统来控制航线飞行、航线间距及影像曝光间隔等。

1. 航空摄影任务委托书的主要内容

(1)根据计划测图的范围和图幅数,划定需航摄的区域范围,按经纬度或图幅号在计划图上标示出所需航摄的区域范围,或直接标示在小比例尺的地形图上。

(2)确定航摄比例尺。

(3)根据测区地形和测图仪器,提出航摄仪的类型、焦距、像幅的规格。

(4)确定对影像重叠度的要求。

(5)规定提出资料成果的内容、方式和期限,航摄资料成果包括航摄底片、航摄影像(按合同规定提供的份数)、影像索引图、航摄软件变形测定成果、航摄仪鉴定表、航摄影像质量鉴定表等。

2. 航摄技术计划的主要内容

(1)收集航摄地区已有的地形图、控制测量成果、气象等有关资料。

(2)根据成图比例尺确定设计用图(成图比例尺及设计用图比例尺关系如表 1-2 所示)、摄影比例尺或影像分辨率,选择合适的航摄仪。从飞机上摄影,摄影对象是动态景物,因此要求快门工作的曝光延续时间内不致产生不容许的像点位移。为了适应不同航高和飞行速度的需要,航摄仪的快门应具有较宽的曝光时间变化范围(1/100 ~ 1/1 000 s)。此外,还要求快门的光效系数要高(80% ~90% 或更高些)。

表 1-2　成图比例尺及设计用图比例尺关系

成图比例尺	设计用图比例尺
≥1:1 000	1:1万
≥1:1万	1:2.5 万 ~1:5万
≥1:10 万	1:10 万 ~1:25 万

(3)划分航摄分区。航摄分区划分时,要根据以下原则进行:

①分区界限应与图廓线一致。

②分区内的地形高差一般不能大于 1/4 相对航高;当航摄比例尺大于或等于 1:7 000 时,一般不能大于 1/6 相对航高。

③分区内的地物景物反差、地貌类型应尽量一致。

④根据成图比例尺确定分区最小跨度,在地形高差许可的情况下,航摄分区的跨度应尽量大,同时分区划分还应考虑用户提出的加密方法和布点方案的要求。

⑤当地面高差突变,地形特征显著不同时,在用户认可的情况下,可以破图幅划分航摄分区。

⑥划分航摄分区时,应考虑航摄飞机侧前方安全距离和安全高度。

⑦当采用 GPS 辅助空中三角摄影时,划分分区除应遵守上述各规定外,还应确保分区界限与加密分区界限相一致或一个航摄分区内可覆盖多个完整的加密分区。

(4)确定航线方向和敷设航线。

①航线应东西向直线飞行。特定条件下也可按照地形走向做南北方向飞行或沿线路、河流、海岸、境界等任意方向飞行。

②常规方法敷设航线时，航线应平行于图廓线。位于摄区边缘的首末航线应设计在摄区边界线上或边界线外。

③水域、海区航摄时，航线敷设应尽量避免像主点落水；要确保所有岛屿完整覆盖，并能构成立体像对。

④荒漠、高山区隐蔽地区等和测图控制作业特别困难的地区，可以敷设构架航线。构架航线根据测图控制点设计的要求设置。

⑤根据合同要求航线按图幅中心线或按相邻两排成图图幅的公共图廓线敷设时，应注意计算最高点对摄区边界图廓保证的影像和与相邻航线重叠度的保证情况，当出现不能保证的情况时，应调整航摄比例尺。

(5)计算航摄所需的飞行数据和摄影数据(主要是绝对航高、摄影航高、影像重叠度、航摄基线、航线间隔距、航摄分区的航线数、曝光时间间隔和影像数等)。

(6)编制领航图。

(7)确定航摄的日期和时间。

航空摄影应选择本摄区最有利的气象条件，并尽可能地避免或减少地表植被和其他盖物(如积雪、洪水、沙尘等)对摄影和测图的不良影响，确保航摄影像能够真实地显现地面细部。在合同规定的航摄作业期限内选择最佳航摄季节，综合考虑下列主要因素：

①摄区晴天日数多。

②大气透明度好。

③光照充足。

④地表植被及其覆盖物(如洪水、积雪、农作物等)对摄影和成图的影响最小。

⑤彩红外、真彩色摄影，在北方一般避开冬季。

航摄时间的选定原则如下：

①既要保证具有充足的光照度，又要避免过大的阴影，一般按表 1-3 的规定执行。对高差特大的陡峭山区或高层建筑物密集的特大城市，应进行专门的设计。

表 1-3 航摄时间选择与太阳高度角的关系

地形类别	太阳高度角(°)	阴影倍数(倍)
平地	>20	<3
丘陵地、小城镇	>30	<2
山地、中等城市	≥45	≤1
高差特大的陡峭山区和 高层建筑物密集的大城市	限在当地正午 前后各 1 h 进行摄影	<1

②沙漠、戈壁滩等地面反光强烈的地区，一般在当地正午前后各 2 小时内不应摄影。

③彩红外与真彩色摄影应在色温 4 500 ~ 6 800 K 范围内进行；雨后绿色植被表面水滴未干时不应进行彩红外摄影。

四、任务实施

(一)任务规划

以校园为例：

(1)校园区域一般较小,一个摄区就可以完成任务。

(2)根据成果要求确定规划用图、摄影比例尺或分辨率、影像重叠度要求等内容,如摄影分辨率要满足1∶500成图精度要求,地面分辨率优于5 cm,重叠度航向80%,旁向60%(若采用无人机低空摄影,重叠度一般较大,这样立体模型的范围才大),以Google earth为底图做校园航线规划设计如图1 18所示,飞行参数设置见图1-19。

图1-18　以Google earth为底图做校园航线规划设计

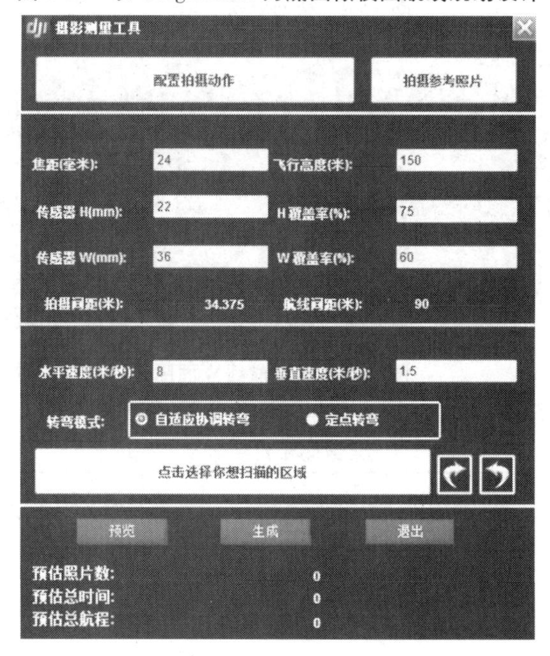

图1-19　飞行参数设置

(二)航摄相机及飞行平台选择

根据实训现有设备选择航摄相机及飞行平台。摄区范围小时,可选择旋翼无人机作为飞行平台,相机可选择非量测相机。

(三)航线规划

根据摄区范围、重叠度、分辨率等要求进行航线规划,人工输入要求,地面站自动完成航线设计,人工调整至最佳效果。航线规划成果如图1-20、图1-21所示。

（1）相对航高 H 计算方法：

$$H = f \cdot GSD / \Delta d \tag{1-6}$$

式中：f 为相机焦距；GSD 为地面采样间隔（地面分辨率）；Δd 为像素点大小。

（2）根据重叠度要求、设计飞行速度、摄影航高，地面站自动计算航线间隔及航点间隔，生成航点文件。

（3）设计成果的检查。为了避免航飞过程中出现失误，航飞之前要对设计好的航点文件及设置进行检查及保存。

图 1-20　规划航线平面图

图 1-21　规划航线立面图

（4）航线设置各参数关系表。表 1-4 为某数码相机参数及重叠度。

表 1-4　某数码相机参数及重叠度

焦距（mm）	*CCD*（高）（mm）	*CCD*（宽）（mm）	像素	像元尺寸（mm）	航向重叠度	旁向重叠度
20	15.6	23.4	6 000	0.003 9	80%	60%

表 1-5 为对应航线规划公式。

表 1-5　对应航线规划公式

航高（m）	地面分辨率（cm）	单张覆盖（高）（m）	单张覆盖（宽）（m）	相片面积（km^2）	拍照间隔（m）	航线间隔（m）
200	3.90	156	234	0.04	31.20	93.60
250	4.88	195	293	0.06	39.00	117.00

表1-4、表1-5中各参数之间的关系如下：

(1)像元尺寸 = CCD(宽)/像素宽度 = CCD(高)/像素高度。

(2)地面分辨率 GSD = 航高 × 像元尺寸/焦距。

(3)单张覆盖(高) = 航高 × CCD(高)/焦距。

(4)单张覆盖(宽) = 航高 × CCD(宽)/焦距。

(5)单张影像面积 = 单张覆盖(高) × 单张覆盖(宽)。

(6)航拍间隔 = 单张覆盖(高)/(1 - 航向重叠度)。

(7)航线间隔 = 单张覆盖(宽)/(1 - 旁向重叠度)。

通过这些关系式可以进行飞行参数的计算。

(四)航空摄影

航空摄影应选在天空晴朗少云、能见度好、气流平稳的天气进行，摄影时间最好是中午前后的几个小时。飞机做好航空摄影各项准备工作后，依据领航图起飞进入摄区航线，按预定的曝光时间和计算的曝光间隔连续地对地面摄影，直至第一条航线拍完。然后，飞机盘旋转弯180° 进入第二条航线进行拍摄，直至一个摄影分区拍摄完毕，再按计划转入下一摄影分区拍摄(见图1-22)。

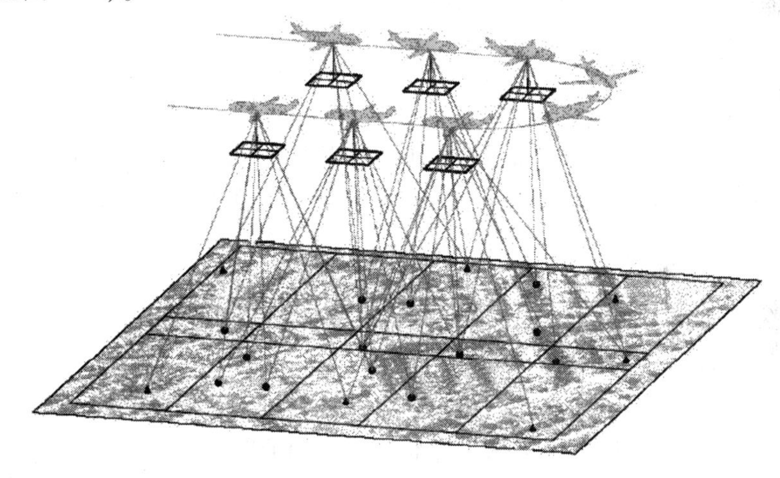

图1-22　航空摄影过程

具体操作：上传航点文件给无人机，控制无人机按规划好的航点文件进行飞行(不同无人机按各自的操作手册来控制)。由于无人机航空摄影是云下摄影，对天气要求比较低，只要保证风力条件在无人机的抗风能力范围内、大气透明度高、无大片阴影即可。

(五)影像控制测量

影像控制测量分为以下几种情况：

(1)测区有明显地物点可以作为像控点的情况下，可以在空中摄影之后或者空中摄影的同时，进行像控点的采集。

(2)测区无明显地物点可以作为像控点的情况下，在空中摄影之前在测区根据相关规范要求制作一些靶标作为像控点，量测它们的坐标，保证空中摄影获取的影像上能明确辨认这些制作的靶标(具体内容见项目二)。

(六)成果数据整理

航空摄影之后进行数据整理，成果资料包含三方面内容：

(1)影像资料。

(2)像控点资料,包含像控点坐标、刺点片及点之记。

(3)通过地面站提取影像资料对应的 POS 数据。个别数码相机 POS 数据内嵌在影像内,空中三角软件自动提取。

五、技能训练

(1)掌握教育版无人机的操作流程。

(2)掌握无人机地面站航线规划设计流程。

(3)通过无人机采集小范围内航测影像数据。

(4)成果数据整理。

六、思考练习

航线规划过程中,航点文件由地面站软件自动计算生成,试描述航点坐标的计算过程。

任务二　单张航摄影像解析

一、任务描述

摄影测量解析是围绕航摄影像展开的,通过航摄影像上的像点坐标解析其对应的地面点坐标是摄影测量的目的,分析航摄影像的成像原理、影像的坐标系统,建立地面点及像点坐标之间的数学关系,是摄影测量学习的重点。

二、教学目标

(1)了解中心投影及正射投影的关系。

(2)理解航摄影像内、外方位元素的含义。

(3)理解摄影测量常用坐标系统及各坐标系之间的关系。

(4)了解空间直角坐标变换的关系式。

(5)重点理解中心投影构像方程及空间后方交会。

(6)掌握空间前方交会方法。

三、相关知识

(一)中心投影及航摄影像上的特殊点、线、面

1. 中心投影及正射投影

1)中心投影

用一组假想的直线将物体向几何面投射称为投影。其投射线称为投影射线,投影的几何面称为投影平面。当投影射线汇聚于一点时,称为中心投影,投影射线的汇聚点 S 称为投影中心。

中心投影有两种状态,如图 1-23 所示,当投影平面 p(影像)和被摄物体位于投影中心的两侧时,影像所处的位置称为负片位置,如同摄影时的情况。现假设以投影中心为对称中心，将影像转到物空间，即投影平面与被摄影物体位于投影中心的同一侧，此时影像 p' 所处的位置称为正片位置，利用摄影底片晒印与底片等大的影像时就是这种情况。

无论影像处在正片位置或负片位置，像点与物点之间的几何关系并没有改变，数学表达式仍然是一样的。后文在讨论与中心投影有关的问题时，可根据需要采用正片位置或者负片位置。

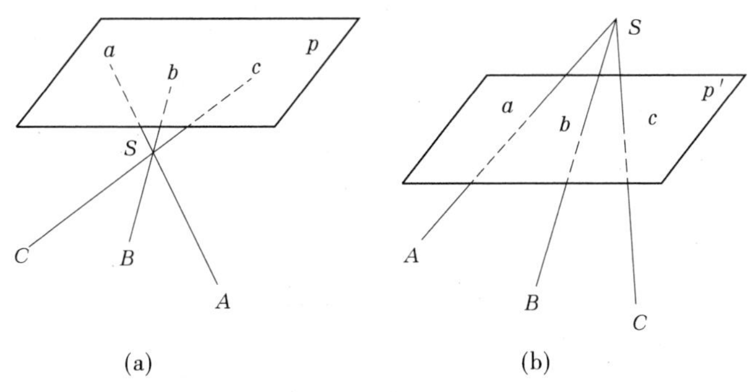

图 1-23　中心投影

从几何意义上说，航摄时的物方主点相当于投影中心，影像平面是投影平面，影像平面上的影像就是摄区地面点的中心投影。

2）正射投影

当诸投影光线都平行于某一固定方向时，这种投影称为平行投影。其中，当投影射线与投影平面成斜交时，称为斜投影（见图 1-24）；当投影射线与投影平面成正交时，称为正射投影（见图 1-25）。摄影测量的主要任务之一，就是把地面按中心投影规律获得的摄影比例尺影像转换成按图比例尺要求的正射投影地图。

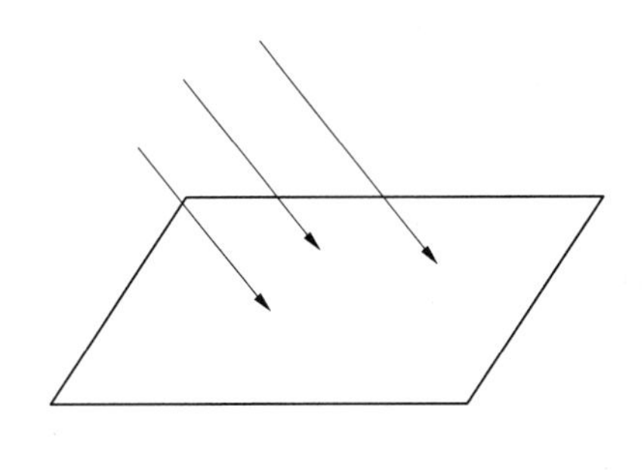

图 1-24　斜投影

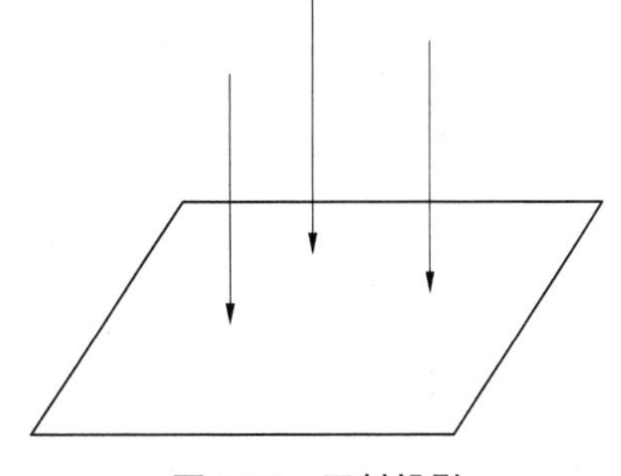

图 1-25　正射投影

2. 航摄影像上的特殊点、线、面

利用单张影像按中心投影的规律反求所摄物点时，只讨论物点平面与像点平面的关系，这两个平面之间的中心投影变换关系又称透视变换关系。

如图 1-26 所示，设影像平面 P 和地平面（或图面）E 是以物镜中心 S 为投影中心的两个透视平面。两透视平面的交线 TT 称为透视轴或迹线，两平面的夹角 α 称为影像倾角。

过 S 作 P 面的垂线与影像面交于 o 点，与地面交于 O 点，o 称为像主点，O 称为地主点，So 称为摄影机的主光轴。$So=f$，称为摄影机的主距。

过 S 作 E 的铅垂线，称为主垂线。主垂线与相片面交于 n，与地面交于 N，n 称为像底点，N 称为地底点。$SN=H$，称为航高。

摄影机主光轴 So 与主垂线 Sn 的夹角就是影像倾角 α，过 S 作 $\angle oSn$ 的角平分线，与影像面 P 交于 c，与地平面交于 C，c 称为等角点。

过主垂线 SN 和主光轴 So 的铅垂线 W 称为主垂面。主垂面既垂直于像平面 P，又垂直于地平面 E，因而也必然垂直于透视轴 TT。主垂面与像平面 P 的交线 vv 称为主纵线，与地平面的交线 VV 称为摄影方向线。o、n、c 必然在主纵线上，O、N、C 必然在摄影方向线上。过 S 作平行于 E 面的水平面 E_S，称为合面。合面与像平面的交线 h_ih_i 称为合线(真水平线)，合线与主纵线的交点 i 称为主合点。过 c、o 分别作平行于 h_ih_i 的直线 h_ch_c、h_oh_o，分别称为等比线和主横线。

过 S 作 vv 的平行线交 VV 于 j，j 点称为主遁点。

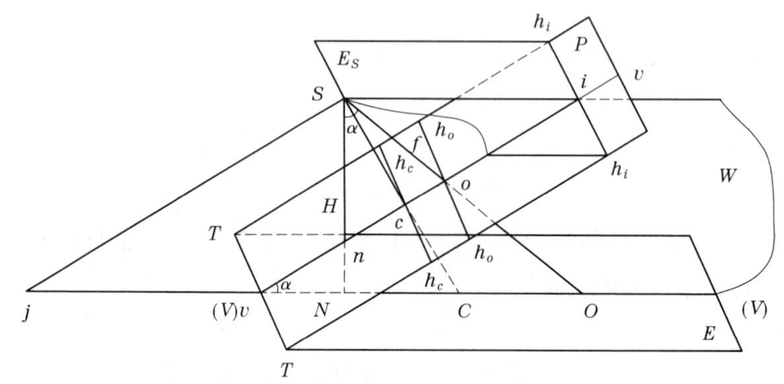

图 1-26　航摄影像上的特殊点、线、面

由图 1-26 可知特殊点、线、面之间的几何关系如下：

$$\left.\begin{aligned} on &= f\tan\alpha \\ oc &= f\tan\alpha/2 \\ oi &= f\cot\alpha \end{aligned}\right\}$$

同样在物面上有：

$$\left.\begin{aligned} ON &= H\tan\alpha \\ CN &= H\tan\alpha/2 \\ SJ &= iV = H/\sin\alpha \end{aligned}\right\} \tag{1-7}$$

(二)摄影测量常用坐标系统

摄影测量就是根据影像上像点的位置确定对应地面点的空间位置，为此必然涉及的问题是：选择适当的坐标系统来描述像点和地面点位置，并通过一系列的坐标变换，建立二者之间的数学关系，从而由像点观测值求出对应物点的测量坐标。摄影测量中的坐标系分为两大类：一类是用于描述像点位置的像方空间坐标系，另一类是用于描述地面点位置的物方空间坐标系。

1. 像方空间坐标系

1) 像平面坐标系

像平面坐标系用于表示像点在像平面上的位置，通常采用右手系。在解析和数字摄影测量中，常常使用航摄影像的框标来定义坐标系，称为框标坐标系，如图 1-27 所示。若影像框标为边框标，则以对边框标连线为 y 轴，连线交点 P 为坐标原点，与航线方向相近的连线为 x 轴。若影像框标为角框标，则以对角框标连线夹角的平分线作为 x、y 轴，连线交点 P 为坐标原点。

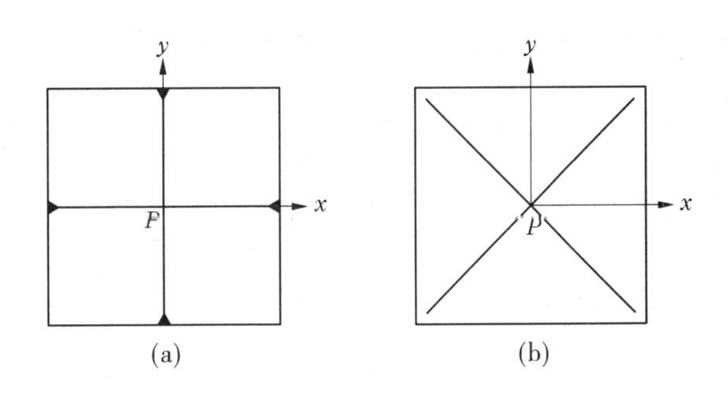

图 1-27　框标坐标系

在摄影测量解析计算中，像点的坐标应采用以像主点为原点的像平面坐标系中的坐标，为此当像主点与框标连线交点不重合时，须将框标坐标系平移至像主点 O 为原点的坐标系，见图 1-28。若主点在框标坐标系中的坐标为(x_0,y_0)，则像点框标坐标(x_P,y_P)可换算到以像主点为原点的像平面坐标系中的坐标(x,y)：

$$\left.\begin{aligned} x &= x_P - x_0 \\ y &= y_P - y_0 \end{aligned}\right\} \tag{1-8}$$

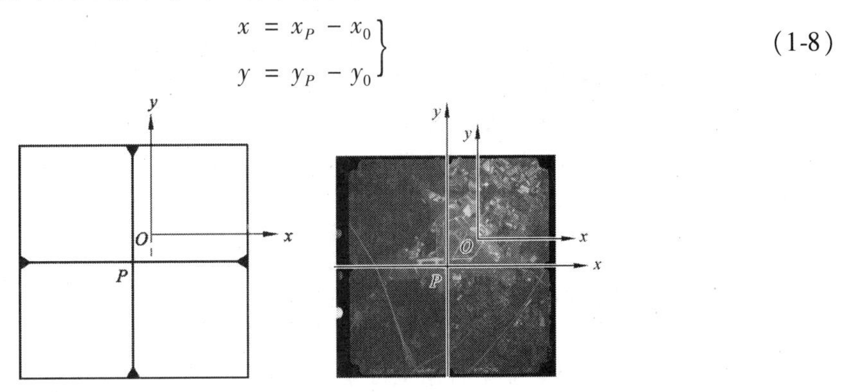

图 1-28　像平面直角坐标系

2）像空间坐标系

为了便于进行像点的空间坐标变换，需要建立起能够描述像点空间位置的坐标系，即像空间坐标系。以影像的摄影中心 S 为坐标原点，x、y 轴与像平面坐标系的 x、y 轴平行，z 轴与主光轴方向重合，构成像空间右手直角坐标系 S—xyz，如图 1-29 所示。像点在这个坐标系中的 z 坐标始终等于 $-f$，$(x、y)$坐标，也就是像点的像平面坐标，因此只要量测得到像点在以像主点为原点的像平面坐标系中的坐标(x,y)，就可得到该像点的像空间坐标$(x,y,-f)$。像空间坐标系随着每张影像的摄影瞬间空间位置而定，所以不同航摄影像的像空间坐标系是不统一的。

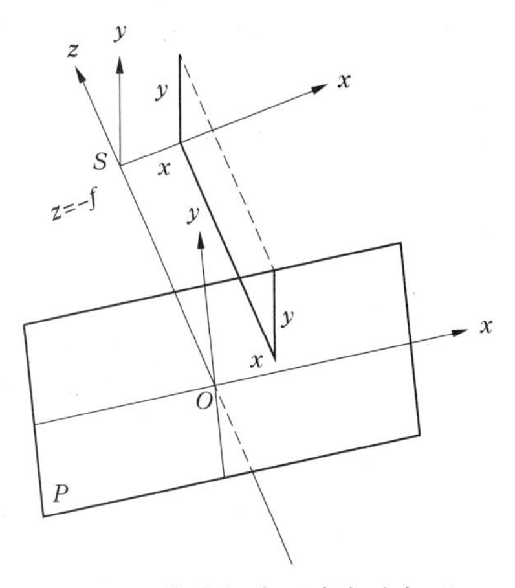

图 1-29　像空间右手直角坐标系

3）像空间辅助坐标系

像点的像空间坐标可以直接由像平面坐标求得，但由于各影像的像空间坐标系是不统一的，这就给计算带来了困难。为此，需要建立一种相对统一的坐标系，称为像空间辅助坐

标系,用 S—XYZ 表示。此坐标系的坐标原点仍取摄影中心 S,X、Y、Z 坐标轴方向视实际情况而定,如图 1-30 所示。

像空间辅助坐标系的建立方法:

(1)取铅垂方向为 z 轴,航向为 x 轴,三轴构成右手直角坐标系。

(2)以每条航线的首影像的空间坐标系的三轴作为像空间辅助坐标系的三个轴向。

(3)以每个影像的左片摄影中心为坐标原点,摄影基线方向为 x 轴,以摄影基线及左片主光轴构成的面为 xz 平面,构成右手系。

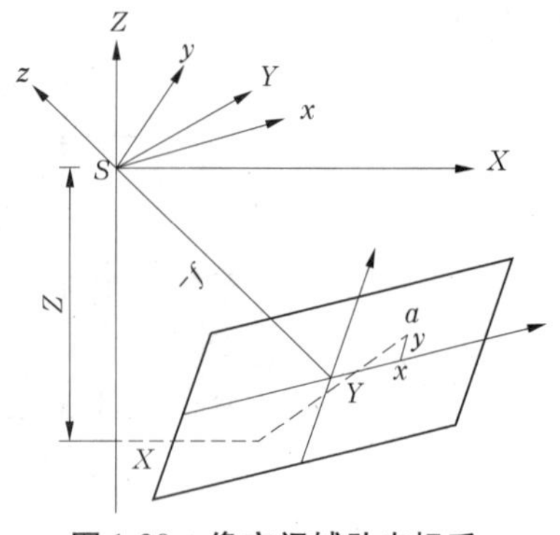

图 1-30　像空间辅助坐标系

可见,各片的像空间辅助坐标系的三轴对应平行,不同之处在于各自的坐标原点是所在影像的摄影中心。

2. 物方空间坐标系

1)摄影测量坐标系

将像对的像空间辅助坐标系沿 Z 轴延伸到地面某一点,做一个和像空间辅助坐标系平行的坐标系 P—$X_pY_pZ_p$,称为摄影测量坐标系,它是航带网中的一种统一的坐标系。由于它与像空间辅助坐标系平行,因此很容易由像点的空间辅助坐标求得相应面点的摄影测量坐标。

2)地面测量坐标系

地面测量坐标系是指地图投影坐标系,也就是国家测图所采用的高斯 - 克吕格 3°带或 6°带投影的平面直角坐标系与定义的某一基准面的高程系(如 1956 年黄海高程或 1985 国家高程基准)所组成的空间左手直角坐标系 T—$X_tY_tZ_t$。

3)地面摄影测量坐标系

由于摄影测量坐标系采用的是右手系,而地面摄影测量坐标系采用的是左手系,这给摄影测量坐标系到地面测量坐标系的转换带来了困难。为此,在摄影测量坐标系与地面摄影测量坐标系之间建立一种过渡性的坐标系,称为地面摄影测量坐标系,用 D—$X_{tp}Y_{tp}Z_{tp}$ 表示,其坐标原点在测区内的某一地面点上,X 轴为大致与航向一致的水平方向,Z 轴沿铅垂方向,三轴构成右手系,如图 1-31 所示。摄影测量中,首先将地面点在像空间辅助坐标系中的坐标转换成地面摄影测量坐标,再转换为地面测量坐标。

(三)航摄影像内、外方位元素

摄影测量的任务是通过影像上的像点坐标解析其对应的地面点位置。为了达到这个目的,首先要建立起影像和其对应地面之间的几何关系,即摄影瞬间,摄影机(摄影中心)、影像、地面三者之间的几何关系。然后通过其几何关系找到它们之间的数学关系,从而达到通过像点解析对应地面点位置的目的,如图 1-32 所示。

1. 内方位元素

内方位元素是描述摄影中心与影像之间相关位置的参数,包括三个参数(x_0、y_0、f):摄影中心 S 到影像的主距 f 及像主点 O 在框标坐标系中的坐标(x_0,y_0),如图 1-33 所示。在传统摄影测量内业处理中,将影像装入投影镜箱后,若保持摄影瞬间摄影中心与影像的关系和

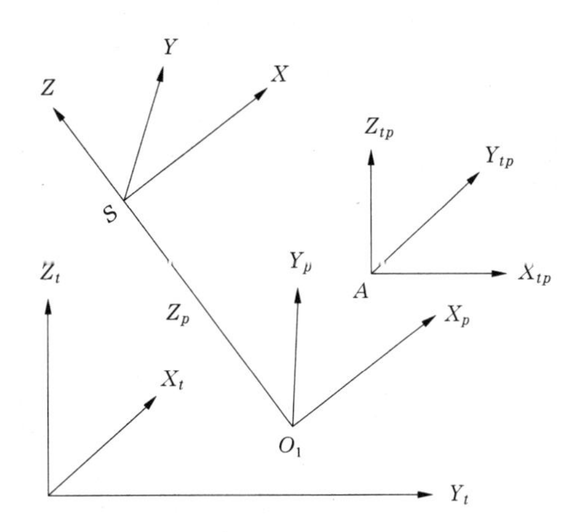

图 1-31　物方空间坐标系关系

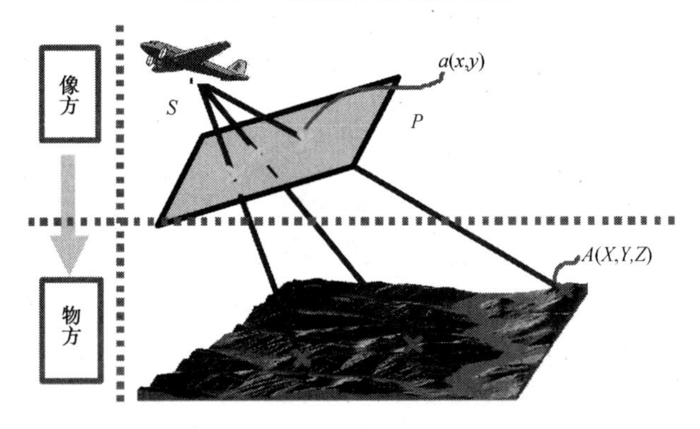

图 1-32　摄影中心、影像、地面点关系

投影中心与影像的关系一致，即恢复三个内方位元素，并用灯光照明，即可得到与摄影瞬间摄影光束完全相似的投影光束，它是建立测图所需要的立体模型的基础。内方位元素值一般视为已知，它由制造厂家通过摄影仪鉴定设备检验得到，检验的数据写在仪器说明书上。在制造摄影仪时，一般应将像主点置于框标连线交点上，但安装中有误差，使二者并不重合，所以(x_0, y_0)是一个微小值。内方位元素值的正确与否，直接影响测图的精度，因此对航摄仪须做定期检定。

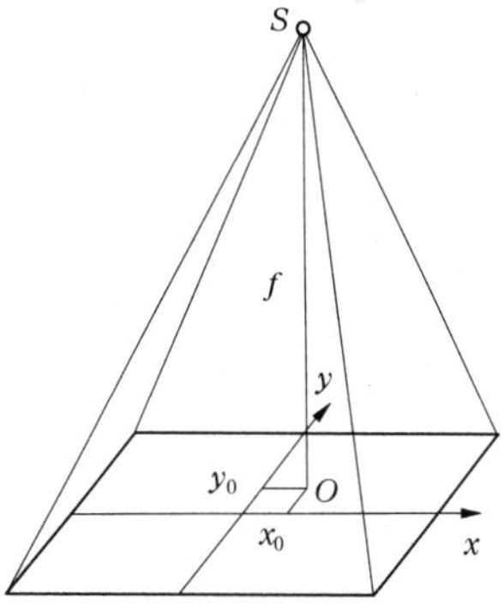

图 1-33　内方位元素示意

2. 外方位元素

在恢复了内方位元素（即恢复了摄影光束）的基础上，确定影像或摄影光束摄影瞬间在地面坐标系中的参数，称为外方位元素。一张影像的外方位元素包括 6 个参数。其中有 3 个是描述摄影中心 S 空间位置的坐标值，称为直线元素，另外 3 个是描述影像空间姿态的参数，称为角元素。

1）三个直线元素

三个直线元素是指摄影瞬间摄影中心 S 在选择的地面空间坐标系中的坐标值 X_S、Y_S、Z_S。地面空间直角坐标系可以是左手系的地面测量坐标系，也可以是右手系的地面摄影测量坐标系，后述问题如无特别说明，则一般是指地面摄影测量坐标系。

2)三个角元素

它是描述影像在摄影瞬间空间姿态的要素,其中两个角元素用以确定主光轴在空间的方向,另一个确定影像在影像面内的方位。实际摄影时,摄影机的主光轴不可能铅垂,影像也不可能水平,此时认为摄影时的姿态是由理想姿态绕空间三个轴向(主轴、副轴、第三旋转轴)依次旋转三个角值后所得到的,这三个角值称为影像的三个外方位角元素。通常有三种表达方式:

(1)以 Y 轴为主轴的 $\varphi-\omega-\kappa$ 转角系统如图 1-34所示,三个外方位元素角值可定义如下:

航向倾角 φ:主光轴 SO 在 S—XZ 平面上的投影与坐标轴 Z 间的夹角;

旁向倾角 ω:主光轴 SO 在 S—YZ 平面上的投影与坐标轴 Z 间的夹角;

影像倾角 κ:Y 轴投影到影像平面内,其投影与影像平面坐标系的 y 轴的夹角用 κ 表示,称为影像倾角。

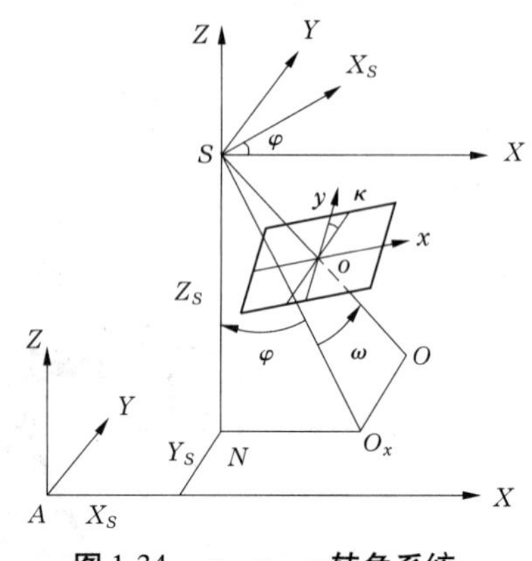

图 1-34 $\varphi-\omega-\kappa$ 转角系统

按照这种方法定义的外方位元素,主光轴和影像的空间方位恰好等价于下列情况:假设在摄站点 S 摄取一张水平影像,若将该片及其像空间辅助坐标系 S—XYZ 首先绕着 Y 轴(称为主轴)在航向倾斜 φ 角;在此基础上,再绕着副轴(绕着 Y 轴旋转过 φ 角的 X 轴)在旁向倾斜 ω 角;影像再绕着第三轴(经 φ 、ω 角旋转过后的 Z 轴即主光轴)旋转 κ 角。因此,此时我们定义的角元素 φ、ω、κ 可以认为是以 Y 轴为主轴的 $\varphi-\omega-\kappa$ 系统下的影像空间姿态的表达方式。

对于转角的正负号,国际上规定绕轴逆时针旋转(从旋转轴正向的一端面对着坐标原点看)为正,反之为负。我国习惯规定 φ 角顺时针转为正,ω、κ 角逆时针方向为正,图 1-34 中箭头方向表示正方向。

(2)以 X 轴为主轴的 $\omega'-\varphi'-\kappa'$系统(见图 1-35),三个外方位元素角值可定义如下:

首先将主光轴 SO 投影在 S—YZ 平面内,得到 Soy。

旁向倾角 ω':SO_y 与 Z 轴的夹角用 ω'表示,称为旁向倾角;

航向倾角 φ':SO_y 与 SO 轴的夹角用 φ'表示,称为航向倾角;

影像倾角 κ':将 X 轴投影到影像平面内,其投影与影像平面坐标系 x 轴的夹角用 κ 表示,称为影像倾角。

按照上述方法定义的外方位角元素 ω'、φ'、κ'可以认为是以 X 轴为主轴的 $\omega'-\varphi'-\kappa'$ 系统下的影像空间姿态的表达方式。

ω'、φ'、κ'正负号定义与 φ、ω、κ 相似,图 1-35 中箭头指向正方向。

(3)以 Z 轴为主轴的 $A-\alpha-\kappa$ 系统。

如图 1-36 所示,A 表示主光轴 SO 和铅垂线 SN 所确定的主垂面 W 的方向角,即摄影方向线 NO 与 X 轴的夹角;α 表示影像倾角,指主光轴 SO 与铅垂线的夹角;κ 表示影像旋角,指主纵线与影像 y 轴之间的夹角。主垂面方向角 A 可理解为绕主轴 Z 顺时针旋转得到的;影像倾角 α 是绕副轴(旋转 A 角后的 X 轴)逆时针方向旋转得到的;而影像旋角 κ 则是旋转

A、α 角后的主光轴 SO 逆时针旋转得到的。因此，按照上述方法定义的外方位角元素 A、α、κ 可以认为是以 Z 轴为主轴的 $A-\alpha-\kappa$ 系统下的影像空间姿态的表达方式。

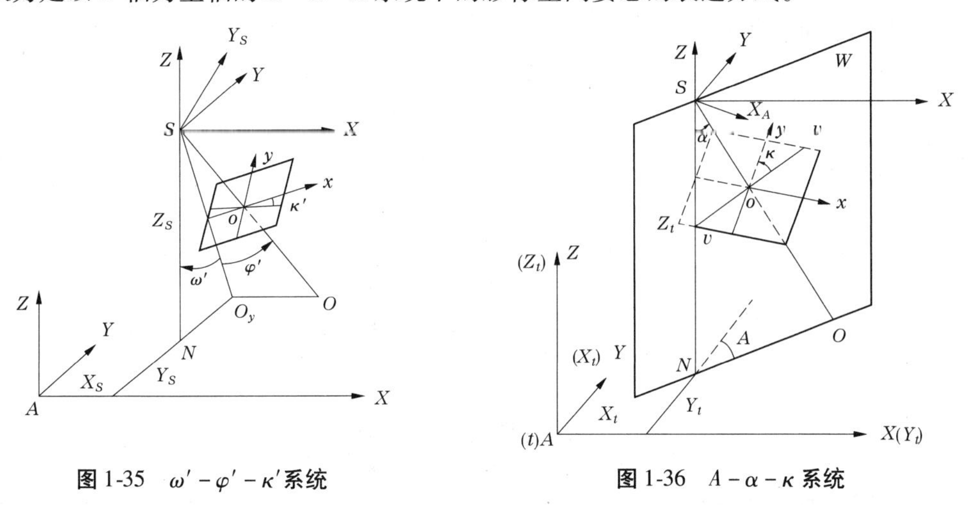

图 1-35　$\omega'-\varphi'-\kappa'$ 系统　　图 1-36　$A-\alpha-\kappa$ 系统

A、α、κ 正负号定义与 ω、φ、κ 相似，图 1-36 中箭头指向正方向。

上述三种角元素表达方式中，模拟摄影测量仪器单张影像测图时，多采用 A、α、κ；立体测图时多采用 ω'、φ'、κ' 或 ω、φ、κ；而在解析摄影测量和数字摄影测量中采用 ω、φ、κ。

3）外方位元素分析

外方位元素三个线元素的本质是摄影瞬间摄影机在测量坐标系中的坐标，相当于摄影时的所在位置，摄影位置不同，摄影得到的影像自然不同。摄影位置确定了，摄影机朝不同的方向摄影（姿态不同），其得到的影像也不相同。只有摄影位置确定、摄影方向确定（姿态确定），影像才可以一一对应地面点目标。摄影姿态通过旋转角来确定，旋转角也可以理解为两个坐标系（影像对应的像空间坐标系和地面测量坐标系）之间的夹角，两个空间坐标系有三个夹角。三个角元素也可理解为航空摄影时飞机的滚动角、俯仰角、航偏角，如图 1-37 所示。

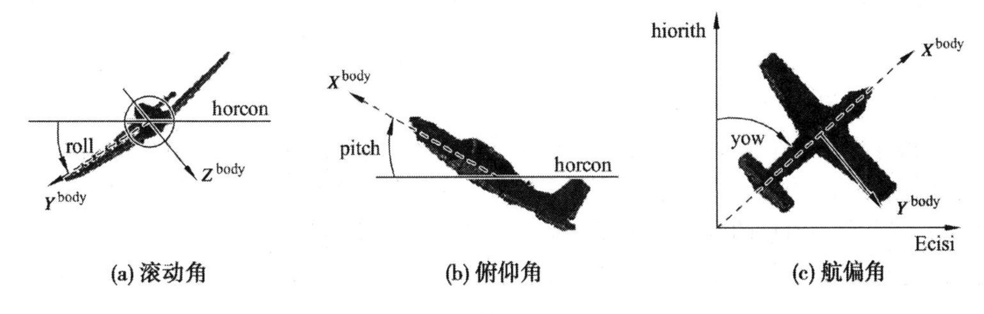

图 1-37　外方位角元素实质含义

（四）空间直角坐标变换

在解析摄影测量中，用像点坐标解求相应点地面坐标时，需将各种情况下量测的像点坐标转换到像空间直角坐标系中，再将它转换为统一的像空间辅助坐标，这就涉及各种坐标系之间的坐标变换问题。

1. 像点的平面坐标变换

共原点的两像平面坐标系间的变换关系如图 1-38 所示,其变换方程见式(1-9),其中 κ 是两个坐标系间的夹角。

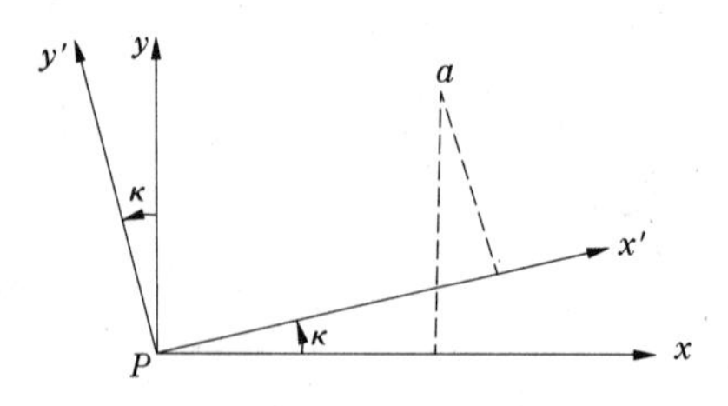

图 1-38　平面坐标变换关系

$$\begin{bmatrix} x \\ y \end{bmatrix} = \boldsymbol{A}\begin{bmatrix} \cos\kappa & -\sin\kappa \\ \sin\kappa & \cos\kappa \end{bmatrix}\begin{bmatrix} x' \\ y' \end{bmatrix} \tag{1-9}$$

不共原点的两像平面坐标系间的变换关系如图 1-39 所示,其中 $\boldsymbol{A}$ 为两个坐标系间的旋转矩阵,式(1-10)中的 x_0、y_0 代表两个坐标系之间的平移量。

$$\begin{bmatrix} x \\ y \end{bmatrix} = \boldsymbol{A}\begin{bmatrix} x' \\ y' \end{bmatrix} + \begin{bmatrix} x_0 \\ y_0 \end{bmatrix} \tag{1-10}$$

在摄影测量中,像点的平面坐标变换主要用于像框标坐标与像平面坐标的变换,而且两坐标系的轴系是对应平行的,所以二者的转换只存在平移转换。

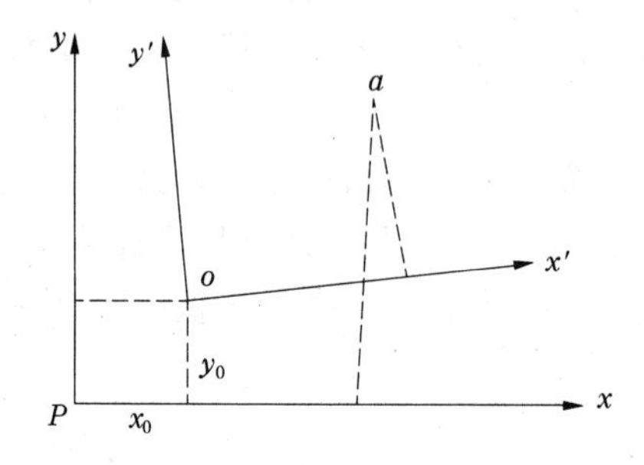

图 1-39　不共原点平面坐标变换关系

2. 像点的空间坐标变换

在取得像点的像平面坐标后,加上 $z = -f$ 即可得到像点的像空间直角坐标。像点的空间坐标变换,是指将像点的像空间直角坐标($x, y, -f$)变换为对应的像空间辅助坐标(X, Y, Z)。这是像点在共原点的两个空间直角坐标系中的坐标变换。

同一像点在原点相同的两个空间直角坐标系中的坐标变换,其变换见式(1-11):

$$\begin{bmatrix} X \\ Y \\ Z \end{bmatrix} = \boldsymbol{R}\begin{bmatrix} x \\ y \\ -f \end{bmatrix}, \boldsymbol{R} = \begin{bmatrix} a_1 & a_2 & a_3 \\ b_1 & b_2 & b_3 \\ c_1 & c_2 & c_3 \end{bmatrix} = \begin{bmatrix} \cos\widehat{Xx} & \cos\widehat{Xy} & \cos\widehat{Xz} \\ \cos\widehat{Yx} & \cos\widehat{Yy} & \cos\widehat{Yz} \\ \cos\widehat{Zx} & \cos\widehat{Zy} & \cos\widehat{Zz} \end{bmatrix} \tag{1-11}$$

$\boldsymbol{R}$ 为空间轴系旋转变换的旋转矩阵,它是一正交矩阵。a_i、b_i、c_i 为方向余弦,这 9 个方向余弦中实质上只含有三个独立参数即外方位元素中的三个角元素,这三个参数可以是前述三种转角系统中的任何一种,最终的结果是一致的。以第一种情况详述如下:

以 Y 轴为主轴的 ω、φ、κ 转角系统的坐标变换，可分四步分解进行：

第一步，将 $S—XYZ$ 绕 Y 轴旋转 φ 角得到一新坐标系 $S—X_{\varphi}YZ_{\varphi}$，如图 1-40 所示。

$$\begin{bmatrix} X \\ Y \\ Z \end{bmatrix} = \boldsymbol{R}_{\varphi}\begin{bmatrix} X_{\varphi} \\ Y \\ Z_{\varphi} \end{bmatrix} = \begin{bmatrix} \cos\varphi & 0 & -\sin\varphi \\ 0 & 1 & 0 \\ \sin\varphi & 0 & \cos\varphi \end{bmatrix}\begin{bmatrix} X_{\varphi} \\ Y \\ Z_{\varphi} \end{bmatrix} \tag{1-12}$$

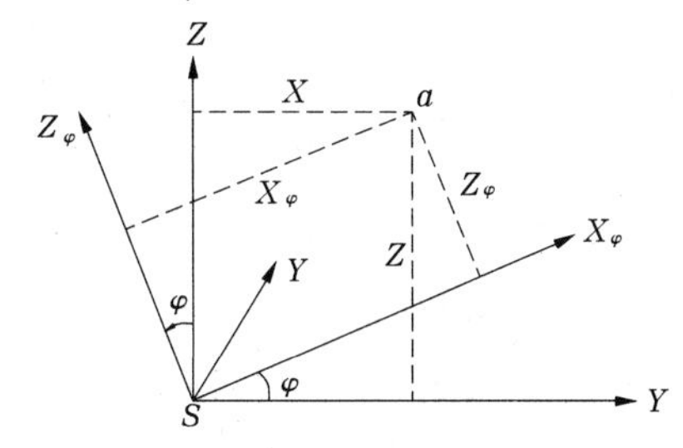

图 1-40　$S—XYZ$ 至 $S—X_{\varphi}YZ_{\varphi}$

第二步，绕 X_{φ} 轴将 $S—X_{\varphi}YZ_{\varphi}$ 旋转 ω 角得到新坐标系 $S—X_{\varphi}Y_{\omega}Z_{\varphi\omega}$，如图 1-41 所示。

$$\begin{bmatrix} X_{\varphi} \\ Y \\ Z_{\varphi} \end{bmatrix} = \boldsymbol{R}_{\omega}\begin{bmatrix} X_{\varphi} \\ Y_{\omega} \\ Z_{\varphi\omega} \end{bmatrix} = \begin{bmatrix} 1 & 0 & 0 \\ 0 & \cos\omega & -\sin\omega \\ 0 & \sin\omega & \cos\omega \end{bmatrix}\begin{bmatrix} X_{\varphi} \\ Y_{\omega} \\ Z_{\varphi\omega} \end{bmatrix} \tag{1-13}$$

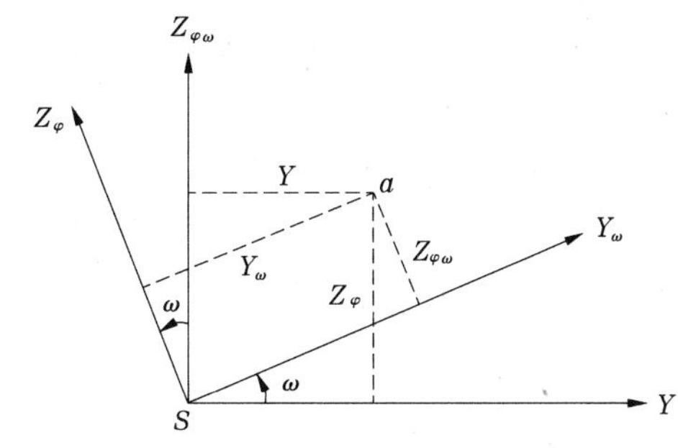

图 1-41　$S—X_{\varphi}YZ_{\varphi}$ 至 $S—X_{\varphi}Y_{\omega}Z_{\varphi\omega}$

第三步，绕轴 $Z_{\varphi\omega}$ 将 $S—X_{\varphi}Y_{\omega}Z_{\varphi\omega}$ 旋转 κ 角，得到像空间直角坐标系，如图 1-42 所示。

$$\begin{bmatrix} X_{\varphi\omega} \\ Y_{\omega} \\ Z_{\varphi\omega} \end{bmatrix} = \boldsymbol{R}_{\kappa}\begin{bmatrix} x \\ y \\ -f \end{bmatrix} = \begin{bmatrix} \cos\kappa & -\sin\kappa & 0 \\ \sin\kappa & \cos\kappa & 0 \\ 0 & 0 & 1 \end{bmatrix}\begin{bmatrix} x \\ y \\ -f \end{bmatrix} \tag{1-14}$$

第四步，将上面公式逆序代入可得到像点空间辅助坐标与像空间坐标的变换关系为式(1-15)：

$$\begin{bmatrix} X \\ Y \\ Z \end{bmatrix} = \boldsymbol{R}_{\varphi}\boldsymbol{R}_{\omega}\boldsymbol{R}_{\kappa}\begin{bmatrix} x \\ y \\ -f \end{bmatrix} = \boldsymbol{R}\begin{bmatrix} x \\ y \\ -f \end{bmatrix} \tag{1-15}$$

式中：

$$\boldsymbol{R} = \boldsymbol{R}_{\varphi}\boldsymbol{R}_{\omega}\boldsymbol{R}_{\kappa} = \begin{bmatrix} \cos\varphi & 0 & -\sin\varphi \\ 0 & 1 & 0 \\ \sin\varphi & 0 & \cos\varphi \end{bmatrix}\begin{bmatrix} 1 & 0 & 0 \\ 0 & \cos\omega & -\sin\omega \\ 0 & \sin\omega & \cos\omega \end{bmatrix}\begin{bmatrix} \cos\kappa & -\sin\kappa & 0 \\ \sin\kappa & \cos\kappa & 0 \\ 0 & 0 & 1 \end{bmatrix} = \begin{bmatrix} a_1 & a_2 & a_3 \\ b_1 & b_2 & b_3 \\ c_1 & c_2 & c_3 \end{bmatrix} \tag{1-16}$$

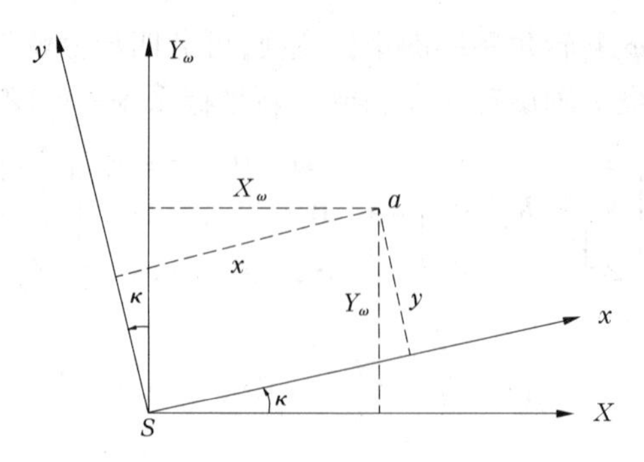

图 1-42　$S—X_\varphi Y_\omega Z_{\varphi\omega}$ 至 $S—xyz$

经整理得：a_i, b_i, c_i 九个方向余弦值如下：

$$a_1 = \cos\varphi\cos\kappa - \sin\varphi\sin\omega\sin\kappa$$
$$a_2 = -\cos\varphi\sin\kappa - \sin\varphi\sin\omega\sin\kappa$$
$$a_3 = -\sin\varphi\cos\omega$$
$$b_1 = \cos\omega\sin\kappa$$
$$b_2 = \cos\omega\cos\kappa$$
$$b_3 = -\sin\omega$$
$$c_1 = \sin\varphi\cos\kappa + \cos\varphi\sin\omega\sin\kappa$$
$$c_2 = -\sin\varphi\sin\kappa - \cos\varphi\sin\omega\cos\kappa$$
$$c_3 = \cos\varphi\cos\omega$$

以 X 轴为主轴的 ω'、φ'、κ' 转角系统的坐标变换如下：

用与上述类似的方法，可得到采用 ω'、φ'、κ' 表示的旋转矩阵的方向余弦值：

$$a_1 = \cos\varphi'\cos\kappa'$$
$$a_2 = -\cos\varphi'\sin\kappa'$$
$$a_3 = -\sin\varphi'$$
$$b_1 = \cos\omega'\sin\kappa' - \sin\omega'\sin\varphi'\cos\kappa'$$
$$b_2 = \cos\omega'\cos\kappa' + \sin\omega'\sin\varphi'\sin\kappa'$$
$$b_3 = -\sin\omega'\cos\varphi'$$
$$c_1 = \sin\omega'\sin\kappa' + \cos\omega'\sin\varphi'\cos\kappa'$$
$$c_2 = \sin\omega'\cos\kappa' - \cos\omega'\sin\varphi'\sin\kappa'$$
$$c_3 = \cos\varphi'\cos\omega'$$

以 Z 轴为主轴的 A、α、κ 系统的坐标变换如下：

用上述类似的方法，可得到采用 A、α、κ 表示的旋转矩阵的方向余弦值：

$$a_1 = \cos A\cos\kappa + \sin A\cos\alpha\sin\kappa$$
$$a_2 = -\cos A\sin\kappa + \sin A\cos\alpha\cos\kappa$$
$$a_3 = -\sin A\sin\alpha$$
$$b_1 = -\sin A\cos\kappa + \cos A\cos\alpha\sin\kappa$$
$$b_2 = \sin A\sin\kappa + \cos A\cos\alpha\cos\kappa$$
$$b_3 = -\cos A\sin\alpha$$
$$c_1 = \sin\alpha\sin\kappa$$

$$c_2 = \sin\alpha\cos\kappa$$
$$c_3 = \cos\alpha$$

值得注意的是，对于同一张影像在同一坐标系中，当取不同的转角系统的3个角度计算方向余弦时，其表达方式虽然不同，但相应的方向余弦值是彼此相等的，即由不同转角系统的角度计算的旋转矩阵是唯一的。

（五）中心投影构像方程及空间后方交会

1. 中心投影构像方程

航摄影像与地形图是两种不同性质的投影，摄影测量的处理，就是要把中心投影的影像变换为正射投影的地形图。为此，就要讨论像点与相应物点的构像方程式，找到两者之间的关系。

选取地面摄影测量坐标系 $A—XYZ$ 及像空间辅助坐标系 $S—XYZ$，并使两坐标系的坐标轴彼此平行，如图1-43所示。

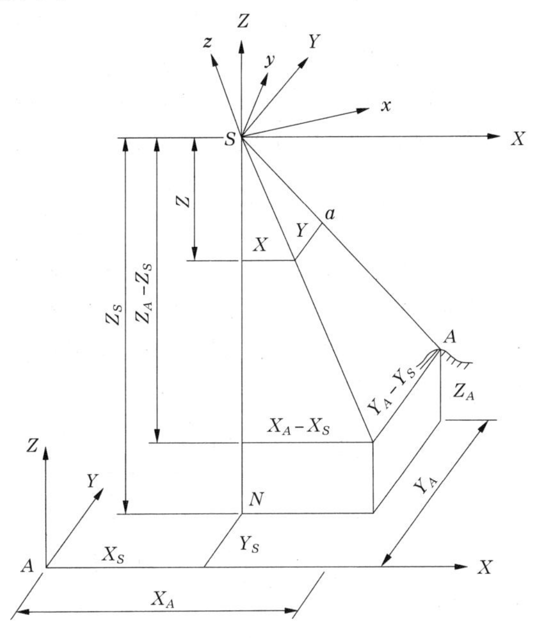

图1-43　中心投影构像关系

设投影中心 S 与地面点 A 在地面摄影测量坐标系中的坐标分别为（X_S, Y_S, Z_S）和（X_A，Y_A, Z_A），则地面点 A 在像方空间辅助坐标系中的坐标为（$X_A - X_S, Y_A - Y_S, Z_A - Z_S$），而相应像点 a 在像空间辅助坐标系中的坐标为（X, Y, Z）。

由于摄影时 S、a、A 三点位于一条直线上，由图1-43中的相似三角形关系得式（1-17）：

$$\frac{X}{X_A - X_S} = \frac{Y}{Y_A - Y_S} = \frac{Z}{Z_A - Z_S} = \frac{1}{\lambda} \tag{1-17}$$

式中：λ 为比例因子，写成矩阵形式如下：

$$\begin{bmatrix} X \\ Y \\ Z \end{bmatrix} = \frac{1}{\lambda}\begin{bmatrix} X_A - X_S \\ Y_A - Y_S \\ Z_A - Z_S \end{bmatrix} \tag{1-18}$$

像空间坐标系与像空间辅助坐标系的坐标关系式的反算为式（1-19），即

$$\begin{bmatrix} x \\ y \\ -f \end{bmatrix} = \begin{bmatrix} a_1 & b_1 & c_1 \\ a_2 & b_2 & c_2 \\ a_3 & b_3 & c_3 \end{bmatrix} \begin{bmatrix} X \\ Y \\ Z \end{bmatrix} \tag{1-19}$$

将式(1-19)带入式(1-18)展开得到3个方程式:

$$x = \frac{1}{\lambda}[a_1(X_A - X_S) + b_1(Y_A - Y_S) + c_1(Z_A - Z_S)] \quad ①$$

$$y = \frac{1}{\lambda}[a_2(X_A - X_S) + b_2(Y_A - Y_S) + c_2(Z_A - Z_S)] \quad ②$$

$$-f = \frac{1}{\lambda}[a_3(X_A - X_S) + b_3(Y_A - Y_S) + c_3(Z_A - Z_S)] \quad ③$$

并用第③式去除第①、②式,整理得式(1-20):

$$\left.\begin{aligned} x &= -f\frac{a_1(X_A - X_S) + b_1(Y_A - Y_S) + c_1(Z_A - Z_S)}{a_3(X_A - X_S) + b_3(Y_A - Y_S) + c_3(Z_A - Z_S)} \\ y &= -f\frac{a_2(X_A - X_S) + b_2(Y_A - Y_S) + c_2(Z_A - Z_S)}{a_3(X_A - X_S) + b_3(Y_A - Y_S) + c_3(Z_A - Z_S)} \end{aligned}\right\} \tag{1-20}$$

当需要顾及内方位元素时,式(1-20)可变换为式(1-21):

$$\left.\begin{aligned} x - x_0 &= -f\frac{a_1(X_A - X_S) + b_1(Y_A - Y_S) + c_1(Z_A - Z_S)}{a_3(X_A - X_S) + b_3(Y_A - Y_S) + c_3(Z_A - Z_S)} \\ y - y_0 &= -f\frac{a_2(X_A - X_S) + b_2(Y_A - Y_S) + c_2(Z_A - Z_S)}{a_3(X_A - X_S) + b_3(Y_A - Y_S) + c_3(Z_A - Z_S)} \end{aligned}\right\} \tag{1-21}$$

式(1-20)是中心投影的构像方程,又称为共线方程式。根据式(1-18)、式(1-19)以及式(1-17),可得共线方程式反算式(1-22):

$$\left.\begin{aligned} X_A - X_S &= (Z_A - Z_S)\,\frac{a_1x + a_2y - a_3f}{c_1x + c_2y - c_3f} \\ Y_A - Y_S &= (Z_A - Z_S)\,\frac{b_1x + b_2y - b_3f}{c_1x + c_2y - c_3f} \end{aligned}\right\} \tag{1-22}$$

共线方程式中包括12个值:以像主点为原点的像点坐标值 x、y,对应地面点坐标值 X、Y、Z,影像主距 f 及外方位元素 X_S、Y_S、Z_S、φ、ω、κ。

共线方程式是摄影测量中最基本的公式,后面介绍的单像空间后方交会、光束法双像摄影测量、数字影像纠正等都要用到该式。

2. 单张影像的空间后方交会

如果已知每张影像的6个外方位元素,就能确定摄影瞬间被摄物体与航摄影像的关系,重建地面的立体模型,因此如何获取影像的外方位元素,一直是摄影测量工作者所探讨的问题。目前,外方位元素主要利用雷达、全球定位系统、惯性导航系统以及星相摄影机来获取,也可用摄影测量空间后方交会法获取,如图1-44所示。

1)定义

利用航片上的三个以上像点坐标和对应地面点坐标,计算影像外方位元素的工作,称为单张影像的空间后方交会。进行空间后方交会计算,常用的一个基本公式是像点、投影中心和物点三点共线的共线方程。

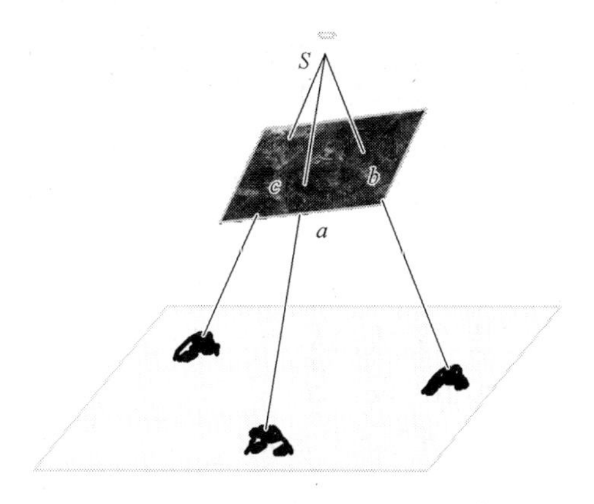

图 1-44　单张影像的空间后方交会

2)所需控制点个数与分布

共线条件方程的一般形式为

$$\left.\begin{aligned} x - x_0 &= -f\frac{a_1(X - X_S) + b_1(Y - Y_S) + c_1(Z - Z_S)}{a_3(X - X_S) + b_3(Y - Y_S) + c_3(Z - Z_S)} \\ y - y_0 &= -f\frac{a_2(X - X_S) + b_2(Y - Y_S) + c_2(Z - Z_S)}{a_3(X - X_S) + b_3(Y - Y_S) + c_3(Z - Z_S)} \end{aligned}\right\} \tag{1-23}$$

式中包含有 6 个外方位元素,即 X_S、Y_S、Z_S、φ、ω、κ,只有确定了这 6 个外方位元素的值,才能恢复摄影瞬间相机的位置及姿态,从而确定相机所拍摄的内容。

已知点个数要求:对任一已知点,我们已知其地面坐标(X_i,Y_i,Z_i)和对应像点坐标(x_i,y_i),代入共线条件方程可以列出两个方程式,因此至少需要 3 个控制点才能解算出 6 个外方位元素。

在实际应用中,为了避免粗差,应有多余检查点,因此一般需要 4 ~6 个已知点。

已知点分布要求:为了最有效地控制整张影像,已知点应均匀分布于影像边缘,如图 1-45所示。

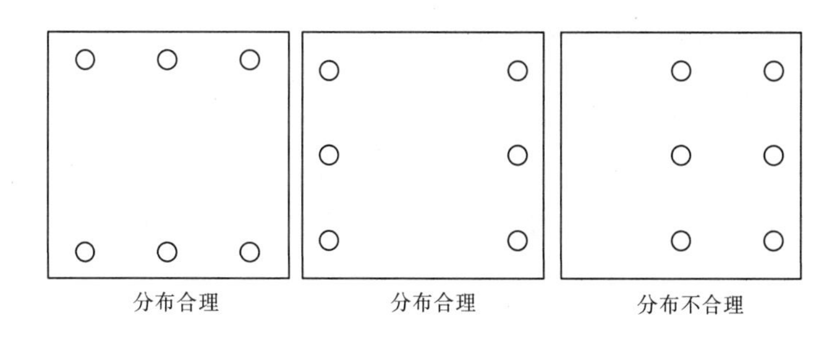

图 1-45　已知点的分布

3)基本公式

计算外方位元素的基本公式为共线条件方程。

共线条件方程的严密关系式是非线性函数,为了便于计算机处理,对它进行线性化,然后按泰勒级数展开取至一次项。将共线方程按泰勒级数展开取小值一次项,当采用 φ、ω、κ 系统时为以下形式:

$$\left.\begin{aligned} F_x &= (F_x)^0 + \frac{\partial F_x}{\partial X_S}\Delta X_S + \frac{\partial F_x}{\partial Y_S}\Delta Y_S + \frac{\partial F_x}{\partial Z_S}\Delta Z_S + \frac{\partial F_x}{\partial \varphi}\Delta\varphi + \frac{\partial F_x}{\partial \omega}\Delta\omega + \frac{\partial F_x}{\partial \kappa}\Delta\kappa \\ F_y &= (F_y)^0 + \frac{\partial F_y}{\partial X_S}\Delta X_S + \frac{\partial F_y}{\partial Y_S}\Delta Y_S + \frac{\partial F_y}{\partial Z_S}\Delta Z_S + \frac{\partial F_y}{\partial \varphi}\Delta\varphi + \frac{\partial F_y}{\partial \omega}\Delta\omega + \frac{\partial F_y}{\partial k}\Delta\kappa \end{aligned}\right\} \tag{1-24}$$

式中：$(F_x)^0$、$(F_y)^0$ 分别为 F_x 和 F_y 的初值；$\frac{\partial F_x}{\partial \bullet}$、$\frac{\partial F_y}{\partial \bullet}$分别为 F_x、F_y 对各个外方位元素的偏导数，F_x、F_y 为外方位元素改正数的系数；ΔX_S、ΔY_S、ΔZ_S、$\Delta\varphi$、$\Delta\omega$、$\Delta\kappa$ 分别为 X_S、Y_S、Z_S、φ、ω、κ 初值的增量(外方位元素近似值的改正数)。

4)空间后方交会计算中的误差方程式与法方程

为了提高精度，并提供检查条件，通常要有 4 个以上的控制点，此时有了多余观测，就需要用最小二乘法来计算各改正数。当把控制点坐标值作为真值，像点坐标作为观测值时，可列出误差方程式：

$$\left.\begin{aligned} v_x &= -\frac{f}{H}\Delta X_S - \frac{x-x_0}{H}\Delta Z_S - \left[f + \frac{(x-x_0)^2}{f}\right]\Delta\varphi - \frac{(x-x_0)(y-y_0)}{f}\Delta\omega + (y-y_0)\Delta\kappa - l_x \\ v_y &= -\frac{f}{H}\Delta Y_S - \frac{y-y_0}{H}\Delta Z_S - \frac{(x-x_0)(y-y_0)}{f}\Delta\varphi + \left[f + \frac{(y-y_0)^2}{f}\right]\Delta\omega - (x-x_0)\Delta\kappa - l_y \end{aligned}\right\} \tag{1-25}$$

5)空间后方交会的计算过程

(1)获取已知数据。包括 n 个控制点的地面坐标(X_i, Y_i, Z_i)；内方位元素 x_0、y_0、f，摄影航高 H，影像比例尺 m。

(2)量测 n 个控制点对应的像点坐标(x_i, y_i)，并进行必要的系统误差改正。

(3)确定外方位元素的初值 X_S^0、Y_S^0、Z_S^0、φ^0、ω^0、κ^0。在近似垂直摄影情况下，各个初值可按如下方法确定：

$$X_S^0 = \frac{1}{n}\sum_{i=1}^{n} X_i,\ Y_S^0 = \frac{1}{n}\sum_{i=1}^{n} Y_i,\ Z_S^0 = H = mf,\ \varphi^0 = \omega^0 = \kappa^0 = 0$$

(4)计算各个方向余弦，组成旋转矩阵 $\boldsymbol{R}$。

(5)逐点计算像点坐标值$(X_{i计}, Y_{i计})$、常数项和误差方程式系数，即逐点组建误差方程式。

(6)计算法方程式的系数阵 $\boldsymbol{A}^{\mathrm{T}}\boldsymbol{A}$ 和常数阵 $\boldsymbol{A}^{\mathrm{T}}\boldsymbol{L}$，组成法方程式。

(7)按式(1-25)解各个外方位元素的增量(或改正数)，并与相应初值求和，得到外方位元素的新初值。

(8)检查计算是否收敛。将所求的外方位元素改正数与规定的限差比较，通常只对角元素的改正数设定限差(一般为 0.1′)。当三个角改正数都小于限差时，迭代结束；否则，用新的初值重复(4)~(8)步。

(9)外方位元素的精度估算。

6)空间后方交会的理论精度

根据平差原理，平差后的单位权中误差为

$$m_0 = \sqrt{\frac{\sum v_i^2}{2n - t}} \tag{1-26}$$

式中：m_0为单位权中误差；v_i为第 i 个方程的残差；n 为控制点个数；t 为未知数个数，在此为 6。

根据误差传播定律有：

$$\boldsymbol{m}^2 = \boldsymbol{N}^{-1} m_0^2 \tag{1-27}$$

式中：$\boldsymbol{N}^{-1}$是法方程系数阵的逆阵。若

$$\boldsymbol{N}^{-1} = \begin{bmatrix} Q_{11} & Q_{12} & \cdots & Q_{1t} \\ Q_{21} & Q_{22} & \cdots & Q_{2t} \\ \vdots & \vdots & & \vdots \\ Q_{t1} & Q_{t2} & \cdots & Q_{tt} \end{bmatrix} \tag{1-28}$$

则第 i 个未知数的中误差为

$$m_i = \sqrt{Q_{ii}} m_0 \tag{1-29}$$

3. 中心投影构像方程的应用

(1)单片空间后方交会和多片空间前方交会；

(2)光束法空中三角测量的基础方程；

(3)数字投影基础(数字导杆)；

(4)计算模拟影像数据(已知内、外方位元素及物点坐标)；

(5)利用 DEM 与共线方程制作正射影像；

(6)利用 DEM 进行单片测图。

(六)立体像对的前方交会

1. 立体像对的点、线、面

对单张影像解析，称为单像摄影测量。在共线方程中，对于一张航摄影像而言，若内、外方位元素和像点坐标已知，要解求像点对应的地面点坐标，是满足不了条件的，因为要求的地面点坐标(X,Y,Z)至少需要 3 个方程式，而一张影像通过共线方程只能建立两个方程式。通过共线方程的分析可知，通过一张影像解析目标地面的三维坐标无法实现，只有通过立体摄影测量才可以实现，也就是双像摄影测量。双像摄影测量以立体像对为基础，通过立体观察与量测来确定地面目标的三维信息。由不同摄站摄取的、具有一定影像重叠的两张影像称为立体像对。下面介绍立体像对与所摄地面间的基本几何关系和部分术语。

如图 1-46 所示，S_1、S_2为两个摄站，角标 1、2 表示左、右。S_1、S_2的连线叫作摄影基线，记作 B。地面点 A 的投射线 AS_1和 AS_2叫作同名光线或相应光线，同名光线分别与两像面的交点 a_1、a_2叫作同名像点或相应像点。显然，处于摄影位置时同名光线在同一平面内，即同名光线共面，这个平面叫核面。例如，通过地面点 A 的核面叫作 A 点的核面，记作 $W\!A$。所以，在摄影时所有的同名光线都处在各自对应的核面内，即摄影时各对同名光线都是共面的，这是关于立体像对的一个重要几何概念。

通过像底点的核面叫作垂核面，因为左、右底点的投射光线是平行的，所以一个立体像对有一个垂核面。过像主点的核面叫作主核面，有左主核面和右主核面。由于两主光轴一般不在同一个平面内，所以左、右主核面一般是不重合的。

基线或其延长线与像平面的交点叫作核点，图中 J_1、J_2分别是左、右影像上的核点。核面与像平面的交线叫作核线，与垂核面、主核面相对应有垂核线和主核线。同一个核面对应

的左、右影像上的核线叫作同名核线,同名核线上的像点一定是一一对应的,因为它们都是同一个核面与地面上的点的构像。由此得知,任意地面点对应的两条核线是同名核线,左、右影像上的垂核线也是同名核线,而左、右主核线一般不是同名核线。由于所有核面都通过摄影基线,而摄影基线与像平面相交于一点,即核点,因此像面上所有核线必汇聚于核点。与单张影像的解析相联系可知,核点就是空间一组与基线方向平行的直线的合点。

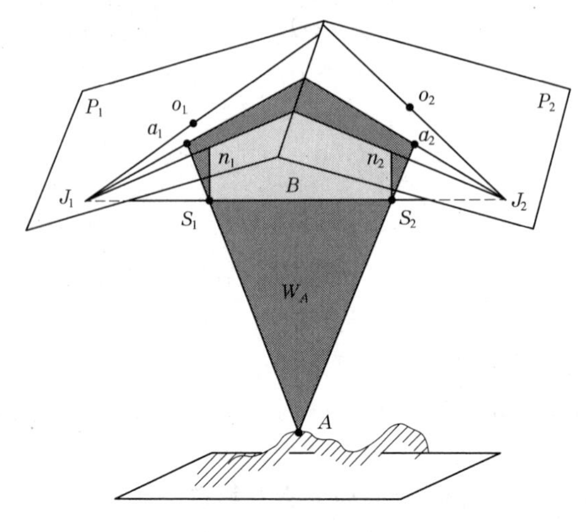

图 1-46　立体像对

摄影基线水平的两张水平影像组成的立体像对叫作标准式像对。由于通过以像主点为原点的像平面坐标系的坐标轴方向的选择可以使这种像对的两个像空间坐标系、基线坐标系与地辅系之间的相应轴平行,所以也可以说:两个像空间坐标系和基线坐标系各轴均与地辅系相应轴平行的立体像对叫作标准式像对。

2. 立体像对的前方交会

利用单张影像空间后方交会可以求得影像的外方位元素,但要利用单张影像反求相应地面点坐标,仍然是不可能的,因为影像的外方位元素和影像上的某一像点坐标,仅能确定影像的空间方位和相应地面点的空间方向。而利用立体像对上的同名像点,就能得到两条同名射线在空间的方向及它们的交点,此交点就是该像点对应的地面点的空间位置。若立体像对的内方位元素已知,利用共线方程,通过空间后方交会的方法,可以求得单张影像的外方位元素,即恢复了航摄影像在摄影瞬间的空中姿态和位置,此时通过像对可以恢复一个和摄影时一致的几何模型。这些模型点坐标便可以在相应的摄影测量坐标系统中计算出来。这就是空间前方交会所要做的工作。

空间前方交会是指利用立体像对两张影像的同名像点坐标、内方位元素和外方位元素,解算模型点坐标(或地面点坐标)的工作。

1)立体像对空间前方交会公式

如图 1-47 所示为一个已恢复相对方位的立体像对,其中 S_1、S_2 表示两个摄站,$S_1—X_1Y_1Z_1$ 是以左摄站为原点的像空间辅助坐标系。在右摄站 S_2 建立一个坐标轴与 $S_1—X_1Y_1Z_1$ 相平行的像空间辅助坐标系 $S_2—X_2Y_2Z_2$。在地面建立地面摄影测量坐标系 $D—X_tY_tZ_t$,X_t 轴与航向基本一致,X_tY_t 面水平,并且使 $S_1—X_1Y_1Z_1$ 和 $S_2—X_2Y_2Z_2$ 两个像空间辅助坐标系的坐标轴与 $D—X_tY_tZ_t$ 平行。

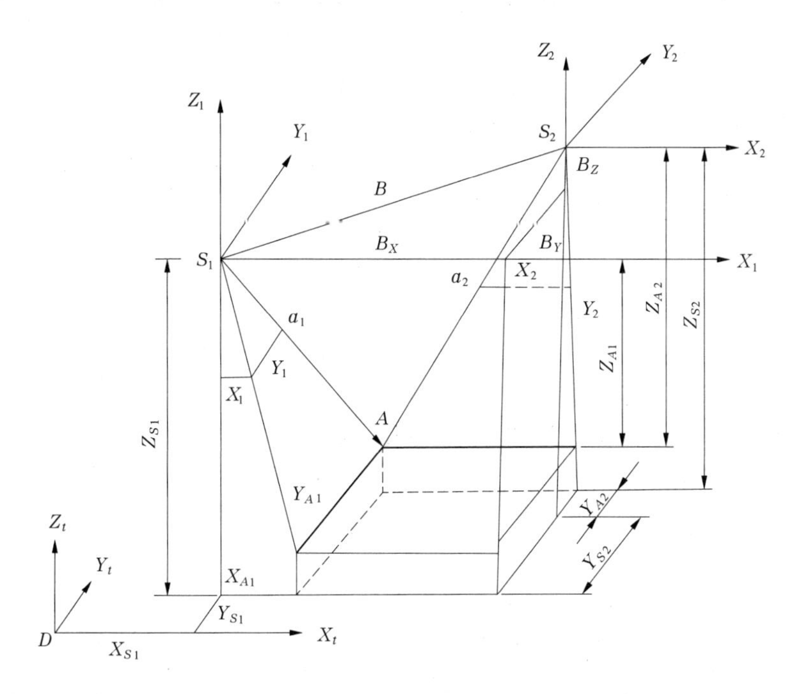

图1-47　空间前方交会

设地面点 A 在 D—$X_tY_tZ_t$ 中的坐标为(X_A,Y_A,Z_A)，相应的像点 a_1、a_2 的像空间坐标为$(x_1,y_1,-f)$、$(x_2,y_2,-f)$，像空间辅助坐标为(X_1,Y_1,Z_1)、(X_2,Y_2,Z_2)，$\boldsymbol{R}_1$、$\boldsymbol{R}_2$分别是左、右影像的旋转矩阵。

显然，有式(1-30)所示的像空间坐标到空间辅助坐标系之间的坐标变换：

$$\begin{bmatrix} X_1 \\ Y_1 \\ Z_1 \end{bmatrix} = \boldsymbol{R}_1 \begin{bmatrix} x_1 \\ y_1 \\ -f \end{bmatrix}, \begin{bmatrix} X_2 \\ Y_2 \\ Z_2 \end{bmatrix} = \boldsymbol{R}_2 \begin{bmatrix} x_2 \\ y_2 \\ -f \end{bmatrix} \tag{1-30}$$

摄影基线 B 的三个坐标分量 B_X、B_Y、B_Z可由外方位线元素计算：

$$\left.\begin{aligned} B_X &= X_{S2} - X_{S1} \\ B_Y &= Y_{S2} - Y_{S1} \\ B_Z &= Z_{S2} - Z_{S1} \end{aligned}\right\} \tag{1-31}$$

由于 S、a、A 三点共线，有

$$\left.\begin{aligned} \frac{S_1A}{S_1a_1} &= \frac{X_A - X_{S1}}{X_1} = \frac{Y_A - Y_{S1}}{Y_1} = \frac{Z_A - Z_{S1}}{Z_1} = N_1 \\ \frac{S_2A}{S_2a_2} &= \frac{X_A - X_{S2}}{X_2} = \frac{Y_A - Y_{S2}}{Y_2} = \frac{Z_A - Z_{S2}}{Z_2} = N_2 \end{aligned}\right\} \tag{1-32}$$

式中：N_1和 N_2称为点投影系数。其中，N_1为左投影系数，N_2为右投影系数。

由式(1-32)可得出前方交会计算地面点坐标的公式：

$$\left.\begin{aligned} X_A &= X_{S1} + N_1X_1 = X_{S2} + N_2X_2 \\ Y_A &= Y_{S1} + N_1Y_1 = Y_{S2} + N_2Y_2 \\ Z_A &= Z_{S1} + N_1Z_1 = Z_{S2} + N_2Z_2 \end{aligned}\right\} \tag{1-33}$$

式(1-33)可变为

$$\left.\begin{aligned} X_{S2} - X_{S1} &= N_1X_1 - N_2X_2 = B_X \\ Y_{S2} - Y_{S1} &= N_1Y_1 - N_2Y_2 = B_Y \\ Z_{S2} - Z_{S1} &= N_1Z_1 - N_2Z_2 = B_Z \end{aligned}\right\} \tag{1-34}$$

由式(1-34)第一、第三两式联立求解,可得到

$$\left.\begin{aligned} N_1 &= \frac{B_XZ_2 - B_ZX_2}{X_1Z_2 - X_2Z_1} \\ N_2 &= \frac{B_XZ_1 - B_ZX_1}{X_1Z_2 - X_2Z_1} \end{aligned}\right\} \tag{1-35}$$

式(1-33)、式(1-35)便是空间前方交会的基本公式。

综上所述,利用空间前方交会公式计算地面坐标的步骤为:

(1)取两张影像的外方位角元素 φ_1、ω_1、κ_1、φ_2、ω_2、κ_2,利用两张影像的外方位线元素计算出 B_Y、B_Z、B_X。

(2)分别计算左、右两像片的旋转矩阵 $\boldsymbol{R}_1$ 和 $\boldsymbol{R}_2$。

(3)计算两像片上相应像点的像空间辅助坐标(X_1,Y_1,Z_1)、(X_2,Y_2,Z_2)。

(4)计算点投影系数 N_1 和 N_2。

(5)按式(1-33)计算模型点的地面摄影测量坐标。由于 N_1 和 N_2 是由式(1-34)中的第一、第三两式求出的,所以计算地面坐标 Y_A 时,应取平均值,即

$$Y_A = \frac{1}{2}[(Y_{S1} + N_1Y_1) + (Y_{S2} + N_2Y_2)] \tag{1-36}$$

2)双像空间后方交会—前方交会解求地面点坐标

当我们通过航空摄影获取地面的一个立体像对时,可采用双像解析计算的空间后方交会—前方交会方法计算地面点的空间点位坐标。这种方法首先由后方交会的方法求出左、右单张影像的外方位元素,再由前方交会的方法求出待定点坐标,其作业步骤如下:

(1)空间后方交会求单张影像外方位元素。

野外影像控制测量,测量出 4 个控制点的地面坐标(X_t,Y_t,Z_t)。

测出控制点对应的像点坐标,然后测出需求解的像点坐标。

空间后方交会计算影像外方位元素,对两张影像各自进行空间后方交会,计算外方位元素。

(2)空间前方交会计算未知点地面坐标。

利用影像角元素,计算旋转矩阵 $\boldsymbol{R}_1$、$\boldsymbol{R}_2$。

根据影像外方位元素,计算摄影基线:

$$\left.\begin{aligned} B_X &= X_{S2} - X_{S1} \\ B_Y &= Y_{S2} - Y_{S1} \\ B_Z &= Z_{S2} - Z_{S1} \end{aligned}\right\} \tag{1-37}$$

计算像点的像空间辅助坐标:

$$\begin{bmatrix} X_1 \\ Y_1 \\ Z_1 \end{bmatrix} = \boldsymbol{R}_1 \begin{bmatrix} x_1 \\ y_1 \\ -f \end{bmatrix}, \begin{bmatrix} X_2 \\ Y_2 \\ Z_2 \end{bmatrix} = \boldsymbol{R}_2 \begin{bmatrix} x_2 \\ y_2 \\ -f \end{bmatrix} \tag{1-38}$$

计算点投影系数：

$$\left.\begin{aligned} N_1 &= \frac{B_X Z_2 - B_Z X_2}{X_1 Z_2 - X_2 Z_1} \\ N_2 &= \frac{B_X Z_1 - B_Z X_1}{X_1 Z_2 - X_2 Z_1} \end{aligned}\right\} \tag{1-39}$$

按式(1-33)计算所求点的地面摄影测量坐标，其中 Y_A 坐标的计算按式(1-36)处理。

重复以上步骤，完成所需其他地面点的坐标计算。

（七）航摄影像的像点位移及航摄影像比例尺

1. 基本概念

对于水平的平坦地区，若能摄取一张水平影像，这样的理想影像可作为地形图使用，具有地形图的数学特征[见图 1-48(a)]。而实际航空摄影测量时，由于竖轴不铅垂，地面也有起伏，这样获得的航片，就不再具有地形图的数学特征[见图 1-48(b)]。其原因是在中心摄影的情况下，当影像有倾斜，地面有起伏时，地面入射光线在影像上构像相对于理想情况下的构像而产生了位置的差异，称为像点位移。由像点位移又导致了由影像上任一点引画的方向线相对于地面上相应的水平方向线产生了方向上的偏差，下面分两种特殊情况进行讨论。

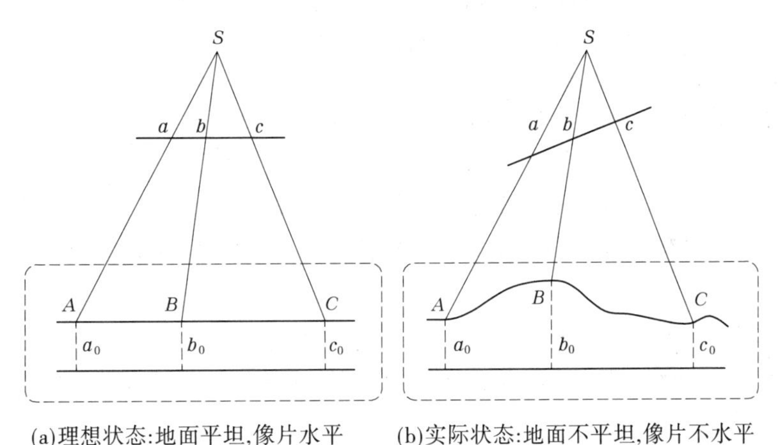

(a)理想状态：地面平坦，像片水平 (b)实际状态：地面不平坦，像片不水平

图 1-48 理想影像与实际影像的关系

2. 地面水平时影像倾斜引起的像点位移及方向偏差

1）影像倾斜位移的概念

如图 1-49 所示，地面 A 点在 P(航片)上的构像为 a，在 P^0(理想影像)的构像为 a_0，点位差值 $\sigma_a = aa^0 = \gamma_c - \gamma_c^0$ 即为像点 a 的影像倾斜位移值。

2）数学表达式

通过推理可得到严密公式：

$$\sigma_a = \frac{-\gamma_c^2 \sin\varphi \sin\alpha}{f - \gamma_c \sin\varphi \sin\alpha} \tag{1-40}$$

式中：γ_c 为以 c 为辐射中心的辐射距(称为向径)；φ 为向径与等比线 $h_c h_c$ 正向的夹角(称为方向角)。

因 $f - \gamma_c \sin\varphi \sin\alpha$ 可简化为 f，所以可得倾斜误差近似公式：

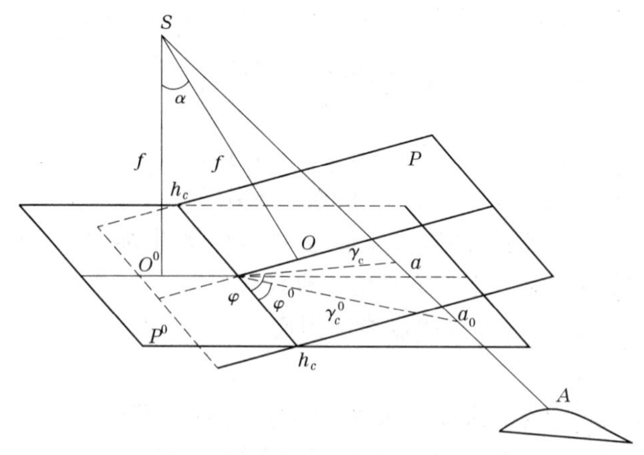

图 1-49　倾斜影像与水平影像的关系

$$\sigma_a = \frac{-\gamma_c^2}{f}\sin\varphi\sin\alpha \tag{1-41}$$

3）倾斜影像上像点位移的特性

（1）倾斜影像上像点位移出现在以等角点为中心的辐射线上。

（2）当 $\varphi=0°$ 或 180°时像点位于等比线上，无影像倾斜像点位移。

（3）像点位移以误差值表示，与 $\sin\varphi$ 的符号有关。当 $0°<\varphi<180°$ 时像点朝向等角点位移，上半部分影像线段的长度比水平影像相应线段长度短，说明该部分的影像比例尺小于等比线的影像比例尺。在 $180°<\varphi<360°$ 时，与前述刚好相反。

4）由影像倾斜引起的方向偏差

在以主纵线为 y 轴的直角坐标系中，ε_a 为影像倾斜引起的方向偏差，ε_a 是影像倾斜使得各地面点在航摄影像上的构像位置产生了位移而导致的。在一张航片上，有三种情况无方向偏差：

（1）等比线上任两点的连线。

（2）以等角点为顶点的辐射线或过等角点的直线上的任两点的连线。

（3）当两点位于某一条像水平线上时。

3. 影像水平时地形起伏引起的投影差、像点位移及方向偏差

如图 1-50 所示为一剖面图，因地形起伏引起的投影差 $\delta h = NA' - NA_0 = AA_0'$，即为 A 点在基准面上的中心投影相对于正射投影的位置差别，称为投影差。

在图上由数学相似三角形关系可得：

$$\frac{\delta h}{R'} = \frac{h}{H-h} \tag{a}$$

$$\frac{R'}{H-h} = \frac{r}{f} \tag{b}$$

由于

$$\Delta h = \frac{\delta h}{m} = \frac{f}{H}\delta h \tag{c}$$

可以利用式(a)、(b)、(c)得：

$$\Delta h = \frac{rh}{H} \tag{1-42}$$

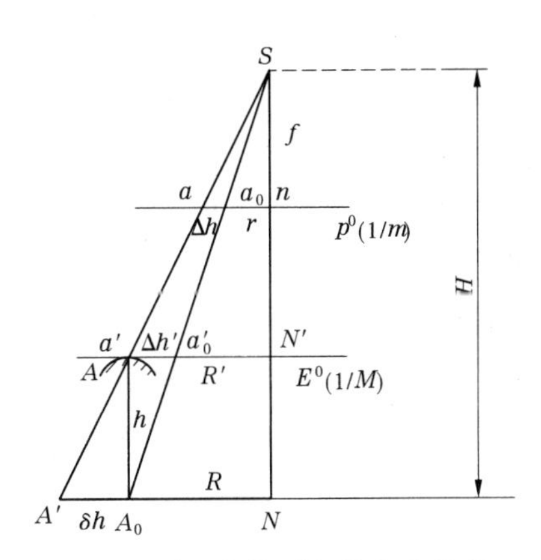

图 1-50 地形起伏引起的像点位移

式(1-42)即为地形起伏引起的像点位移的计算公式。

根据式(a)可以得到地面上的投影差

$$\delta h = \frac{R'h}{H - h} \tag{1-43}$$

归纳起来,地形起伏像点位移的特征为:

(1)地形起伏像点位移是地面点相对于所取基准面的偏差而引起的,随地面点的高差值不同而各异。

(2)以误差值表示,表现在像底点为辐射中心的方向线上。

(3)符号与该点的高差符号相同,正高差引起的由像点朝向像底点引入值来改正。

(4)在保持影像摄影比例尺不变时,位移量随 H 上升而下降。

(5)由像底点引出的辐射线不会出现因地形起伏像点位移引起的方向偏差。

(6)水平影像上存在有地形起伏像点位移。

因地形起伏引起的方向偏差:如图 1-49 所示,对基准面具有高差的任意两地面点的像点,其连线方向相对该两地面点在基准面上正射投影点的像点的连线方向的偏差,称为因地形起伏引起的方向偏差。同样,因地形起伏引起的方向偏差只有在以像底点为中心的辐射线上或过像底点的直线上,任意两点的连线,不存在地形起伏引起的方向偏差,但仍存在影像倾斜引起的方向偏差。

4. 航摄影像的构像比例尺

对于水平地面 E 摄取水平影像 P^0,其构像比例尺 $1/m$,为影像上任意线段长度 l 和地面上相应水平距离 L 之比,即 $1/m = l/L = f/H$,对一张影像而言,比例尺为常数。对一般的航片而言,由于地面存在起伏,影像有倾角,会产生不同程度的像点位移,从而导致航片上的构像比例尺是不一致的。在地面起伏的航片上,很难找到影像比例尺完全相同的部分。而地形摄影测量的任务就是通过各种处理,将没有统一比例尺的航片变换为规定比例尺的地形图。

四、技能训练

(1)对相机检定文件进行分析。

(2)航摄影像外方位元素获取,外方位元素编辑。

五、思考练习

(1)分析原始影像与正射影像图的区别,并加以说明。
(2)获取航摄影像内方位元素的意义是什么?
(3)航摄影像外方位元素的作用是什么?
(4)摄影测量常用坐标系有哪些? 各有何特点?
(5)通过学过的知识整理一套通过像点获取地面点坐标的方案。
(6)分析引起航摄影像像点位移的原因。

任务三　立体观察

一、任务描述

立体观察就是观察立体模型的意思,立体测量是获取像点坐标的过程。通过对立体的观察及量测不仅能增强辨识像点的能力,而且能提高量测精度。立体摄影测量仪器都是在对像对进行立体观察的情况下作业的,仪器的观察系统应具备人眼自然观察的相应条件。通过摄影测量的手段进行测绘产品生产,必须通过影像建立立体模型,在立体模型上进行各种测绘产品的生产。在这个过程中,操作人员需要看到立体模型,才能实现对模型的各种操作。通过此任务的学习,使学习者了解产生立体视觉的原因及其如何获取人造立体视觉等方面的内容,从而消除学习者对于为什么能看到立体这个问题的疑惑。

二、教学目标

(1)理解立体视觉原理。
(2)掌握人造立体视觉方法及立体效应分类。
(3)了解立体观察的方法及特点。
(4)了解立体量测的方法。

三、相关知识

(一)人眼立体视觉

眼是人们观察外界景物的感觉器官。眼球位于眼窝内,肌肉的收缩作用可使眼球转动。眼睛前突部分为透明角膜,它是外界光线进入眼球的通道。角膜后面有一个水晶体,如同双凸透镜,可随观察物体的远近改变曲率半径。眼球的最里层是视网膜,由视神经末梢组成,有感受光能的作用。感光最灵活的地方是网膜窝。眼球的形状近乎对称,其对称轴为光轴。当人眼注视某物点时,视轴会自动地转向该点,使该点成像在网膜窝中心,同时随着物体离人眼的远近自动改变水晶体曲率,使物体在网膜上的构像清晰。眼睛的这种本能称为眼的调节。

当双眼观察物体时,两眼会本能地使物体的像落于左右两网膜窝中心,即视轴交会于所注视的物点上,这种本能称为眼的交会。在生理习惯上,眼的交会动作与眼的调节是同时进行、永远协调的。在注视有远近距离的物体时,随着水晶体的曲率半径相应的改变,网膜窝上总是得到清晰的像。眼的这种凝视本能适于观察远近不同的物体。正常眼的最合适的视距称为明视距离，约为250 mm，两眼基线为65 mm。

1. 人眼相当于摄影机

人眼是一个天然的光学系统，结构复杂，它好像一架完善的自动调光的摄像机，水晶体如同摄影机物镜，它能自动改变焦距，使观察不同远近物体时，视网膜上都能得到清晰的物像；瞳孔好像光圈，网膜好像底片，能接受物体的影像信息，如图1-51所示。

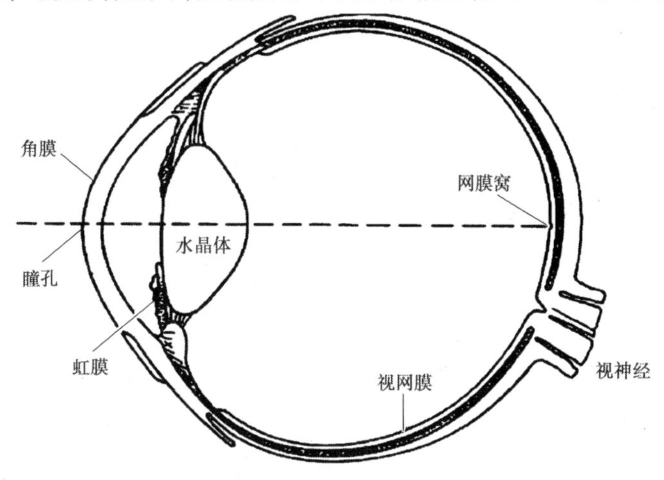

图1-51　人眼的结构

只有用双眼观察景物，才能判断景物的远近，得到景物的立体效应。这种现象称为人眼的立体视觉。摄影测量学中，正是根据这一原理，对同一地区在两个不同摄影站点上拍摄两种影像，构成一个立体像对，进行观察与测量。

2. 立体视觉原理

1）立体视觉原理解析

人眼为什么能观察景物的远近呢？如图1-52所示，A点在两眼中的构像分别为a_1、a_2，而B点在两眼中的构像分别为b_1、b_2，AB在两眼中的构像分别为a_1b_1和a_2b_2，则有$\delta = a_1b_1 - a_2b_2$，δ称为生理视差。科学研究表明：由交会角不同而引起的生理视差通过人的大脑就能做出物体远近的判断。因此，生理视差是人双眼分辨远近的根源。这种生理视差正是物体远近交会角不同的反映，所以可以根据交向角差$\Delta r = r - r'$或生理视差$\delta = a_1b_1 - a_2b_2$判断点位深度位移$\mathrm{d}L$。

2）人眼的分辨能力与观察能力

人眼的分辨能力是由视神经细胞决定的，若两物点的影像落在同一视神经细胞内，人眼就分不出这两个像点，即不能分辨这是两个物点。视神经细胞直径为0.003 5 mm，相当于水晶体张角为45″，所以单眼观察两点间的分辨能力为45″，如果观察的是平行线，则提高为20″。而试验证明，双眼观察比单眼观察提高$\sqrt{2}$倍，所以双眼观察点状物体的分辨能力为$45''/\sqrt{2} \approx 30''$，观察线状物体的分辨能力为$20''/\sqrt{2} \approx 12''$。

3）人眼的感知过程

按照立体视觉原理来分析，人眼要观测到立体，必须双眼观测，可是当用单眼观测物体时我们同样能观测到立体效果，这主要是人的心理因素。我们大脑形成感知主要经历如下

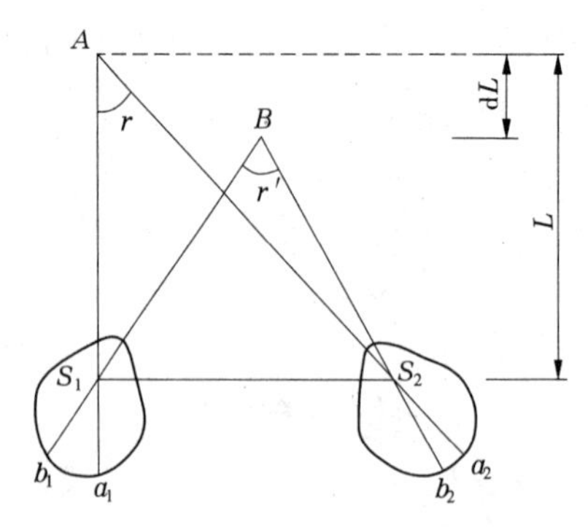

图 1-52　双眼立体视觉原理

过程:光线到达人眼(物理过程),光线刺激视神经细胞使其产生视神经信号(生理过程),大脑结合原有记忆和视神经信号做出判断(心理过程)。在心理过程中,大脑对于物体的判断加入了已有记忆,所以感觉单眼观测的物体是立体的。

(二)人造立体视觉

1. 人造立体视觉的产生

如图 1-53 所示,A、B 两物体远近不同形成的交会角的差异,便在人的两眼中产生了生理视差,得到一个立体视觉,能分辨出物体远近。若用摄影机摄得同一景物的两张影像 P_1、P_2,这两张影像称为立体像对。当左、右眼各看一张相应影像时,看到的光线和看实际物体是一致的,在眼中同样可以产生生理视差,能分辨出物体远近。这种观察立体像对得到地面景物立体影像的立体感觉称为人造立体视觉(效能)。人造立体视觉的获取是由于影像的构像真实地记录了空间物体的相互几何关系,它作为中间媒介,将空间实物与网膜窝上生理视差的自然界立体视差的直接关系,分为空间物体与构像信息和构像信息与生理视差两个阶段,对照航空摄影情形,相邻两影像航向重叠 65%,地面上同一物体在相邻两影像上都有影像,即可真实地记录所摄物体相互关系的几何信息。我们利用相邻影像组成的像对进行双眼观察,同样会获取所摄地面的立体空间感觉。这种方法感觉到的实物视觉立体模型称为视模型。

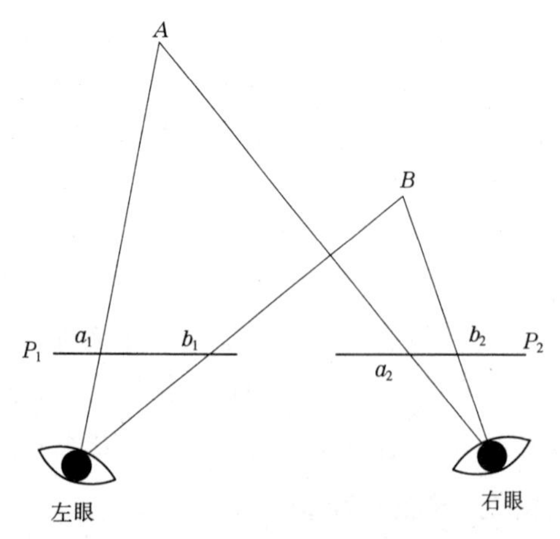

图 1-53　人造立体视觉原理

2. 观察人造立体的条件

摄影测量学中，广泛应用人造立体的观察，根据实物在像对上所记录的构像信息建立人造立体视觉，必须符合自然界立体观察的条件。归纳起来有 4 个条件：

(1)由两个不同摄站点摄取同一景物的一个立体像对。

(2)一只眼睛只能观察像对中的一张影像，即双眼观察像对时必须保持两眼分别只能观察一张影像，这一条件称为分像条件。

(3)两眼各自观察同一景物的左、右影像点的连线应与眼基线近似平行。

(4)影像间的距离应与双眼的交会角相适应。

人造立体视觉的应用使摄影测量从初期的单像量测发展为双像的立体量测，不仅提高了量测的精度和摄影测量的工作效率，更重要的是扩大了摄影测量的应用范围，奠定了立体摄影测量的基础。人造立体视觉原理现在已经广泛地应用于各行各业，比如现在的立体电影、3D 电视、3D 模型影像等方面。

3. 立体效应(效能)的转换

在满足上述观察条件的基础上，两张影像有三种不同的放置方式，因而产生了三种立体效应，即正立体效应、反立体效应、零立体效应。

(1)正立体效应：左方摄影站获得的影像放在左方，用左眼观察；右方摄影站获得的影像放在右方，用右眼观察。就得到一个与实物相似的立体效果，此立体效应为正立体。

(2)反立体效应：左方摄影站的影像放在右边，用右眼观察；右方摄影站的影像放在左边，用左眼观察或在组成正立体后将左、右像片各旋转 180°。这时观察到的立体影像恰好与实物相反，即物体的高低方位发生变化，这种立体效应称为反立体。

(3)零立体效应：将正立体情况下的两张影像，在各自的平面内按同一方向旋转 90°，使得影像上纵横坐标互换方向，因而失去了立体感觉成为一个平面图像。这种立体视觉，称为零立体效应。

正、反立体效应如图 1-54 所示。

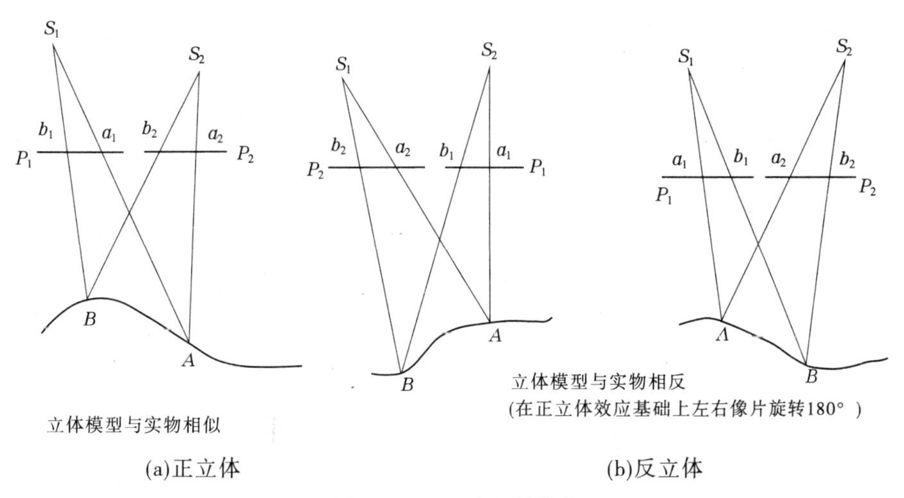

图 1-54　正、反立体效应

(三)立体观察

航空摄影过程中航带方向相邻影像都有约 65% 的航向重叠，任意两相邻航摄影像都能

组成一个立体像对。在摄影测量中常借助人造立体效应来看到所摄地面的视模型。人造立体效应常借助于立体观察仪器,如桥式立体镜、反光立体镜、偏振光立体镜、液晶闪闭法、变焦距双筒立体镜等,还可以借助互补色法来实现。最简单的是双眼直接观察,但人眼基距有限,观察视场小,且成像的视觉模型不稳定,眼睛易疲劳。立体观察也可看作是一种影像三维增强的过程。航空影像、侧视雷达影像、SPOT 卫星影像以及高纬度地区陆地卫星 MSS 影像,均可用来进行立体观察,以获取地面三维影像,提高判读效果。

1. 用立体镜观察立体

观察立体像对时,一种是直接观察两张影像,构成立体视觉,它是借助立体镜来达到分像的;另一种是通过光学投影方法获取。

用立体镜观察立体:立体镜的主要作用是一只眼睛能清晰地只看一张影像的投影影像,目前得到了广泛应用,最简单的是桥式立体镜、反光立体镜。观察立体时,看到的立体模型与实物不一样,主要是在竖直方向夸大了,地面起伏变高,这种变形有利于高程的量测。由于量测的是像点坐标,用它来计算高差,观察中虽然夸大了高差,但量测像点坐标没变,所以对计算的高差没影响。立体观察的仪器如图 1-55 所示。

2. 重叠影式观察立体

当一个立体像对的两张影像在恢复了摄影时的相对位置后,用灯光照射到影像上,其光线通过影像投射至承影面上,两张影像的影像相互重叠。如何满足一只眼睛只看到一张影像的投影影像来观察立体影像呢? 这就要用到“分像”的方法,常用的方法有互补色法、光闸法和偏振光法。

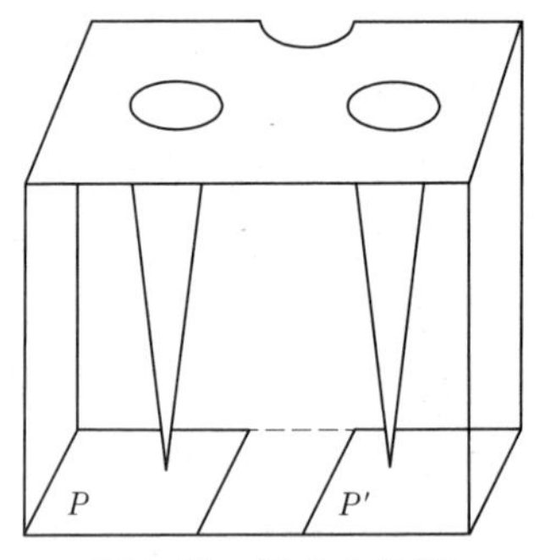

图 1-55　桥式立体镜

(1)互补色法:混合在一起成为白色光的两种色光称为互补色光。品红和蓝绿是两种常见的互补色。如图 1-56所示,在暗室中,用两投影器分别对左、右像片进行投影。在左投影器中插入红色滤光片,在右投影器中插入绿色滤光片。观察者带上左红右绿的眼镜就可以达到分像的目的,而观察到立体了。

(2)光闸法:在投影的光线中安装光闸,两个光闸一个打开、一个关闭,相互交替。人眼带上与光闸同步的光闸眼镜,就能一只眼睛只看一张影像了。这是由于影像在人眼中能保持0.15 s 的视觉停留,只要同一只眼睛再次打开的时间间隔小于0.15 s,眼睛中的影像就不会消失。这样虽然一只眼睛没有看到影像,但大脑中仍有影像停留,仍能观察到立体。

(3)偏振光法:光线经过偏振器分解出来的偏振光只在偏振平面上传播,设此时的光强为 I_1,当通过第二个偏振器后光强为 I_2,如果两个偏振器的夹角为 α,则 $I_2 = I_1\cos\alpha$。利用这一特性,在两张影像的投影光路中分别放置偏振平面相互垂直的偏振器,得到波动方向相互垂直的两组偏振光影像。观察者带上与偏振器相互垂直的偏振眼镜,这样就能达到分像的目的,从而可以观察到立体。

(4)液晶闪闭法:该装置由红外发生器和液晶眼镜组成。使用时红外发生器一端与显卡相连,图像显示软件按照一定的频率交替显示左、右影像,红外发生器同步发射红外线,控制液晶眼镜的左右镜片交替地闪闭,达到分像的目的,从而观察到立体。

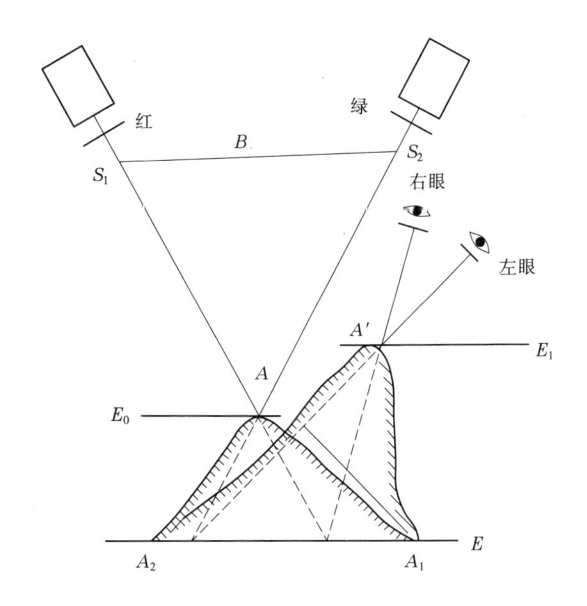

图 1-56　互补色法

(四)立体量测

摄影测量学不仅要在室内能观察到构成的地面立体模型,而且要在模型上进行量测模型点坐标或在影像上量测像点坐标,从而通过模型点坐标或像点坐标确定地面点的三维坐标。这就要求在立体像对上进行量测。立体量测有双测标量测和单测标量测两种方法。

1. 双测标量测法

双测标量测法是用两个刻有量测标准的测标放在两张影像上,或放置在左、右影像观察光路中,当立体观测影像对时,左、右两个测标构成一个空间测标,当左、右测标分别在左、右影像的同名地物点上时,测标与该地物点相贴,此时,移动影像或观测系统的手轮可直接读出该点在量测坐标系中的坐标,或者以测标切到某一高程,用左、右手轮运动,保证测标紧贴立体模型表面移动,即可带动测图设备绘出等高线。

如图 1-57 所示,a 称为定测标,a'称为动测标,a 和 a'重合时可读出左、右像点的同名坐标量测值(x_a、y_a),(x'_a、y'_a)。在这种情况下,相应像点的坐标差称为视差。其中横坐标之差称为左、右视差,用 p 表示,纵坐标之差称为上、下视差,用 q 表示,即 $p = x_a - x'_a$,$q = y_a - y'_a$。

2. 单测标量测法

单测标量测法是用一个真实测标去量测立体模型,如图 1-58 所示。当把立体像对的左、右两张影像分别装于左、右两个投影器中,且恢复了空间相对位置和方位时,就构成了立体模型。用一个测绘台进行模型点的量测,测绘台的水平小承影面 Q 中央有一小光点测标,小承影面可做上下移动,而整个测绘台可在承影面上做水平方向移动,当光点测标与某一地面点 A 相切时,这时测标的位置就代表量测点的空间位置(X,Y,Z),按此高度沿着立体模型表面保持相切地移动测绘台,则测绘台下端的绘图笔随即绘出运动轨迹,此轨迹就是该高程的等高线。

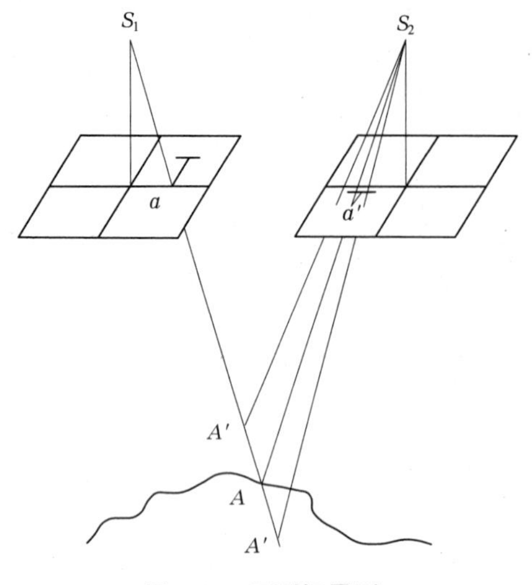

图 1-57　双测标量测

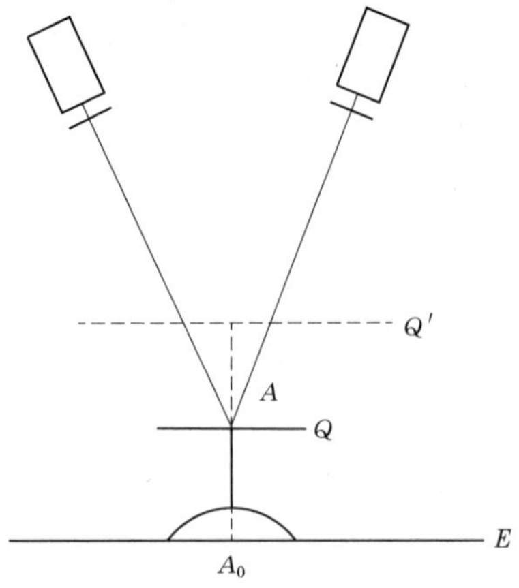

图 1-58　单测标量测

四、任务实施

(1)收集模拟立体像对及数字立体像对。
(2)通过立体镜进行模拟照片立体观察。
(3)通过数字摄影测量软件进行数字模型立体观察。

五、技能训练

(1)掌握立体镜立体观察的方法。
(2)掌握数字模型立体观察过程中视差的调节方法。

六、思考练习

(1)为什么立体像对航向重叠度要求达到60%以上?
(2)三种立体效应产生的原因是什么?
(3)为什么我们人眼观察物体是双眼观察?单眼观察物体能否看到立体?说明原因。

任务四　航摄影像分析及 POS 数据预处理

一、任务描述

航空摄影获取的数字影像及 POS 数据,在进行内业处理之前要做预处理,使数据满足数字摄影测量系统软件处理的要求,例如 POS 数据的格式转换、坐标系的转换、影像畸变纠正等工作。

二、教学目标

(1)掌握影像畸变纠正的概念及方法。

(2)掌握POS数据处理的方法。

三、相关知识

(一)航摄影像误差分析

摄影得到的影像由于受到摄影机物镜畸变差、摄影处理、大气折光及地球弯曲等因素的影响,影像上产生误差,这些误差将直接影响摄影测量的精度,因此应加以研究和处理。

影像畸变是指影像与其所反映的地表真实景像之间产生的光谱特性和几何特性方面的误差,即辐射误差和几何误差,前者表现为影像在灰度上的失真,后者表现为几何关系上的变形。

影像畸变原因分为两大类:

(1)系统畸变,又称内部畸变。指成像系统(包括传感器及其运载工具)内部变化所引起的畸变。如传感器结构不严密、性能不稳定、工作状态不良,以及运载工具的位置和姿态变化等。

(2)非系统畸变,又称外部畸变。由外部环境因素变化造成的畸变。如太阳位置变化、大气对电磁波辐射的影响、地球曲率、地球自转和地形起伏等。影像畸变性质和大小受遥感方式(主动式或被动式)、平台高度、传感器类型、成像方式(静态摄影或动态扫描)、工作波段、大气状况、地表形态等诸多因素的综合影响。

大部分系统畸变可通过传感器系统参数或姿态参数测定来确定;大部分非系统畸变往往是随机的。畸变形式大体有整体连续畸变(如姿态、轨道、地球自转、地形起伏等引起的变形)、局部连续畸变(如行扫描、缝隙扫描引起的几何变形,大气选择性散射、吸收以及地形起伏造成的辐射误差等)和局部不连续畸变等。畸变纠正前、后影像对比如图1-59所示。

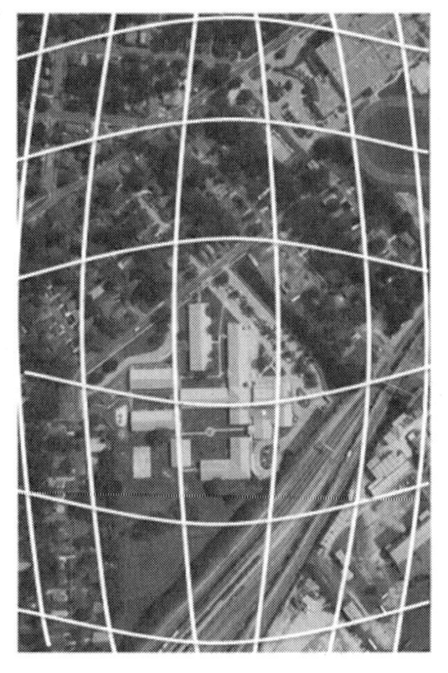

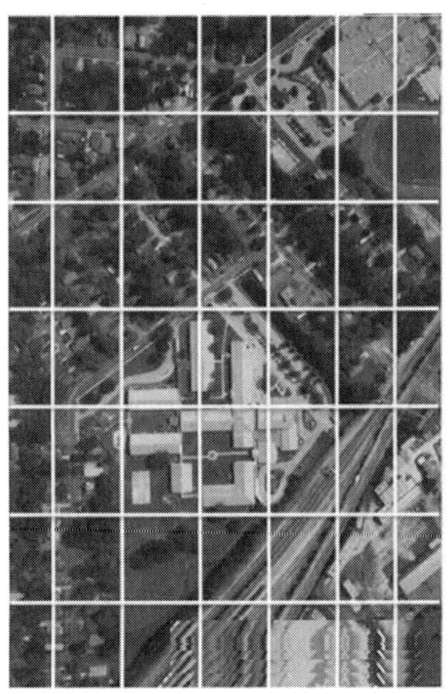

图1-59　畸变纠正前、后影像对比

成像系统畸变以物镜畸变影响较大,由于物镜在加工、安装和调试过程中存在一定的残余误差,这就会引起物镜畸变。它有两种:径向畸变差和切向畸变差。后者较小,仅为前者

的 1/7 ~ 1/5，因而只测定径向畸变差并加以改正，如图 1-60 所示。

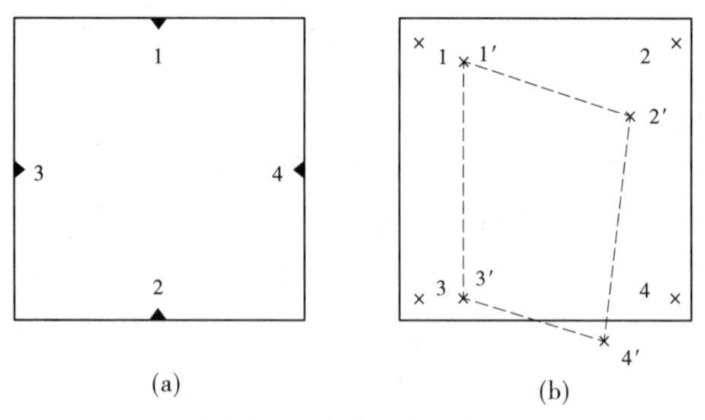

图 1-60　物镜畸变示意图

理想情况下，过物镜节点的入射光线与出射光线相互平行，由于生产加工导致的畸变，使实际光线并不平行。如图 1-61 所示，物点 A 应构像于 a'，由于物镜畸变差，A 点实际构像于 a。

物镜畸变差有径向畸变差和切向畸变差。径向畸变差为主要误差，它在以像主点为中心的辐射线上，在图 1-61上表示为 $a'a$。径向畸变差是以像主点为中心的像点辐射距的函数，可表示为

$$\Delta r = k_0 r + k_1 r^2 + k_2 r^5 + k_3 r^7 + \cdots \qquad (1\text{-}44)$$

式中：Δr 为畸变差；r 为像点到像主点的距离；k_0、k_1、⋯为径向畸变差系数，由生产相机的厂家提供或通过相机检定获取。

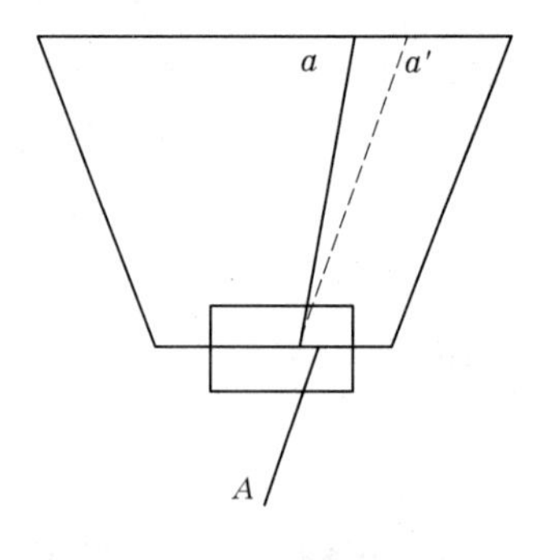

图 1-61　物镜畸变原理

改正时分别在 x、y 方向上进行（Δx 为 x 方向上的改正数，Δy 为 y 方向上的改正数）：

$$\begin{aligned} \Delta x &= -x(k_0 + k_1 r^2 + k_2 r^4 + k_3 r^6 + \cdots) \\ \Delta y &= -y(k_0 + k_1 r^2 + k_2 r^4 + k_3 r^6 + \cdots) \end{aligned} \qquad (1\text{-}45)$$

（二）航摄相机的检定

狭义上来说，检查和校正数码相机内方位元素和光学畸变系数的过程称为相机的检校；广义上的数码相机检校涉及的内容比较广泛，在实际应用领域中，可根据精度要求和目的不同来选择部分参数进行检校。通过相机检定获取相机参数，通过畸变纠正软件进行影像畸变纠正是获取非畸变影像的主要方法，如图 1-62 所示为相机检定文件示例。

相机检定一般主要研究以下几个方面的内容：

（1）内方位元素即主点位置与主距的测定。

（2）光学畸变系数包括径向畸变差和偏心畸变差的测定。

（3）像框坐标系的设定。

（4）调焦后主距变化的测定与设定。

（5）调焦后畸变差变化的测定。

（6）偏心常数 EC 的测定。

（7）成像分辨率的测定。

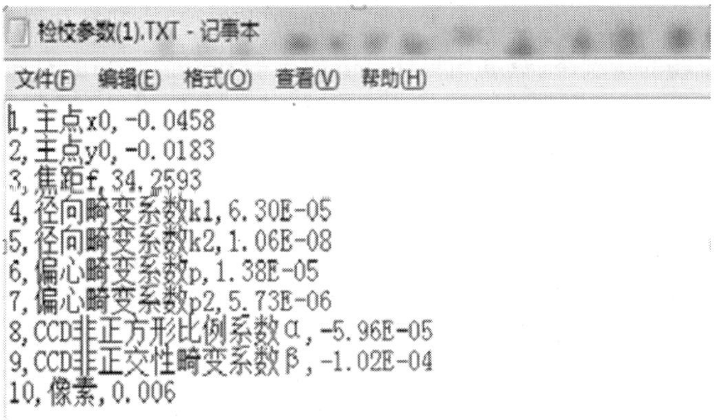

检校参数(1).TXT - 记事本

文件(F)　编辑(E)　格式(O)　查看(V)　帮助(H)

1,主点x0,-0.0458
2,主点y0,-0.0183
3,焦距f,34.2593
4,径向畸变系数k1,6.30E-05
5,径向畸变系数k2,1.06E-08
6,偏心畸变系数p,1.38E-05
7,偏心畸变系数p2,5.73E-06
8,CCD非正方形比例系数α,-5.96E-05
9,CCD非正交性畸变系数β,-1.02E-04
10,像素,0.006

图 1-62　相机检定文件示例

(8)立体摄影机(及立体视觉系统)内方位元素与外方位元素的测定。

(9)多台摄影机同步精度的测定。

(10)CCD 非正方形比例系数、CCD 非正交性畸变系数。

无人机航空摄影使用的大多是非专业数码相机,影像误差处理的关键是要获取摄影机的内方位元素及畸变改正系数,数码相机检校是狭义上的相机检校,也就是检查和校正数码相机内方位元素和光学畸变系数。进行相机的检校方法很多,主要方法如下。

1. 基于检校场的检校方法

经典的相机检校方法有实验室检校、试验场检校等,其理论已经非常完善,这些传统的方法计算简单,且对摄影的几何图形条件要求低,受内外参数相关性影响小且可以评定检校结果的好坏等特点,当应用场合所要求的量测精度很高,相机参数不易发生变化时,可首先考虑这些方法。缺点是依赖于专业设备或需建立精密的室内、室外控制场,需要利用已知的景物结构信息和已知控制点,检校的程序较复杂,费用高昂,不够灵活,不易携带。如图 1-63 所示为室内亚毫米级高精度三维检校场。

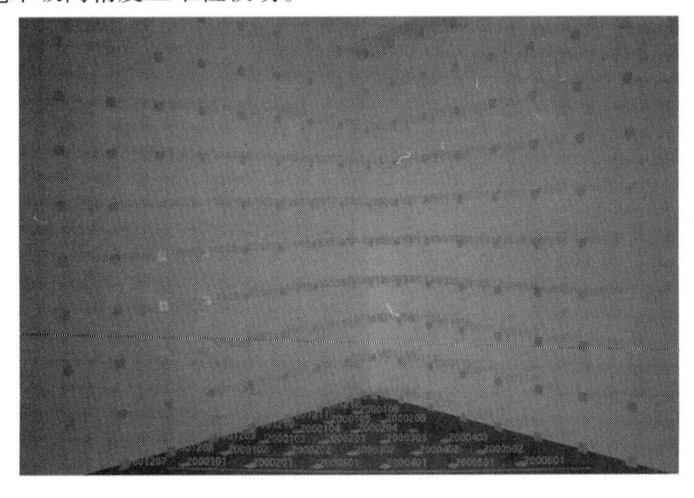

图 1-63　室内亚毫米级高精度三维检校场

2. 相机自检校方法

自检校方法是利用定焦相机的镜头光学结构不随主距变化而变化的特点,通过预检校

获取内方位元素的变化规律，以此来减少检校未知数的个数，达到简化自检校模型的目的。在不需要建立检校场的情况下，只利用目标周围的影像和影像之间的对应关系对相机进行检校，造价低，但稳健性较差。当前，自检校方法主要有直接求解 Kruppa 方程的自检校、分层逐步检校、基于绝对二次曲面的自检校等。

（三）POS 数据的概念

机载 POS 系统是由 GNSS 接收机及惯性测量装置 IMU 组成的一套定位定姿系统。利用安装于飞机上与航摄相机相连接的 POS 系统同步而连续地观测 GNSS 卫星信号，同时测定航空摄影瞬间航摄相机的高精度姿态角，经 GNSS 载波相位测量动态定位技术获取航摄仪曝光时刻摄影站的三维坐标及影像的姿态角，如图 1-64 所示。通过 POS 系统可直接测得影像的外方位元素，进而减少野外控制测量工作量、提高摄影测量生产效率。

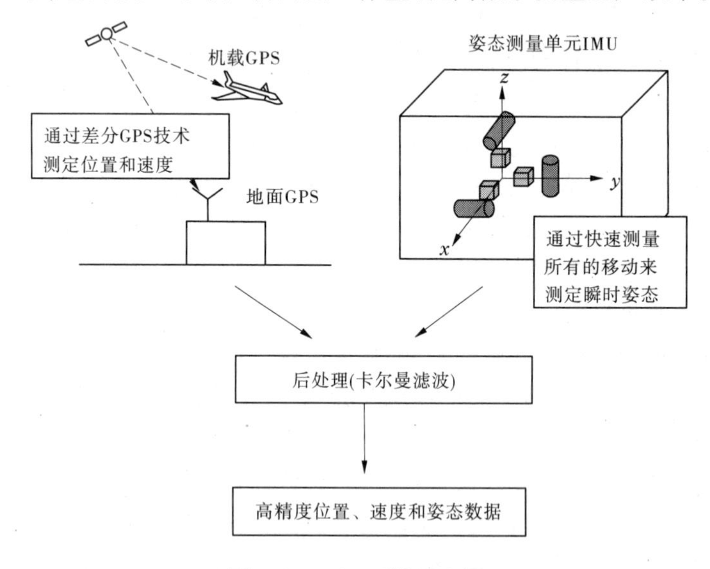

图 1-64　POS 系统示意图

根据设备的不同，POS 系统有两种模式：

（1）实时差分、高精度 IMU 结合的免像控 POS 模式。此模式可以获取高精度影像外方位元素，减少甚至不需要像控点即可完成航测工作。

（2）低精度定位模式。此模式获取的定位定姿数据精度低，不能直接作为影像外方位元素使用，这类 POS 数据主要是在内业处理过程中起辅助作用，例如排列航带、作为快拼的基础数据等。

四、任务实施

（一）影像畸变纠正

数字摄影测量系统都带有影像畸变处理的工具，这里以 LensDistortion 软件来处理影像畸变。

（1）找到相机鉴定报告（见图 1-65），相机类型：NikonD810。

序号	检校内容	检校值
1	主点 x_0	3 674.706 5
2	主点 y_0	2 448.905 8
3	焦距 f	7 428.799 8
4	径向畸变系数 k_1	1.490×10^{-9}
5	径向畸变系数 k_2	-3.536×10^{-17}
6	偏心畸变系数 p_1	4.002×10^{-9}
7	偏心畸变系数 p_2	1.492×10^{-7}
8	CCD 非正方形比例系数 α	3.296×10^{-4}
9	CCD 非正交性畸变系数 β	7.254×10^{-5}
注:坐标原点在影像左下角 像幅 7 360 ×4 912 像素,像素大小:4.8 μm		

图 1-65　相机检定报告

(2)打开 LensDistortion 软件,在 Distortion 模块里按顺序填入各检校值,将待检校影像拖入 Photo 窗口,运行即可。

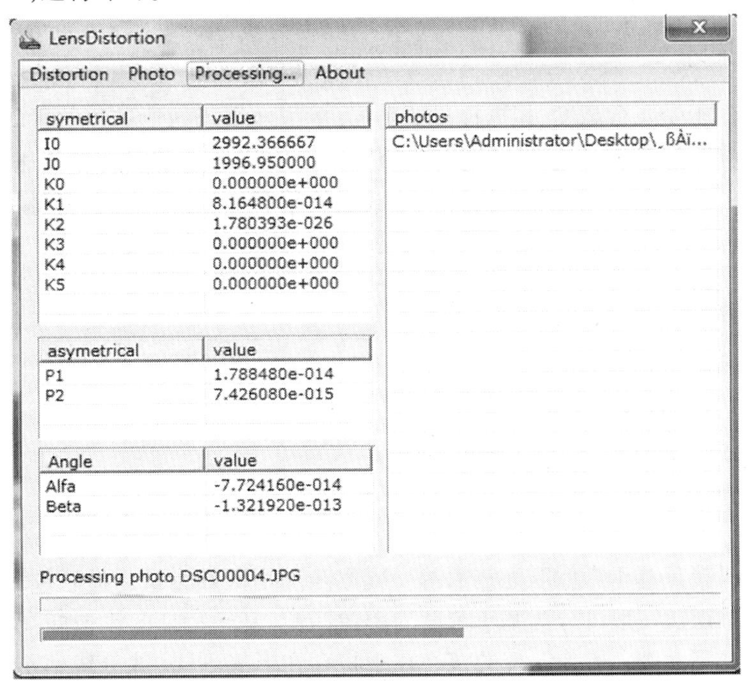

图 1-66　畸变纠正参数录入

(3)检校前影像一般以 JPG 格式存在,检校后影像会以 TIFF 格式存在,并在同一文件夹中。

（二）POS 数据提取

POS 数据有两种存在形式，一种是以文件的形式存在，另一种是内嵌在航空影像里。航空摄影结束后，将 POS 数据从地面站软件里直接导出，打开 POS 文件（一般是文本格式），与航摄影像进行对照，检查影像编号与 POS 数据的对应关系，可以在这里直接将无用的 POS 数据及对应的照片删除，不参与后期内业处理，主要是飞机起飞前拍摄的试验数据及飞机转弯飞行过程中拍摄的数据。POS 数据的编辑可以在 Excel 里进行。内嵌式 POS 数据大多空三处理软件可自动读取。

五、技能训练

（1）用不同的检校软件进行影像检校对比。
（2）从地面控制站提取 POS 数据并整理。

六、思考练习

（1）相机检校对影像误差的影响有多大，参考相关文献进行分析。
（2）若 POS 数据与控制点数据在不同的参照系下，怎样进行处理？

任务五　航摄影像快速拼接

一、任务描述

航摄影像由于受飞行高度、相机视角的影响，单张航摄影像所覆盖的区域面积不大，在特定任务中需要对多张影像进行拼接，有效覆盖所有工作区。航摄影像快速拼接可以获取测区全景图，在灾害应急等应用中，能够快速获取灾区影像，为抢险救灾提供实时的灾情数据，有效地弥补了卫星航摄和常规航摄的不足。

二、教学目标

（1）了解影像快速拼接的意义。
（2）了解快速拼接技术的核心算法。
（3）掌握快速拼接技术的生产流程。

三、相关知识

影像快速拼接是基于影像匹配技术的。影像匹配是摄影测量与遥感领域的基本问题，按照提取特征的层次一般可分为基于灰度的影像匹配、基于特征的影像匹配和基于理解与解释的影像匹配三大类。影像匹配的核心在于将存在形式不同［如分辨率不同、尺度不同、亮度不同、位置不同（存在平移和旋转）、变形不同］的各种影像对应起来，是影像配准及拼接的前提。正确确定影像之间的同名像点，是答解几何变换参数的基础。航摄影像突出的特性是：预先定义的相邻影像之间的关系不能严格保证，相邻影像之间重叠度变化大，旋转角变化大，特征不连续，因此影像匹配技术多是基于特征的影像匹配技术。影像上最常见的一种特征就是点特征，目前已有很多基于点特征的影像匹配方法，技术较为成熟。

航摄获取的是连续的图像,定位定姿系统会自动记录相应的飞行参数,保存到航迹文件中,从中可以获取图像拍摄时间、经纬度坐标以及无人机飞行姿态等多种信息,从这些信息中可以确定影像的伪像主点坐标(即存在误差的像主点坐标),在地图中将经纬度坐标转换成空间点数据,根据点数据可以获取航摄序列影像的空间关系,建立自动批处理的配准索引,然后利用 SIFT 算法获取影像重叠区的同名点,在摄影测量软件平台中实现影像拼接、影像浏览、空间量测与信息提取等操作。

(一)影像相关技术

在模拟和解析摄影测量阶段,人工确定同名像点,首先在左片上找到一个特征点,然后在右片上,根据周围地物的几何及物理特征,确定右片上和左片上目标一致的点,即为同名点,然后用坐标量测仪进行坐标量测。而全数字化摄影测量的核心问题是如何在两幅(或多幅)影像之间自动识别同名像点(影像相关)。随着计算机的发展,人们提出利用计算机处理数字影像,用数字影像匹配技术代替最初的模拟电子相关器进行同名点的识别。

数字影像相关指利用计算机对数字影像进行数值计算的方式完成影像的相关(影像匹配)。

1. 影像匹配

匹配点确定的基础是匹配测度,基于不同的理论可以定义各种不同的匹配测度,因而形成了各种影像匹配方法。常用的影像匹配方法有相关系数法、协方差法、差平方和法、差绝对值法、最小二乘相关等,这里重点介绍部分方法。

1)相关系数法

相关系数法是以左片目标点为中心选取 $n \times n$ 个像素的灰度阵列作为目标区,估计出右片上同名点可能出现的范围,建立一个 $l \times m$ 个像素的灰度阵列作为搜索区,如图 1-67 所示。依次在搜索区内取出 $n \times n$ 个像素的灰度阵列,计算其与目标区的相似性测度相关系数,可求出 $(l-n+1) \times (m-n+1)$ 个相关系数。结果是目标区相对于搜索区不断移动一个整像素,当相关系数最大时,对应窗口的中心点即是目标点的同名像点。

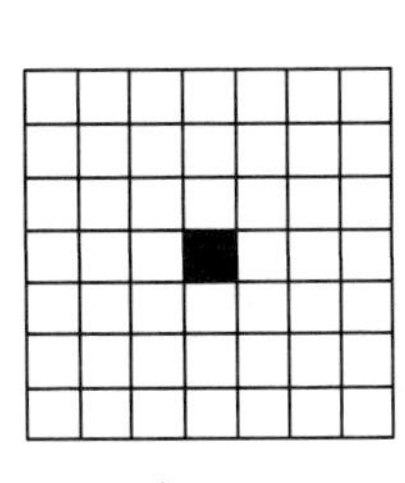

目标区 $n \times n$

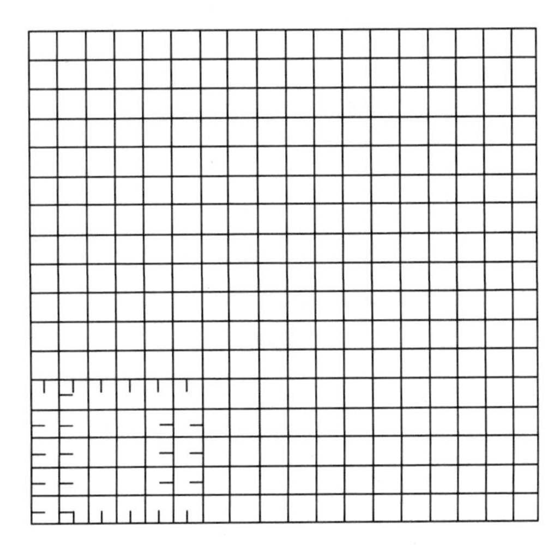

搜索区 $l \times m$

图 1-67 影像匹配窗口

相关系数法的特点:搜索的结果均以整像素为单位;相关系数是标准化协方差函数,目标影像的灰度与搜索影像的灰度之间存在线性畸变时,仍能较好地评价它们之间的相似性程度;目标区和搜索区都是一个二维的影像窗口,是二维相关。

2)协方差法

协方差法与相关系数法的思路一致,不同之处在于所使用的匹配测度不一样。式(1-46)为计算协方差的公式:

$$\sigma_{gg'}(k,h) = \frac{1}{n^2}\sum_{i=1}^{n}\sum_{j=1}^{n} g_{ij}g'_{i+k,j+h} - \overline{gg'_{kh}} \tag{1-46}$$

其中:

$$\left.\begin{aligned} \bar{g} &= \frac{1}{n^2}\sum_{i=1}^{n}\sum_{j=1}^{n} g_{ij} \\ \overline{gg'_{kh}} &= \frac{1}{n^2}\sum_{i=1}^{n}\sum_{j=1}^{n} g'_{i+k,j+h} \end{aligned}\right\} \tag{1-47}$$

依次在搜索区内取出 $n \times n$ 个像素的灰度阵列,计算其与目标区的相似性测度相关系数,可求出 $(l-n+1)\times(m-n+1)$ 个协方差值,当协方差值为最大时,对应的相关窗口的中点就是待定点的同名像点。

3)最小二乘相关

上述影像匹配的方法精度都不是很高,因为在摄影成像的过程当中,影像存在辐射变形和几何变形。

(1)辐射畸变产生的原因是照明及被摄物体辐射面的方向;摄影处理条件的差异;影像数字化过程中产生的误差等。

(2)几何畸变包括产生了影像灰度分布之间的差异(相对移位、图形变化)、摄影方位不同所产生的影像畸变、由于地形坡度所产生的影像畸变等。

由于存在辐射变形的影响,影像匹配精度达不到子像素级的精度。

在相关运算中引入变形参数,补偿两相关窗口之间由于辐射畸变和几何畸变引入的变换参数并将此参数作为待定值,一同纳入到最小二乘解算中,使匹配可达到 1/10 像素甚至 1/100 像素的高精度(子像素精度),称为最小二乘影像匹配。

2. 同名核线的确定及核线相关

通过上述分析的内容可知,影像在匹配的过程中,目标区及搜索区都是二维窗口,无论哪种匹配方法,计算量都比较大,需要计算 $(l-n+1)\times(m-n+1)$ 个相关系数,属于二维相关。通过核线进行影像匹配,可以大大减少计算的工作量,提高匹配的精度。

核线的性质:通过摄影基线与地面所作的平面称为核面,核面与影像面的交线称为核线,同名像点必定在同名核线上。沿同名核线进行相关计算称为一维相关。沿同名核线进行相关计算,可以加快搜索速度,也会增加匹配的可靠性。

确定同名核线可以利用核线固有的几何关系,分别确定左片、右片的核线(直线)方程(找到核线上的一些点),即可确定同名核线,常用的方法有基于共面条件的核线关系和基于数字影像的几何纠正的核线关系,如图 1-68 所示。

1)基于共面条件的核线关系

这个方法从核线的定义出发,直接在倾斜影像上获得同名核线。假定在左片目标区选

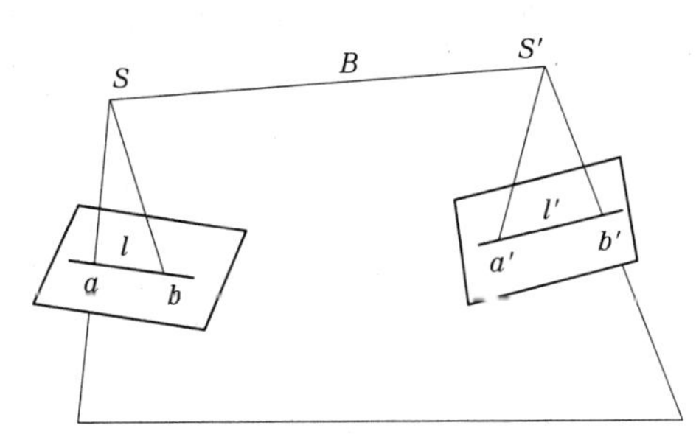

图 1-68　基于共面条件的核线关系

定一个像点 $a(x_a, y_a)$，确定过 a 点的核线 l 和右片搜索区内的同名核线 l'。要确定 l，需要确定其上另一点 $b(x_b, y_b)$；要确定 l'，需要确定两个点 $a'(x'_a, y'_a)$ 和 $b'(x'_b, y'_b)$），x'_a、a 和 a'、b 和 b' 不要求是同名点。由于同一核线上的点均位于同一核面内，设 b 为过 a 点核线 l 上任一点，则满足三线 SS'、Sa、Sb 共面条件，用公式表示为

共面方程
$$B \cdot (S_1 a \times S_1 b) = 0 \tag{1-48}$$

转换为
$$\begin{vmatrix} B & 0 & 0 \\ X_a & Y_a & Z_a \\ X_b & Y_b & Z_b \end{vmatrix} = B \begin{vmatrix} Y_a & Z_a \\ Y_b & Z_b \end{vmatrix} = 0 \tag{1-49}$$

像点空间坐标转换为像空间辅助坐标：
$$\begin{bmatrix} X \\ Y \\ Z \end{bmatrix}_{a,b} = \begin{bmatrix} a_1 & a_2 & a_3 \\ b_1 & b_2 & b_3 \\ c_1 & c_2 & c_3 \end{bmatrix} \begin{bmatrix} x \\ y \\ -f \end{bmatrix}_{a,b} \tag{1-50}$$

将式(1-50)代入式(1-49)得：
$$\frac{Y_a}{Z_a} = \frac{Y_b}{Z_b} = \frac{b_1 x_b + b_2 y_b - b_3 f}{c_1 x_b + c_2 y_b - c_3 f} \tag{1-51}$$

整理后得：
$$y_b = \frac{Y_a c_1 - Z_a b_1}{Z_a b_2 - Y_a c_2} x_b + \frac{Z_a b_3 - Y_a c_3}{Z_a b_2 - Y_a c_2} f \tag{1-52}$$

任意给定一个 x_b，求得相应的 y_b，同理可得到 $a'b'$，即可沿核线进行重采样。数字影像是按扫描行列排列的灰度序列，重采样可获取核线的灰度序列（形成核线影像）。

2）基于数字影像的几何纠正的核线关系

在水平影像上，同一核线上的像点其坐标值 v 为常数，以 $v = c$ 代入，若以等间隔取一系列的 u 值如 $\Delta, 2\Delta, \cdots, k\Delta, (k+1)\Delta \cdots$ 即得一系列的像点坐标 (x_1, y_1)，(x_2, y_2)，(x_3, y_3)，这些点都在左方倾斜影像 P 的核线上。

共线方程
$$\left.\begin{aligned} x &= -f\frac{a_1 u + b_1 v - c_1 f}{a_3 u + b_3 v - c_3 f} \\ y &= -f\frac{a_2 u + b_2 v - c_2 f}{a_3 u + b_3 v - c_3 f} \end{aligned}\right\} \tag{1-53}$$

代入常数 $v = c$ 得
$$\left.\begin{aligned} x &= \frac{d_1 u + d_2}{d_3 u + 1} \\ y &= \frac{e_1 u + e_2}{e_3 u + 1} \end{aligned}\right\} \tag{1-54}$$

同样在右片上，由于在“水平”影像上，右片的同名核线的 v 坐标相等，以 $v'=v=c$ 代入右片共线方程得

共线方程

$$\left.\begin{aligned} x' &= -f\frac{a'_1u'+b'_1v'-c'_1f}{a'_3u'+b'_3v'-c'_3f} \\ y' &= -f\frac{a'_2u'+b'_2v'-c'_2f}{a'_3u'+b'_3v'-c'_3f} \end{aligned}\right\}$$

代入常数 $v=c$ 得

$$\left.\begin{aligned} x' &= \frac{d'_1u'+d'_2}{d'_3u'+1} \\ y' &= \frac{e'_1u'+e'_2}{e'_3u'+1} \end{aligned}\right\} \tag{1-55}$$

在式(1-54)、式(1-55)中分别给定一个 u 值，即得一系列的像点坐标(x_1,y_1)，(x_2,y_2)，(x_3,y_3)，通过像点坐标即可组成核线方程式。

3）核线相关

核线的性质是同名像点必然位于同名核线上，沿核线可(一维)进行相关计算。沿同名核线进行相关计算会加快搜索速度和增加影像匹配的可靠性。在左片核线上建立目标区，目标的长度为 n 个像素，在右片上沿同名核线建立搜索区，其长度为 m 个像素，计算共 $m-n+1$个相关系数。

注意事项：相似性测度一般是统计量，应有较多的样本进行估计(窗口中的像素数不应太少)，若目标区长，灰度信号重心与几何重心不重合，则会产生相关误差。在实际应用中，目标区、搜索区都取二维窗口，搜索过程只在核线上进行，既可提高匹配速度，也可满足较多样本的条件，如图 1-69 所示。

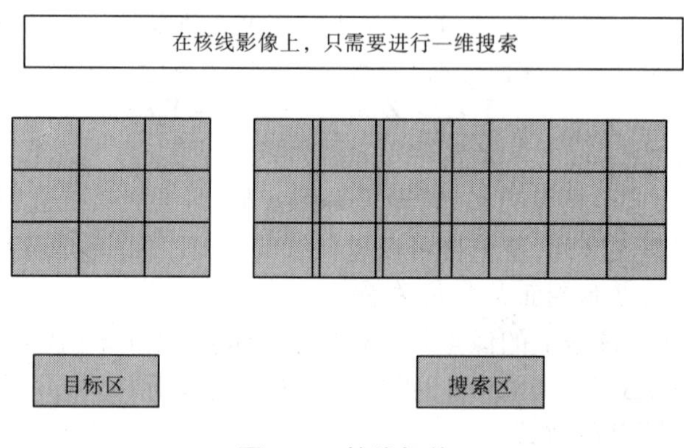

图 1-69　核线相关

（二）SIFT 算子

SIFT(scale invariant feature transform，尺度不变特征变换)算子于 2004 年由 Lowe 提出，是一种稳健的特征点提取算法。SIFT 算子具有以下几方面特性：

(1)由于特征点的检测是在多尺度空间进行的，使得在图像存在尺度变化的情况下，仍能稳定地提取特征点。

(2)在特征描述符的计算中，SIFT 算子将特征点梯度主方向考虑在内，从而使算法具有较强的旋转不变性。

(3)SIFT 特征描述符为梯度信息,因此对光照变化也具有一定的不变性。

(4)SIFT 特征对仿射变换和投影变换也保持一定的不变性,由于这样独特的特性,SIFT 特征描述符具有很强的匹配能力,可以与大量其他图像中的特征进行匹配。

SIFT 算子的特征点检测在多尺度空间进行。简单地说,尺度就是物体或者特征的大小。对于物体或者特征来说,只有在合理的尺度范围内研究才有意义。对于不同尺度下的研究,目标不同研究时也要分别选择与之适应的尺度。SIFT 算子就是在图像特征尺度选择思想的基础上,建立图像的多尺度空间,得到高斯金字塔,然后将相邻的高斯图像相减,得到高斯差分 DOG 金字塔,在 DOG 尺度空间下每个点与相邻尺度和相邻位置的点逐个进行比较,得到的局部极值即为特征点的候选点,在尺度空间和图像空间进行插值,使特征点的定位精度提高,用一个 128 维的向量表示特征点附近区域的梯度,也就是前面所说的 SIFT 特征描述符,使后续特征匹配的能力更强。

尺度空间是使用高斯金字塔表示来实现的,构建高斯金字塔分为对图像做不同尺度的高斯模糊和对图像做降阶采样两部分。图像金字塔是指将原始图像降阶采样,从下到上逐层缩小,构成金字塔形状,金字塔每层可以看作一组图像(octave),不同组(cotave)图像采用不同的分辨率如图 1-70 所示。

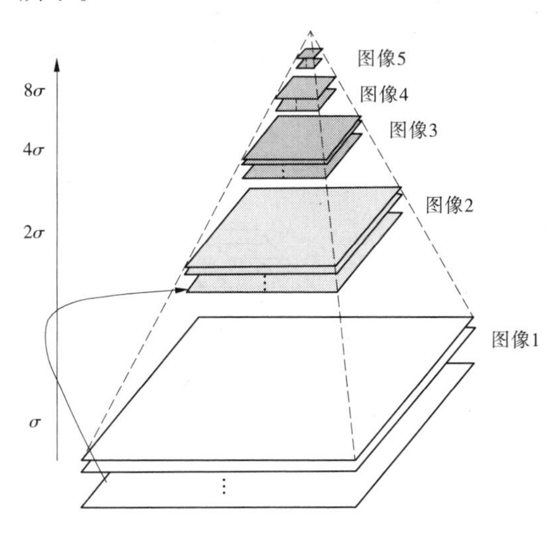

图 1-70　高斯金字塔

SIFT 算子提取特征点的主要步骤如下:

(1)构建尺度空间。首先,用不同尺度的高斯卷积核函数与原图像做卷积滤波,生成一系列的高斯金字塔图像,再将相邻尺度的图像相减得到一组 DOG 图像,然后将图像降采样 2 倍,再返回,重复进行上述处理,直至图像尺寸达到设定的范围之内,形成若干层金字塔数据,在图 1-71 中,左边为一组由一幅无人机影像生成的高斯尺度空间图像,相邻尺度比为 k,右边就是高斯差分尺度空间图像 $D(x, y, \sigma)$,由左边的相邻高斯滤波图像相减得到:

$$D(x, y, \sigma) = [G(x, y, k\sigma) - G(x, y, \sigma)] \times I(x, y) = L(x, y, k\sigma) - L(x, y, \sigma) \tag{1-56}$$

(2)寻找极值点。在 DOG 空间中对局部极值进行检测时,每个采样点与它同尺度的 8 个相邻点和上下相邻尺度对应的 9×2 个点,总共 26 个点进行比较,这样能够保证在尺度空间和二维图像空间都检测到极值点,如果检测该点是极值,且绝对值大于某一阈值,则记

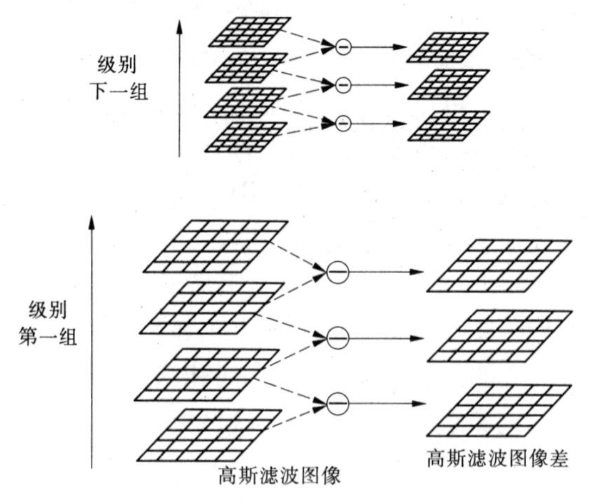

图 1-71　SIFT 尺度空间构建示意图

录该点位置和尺度,把该点记作一个候选点。DOG 尺度空间局部极值检测见图 1-72。

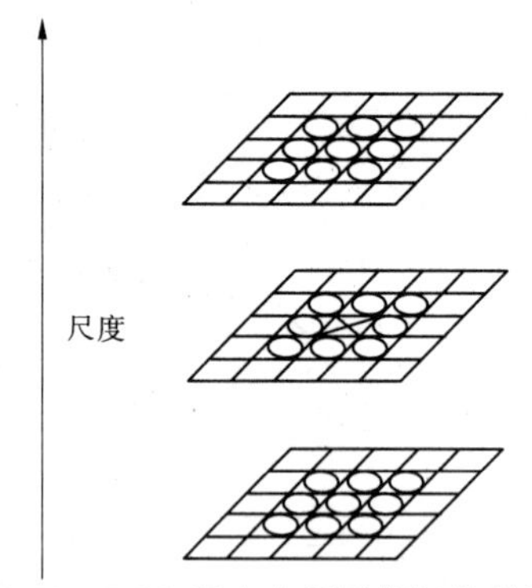

图 1-72　DOG 尺度空间局部极值检测

构建尺度空间时,高斯函数的尺度因子 σ 与高斯尺度空间的堆栈阶 o(octave)以及子层 s(sub - level)的关系如下:

$$\sigma(0,s) = \sigma_0 2^{\rho+s/S_m},(o\epsilon o_{\min}+[0,\cdots,o_n-1],s\epsilon[0,\cdots,S_m-1]) \tag{1-57}$$

式中:S_m 为选择的尺度范围数;o_n 为选择的堆栈阶总数。

如果$[M, N]$是在原始分辨率下采样点的坐标,那么采样点在第 i 阶的坐标$[M_i, N_i]$ 为

$$M_i = \left[\frac{M}{2^i}\right],N_i = \left[\frac{N}{2^i}\right] \tag{1-58}$$

需要注意的是,要根据情况适当选择高斯金字塔的阶数和层数。增大阶数、层数对提取更多的特征点比较有利,但同时也需要更多的计算时间。另外,阶数每增加一阶,图像的长和宽就要缩小 50%,因此阶数还要受图像大小的约束,不能随意增大。

(3)确定特征点。上一步在 DOG 尺度空间检测到的极值点还不是最终结果,而是先记作候选点,要确定极值点的准确位置和所在尺度,需要对高斯差分金字塔进行牛顿迭代,同时由于 DOG 算子会产生较强的边缘响应,还需要剔除低对比度的点和不稳定的边缘响应点,从而提高匹配的稳定性和抗噪声能力。剔除掉低对比度的点和边缘响应点之后,剩下的候选点就可以作为特征点了。每个特征点对应一个位置信息,包括坐标和尺度信息,在这个基础上,可以进行下一步特征描述符的提取。

（三）影像快速拼接模型

1. 转换模型选取

影像间的同名像点匹配之后，就可以选取合适的几何变换模型，并通过同名点集的映射关系来解算模型参数。转换模型是指根据待匹配图像与原图像之间几何畸变的情况，所选择的能最佳拟合两幅图像之间变化的数学模型。根据转换类型一般采用以下几种变换模型：刚体变换、仿射变换和投影变换。几种变换形式如图1-73所示。

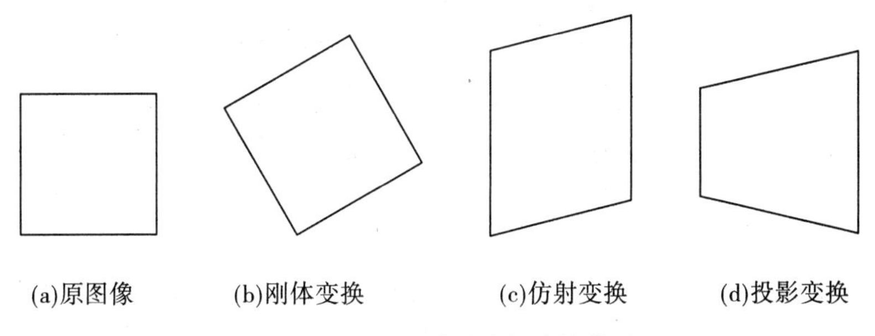

图1-73　图像的坐标变换模型

（1）刚体变换。一幅图像在变换前后保持形状和大小不变，只是发生平移和旋转，图像中所有物体均不产生变形，表现在平面坐标上就是坐标发生变化，所有点对之间的距离与原图像对应相等。在平面坐标系中，点(x,y)为经过刚体变换到点(x',y')的变换公式为

$$\begin{bmatrix} x' \\ y' \\ 1 \end{bmatrix} = \begin{bmatrix} \cos\varphi & \pm\sin\varphi & t_x \\ \sin\varphi & \pm\cos\varphi & t_y \\ 0 & 0 & 1 \end{bmatrix} \begin{bmatrix} x \\ y \end{bmatrix} \tag{1-59}$$

式(1-59)中为φ旋转角度，(t_x,t_y)为平移变量。刚体变换需要求解3个参数，也就意味着至少需要选取2对匹配特征点参与计算。刚体变换具有良好的数学特性，而且拥有良好的传递性，对一条航带可以直接进行拼接。

（2）两幅影像之间的仿射变换表现（affine transform）为变换后影像中的直线与原影像中所对应的直线始终保持平行，不存在扭曲变形的情况。仿射变换的转换过程可以用下式表示：

$$\begin{bmatrix} x' \\ y' \\ 1 \end{bmatrix} = \begin{bmatrix} a_1 & a_2 & t_x \\ a_3 & a_4 & t_y \\ 0 & 0 & 1 \end{bmatrix} \begin{bmatrix} x \\ y \\ 1 \end{bmatrix} \tag{1-60}$$

其中(t_x,t_y)表示平移量，而参数a_i则反映了图像旋转、缩放等变化。将参数计算出，即可得到两幅图像的坐标变换关系。

（3）投影变换（projective transform）又称透视变换，图像间的平移、旋转、缩放等多种变化的符合情况都可以用它来描述。投影变换的表现形式为变换后影像和原影像中的直线均不发生弯曲，但是两者对应关系却不再是平行。二维平面投影变换是关于齐次三维矢量的线性变换，在齐次坐标系下，二维平面上的投影变换具体可用如下3×3的非奇异矩阵形式来表示：

$$\begin{bmatrix} x' \\ y' \\ w' \end{bmatrix} = \begin{bmatrix} m_0 & m_1 & m_2 \\ m_3 & m_4 & m_5 \\ m_6 & m_7 & m_8 \end{bmatrix} \begin{bmatrix} x \\ y \\ w \end{bmatrix} \tag{1-61}$$

则二维投影变换按照式(1-62)将像素坐标点(x,y)映射为像素坐标点(x', y')。

$$\left.\begin{aligned} x' &= \frac{m_0x + m_1y + m_2}{m_6x + m_7y + m_8} \\ y' &= \frac{m_3x + m_4y + m_5}{m_6x + m_7y + m_8} \end{aligned}\right\} \tag{1-62}$$

它们的变换参数$m_i(i = 0,1,\cdots,8)$是依赖于场景和图像的常数。

2. 图像拼接缝处理

理想的光照条件下,相邻图像中表示同一实体的部分应该具有相同的光照强度,但是由于光源变化或者相机运动和光源之间角度的变化,导致了光强的差异,而造成最终拼接全景图像时形成明显的接缝。为此,进行整体匀光并在拼接线处进行羽化处理,实现拼接图像视觉一致和直方图一致。

(1)单幅影像的匀光处理。由于相机镜头的光学特性,加上光照和辐射信息的不一致,导致获取的影像亮度分布不均匀,具体的表现形式就是中心的亮度明显大于影像边缘部分,为了得到亮度均匀一致的影像,需采取合适的方法进行匀光。常用的方法有马斯克匀法,其匀光流程见图1-74。

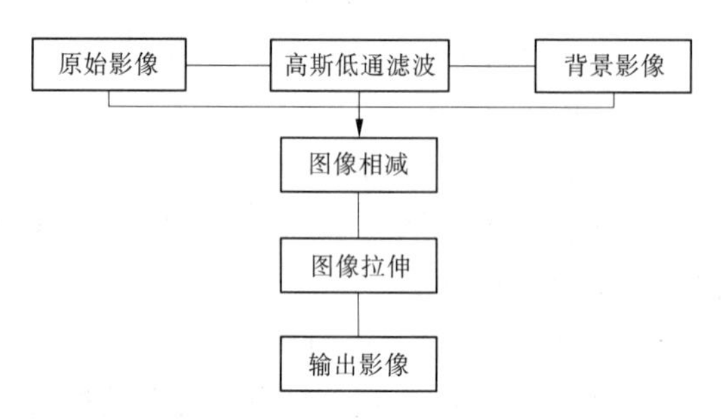

图1-74　马斯克匀光流程

(2)原始影像间亮度调节。无人机相机对地物进行连续拍摄时,由于太阳入射角的影响,不同影像间的光照条件相差较大,所以需要对多影像间进行亮度调节。简单的处理方法就是采用直方图匹配。直方图匹配的基本原理是把原图像的直方图变换为某种指定形态的直方图或某一参考图像的直方图,然后按照已知的指定形态的直方图调整原图像各像元的灰度级,最后得到一个直方图匹配的图像。利用直方图匹配这一方法可以改善重叠影像色调过渡,在镶嵌图像时相差不大的情况下,可以做到无缝镶嵌。直方图匹配的具体步骤为:①以其中一幅原始影像为基准,作出直方图;②作出基准图像的累积直方图,对其进行均衡化变换;③作出其余图像的直方图;④作出其余图像的累积直方图,进行均衡化变换;⑤对于其余图像中的每一灰度级的累积值,在基准累积直方图中找到对应的累积值,得到对应的新灰度值;⑥以新值代替原灰度值,形成均衡化后的图像。

(3)进行全幅影像无缝拼接时,由于原始影像无法做到亮度的完全一致,会形成明显的拼接缝,需要对拼接缝进行加权的平滑处理。

$$I(x,y)=\begin{cases} I_1(x,y) & (x,y)\in I_1 \\ d\cdot I_1(x,y)+(1-d)\cdot I_2(x,y) & (x,y)\in I_1\cap I_2 \\ I_2(x,y) & (x,y)\in I_2 \end{cases} \quad (1\text{-}63)$$

式中：$I(x,y)$为融合后影像在(x,y)处的灰度值，$I_1(x,y)$和$I_2(x,y)$为相邻的两幅影像在(x,y)处的灰度值；d称为过渡因子，$0\leqslant d\leqslant 1$，按照从I_1到I_2的方向d由1渐变为0。

（四）快速拼接处理流程

以数张无人机影像经过镜头畸变预处理得到的影像作为源数据，实现影像的全景拼接，具体步骤如图1-75所示。

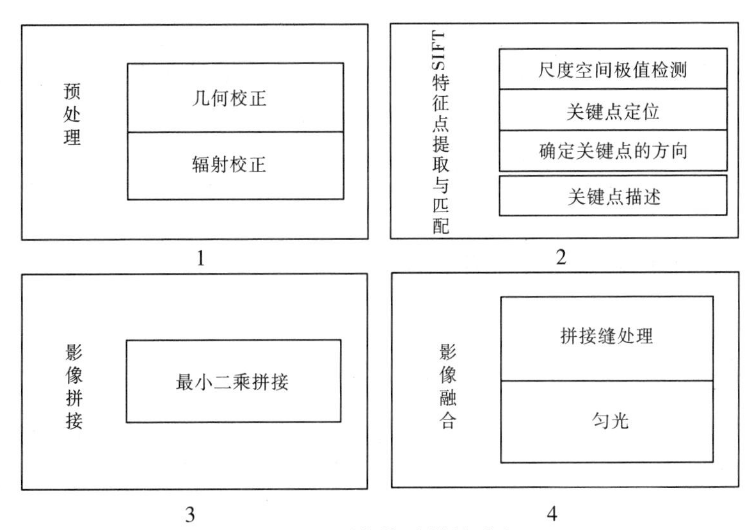

图1-75　影像快速拼接流程

四、任务实施

通过数字摄影测量系统进行测区影像快速拼接图的制作：

（1）数据准备：测区影像数据、POS数据、相机检定文件（有些带自检校的软件可以不用相机检定文件）。

（2）新建工程：指定路径—加载影像—加载相机文件—加载POS数据。

（3）一键快速拼接。

五、技能训练

（1）掌握快速拼接工作数据准备的内容。

（2）熟练使用软件进行快速拼接工作。

六、思考练习

（1）快速拼接图制作的目的有哪些？

（2）为什么制作快速拼接图需要POS数据？

项目二 像片控制测量

项目概述

像片控制点测量是内业数据处理的基础资料，通过控制点为整个航测项目提供参考数学框架，像片控制点测量主要从控制点的布设、控制点的量测两个方面进行学习。控制点的布设方案及量测精度会直接影响成图成果精度。

任务一 像片控制点的布设

一、任务描述

像片控制点测量为内业加密和绝对定向提供一定数量并符合规范要求、精度较高的控制点。目前，测绘技术还没发展到完全无控就能满足成图精度的阶段，因此像片控制点测量是保证航测成图精度的生命线。

二、教学目标

(1)掌握像片控制测量布点方案。

(2)掌握像片控制点布设要求。

三、相关知识

(一)像片控制点布设方案

1. 像片控制点基本概念

像片控制点是指符合航测成图各项要求的测量控制点，简称像控点。根据其在构建模型时的不同作用分为下列三种：

(1)平面控制点。野外只需测定点的平面坐标，简称平面点，一般用 P 代表平面点。

(2)高程控制点。野外只需测定点的高程，简称高程点，一般用 G 代表高程点。

(3)平高控制点。野外需同时测定点的平面坐标和高程，简称平高点，一般用 N 代表平高点。

2. 像片控制点布设的基本原则

(1)像控点的布设必须满足布点方案的要求，一般按图幅布设，也可以按航线或采用区域网布设。

(2)位于不同成图方法的图幅之间的控制点，或位于不同航线、不同航区分界处的像片控制点，应分别满足不同成图方法的图幅或不同航线和航区各自测图的要求，否则应分别布点。

(3)在野外选刺像片控制点，不论是平面点、高程点或平高点，都应该选刺在明显目标点上。

(4)当图幅内地形复杂，需采用不同成图方法布点时，一幅图内一般不超过两种布点方案，每种布点方案所包括的像对范围相对集中，可能时应尽量按航线布点，以便于航测内业作业。

(5)像控点的布设，应尽量使内业作业所用的平面点和高程点合二为一，即布设成平高点。

3. 像片控制点布设方案

像片控制点布设方案是指根据成图方法和成图精度在像片上确定航外像片控制点的分布、性质、数量等各项内容所提出的布点规则。它是体现成图方法和保证成图精度的重要组成部分。按像片控制点在航测成图各工序中的作用，可分为全野外布点方案和非全野外布点方案两种。

1)全野外布点方案

全野外布点是指内业测图定向、正射影像制作等所需要的全部控制点均由外业测定的布点方案。这种布点方案精度较高，但外业工作量很大，只在少数情况下采用。按成图方法不同，一般分为综合法全野外布点方案和立测法(全能法)全野外布点方案。立测法全野外布点方案又可分为单模型和双模型两种布点形式。

当用户对产品精度要求较高时，一般用全野外布设像控点方案。1∶500 比例时，采用单模型布点，即在每一个立体像对四角布设四个平高点，成图比例尺不大于航摄比例尺 4 倍时，在每隔号像片测绘区域的四个角上各布设一个平高点，在每个像主点附近布设一个平高点做检查(见图 2-1，⊙平高点、□像主点)。1∶1 000 比例时，可采用双模型布点，即在每张像片(隔号像片)4 角各布设一个平高点，在像主点附近布设一个平高点做检查(见图 2-2)。

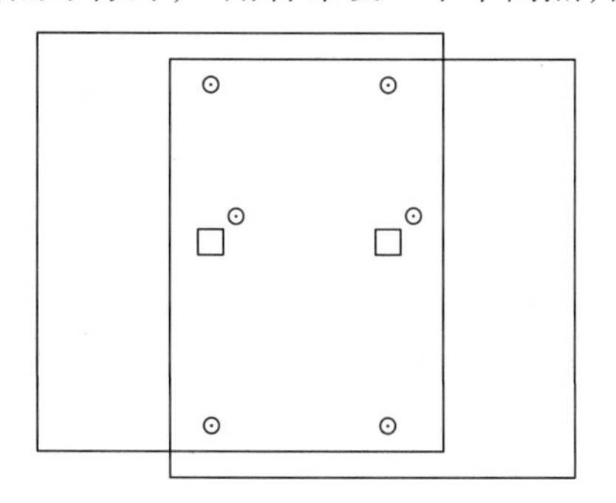
图 2-1 单模型全野外布点

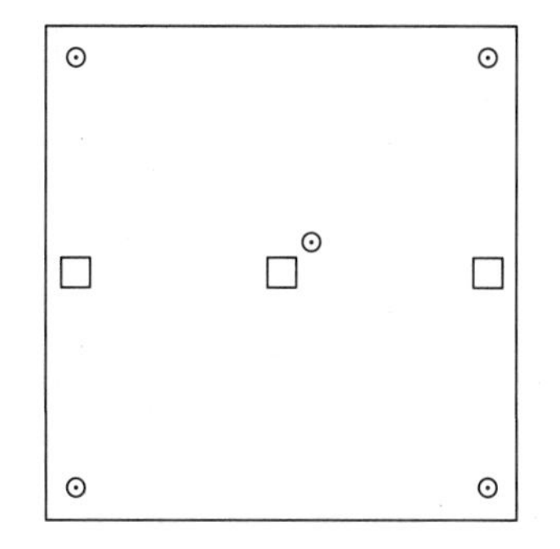
图 2-2 双模型全野外布点

2)非全野外布点方案

非全野外布点是指内业测图定向、正射影像制作等所需要的像片控制点主要由内业采用空中三角测量加密所得，野外只测定少量的控制点作为内业加密的基础。这种布点方案可以减少大量的野外工作量，提高作业效率，充分利用航空摄影测量的优势，实现数字化、自动化操作，是现在生产部门主要采用的一种布点方案。但作为加密基础的外业控制点必须

精度高、位置准确、成果可靠，而且应满足不同加密方法提出的各项要求。

(1)航线网布点。

①航线网布点的基本原则是在每条航线上布设5个平高点或6个平高点，即所谓的五点法和六点法，如图2-3、图2-4所示。六点法主要用于山地和高山地，在每条航线的首、中、末各布设一对平高点。五点法主要用于平地、丘陵地，在每条航线的首、末各布一对平高点，航线中部布设一个平高点。

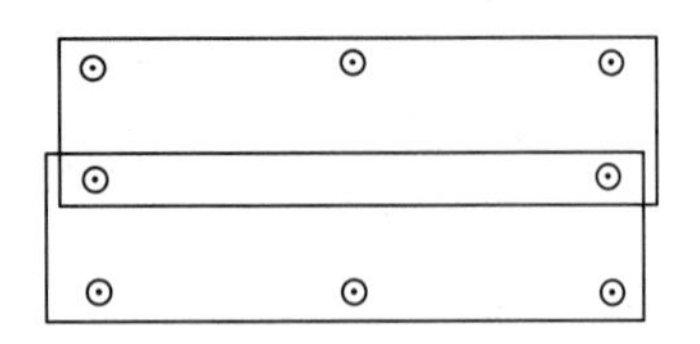

图2-3 航线网五点法布点

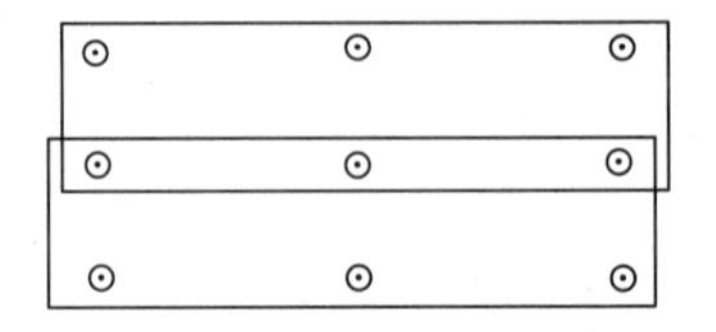

图2-4 航线网六点法布点

②航线首、末端上下两控制点应布设在通过像主点且垂直于方位线的直线上，困难时互相偏离不大于半条基线，上下对点应布设在同一立体像对内。

③航线中间两控制点应布设在首、末控制点的中线上；困难时可向两侧偏离一条基线左右，其中一个宜在中线上；应尽量避免两控制点同时向中线同侧偏离，出现同侧偏离时最大不应超过一条基线。

(2)区域网布点。

区域网就是若干条航线组成的一个区域，区域网加密具有精度高、需要野外控制点少、野外工作量小等优点，广泛应用于大面积航测成图中。区域网布点的基本原则是平高控制点沿网的周边布设，周边六点法、周边八点法(见图2-5)和周边多点法布设三种情况；高程控制点则采用网状布点。

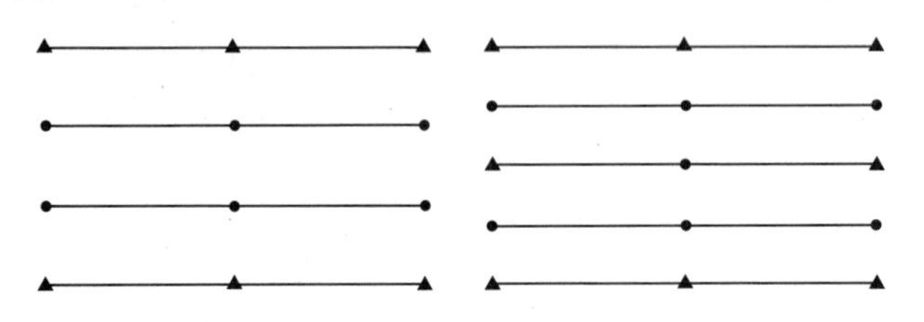

图2-5 规则区域布点

区域网的划分应依据成图比例尺、地面分辨率、测区地形特点、摄区的时间划分、图幅分布等情况全面进行考虑，根据具体情况选择最优实施方案。区域网的图形宜呈矩形或方形；区域网的大小和像控点之间的跨度以能够满足空中三角测量精度要求为原则，主要依据成图精度、航摄资料的有关参数及对系统误差的处理等多因素确定。

规则平高区域网航线数不宜超过6条，每条航线不宜超过12条基线。平高控制点宜采用区域周边布点，内部可加布适当点数的平高控制点。平高控制点的旁向跨度不得超过4条航线，航向跨度不得超过6条基线；高程控制点航向跨度不得超过6条基线。当区域网是不规则图形(见图2-6)时，除按上述间隔要求布点外，区域凸角处应加布平高控制点，凹角处应加布高程控制点，当凹角处与凸角处之间的距离超过两条基线时，凹角处应布设平高控制点。

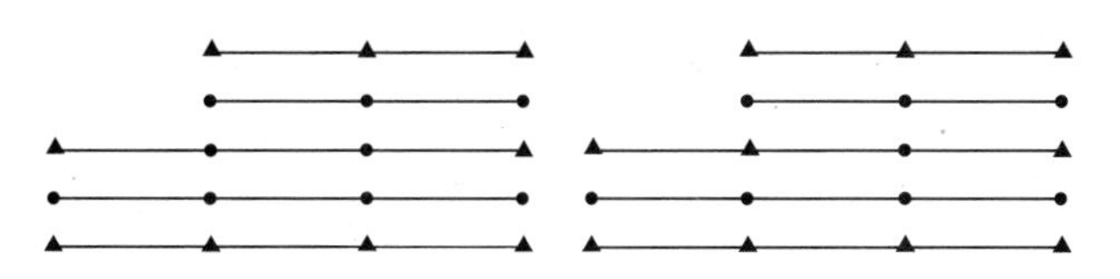

图2-6 不规则区域布点

每一区域网内可根据具体情况，在适当位置布设不少于像控点总数10%的平高检查点。对于这些“检查点”，内业加密时不参与区域网平差计算，仅用于检查内业加密成果的可靠性。

3）无人机航摄像控点布设方案

针对无人机航测时像控点的布设方案对精度的影响，大量的实践证明，控制点数量的增加会使空中三角精度提高，但控制点增加到一定数量时，精度变化很小。过多的控制点不但大大增加外业和内业的工作量，而且对空中三角精度提高没有太大作用，性价比不高。无人机空中三角及影像结果的精度最弱点位于控制区域外围，而不在控制区的中央，控制区内部精度高而且均匀，控制区外误差迅速发散，离控制区越远，越靠近影像边缘误差越大。控制点的密度过小，影像结果精度就较低，适当增加控制点的密度，精度会随之提高，但是当密度达到一定程度后，精度随之提高的趋势不明显。目前，无人机航摄主要采用的像控点布设方案有如下几种：

（1）四角单点布设方案。即只在测区的四个角布设控制点，如图2-7（a）所示。

（2）四角点组布设方案。即把测区的四角布设成点组的形式，如图2-7（b）所示。

（3）四周均匀布设，边角不加密的方案。即在测区四周按照一定密度均匀布设控制点的方法，如图2-7（c）所示。

（4）四周边均匀布设，四角点组布点方案。即在测区四周按照一定密度均匀布设控制点，边角处采用点组布设，如图2-7（d）所示。

（5）四周边均匀布设加少量内部点的布设方案。即在测区四周采用均匀布设控制点的方式，使用少量的内部控制点，如图2-7（e）所示。

（6）四周边均匀布设，四角点组布点，加少量内部点的布设方案。即在测区四周均匀布设控制点，边角处采用点组布设，如图2-7（f）所示。

在高精度加密平面点位时，仍需要布设适当的高程控制点，一般应布成网形，以保证模型的变形不一致对平面坐标产生影响，如果旁向重叠比较小（低于40%），每条航线两端必须各有一对高程控制点或点组。针对以上各种布点方案，在大量生产实践中发现：

（1）在区域四角布设平高控制点，虽然控制了整个测区，但是控制点精度太低。相比之下，区域四周均匀布设平高控制点可以大大提高整体精度。

（2）采用四角点组布点，四周边均匀布设，加少量区域中间点的布点方式精度最高。

（3）点组控制点布设方案与单点布设方案试验比较，其精度有着明显的提高，甚至恰当的区域四角点组布设控制点比四角单点布设加区域中间布设控制点的精度都要高，这就意味着对于光束法平差来说，只要区域周边均匀布点及区域四角布设合适的点组，区域中可以不用布设控制点，大大方便了大型区域网控制点的布设，也提高了外业工作效率。

（4）采取点组均匀布设时，控制点的密度过小，多余的观测量不足，会影响到解算精度。适当增加控制的密度，可提高空中三角解算的精度，但是并不是控制点密度越大越好。

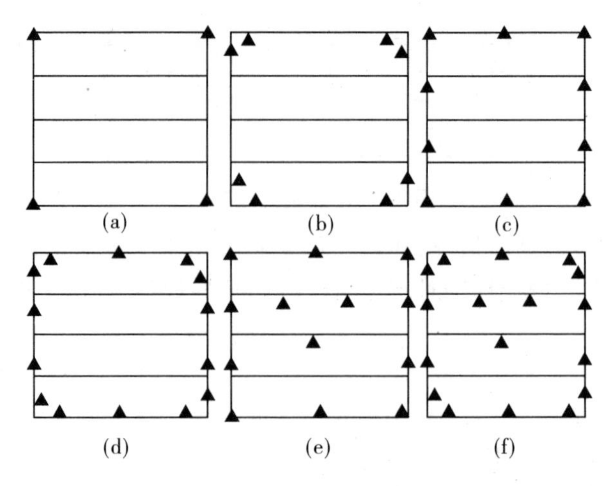

图 2-7　无人机航摄布点方案

(5)无论区域大小,四周均匀布设控制点,四点布设平高控制点均有利于保证区域内部的精度。一般情况下,单点布设的精度都不如点组布设精度高,而且点组布设也可以增加平面高程的精度。另外,计算过程中,平差开始时的迭代应将控制点的权值设计成较小值,在迭代过程中应根据单位权中误差的大小逐步加大控制点的权值,这样就能获得较高精度的平差结果。

(二)像片控制点布设的要求

像片控制点的布设不仅和布点方案有关,而且必须考虑航测成图过程中像点的量测精度,绝对定向和各类误差改正对像片控制点的具体点位要求,主要应满足相应的目标条件和像片条件。

1. 目标条件

(1)像片控制点的目标影像应清晰,易于判刺和立体量测,如选在交角良好(30° ~ 150°)的细小线状地物交点、明显地物拐角点、原始影像中不大于 3 ×3 像素的点状地物中心,同时应是高程起伏较小、常年相对固定且易于准确定位和量测的地方。弧形地物及阴影等不应选作点位目标。

(2)高程控制点点位目标应选在高程起伏小的地方,以线性地物的交点和平山头为宜。狭沟、尖锐山顶和高程起伏较大的斜坡等,均不宜选作点位目标。

(3)当目标条件与像片条件矛盾时应着重考虑目标条件。

2. 像片条件

(1)像片控制点一般应布设在航向及旁向六片或五片重叠范围内。如图 2-8 所示。六片或五片重叠范围内选点应理解为一般情况下控制点应选在六片重叠范围内,如果选点有困难也可以选在五片重叠范围内。而且同一控制点在每张像片上的点位都能准确辨认、转刺和量测,符合刺点目标的要求及其他规定,这样内业加密或测图定向时可增加量测次数,提高量测精度。

(2)像片控制点距离像片上各类标志应大于 1 mm。这条规定是为了保证不影响立体观察,因为在接近压平线和各类标志进行立体观测时,测标不能准确地切准目标,影响量测精度。

(3)像片控制点应选在旁向重叠中线附近,如图 2-9 所示,离开方位线的距离应大于

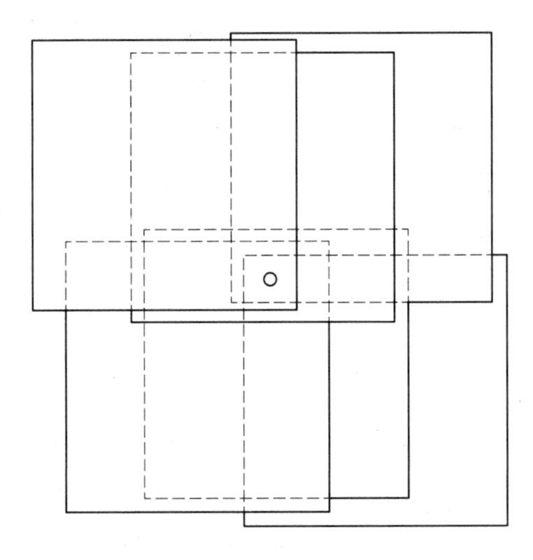

图 2-8　六片重叠位置

3 cm(18 cm×18 cm 像幅)或 4.5 cm(23 cm×23 cm 像幅),如图 2-10 所示。当旁向重叠过大时,离开方位线的距离应大于 2 cm(18 cm ×18 cm 像幅)或 3 cm(23 cm×23 cm 像幅),否则应分别布点。此规定是为了保证航线模型连接,同时相邻两条航线共用同一控制点也可以减少野外工作量,提高航线网旁向倾斜和鞍形扭曲两种模型变形的改正精度。

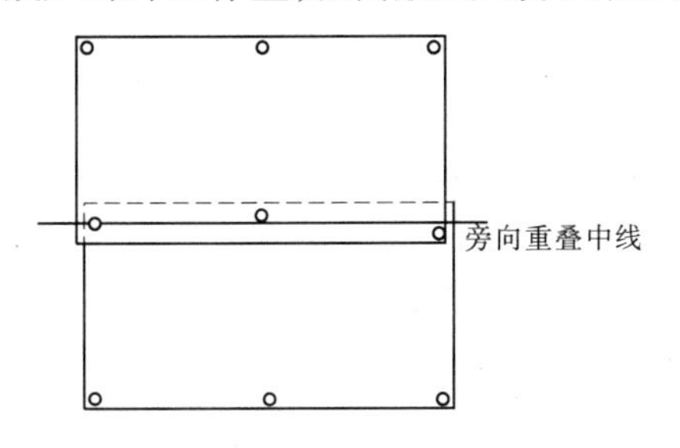

图 2-9　旁向重叠中线位置

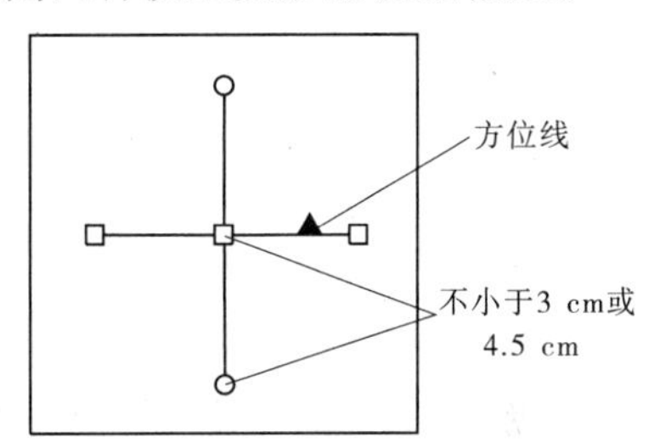

图 2-10　离开方位线的距离位置要求

因航线旁向重叠较小,需分别布点时,控制范围所裂开的垂直距离不得大于 2 cm,否则应分别布点,如图 2-11 所示。根据内业测图理论和实践得知,内业加密应在像控点所包围的范围内进行,超出这个范围愈远,成图精度愈低,为了保证像控点能有效地控制测绘面积,超控制点作业范围一般不能大于 1 cm,如果上、下航线各超出 1 cm,则最大为 2 cm,这就是裂开的最大垂直距离。

(4)距像片边缘不得小于 1 cm(18 cm×18 cm 像幅)或 1.5 cm(23 cm×23 cm 像幅),如图 2-12 所示。因为像片边缘存在较大的各种影像误差,清晰度也较低,不能保证立体量测精度;但在航测成图中平面精度优于高程精度,航向模型连接优于旁向;而综合法测图高程全部由外业测定,因此规范规定综合法测图时控制点距航向边缘的距离可以放宽。但应注意,在航测成图中平面精度优于高程精度,且航向模型连接精度优于旁向。

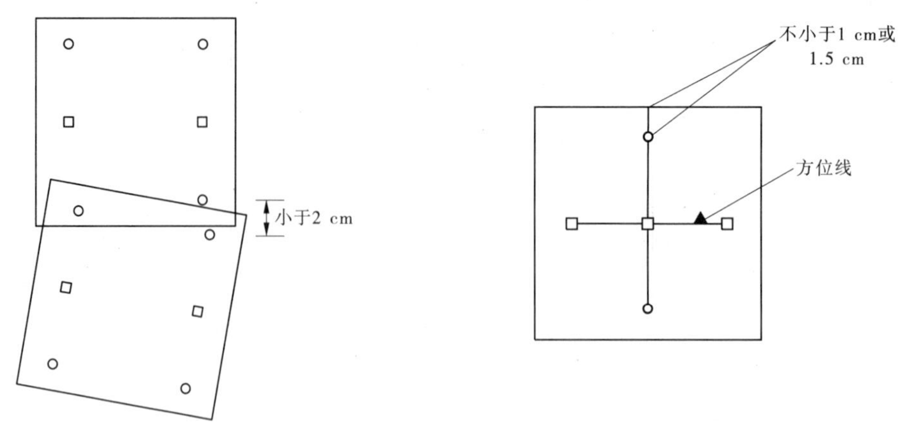

图 2-11　所裂开的最大垂直距离　　　　图 2-12　距像片边缘位置要求

(5)全野外布点时,用于立体测图的四个定向点点位偏离通过像主点且垂直于方位线的直线不大于 1 cm,最大不大于 1.5 cm,构成的图形尽量呈矩形,如图 2-13 所示。

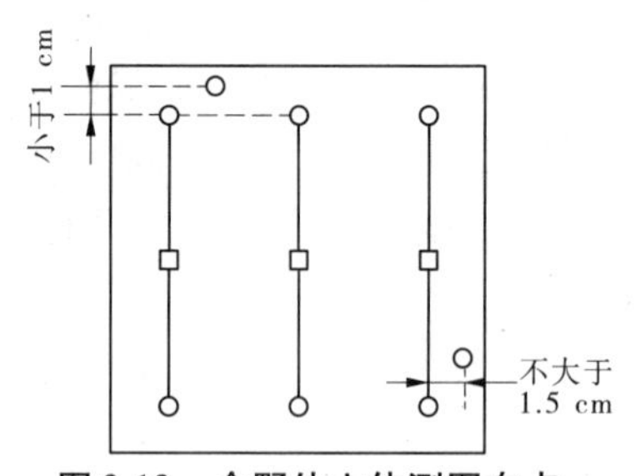

图 2-13　全野外立体测图布点

(6)区域网布点时,区域网四周控制点要能控制测绘面积。

(7)按航线网布点时,航线两端的控制点应分别布设在图廓线所在的像对内,每端上、下两像控点最好选在通过像主点且垂直于方位线的直线上,左右偏离不大于一条基线(18 cm ×18 cm 像幅)或半条基线(23 cm×23 cm 像幅),如图 2-14 所示;航线中央的像控点应尽量选在两端像控点的中间,左右偏离不超过一条基线,如图 2-15 所示。

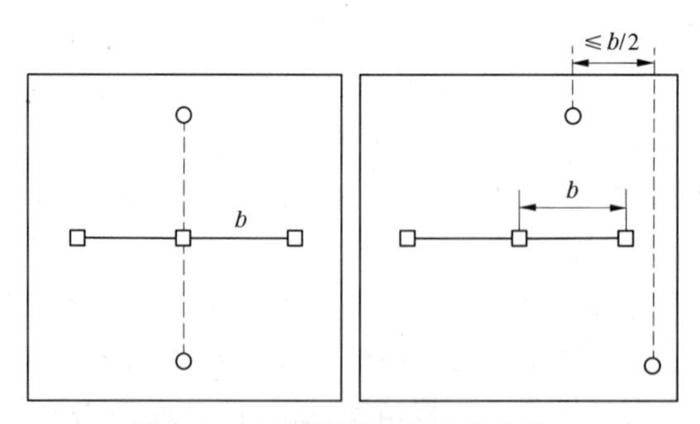

图 2-14　航线两端控制点的布设

航线两端的像控点限制在图廓线所在的像对内是为了方便按图幅作业;限制像控点在航线上的分布位置是为了保证航线模型定向和模型变形的改正精度。航线模型变形和像对模型变形的规律一样。因此,航线两端四角的像控点要求尽量成矩形分布,航线中央的像控点应有利于控制抛物线弯曲改正。

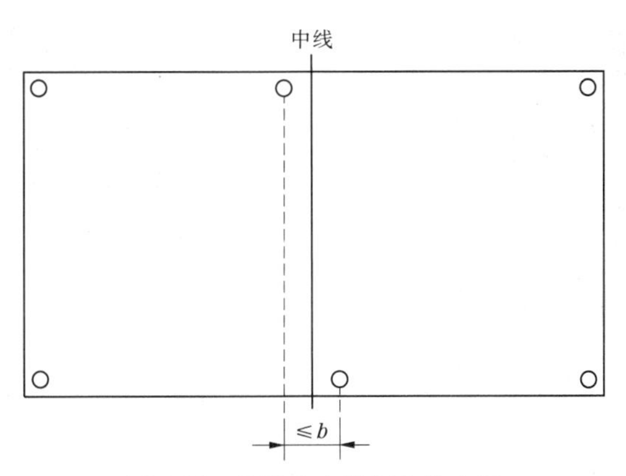

图 2-15　航线中央控制点的布设

(8)自由图边处的像控点应布设在图廓线以外,这是因为对自由图边必须有更严格的要求,以保证与以后测图的相邻图幅接边时不发生问题。

(9)当采用一张中心像片覆盖一幅图的方法作业时,像片控制点距离图廓点、图廓线不大于 1 cm,最大不得大于 1.25 cm(图板上不大于 5 cm)。

(10)位于不同布点方案间的像控点,应确保高精度的布点方案能控制其相应面积,并尽量公用,否则应按不同要求分别布点。这是因为布点方案与成图方法和地形类别有关,精度要求也不一样,只有这样才能保证不降低高精度图幅的成图精度要求。一般平坦地区比丘陵地区的布点精度高,丘陵地区比山地的布点精度高。

实际航测工作中,如果遇到沙漠、农田、滩涂、森林地区等无法找到清晰地物拐点的测区(见图 2-16),需要在飞机采集影像数据之前,提前将标靶(见图 2-17)布在测区内,后期空中三角处理将标靶当作像控点准确刺在照片上,该方法称为飞前布控。

图 2-16　无清晰地物拐点测区

图 2-17　标靶

标靶除了图 2-17 所示的正方形标,较常用的还有三角形标靶(见图 2-18)和圆形标靶(见图 2-19),其大小一般为设计航飞地面分辨率的 6 ~ 7 倍。

图 2-18　三角形标靶影像图

图 2-19　圆形标靶影像图

实际航测工作中，如果遇到有很多地物拐点可以提供的测区，也可采用飞后布控。控制点可选在角度为 60° ~ 120°的硬化道路拐角处（见图 2-20），可选在地面有色图斑的夹角处（见图 2-21），还可选在有色无遮挡的房顶（见图 2-22）等地方。但需要注意的是，若像控点选在高于地面的地方，测量高度要测至顶高，不能像图 2-23 所示的那样：测量的是房角点，但高程对应的却是地面高程。因为航空影像中房屋存在投影误差，很多时候会遮挡住测至地面的点；而且地面不一定有实际存在的拐角点，在照片上无法找到，这些因素会导致空中三角精度严重不合格。

图 2-20　硬化道路拐角处

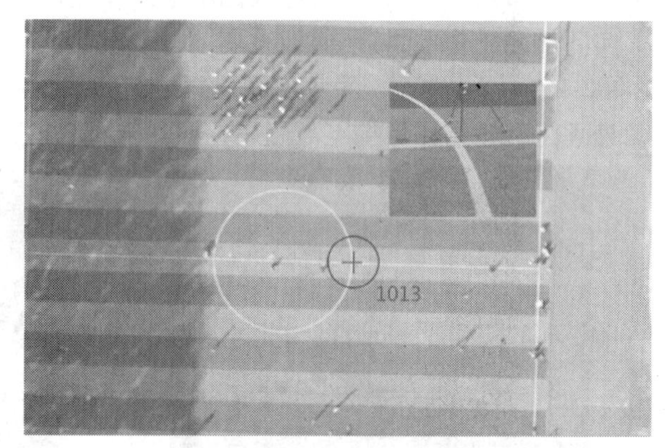

图 2-21　有色图斑的夹角处

四、技能训练

选择一幅学校周边地区的航空影像，按照像片控制点布设的要求，用彩笔在航片上画出能够选点（控制点）的区域。

图 2-22　有色无遮挡的房顶处

图 2-23　错误示范

五、思考练习

(1)航测成图中有哪些布点方案？各布点方案应考虑哪些因素？

(2)像片控制点的布设要求有哪些？

任务二　像片控制点测量

一、任务描述

在选择合理的布点方案的基础上，将布设好的控制点在实地量测出来，并将其在影像上的位置表示出来，供内业作业人员使用。

二、教学目标

(1)掌握像片控制点的测量方法。

(2)掌握像片控制点的实地选刺。

(3)掌握控制像片的正、反面整饰。

三、相关知识

(一)像片控制点测量

根据老图上圈出的像控点位置到实地选点布标及进行联测。

1. 实地判定像片控制点位

像片控制点位或布标点位可根据实地和老图上相应存在的明显地物进行判定；如实地不能准确判定，也可以根据明显地物采用距离交会法确定位置，如果在较大范围内无明显地物，可在一排图幅中找出两个能准确判定的图廓点，其他图廓点则根据已准确判定的两图廓点定线，用截距法确定。

2. 地面标志实地布设

布标时应注意：

(1)地面标志的材料、颜色、形状、大小尺寸可参考相应规范规定执行,在城市和隐蔽地区要注意标志的对空视角,否则会被其他地物遮挡,不能在像片上构像。

(2)标志布设后应及时联测,以免因受到自然或人为的破坏而前功尽弃。

(3)布设地面标志的要求如下:

①须布设地面标志的摄区,在签订航摄合同时应予以注明。

②地面标志必须在飞机进入摄区前布设完毕,且妥善保护。

③地面标志的数量、形态、规格等由用户设计确定。

④地面标志的颜色应根据摄区地表景物的光谱特性选定,要确保与其周围地面具有良好的反差。为增强标志影像的判读效果和提高标志的成像率,布设标志应尽可能地适当低于或高于地面。

(4)标志选用的材料及颜色、形状、尺寸。

为满足地面标志经摄影在像片上构像成为理想的刺点目标,还应考虑标志所用的材料及颜色,标志的形状、尺寸等因素。

选择标志材料时,应考虑其色调、标志的安全、成本和携带方便等因素。一般在航摄后不便回收标志,所以应选用价格低廉的材料。在暗色衬景上布设白色标志;在绿色植被上最好采用白色标志,也可采用黄色标志;在水泥屋顶上、打谷场上、土路上和没有植被的土地上宜采用加黑边的白色标志。

如在水泥地和沥青路面上,可采用油漆,一般地面上的标志可采用乳白塑料布,涂上油漆的苇席或竹席,以及石灰、煤渣等材料。在草地上也可将草皮铲去做成标志形状。无论采用何种材料,都必须考虑其与周围地面形成较明显的反差,以使标志构像清晰。另外,布标时还应考虑自然条件的影响,如风、雨、太阳等,以便布标后,短期内保证标志完好无损。

标志的形状应根据布设点位所处的环境特性来确定。标志点应布设在像片上容易判读其精确位置的明显目标地物上,如主要道路交叉口处、打谷场上、人工水塘角、堤坝和大桥的一端等。布设在这类地物上的标志可采用圆形,如图 2-24(a)所示,中心为白色,外环为黑色;由于光晕的结果,实际上较小的方形标志在像片上的影像也是圆形。标志的尺寸应使其影像略大于航测仪器的测标大小,而现在航测仪器的测标一般都小于 0.05 mm,若地物为较暗的地面,则利用圆形白色标志,或带白边的圆形黑色标志,白边或黑边的宽度应等于内圆直径的1/2。若标志布设在较隐蔽、不易找到的地方,则应采用带标翼的标志,一般以三翼标为好,这种标志目标较大,并有特殊形状,容易与其他地物构像区分开来。在有觇标的控制点上布标,应采用十字形标志,觇标及其阴影不会把标志全遮挡住,仍可以准确判定其标心位置。如图 2-24(b)、(d)所示。但一般还是采用三翼标志为好,易判读且节省材料。

铺设标志时,应使翼片中线交点或圆形标志中心与实地选定点位(或已有控制点)的中心重合,各翼片大致水平。

根据试验结果,为了保证标志构像大小不影响内业量测精度,对不同航摄比例尺的摄影,标志的尺寸一般规定:中心标志不得大于 $a = 0.04\ \text{mm} \times M_{像}$($M_{像}$ 为像片比例尺分母)。标翼的宽度及标翼至标志中心的距离一般为 a,标翼的长度一般为 $3a$。

3. 像片控制点的观测

当国家等级三角点、GPS 点、精密导线点、水准点的数量及分布不能满足航外像片控制测量对起算点的基本要求时,应布设 E 级 GPS 点、测角中误差为 5″的电磁波测距导线点,以

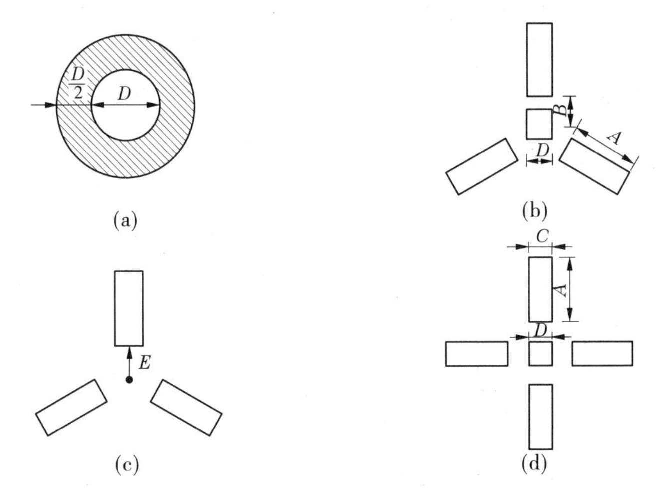

图 2-24 地面标志的几种形式

及施测等外水准、电磁波测距高程导线等,作为像片控制测量的基础。

1)平面控制测量

像控点平面位置测量可分为导线测量和 GPS 测量,其中现在最常用的 GPS 测量又包括 GPS 静态测量、GPS RTK 测量、HBCORS 系统网络 RTK 测量。

(1)导线测量。

电磁波测距导线是以国家等级点为基础,布设成单一附合导线或有结点的导线网。仪器应采用每千米测距中误差(标称精度)不大于 10 mm 的Ⅱ级电磁波测距仪。一般在平坦地区或通视困难地区采用电磁波测距导线。导线布设的各项要求参照有关规范的规定执行。

①电磁波测距。

a. 导线的边长可用标称精度为Ⅲ级的测距仪施测,导线边长单程测定二测回,照准一次读两次数为一测回,同一测回两次读数之差应小于 20 mm。测回间较差应小于 30 mm。

b. 每边测定一端气象数据,温度读至 1 ℃,气压读至 133.322 Pa(1 mmHg)。

②水平角观测。

a. 水平角测回数:DJ_2 型经纬仪为一测回,DJ_6 型经纬仪为二测回,观测引点的水平角,不论何种仪器,可为一测回。

b. 导线的水平角按方向观测法观测,一次读数,读记至秒。

c. 零方向应选择边长适中、目标清晰的方向。观测应在目标成像清晰、稳定的时间内进行。

d. 观测 3 个方向时可不归零,当方向多于 10 个小时时,应分组观测,并采用同一零方向,补测或重测方向数超过总方向数的 1/3 时,则该测回全部重测。

e. 应注意仪器对中和觇标竖直。当测站点或照准点的偏心距大于测站至最近观测距离的四万分之一时,应进行归心改正。

③竖直角观测。

a. 竖直角观测测回数:中丝法二测回,三丝法一测回。视距高程导线可用中丝法一测回。

b. 每次照准目标,一次读数,读记至秒。

c. 竖直角观测须在手簿中注明照准位置。仪器高和觇标高量记至厘米。

水平角和竖直角观测限差不大于表 2-1 的规定。

表 2-1　水平角和竖直角观测限差

类别	限差名称	限差值(″)	
		DJ_2 型	DJ_6 型
水平角观测	半测回归零差	12	24
	两个半测回同一方向较差	18	36
	二测回同一方向较差	—	24
	三角形闭合差	35	35
竖直角观测	竖直角测回较差	15	24
	同一测站指标较差	15	24

④记录要求。

a. 一切原始观测值和记事项目必须在现场用钢笔或铅笔记录在规定格式的外业手簿中,字迹要清晰、整齐、美观,不得擦改或涂改,不准转抄复制。

b. 手簿各记事项目,每一测站或每一工作时间段的首末页须填写齐全。

c. 观测手簿记载不应空页,竖直角记载不应空格,作废的观测数据和空页应划去并说明原因,补测和重测不得记在测错的手簿前面。零方向的水平角读数不准改动。

d. 原始观测数据以不改为原则,如有读错或记错,应在现场改正。但同一测站不得由两个相关数字连环更改;同一距离、同一高差的往、返测或两次测量的相关数字不得连环更改。

e. 凡更正错误,均应将错误数字整齐划去,另记正确数字。凡划去的数字或划去的成果,均应注明原因和重测结果所在的页数。废站也应划去并注明原因。

f. 引点距离和归心元素的测定,记于手簿中距离记录表或记事用纸上。

⑤像片控制点计算。

a. 计算前应全面、认真地检查观测手簿,仔细校对起算成果,保证没有差错。

b. 平面坐标计算取至 0.1 m,高程计算取至 0.01 m。电磁波测距高程导线、经纬仪三角高程路线和独立交会高程点的高程计算,竖直角取至秒,边长取至 0.1 m,计算中闭合差以坐标增量、边长、转折角或测站数按比例进行配赋。

c. 计算采用固定表格、电子计算器或计算机。采用电子计算机计算时,对数据及输入纸带应仔细核对。计算结束后,应对打印成果进行校验。

d. 各种计算必须按各自规定的检核条件和检核方法进行检查验算,并应保证上交成果符合各项限差的要求,计算成果须经第二人检查。

e. 使用单指标读值经纬仪,竖直度盘存在偏心差时,应进行偏心差的测定,并在成果中加入改正数。

f. 位于 3°投影带分界线附近的公用平面控制点或平高控制点,应计算两投影带坐标。

(2)GPS 测量。

①GPS 静态测量。

GPS 静态测量按 E 级标准施测，可分区作业，每个区联测应使用至少 3 个分布均匀的 D 级或四等及以上等级的控制点作为起算点，至少 1 个 C 级及以上等级的控制点作为检查点，且相邻区域应做接边检查。

a. GPS 测量精度应不低于表 2-2 的要求。

表 2-2

级别	相邻点基线分量中误差		相邻点间平均距离(km)
	水平分量(mm)	垂直分量(mm)	
E 级	20	40	7.5

b. 各级 GPS 网最简异步观测环或附合线路的边数应不大于表 2-3 的规定。

表 2-3

级别	E
闭合环或附合路线的边数(条)	10

c. GPS 网点位应均匀分布，相邻点间距离最大不宜超过网平均距离的 2 倍。

d. GPS 网应与已有的高等级 GPS 点进行联测，联测点数不应少于 3 点。

e. 采用的 GPS 接收机的选用按表 2-4 的规定执行。

表 2-4

级别	单频/双频	观测量至少有	同步观测接收机数
E 级	双频或单频	L_1 载波相位	≥2

f. GPS 网观测的基本技术规定应符合表 2-5 的要求。

表 2-5

项目	级别
	E
卫星截止高度角(°)	15
同时观测有效卫星数目(个)	≥4
有效观测卫星总数(个)	≥4
观测时段数(个)	≥1.6
时段长度(min)	≥60 min
采样间隔(s)	5～15

g. GPS 网基线处理，复测基线的长度较差 d_s 应满足下式要求：

$$d_s \leqslant 2\sqrt{2}\sigma \tag{2-1}$$

式中：σ 为基线测量中误差，mm。

h. 各级 GPS 网外业基线处理结果，其对立闭合环或符合线路坐标闭合差(W_S)和各坐标分量闭合差(W_X、W_Y、W_Z)应符合下式[《全球定位系统(GPS)测量规范》(GB/T 18314—

2009)P10 公式 2]规定。

$$\left.\begin{aligned} W_X &\leqslant 3\sqrt{n}\sigma \\ W_Y &\leqslant 3\sqrt{n}\sigma \\ W_Z &\leqslant 3\sqrt{n}\sigma \\ W_S &\leqslant 3\sqrt{n}\sigma \end{aligned}\right\} \tag{2-2}$$

式中:n 为闭合环边数;σ 为基线测量中误差,mm; $W_S = \sqrt{W_X^2 + W_Y^2 + W_Z^2}$。

i. 无约束平差中,基线向量的改正数($V_{\Delta x}$、$V_{\Delta y}$、$V_{\Delta z}$)绝对值应满足下式要求。

$$\left.\begin{aligned} V_{\Delta x} &\leqslant 3\sigma \\ V_{\Delta y} &\leqslant 3\sigma \\ V_{\Delta z} &\leqslant 3\sigma \end{aligned}\right\} \tag{2-3}$$

式中:σ 为基线测量中误差,mm。

j. 约束平差中,基线向量的改正数与经式(2-3)规定的剔除粗差后的无约束平差结果的同名基线相应改正数的较差($dV_{\Delta x}$、$dV_{\Delta y}$、$dV_{\Delta z}$)应符合下式要求。

$$\left.\begin{aligned} dV_{\Delta x} &\leqslant 2\sigma \\ dV_{\Delta y} &\leqslant 2\sigma \\ dV_{\Delta z} &\leqslant 2\sigma \end{aligned}\right\} \tag{2-4}$$

式中:σ 为标准差,mm。

出测前要认真检校仪器。每时段观测仪器高最好不低于 1.3 m,观测前后各量取天线高一次,量至毫米,两次量高较差应不大于 3 mm,取平均值作为最后天线高。若较差超限,应查明原因,提出处理意见并记录在观测手簿记事栏内。

数据处理使用专业 GPS 数据处理软件。

外业观测记录手簿按照要求的格式填写。

②GPS RTK 测量。

GPS RTK 测量按二级施测。

a. RTK 卫星的状态要求需满足表 2-6 的要求。

表 2-6 RTK 卫星的状态要求

观测窗口状态	截止高度角 15°以上的卫星个数	*PDOP* 值
良好	≥6	<4
可用	5	4≤*PDOP*≤6
不可用	<5	>6

b. 经、纬度取位到 0.000 1″,平面坐标和高程记录到 0.001 m。

c. RTK 平面控制测量主要技术要求需满足表 2-7 的要求。

表 2-7　RTK 平面控制测量主要技术要求

等级	相邻点间平均边长(km)	点位中误差(cm)	边长相对中误差	与基站的距离(km)	观测次数	起算点等级
二级	5	不超过 ±5	≤1/10 000	≤5	≥3	一级及以上

注:1. 点位中误差指控制点相对于基准站的误差。

2. 相邻点间距离不宜小于该等级平均边长的 1/2。

d. RTK 高程控制测量主要技术要求需满足表 2-8 的要求。

表 2-8　RTK 高程控制测量主要技术要求

大地高中误差(cm)	与基准站的距离(km)	观测次数	起算点登记
不超过 ±3	≤5	≥3	四等及以上水准

注:大地高中误差指控制点大地高相对于最近基准站的误差。

e. RTK 控制测量基准站的技术要求。应正确设置基准站坐标、数据单位、尺度因子、投影参数和接收机天线高等参数。

f. RTK 控制测量流动站的技术要求:

- RTK 的流动站不宜在隐蔽地带、成片水域和强电磁波干扰源附近观测。
- 每次观测之间流动站应重新初始化。
- 每次作业开始前或重新架设基准站后,均应进行至少一个同等级或高等级已知点的检核,平面坐标较差不应大于 7 cm。
- 数据采集器设置控制点的单次观测的平面收敛精度不应超过 ±2 cm,高程收敛精度不应大于 3 cm。
- 进行 RTK 控制点测量时,应使用三脚架、对中杆或三脚对中杆。对中整平后量测仪器高度,并正确设置仪器高类型(斜高、垂高)和量取位置(天线相位中心、天线项圈、天线底部等)。每次观测历元数不应少于 30 个,采样间隔 1 ~5 s,各次测量的平面互较差应不大于 2 cm,高程坐标较差不应大于 4 cm。
- 应取各次测量的坐标中数作为最终结果。

③HBCORS 网络 RTK 测量。

采用网络 RTK 作业时,测量技术要求应符合表 2-9 的规定。

表 2-9　采用网络 RTK 作业时,测量技术要求

测回数	观测历元数	同一时段测回间平面互差
2	≥30	≤2 cm

a. 观测要求。

网络 RTK 一测回观测应符合下列要求:

- 对仪器进行初始化。
- 数据采样率一般设为 1″,模糊度置信度应设为 99.9% 以上。
- 每测回观测控制手簿设置,控制点的平面收敛精度应不超过 ±3 cm,高程收敛精度应不超过 ±5 cm。碎部点的平面收敛精度应不超过 ±3 cm,高程收敛精度应不超过 ±5 cm。

●观测值应在得到网络 RTK 固定解,且收敛稳定后开始记录。

●每测回采集的历元(自动观测值)个数不应少于表 2-9 中的规定,取平均值作为定位结果。

●经度、纬度取位到 0.000 1″,平面坐标和高程记录到 0.001 m。

网络 RTK 控制点测量测回间应断开再重新连接 HBCORS 网络进行测量。

控制点平面和高程成果应在限差之内取各测回结果的平均值。

当初始化时间超过 3 min 仍不能获得固定解时,宜断开通信链路,重启接收机,再次进行初始化操作。此外,还可以提高卫星高度截止角,或增加仪器的高度,或选择不同的多路径效应消除模式进行测量。

重试次数超过三次仍不能获得初始化时,应取消本次测量,对现场观测环境和通信链接进行分析,选择观测和通信条件较好的其他位置重新进行测量。

网络 RTK 观测时距接收机 10 m 范围内禁止使用对讲机、手机等电磁发射设备。遇雷雨应关机停测,并卸下天线以防雷击。

b. 检测要求。

每期作业时必须对测区内或周围的高等级点进行检测,检测时,确保接收机配置、仪器高设置、HBCORS 系统和网络信号等均处于正常状态。检测点数量不得少于 3 个,并应尽量均匀分布。检测要求至少一个测回,且平面检测较差应不超过 ±10 cm,高程检测较差应不超过 ±20 cm,并提交检测精度统计表,当检测超限时应提交分析报告或改变作业方法。

c. 数据处理。

数据下载:每天作业结束后,应及时将各类原始观测数据、中间过程数据、转换数据和成果数据等转存至计算机或移动硬盘等其他媒介上。

数据安全:外业观测数据在转存时,应提交完整的原始观测记录,不得对数据进行任何剔除或修改。同时应做好备份工作,确保数据安全。

坐标转换:网络 RTK 测量直接得到的是 CGCS2000 坐标,其他坐标结果均可通过 HB-CORS 控制中心提供的“HBCORS 坐标转换软件”进行转换,实时转换需在接收机内配置加密转换参数。

数据输出:网络 RTK 外业观测记录采用仪器自带的天线、内存卡和测量控制手簿,记录项目及数据输出包括下列内容:

●平面和高程转换参考点的点名、残差、转换参数。

●虚拟参考站的编号及发送给流动站的 WGS 84 坐标、WGS 84 坐标的增量(碎部点除外)。

●流动站测量点位的点名、天线类型、天线高及观测时间。

●流动站(碎部点除外)测量时的 *PDOP* 值。

●流动站(碎部点除外)测量点位的平面、高程收敛精度。

●流动站(碎部点除外)测量点位的 WGS 84 大地坐标,包括纬度、经度和大地高成果。

●流动站测量点位进行坐标转换后的湖北省独立坐标系平面坐标和 1985 国家高程基准正常高成果,该成果可在内业进行事后转换。

d. 数据检查。

网络 RTK 测量成果应进行 100% 的内业检查。内业检查内容包括:

• 原始观测记录的齐全性。

• 输出成果内容的完整性。

• 仪器高、卫星数和 DOP 情况。

• 测回收敛精度、测回数、同一时段测回间点位坐标平面互差 ΔS 和高程互差 ΔH、测回时间间隔以及时段时间间隔、时段间点位坐标平面互差 ΔS 和高程互差 ΔH。

其中，测回间点位坐标平面互差按下式计算：

$$\Delta S = \sqrt{(X_1 - X_2)^2 + (Y_1 - Y_2)^2} \tag{2-5}$$

$$\Delta H = H_1 - H_2 \tag{2-6}$$

时段间点位坐标平面互差按下式计算：

$$\Delta S = \sqrt{[(X_1 + X_2)/2 - (X_3 + X_4)/2]^2 + [(Y_1 + Y_2)/2 - (Y_3 + Y_4)/2]^2} \tag{2-7}$$

$$\Delta H = (H_1 + H_2)/2 - (H_3 + H_4)/2 \tag{2-8}$$

• 已知点资料及检测资料。

• 重复测量的时间间隔和较差符合性。

• 其他各项应当检查的内容。

2）高程控制测量

像控点高程测量可采用 HBCORS 系统网络 RTK 测量、GPS 高程拟合、GPS RTK 测量。起闭于四等或四等以上等级的高程控制点上。

（1）当采用拟合法进行 GPS 正常高内插时，应在测区内联测不少于 6 个分布均匀的水准点，另有 3 个点做检查，联测点应按测区地形特征适当增加高程联测点，使高程联测点均匀分布于网中。

（2）当采用 RTK 测量时，按本任务相关 GPS RTK 测量执行。

（3）当采用 HBCORS 网络 RTK 测量时，按本任务相关 HBCORS 网络 RTK 测量执行。

（二）像片控制点的选刺、整饰

1. 像片控制点的实地选刺

在像片控制点联测计划和其他准备工作完成以后，即可赴野外进行像片控制点的测定。像片控制点的野外测定工作包括野外选点、刺点、点位略图绘制及说明、打桩、观测、控制点成果的计算及整理等内容。

1）野外选点

在室内拟定像片控制点联测计划，已在像片上确定了这些控制点的概略位置，但我们的目的是要在实地测定其坐标和高程，供内业加密和测图使用，因此必须在实地找到这些控制点的相应地面位置，并参照计划中的联测方案进行测量，对获取的观测数据进行计算处理，最终获得所需要的成果。

所谓实地选点，就是用像片影像与实地对照，在实地找到符合《1∶5 000　1∶10 000　1∶25 000　1∶50 000　1∶100 000 地形图航空摄影规范》（GB/T 15661—2008）各项要求的控制点位置。实地选点应首先根据技术设计时提供的控制点概略位置去寻找目标，如果设计时提供的控制点位置实地无法找到，或测量条件受到限制，需要更换点位时，必须特别注意，移动后的点位仍需符合《1∶5 000　1∶10 000　1∶25 000　1∶50 000　1∶100 000 地形图航空摄影规范》（GB/T 15661—2008）中的有关规定。实地选点时应着重考虑以下问题：

(1)符合布点方案及控制点在像片上的各项基本要求。

(2)符合控制点刺点目标的要求。同时,应注意所选的控制点位置必须是实地与像片上都同时存在的地物点;因为仅实地存在,像片上没有相应的影像,则内业无法量测;反之,仅像片上有影像,而实地已发生变化,则外业无法确定点位,无法取得成果。

(3)考虑相应的联测方法、测量有关要求及对测量会产生影响的因素。

2)刺点目标的选择与要求

为保证刺点准确和内业量测精度,对刺点目标应根据地形条件和像片控制点的性质进行选择,以满足《1:5 000　1:10 000　1:25 000　1:50 000　1:100 000 地形图航空摄影规范》(GB/T 15661—2008)要求。

平面控制点的刺点目标,应选在影像清晰,能准确刺点的目标上,以保证平面位置的准确量测。一般应选在线状地物的交叉点和地物拐角上,如道路交叉点、固定田角、场坝角等,此时线状地物的交角应在30°~150°,以保证交会点能准确刺点。在地物稀少地区,也可选在线状地物端点、尖山顶和影像小于0.3 mm的地物中心。弧形地物和阴影等均不能选作刺点目标,这是因为摄影时的阴影与工作时的阴影不一致,而弧形地物上不能确定准确位置。

高程控制点的刺点目标应选在高程变化不大的地方,这样,内业在模型上量测高程时,即使量测位置不准确,对高程精度的影响也不会太大。因此,高程控制点一般应选在地势平缓的线状地物的交会处(地角、场坝角);在山区,平山顶以及坡度变化较缓的圆山顶、鞍部等也可作为刺点目标。狭沟、太尖的山顶和高程变化急剧的斜坡等,均不宜选作刺点目标。

森林地区由于选刺目标比较困难,一般可以选刺在无阴影遮盖的树根上,或者选刺在高大突出、能准确判断的树冠上;在沙漠、草原等选点困难的地区,也可以灌木丛、土堆、坟堆、废墟拐角、土堤、窑等作为选刺点的目标。

当点选刺在高地物顶部时,应量注顶部至地面的比高;点位刺在田坎等地物边沿时,由于内业量测高程不易区分基准面,应在像片反面注明刺在坎上或坎下。

3)像片刺点

像片刺点就是用细针在像片上刺孔,准确地标明像片控制点在像片上的位置,给内业提供判读和量测的依据。像片刺点准确与否直接影响内业加密的精度,因此应认真仔细选择。

实际刺点时,应在像片背面垫上塑料板,用直径不大于0.1 mm的小针尖在选定的目标上刺孔,并在像片背面用铅笔做出标记。为了避免可能出现的差错,《1:5 000　1:10 000　1:25 000　1:50 000　1:100 000 地形图航空摄影规范》(GB/T 15661—2008)规定像片刺点必须经第二人进行实地检查。

像片刺点应满足以下要求:

(1)刺点时应在相邻像片中选取影像最清晰的一张像片用于刺点,刺孔直径不得大于0.1 mm,并要刺透。刺偏时应换片重刺,不允许有双孔。

(2)平面控制点和平高控制点的刺点误差,不得大于像片上0.1 mm。高程控制点也应准确刺出。

(3)同一控制点只能在一张像片上有刺孔,不能在多张像片上有刺孔,以免造成错判。

(4)国家等级三角点、水准点、埋石的高级地形控制点,应在控制像片上按平面控制点的刺点精度刺出;当不能准确刺出时,水准点可按测定碎部点的方法刺出,三角点、埋石点在像片正、反面的相应位置上用虚线表示,并说明点位置和绘点位略图。

2. 控制像片的整饰

1）控制像片的反面整饰

像片的反面整饰是按一定要求在像片反面书写刺点说明，并简明绘出刺点略图，标明控制点的位置和点名、点号。整饰格式如图 2-25 所示，图中圆圈代表平面点、平高点或高程点，并分别以 P、N、G 编写其点号；三角形代表三角点，虚线的三角形代表不能准确刺出的三角点。点位略图用黑色铅笔依影像灰度描绘。

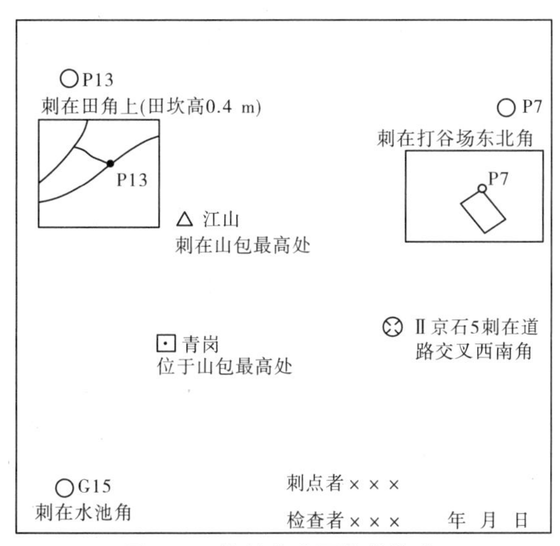

图 2-25　像控点背面整饰格式

2）控制像片的正面整饰

为方便内业对像片控制点的应用，凡是提供给内业使用的像片控制点、大地点、高级地形控制点（包括 GPS 点和导线点）均需在像片正面进行整饰。

（1）整饰方法和要求。

①图号为黑色。

②凡已准确刺出的三角点、GPS 点、小三角点（5″导线点）均用红色墨水，以其相应图式符号将其边长放大至 7 mm 进行整饰。已刺出的水准点、等外水准点、高程点用绿色墨水以直径为 7 mm 的圆圈（水准点中间加“×”符号）整饰，其余均用红色。凡不能准确刺出的点，将其相应符号改为虚线。

③转刺相邻图幅的公用控制点，其整饰方法同上，但需在控制点点号后加注邻幅的图幅编号。

④本图幅内航线间公用控制点，只在相邻的航线主片上，以相应符号和颜色用特种铅笔转标，并注明刺点像片号。

⑤点名、点号及高程注记要求字体正规，用红色墨水以分数形式注出，分子为点名、点号，分母为高程，水准点的高程应注到小数点后两位，其他高程注到小数点后一位，平面点只注点号。

⑥像片上如有图廓线通过，应用红色墨水绘出。像片的右下角应有整饰者签名。

像片正面整饰应注意，控制点符号应以刺孔为中心，使用小圈圆规时要在刺孔上垫一小块透明胶片，以免圆规针尖将控制点刺成双孔或将孔扩大，破坏刺点精度。

(2)整饰格式。

整饰格式如图 2-26 所示。

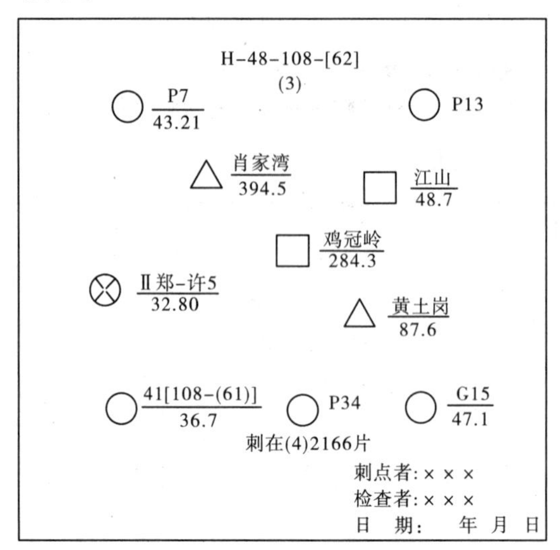

图 2-26　控制像片正面整饰格式

四、技能训练

选择一幅学校周边地区的航空影像,在上一任务中完成的航片上能够选点的区域内,对照航片和实地,选刺控制点,整饰控制像片,并选择适当的方法测量控制点。

五、思考练习

(1)实地选取像片控制点应考虑哪些问题?

(2)像片刺点应满足什么要求?

(3)控制像片正、反面整饰的方法和要求是什么?

项目三　解析空中三角测量

项目概述

传统摄影测量中解析空中三角测量的目的是通过少量外业控制点解析出测图所需基本定向点坐标，同时获取每张像片外方位元素，为内业测图建立模型做准备的一个过程。现代摄影测量中解析空中三角测量的目的在包含传统内容的基础上进行了扩展，其产品包含快速拼接图、数字表面模型及数字正射影像图等。以实际生产过程为思路，学习解析空中三角测量从数据准备到产品生成的整个过程。这里只介绍空中三角测量的整个流程，数字表面模型及数字正射影像图的生产将在项目四重点介绍。

任务一　解析空中三角测量数据准备

一、任务描述

解析空中三角测量是摄影测量内业工作的主要步骤，也是后期数据进一步处理的保障，解析空中三角的成果直接影响到整个内业成果质量。在外业数据采集的基础上，把解析空中三角测量需要的数据整理准备是内业处理的第一个工作。

二、教学目标

（1）通过理论的学习及实践的操作，掌握整理空中三角测量所需数据的内容。
（2）理解不同外业数据的不同点及共同点。

三、相关知识

（一）解析空中三角测量概念

应用航摄像片测绘地形图必须有一定数量的地面控制点坐标，这些控制点若采用常规的大地测量方法，需要在困难的野外作业，在复杂的环境和地形条件下，耗费相当的人力、物力和时间。解析空中三角测量的产生，极大地改变了这种状况。它仅需要少量必要的野外地面控制点，在室内量测出一批测图所需要的像点坐标，通过解析的方法，求出它们相应地面点的地面坐标，供测图或其他使用。这些由像点解求的地面控制点，也称为加密点。

解析空中三角测量按采用的平差模型可分为航带法解析空中三角测量、独立模型法解析空中三角测量和光束法解析空中三角测量，按加密区域分为单航带法、独立模型法和区域网法解析空中三角测量。单航带解析空中三角测量以一条航带构成的区域为加密单元进行

解算。区域网法按整体平差时所取用的平差单元不同,主要区别如下。

(1)航带法区域网平差:以航带作为整体平差的基本单元。

(2)独立模型法区域网平差:以单元模型为平差单元。

(3)光线束法区域网平差:以每张像片的相似投影光束为平差单元,从而求出每张像片的外方位元素及各个加密点的地面坐标。

解析空中三角测量过程是由专业软件完成的,目前生产中所用解析空中三角测量软件的智能化程度比较高,其基本工作流程如下:

(1)像点坐标系统误差预改正。

(2)立体像对相对定向。

(3)模型连接构建自由网。

(4)概略绝对定向。

(5)模型非线性改正。

(6)加密点坐标计算。

(7)DSM 及 DOM 的自动生成。

(二)影像格式转换

解析空中三角测量软件支持多种影像格式文件,常用的有 JPG 格式及 TIFF 格式文件。通过摄影相机得到的原始影像格式一般都是 JPG 格式,通过对原始影像进行畸变纠正后得到的影像一般都是 TIFF 格式。

(三)相机文件

解析空中三角测量作业过程中要用到相机文件,相机文件记录了影像及相机的基本参数,是进行数字影像内定向及影像畸变改正的依据。相机文件一般包含如下内容:像主点坐标、焦距、传感器大小、像元大小、坐标系类型、影像畸变参数等。空三软件相机文件里的内容根据相机检定文件进行填写。

(四)数字影像内定向

数字影像内定向就是恢复像片的内方位元素,建立和摄影光束相似的投影光束。实际操作中是根据量测的像片四角框标坐标和相应的摄影机检定值,恢复像片与摄影机的相关位置,即确定像点在像框标坐标系中的坐标。对于胶片相机所获得的影像,内定向还可以消除像片因扫描、压平等因素导致的变形。内定向通常的方法是利用像片周边已有的一系列框标点(通常有 4 个或 8 个,它们的像片坐标是事先经过严格校正的),构成一个仿射变换的模型(像点变换矩阵),把像素纠正到框标坐标系中。

数字影像内定向即内定向自动化。为了从数字影像中提取几何信息,必须建立数字影像中的像元素与所摄物体表面相应的点之间的数学关系。由于经典的摄影测量学已经有一套严密的像点坐标与对应物点坐标的关系式,因而只需要建立像素坐标系(传感器坐标系)与像平面坐标系的关系,就可利用原有的摄影测量理论,这一过程即数字影像的内定向。

数字影像是以"扫描坐标系 $O-I-J$"为准的,即像素的位置是由它所在的行号 I 和列号 J 来确定的,它与像片本身的像坐标系 $o-x-y$ 是不一致的。一般来说,数字化时影像的扫描方向应该大致平行于像片的 x 轴,这对于以后的处理(特别是核线排列)是十分有利的。因此,扫描坐标系的 I 轴和像坐标系的 x 轴应大致平行,如图 3-1 所示。数字影像的变形主要是在影像数字化过程中产生的,主要是仿射变形。因此,扫描坐标系和像片坐标系之间的关系可以用下述关系式来表示：

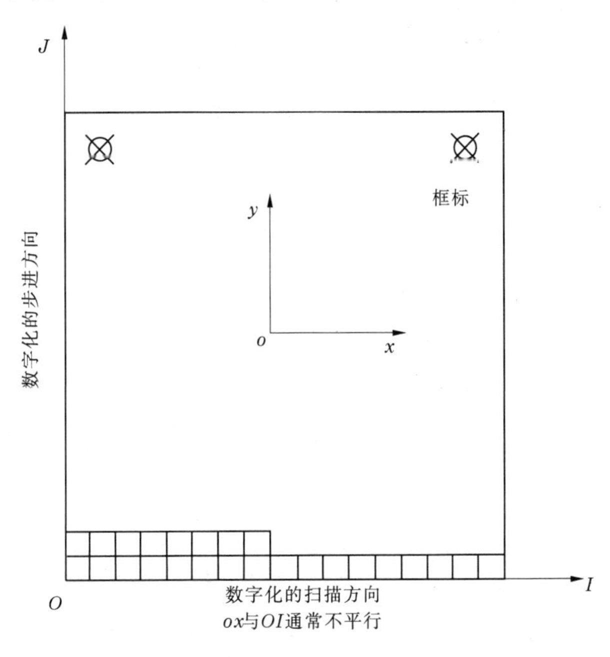

图 3-1　数字影像内定向

$$\left.\begin{aligned} x &= (m_0 + m_1 I + m_2 J) \cdot \Delta \\ y &= (n_0 + n_1 I + n_2 J \cdot \Delta \end{aligned}\right\} \tag{3-1}$$

式中：Δ 为采样间隔（或称为像素的大小和扫描分辨率，如 25 μm）。

因此，内定向的本质可以归结为确定上述方程中的 6 个仿射变换系数。为了求解这些参数，必须观测 4（或 8）个框标的扫描坐标和已知框标的像片坐标，进行平差计算。

数字影像内定向的目的：确定扫描坐标系和像片坐标系之间的关系，将像点的像素坐标转换为其对应的像平面坐标。

四、任务实施

以 Inpho 无人机模块空中三角测量加密操作为例介绍解析空中三角测量任务实施过程，在进行空中三角测量加密前先进行数据的准备，包含以下数据：

（1）准备待处理影像，最好事先进行畸变改正。

（2）准备好 POS 数据。

（3）准备好控制点数据。

（4）准备好相机文件。

（一）新建工程，设置测区基本参数

打开软件，进入测区基本参数设置界面（见图 3-2），在 Basics 中，主要定义目标工程的坐标系及工程名称。

（二）建立相机文件

双击相机图标启动“相机编辑器”，这里可以新建相机或者导入一个其他项目建好的已存在的相机文件。新建的相机文件根据相机检定文件进行填写，主要包含相机基本参数及

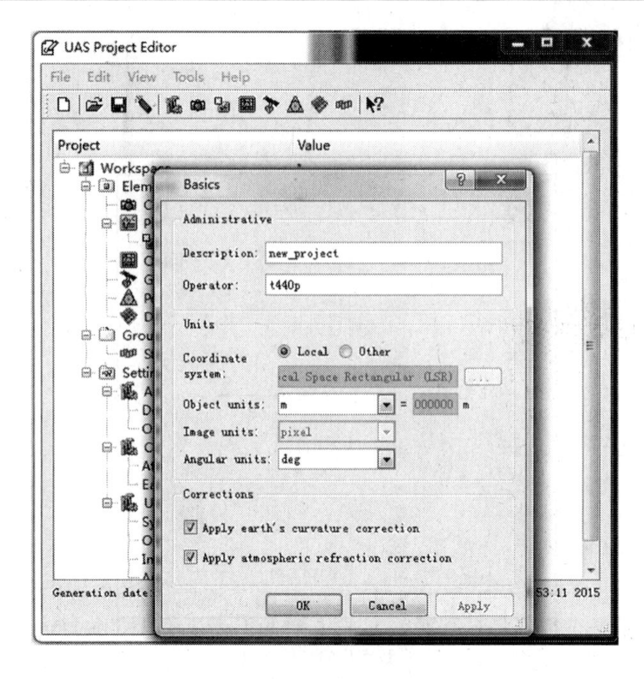

图 3-2　测区基本参数设置界面

相机畸变参数，如像片已经过畸变纠正，不需要填写畸变参数，视为无畸变影像进行处理。

（三）导入影像列表

利用导入功能加载在同一目录下的影像（见图 3-3），同时输入地形平均高度，地形平均高度可以根据控制点坐标求平均的方法获取。

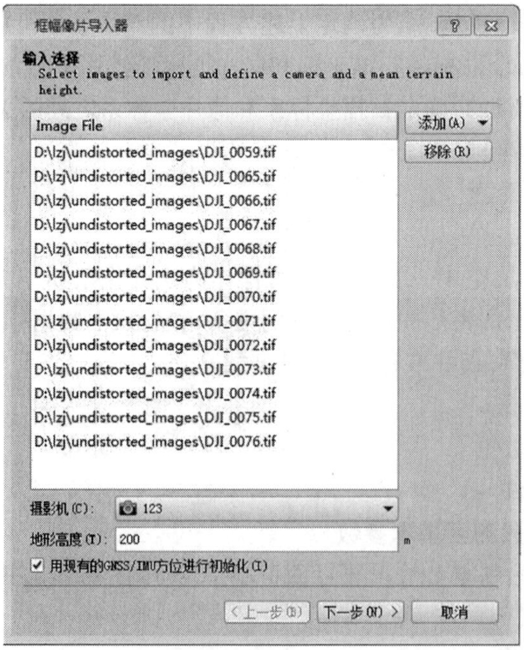

图 3-3　加载影像

（四）POS 数据加载

双击"GNSS/IMU"，导入 POS 数据，按照 ID，X/Y/Z /OMEGA/PHI/KAPPA 进行分列，如图 3-4所示。

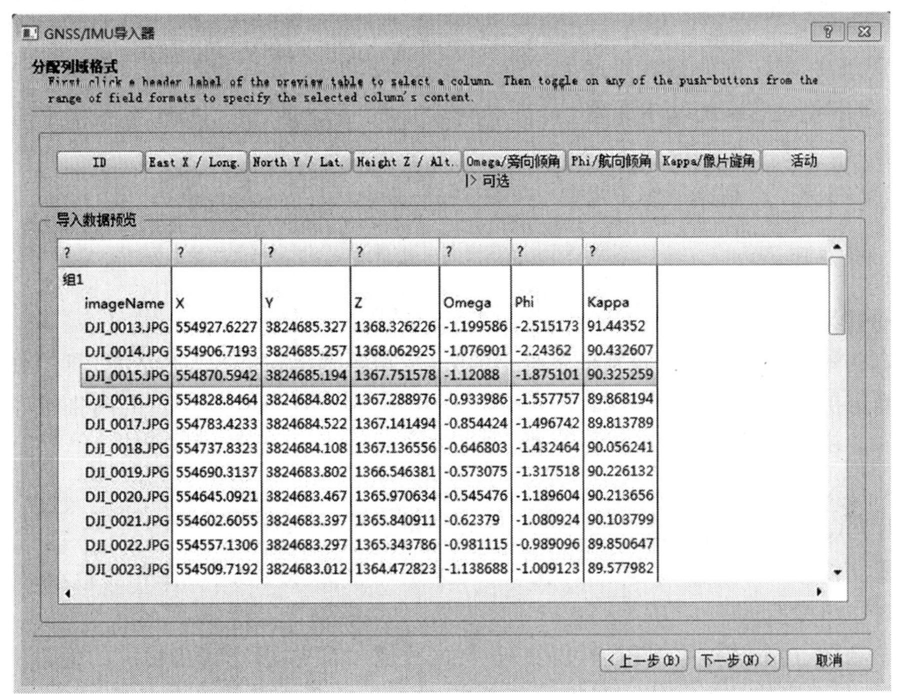

图 3-4 POS 数据设置

点击"下一步"，进入 ID 列表，这里的 POS ID 必须与刚才导入影像时选取的 ID 字符一一对应，导入 POS 数据之后，点击"Standard Deviations"进行标准差设定，点击"Default"即可。

（五）输入外业控制点

双击"Points"，操作步骤与导入 POS 一样，可参考。

五、技能训练

以 Inpho 无人机空中三角测量加密模块为参考，结合教学实际情况，选择合适的空中三角测量加密软件，进行空中三角测量加密项目新建过程的训练。

六、思考练习

不同空中三角测量加密软件在进行项目新建过程中的共同点与不同点有哪些？

任务二 解析空中三角测量连接点提取

一、任务描述

从相邻影像上通过影像匹配技术提取大量同名点，以同名点为基础进行影像的相对定向,确定相邻像片之间的相对位置关系,建立起立体模型。将控制点准确地刺入,为后期的整体平差处理做好准备。

二、教学目标

(1)理解相对定向的基本原理。

(2)理解绝对定向的基本原理。

(3)了解主要影像匹配技术的方法。

(4)掌握像控点刺点工作中需要注意的问题。

三、相关知识

(一)相对定向

确定一张航摄像片在地面坐标系统中的方位,需要确定6个外方位元素,即摄站的3个坐标和确定摄影光束空间姿态的3个角元素。因此,确定一个立体像对的两张像片在该坐标系中的方位,则需要12个外方位元素,即

左片:X_{S1}、Y_{S1}、Z_{S1}、φ_1、ω_1、κ_1;

右片:X_{S2}、Y_{S2}、Z_{S2}、φ_2、ω_2、κ_2。

恢复立体像对中两张像片的12个外方位元素即能恢复其绝对位置和姿态,重建被摄地面的绝对立体模型。

摄影测量中,上述过程可以通过另一途径来完成。首先,暂不考虑像片的绝对位置和姿态,而只恢复两张像片之间的相对位置和姿态,这样建立的立体模型称为相对立体模型,其比例尺和方位均是任意的,也可以理解为自由模型;然后在此基础上,将两张像片作为一个整体进行处理,通过控制点对模型进行平移、旋转、缩放,使其达到绝对位置。这种方法称为相对定向—绝对定向。

用于描述两张像片相对位置和姿态关系的参数,称为相对定向元素。用解析计算的方法解求相对定向元素的过程,称为解析法相对定向。由于不涉及像片的绝对位置,因此相对定向只需要利用立体像对的内在几何关系来进行,不需要地面控制点。确定模型在地面坐标系统中绝对位置和姿态的参数,称为绝对定向元素。用解析计算的方法求解绝对定向元素的过程,称为立体模型绝对定向。

在摄影测量的生产作业中,立体像对的相对定向和绝对定向总是和一定的仪器及作业方法联系在一起的。相对定向元素与空间辅助坐标系的选择有关,对于不同的像空间辅助坐标系,相对定向元素可以有不同的选择,下面介绍两种常用的相对方位元素系统。

1. 连续像对相对定向系统

这一系统是以立体像对中左像片的像空间坐标系作为像对的像空间辅助坐标系的。此时,如图3-5所示,可以认为左像片在此像空间辅助坐标系中的相对方位元素全部为零,因此右像片对于左像片的相对方位元素,就是右像片在像空间辅助坐标系中的相对方位元素,即

左像片:$X_{S1} = Y_{S1} = Z_{S1} = 0, \varphi_1 = 0, \omega_1 = 0, \kappa_1 = 0$;

右像片:$X_{S2} = b_x, Y_{S2} = b_y, Z_{S2} = b_z, \varphi_2, \omega_2, \kappa_2$。

φ_2为右像片主光轴在XZ坐标面上的投影与Z轴的夹角;ω_2为右像片主光轴与XZ坐标面之间的夹角,κ_2为Y轴在右像片平面上的投影与右像片平面坐标系y_2轴之间的夹角。

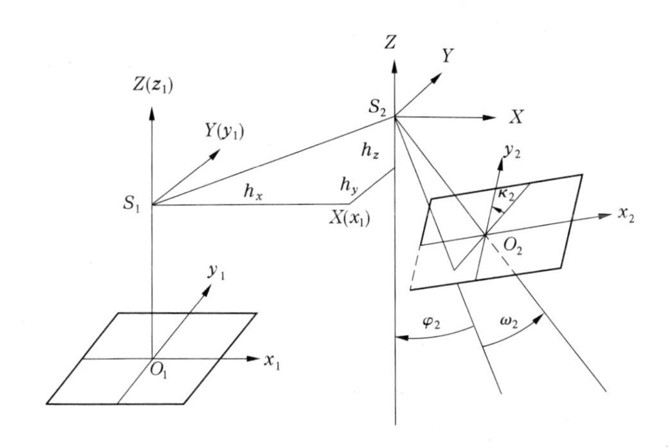

图 3-5　连续像对相对定向

b_x、b_y、b_z为摄影基线 b 在像空间辅助坐标系中的三个坐标轴上的投影，称为摄影基线的3个分量。其中，b_x只影响相对定向后建立模型的大小，而不影响模型的建立，因此相对定向需要恢复或求解的相对定向元素只有5个，即 b_y、b_z、φ_2、ω_2、κ_2 称为连续像对相对定向元素。

这种相对方位元素的特点是：在相对定向过程中，只需移动和旋转其中一张像片，另一张则始终固定不变。

2. 单独像对相对定向系统

在这一系统中，以左摄站 S_1 为像空间辅助坐标系原点，摄影基线 b 为 X 轴，左主光轴与摄影基线组成的左主核面为 XZ 面，Y 轴垂直于该面构成右手直角坐标系，如图 3-6 所示。这一种像空间辅助坐标系也叫作基线坐标系。所以说，单独像对相对定向系统是以基线坐标系为参考基准的。

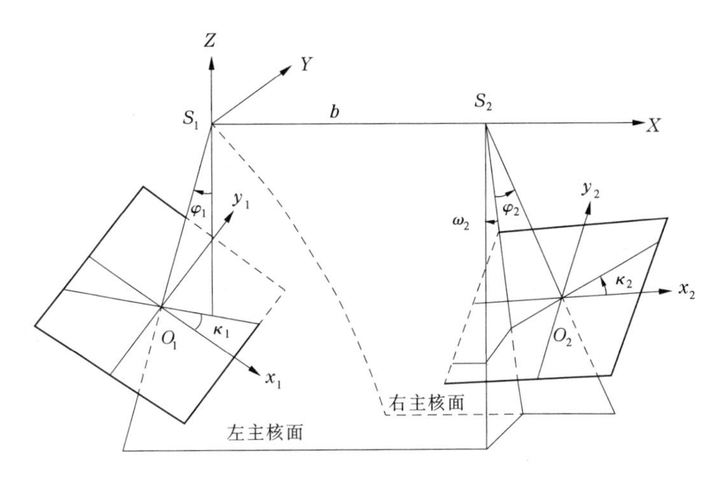

图 3-6　单独像对相对定向

左、右像片的相对方位元素为

左像片：$X_{S1}=Y_{S1}=Z_{S1}=0, \varphi_1, \omega_1=0, \kappa_1$；

右像片：$X_{S2}=b_x=b, Y_{S2}=b_y=0, Z_{S2}=b_z=0, \varphi_2, \omega_2, \kappa_2$。

同样，b_x 只涉及模型比例尺的大小，而不影响模型的建立，因此单独像对相对定向元素系统由5个角元素 φ_1，κ_1、φ_2、ω_2、κ_2 组成。

其中，φ_2 为左、右两像片主核面之间的夹角，由左主核面起算，逆时针为正，图 3-6 中为正值；φ_1、φ_2 为左、右主核面上左、右主光轴与摄影基线垂线之间的夹角，由垂线起算，顺时针为正，图 3-6 中 φ_1 为负值，φ_2 为正值；κ_1、κ_2 为左、右主核线与左、右像平面坐标系 x 轴间的夹角，由主核线起算，逆时针至 x 正方向为正，图 3-6 中 κ_1、κ_2 为负值。

这种相对定向元素系统的特点是：在相对定向过程中，只需分别旋转两张像片便可以确定两光束的相对方位，无须平移。

3. 解析法相对定向原理

像对的相对定向无论用模拟法还是解析法，都是以同名射线对对相交即完成摄影时 3 线共面的条件作为解求的基础。模拟法相对定向是利用投影仪器的运动，使同名射线对对相交，建立起地面的立体模型。而解析法相对定向则是通过计算相对定向元素，建立地面的立体模型。如图 3-7 所示为相对定向原理。

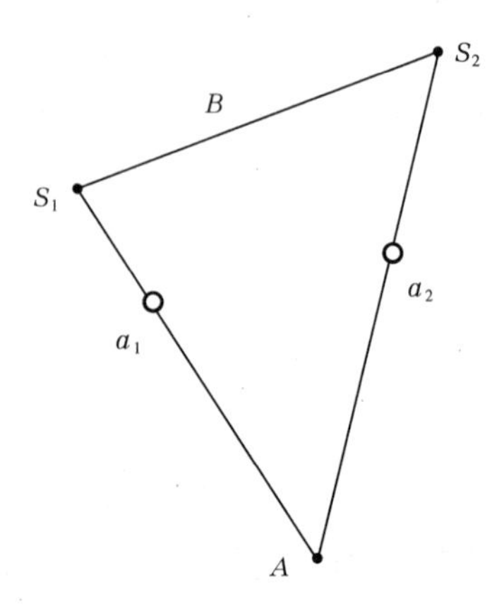

图 3-7　相对定向原理

假设 S_1a_1 和 S_2a_2 为一对同名射线。其矢量用 $\overrightarrow{S_1a_1}$ 和 $\overrightarrow{S_2a_2}$ 表示，摄影基线矢量用 $\vec{B}$ 表示。同名射线对对相交，表明射线 $\overrightarrow{S_1a_1}$、$\overrightarrow{S_2a_2}$、$\vec{B}$ 位于同一平面内，亦即三矢量共面。根据矢量代数，三矢量共面，它们的混合积等于零，即

$$\vec{B}\cdot(\overrightarrow{S_1a_1}\times\overrightarrow{S_2a_2})=0 \tag{3-2}$$

式(3-2)即为共面条件方程，其值为零的条件是完成相对定向的标准，用于解求相对定向元素。其对应的坐标表达形式如下：

$$\begin{vmatrix} b_u & b_v & b_w \\ X & Y & Z \\ X' & Y' & Z' \end{vmatrix}=0 \tag{3-3}$$

式中：b_u、b_v、b_w 为摄影基线 b 在像空间辅助坐标系中的三个坐标轴上的投影，称为摄影基线的 3 个分量；X、Y、Z 为左像片的像空间辅助坐标；X'、Y'、Z' 为右像片的像空间辅助坐标。

它的几何解释是由此三向量所形成的平行六面体的体积必须等于零，由此保证这一对相应光线共处于一个核面之内，成对相交。

式(3-3)还可以改化成其他的表达形式。如将式(3-3)按第一行元素展开，则有

$$B_X\begin{vmatrix} Y & Z \\ Y' & Z' \end{vmatrix}-B_Y\begin{vmatrix} X & Z \\ X' & Z' \end{vmatrix}+B_Z\begin{vmatrix} X & Y \\ X' & Y' \end{vmatrix}=0 \tag{3-4}$$

即

$$[B_X,B_Y,B_Z]\begin{bmatrix} YZ'-Y'Z \\ X'Z-XZ' \\ XY'-X'Y \end{bmatrix}=0 \tag{3-5}$$

因

$$\begin{bmatrix} YZ'-Y'Z \\ X'Z-XZ' \\ XY'-X'Y \end{bmatrix}=\begin{bmatrix} 0 & -Z & Y \\ Z & 0 & -X \\ -Y & X & 0 \end{bmatrix}\begin{bmatrix} X' \\ Y' \\ Z' \end{bmatrix} \tag{3-6}$$

故
$$[B_X,B_Y,B_Z]\begin{bmatrix}0 & -Z & Y\\ Z & 0 & -X\\ -Y & X & 0\end{bmatrix}\begin{bmatrix}X'\\ Y'\\ Z'\end{bmatrix}=0 \tag{3-7}$$

这是共面方程的另一表达形式,这一表达方程式和上面的向量式表达式是对应的。根据相对定向所取的像空间辅助坐标系不同,常用的方式有连续像对相对定向和单独像对相对定向两种。

4. 相对定向元素的解算过程

连续像对系统相对定向元素的计算是以共面条件方程为依据的。但是共面条件方程是立体像对方位元素的非线性函数。为了能够按照最小二乘法平差的原理解算出相对定向元素的最小二乘解,需要首先将共面方程式线性化。

$$\begin{vmatrix}b_u & b_v & b_w\\ X & Y & Z\\ X' & Y' & Z'\end{vmatrix}=0 \tag{3-8}$$

将共面方程线性化后得:

$$F=F^0+\frac{\partial F}{\partial \mu}\mathrm{d}\mu+\frac{\partial F}{\partial v}\mathrm{d}v+\frac{\partial F}{\partial \varphi_2}\mathrm{d}\varphi_2+\frac{\partial F}{\partial \omega_2}\mathrm{d}\omega_2+\frac{\partial F}{\partial \kappa_2}\mathrm{d}\kappa_2=0 \tag{3-9}$$

式(3-9)中相对方位元素改正数的系数计算如下(参考内容,可根据需要参考学习):

$$\frac{\partial F}{\partial \mu}=b_u\begin{vmatrix}0 & 1 & 0\\ u_1 & v_1 & w_1\\ u_2 & v_2 & w_2\end{vmatrix}=-b_u\begin{vmatrix}u_1 & w_1\\ u_2 & w_2\end{vmatrix}=-b_u(u_2w_1-u_1w_2)$$

$$\frac{\partial F}{\partial v}=-b_u(u_1v_2-u_2v_1)$$

$$\frac{\partial F}{\partial \varphi_2}=b_u\begin{vmatrix}1 & \mu & v\\ u_1 & v_1 & w_1\\ \frac{\partial u_2}{\partial \varphi_2} & \frac{\partial v_2}{\partial \varphi_2} & \frac{\partial w_2}{\partial \varphi_2}\end{vmatrix}$$

$$\frac{\partial\begin{bmatrix}u_2\\ v_2\\ w_2\end{bmatrix}}{\partial \varphi_2}=\frac{\partial R}{\partial \varphi_2}\begin{bmatrix}x_2\\ y_2\\ -f\end{bmatrix}$$

$$\frac{\partial R}{\partial \varphi_2}=\frac{\partial(R_{\varphi_2}R_{\omega_2}R_{\kappa_2})}{\partial \varphi_2}=\frac{\partial R_{\varphi_2}}{\partial \varphi_2}R_{\varphi_2}^{-1}R_{\varphi_2}R_{\omega_2}R_{\kappa_2}=\frac{\partial R_{\varphi_2}}{\partial \varphi_2}R_{\varphi_2}^{-1}R$$

$$R_{\varphi_2}=\begin{bmatrix}\cos\varphi_2 & 0 & -\sin\varphi_2\\ 0 & 1 & 0\\ \sin\varphi_2 & 0 & \cos\varphi_2\end{bmatrix}$$

$$\frac{\partial R_{\varphi_2}}{\partial \varphi_2}R_{\varphi_2}^{-1}=\begin{bmatrix}-\sin\varphi_2 & 0 & -\cos\varphi_2\\ 0 & 0 & 0\\ \cos\varphi_2 & 0 & -\sin\varphi_2\end{bmatrix}\begin{bmatrix}\cos\varphi_2 & 0 & \sin\varphi_2\\ 0 & 1 & 0\\ -\sin\varphi_2 & 0 & \cos\varphi_2\end{bmatrix}=\begin{bmatrix}0 & 0 & -1\\ 0 & 0 & 0\\ 1 & 0 & 0\end{bmatrix}$$

$$\frac{\partial\begin{bmatrix}u_2\\v_2\\w_2\end{bmatrix}}{\partial\varphi_2}=\frac{\partial R_{\varphi_1}}{\partial\varphi_2}R_{\varphi_2}^{-1}R\begin{bmatrix}x_2\\y_2\\-f\end{bmatrix}=\begin{bmatrix}0&0&-1\\0&0&0\\1&0&0\end{bmatrix}\begin{bmatrix}u_2\\v_2\\w_2\end{bmatrix}=\begin{bmatrix}-w_2\\0\\u_2\end{bmatrix}$$

用与上面同样的方法求出另外两个系数：

$$\frac{\partial\begin{bmatrix}u_2\\v_2\\w_2\end{bmatrix}}{\partial\omega_2}=\begin{bmatrix}0\\-w_2\\v_2\end{bmatrix}\qquad\frac{\partial\begin{bmatrix}u_2\\v_2\\w_2\end{bmatrix}}{\partial\kappa_2}=\begin{bmatrix}-v_2\\u_2\\0\end{bmatrix}$$

$$\frac{\partial F}{\partial\varphi_2}=b_u\begin{vmatrix}1&\mu&v\\u_1&v_1&w_1\\\partial u_2/\partial\varphi_2&\partial v_2/\partial\varphi_2&\partial w_2/\partial\varphi_2\end{vmatrix}$$

$$\frac{\partial F}{\partial\varphi_2}=b_u\begin{vmatrix}1&\mu&v\\u_1&v_1&w_1\\-w_2&0&u_2\end{vmatrix}\approx b_uv_1u_2$$

因为在近似竖直投影条件下μ、v是非常小的值,所以略去二次以上项：

$$\frac{\partial F}{\partial\omega_2}=b_u\begin{vmatrix}1&\mu&v\\u_1&v_1&w_1\\0&-w_2&v_2\end{vmatrix}\approx b_u(v_1v_2+w_1w_2)$$

$$\frac{\partial F}{\partial\kappa_2}=\begin{vmatrix}b_u&b_v&b_w\\u_1&v_1&w_1\\-v_2&u_2&0\end{vmatrix}\approx-b_uu_2w_1$$

$$F=F^0+\frac{\partial F}{\partial\mu}\mathrm{d}\mu+\frac{\partial F}{\partial v}\mathrm{d}v+\frac{\partial F}{\partial\varphi_2}\mathrm{d}\varphi_2+\frac{\partial F}{\partial\omega_2}\mathrm{d}\omega_2+\frac{\partial F}{\partial\kappa_2}d\kappa_2=0$$

把所有求出的系数项代入上式：

$$\frac{\partial F}{\partial\mu}=b_u(u_2w_1-u_1w_2),\frac{\partial F}{\partial v}=b_u(u_1v_2-u_2v_1),\frac{\partial F}{\partial\varphi_2}\approx b_uv_1u_2$$

$$\frac{\partial F}{\partial\omega_2}\approx b_u(v_1v_2+w_1w_2),\frac{\partial F}{\partial\kappa_2}\approx-b_uu_2w_1$$

得

$$(u_2w_1-u_1w_2)b_u\mathrm{d}\mu+(u_1v_2-u_2v_1)b_u\mathrm{d}v+u_2v_1b_u\mathrm{d}\varphi+(v_1v_2+w_1w_2)b_u\mathrm{d}\omega-u_2w_1b_u\mathrm{d}\kappa+F_0=0$$

等式两边同时除以 $u_2w_1-u_1w_2$，得

$$b_u\mathrm{d}\mu+\frac{u_1v_2-u_2v_1}{w_1u_2-u_1w_2}b_u\mathrm{d}v+\frac{u_2v_1}{w_1u_2-u_1w_2}b_u\mathrm{d}\varphi+\frac{v_1v_2+w_1w_2}{w_1u_2-u_1w_2}b_u\mathrm{d}\omega-\frac{u_2w_1}{w_1u_2-u_1w_2}b_u\mathrm{d}\kappa+\frac{F_0}{w_1u_2-u_1w_2}=0$$

系数约简，因为

$$N_2 = \frac{b_u w_1 - b_w u_1}{u_1 w_2 - w_1 u_2}$$

所以

$$u_1 w_2 - w_1 u_2 = \frac{b_u}{N_2}\left(w_1 - \frac{b_w}{b_u}u_1\right) \approx \frac{b_u}{N_2}w_1$$

又因为

$$\frac{v_1}{w_1} = \frac{N_1 v_1}{N_1 w_1} = \frac{N_2 v_2 + b_v}{N_2 w_2 + b_w} \approx \frac{N_2 v_2}{N_2 w_2} = \frac{v_2}{w_2}$$

所以

$$\frac{v_1}{v_2} = \frac{w_1}{w_2}$$

近似竖直投影情况下：

$$v_1 = v_2, w_1 = w_2$$

所以推出

$$\frac{u_1 v_2 - u_2 v_1}{w_1 u_2 - u_1 w_2} = -\frac{v_2}{w_2}$$

$$\frac{b_u v_1}{w_1 u_2 - u_1 w_2} = -\frac{v_2}{w_2}N_2$$

$$\frac{b_u (v_1 v_2 + w_1 w_2)}{w_1 u_2 - u_1 w_2} = -\left(w_2 + \frac{v_2^2}{w_2}\right)N_2$$

$$\frac{b_u u_2 w_1}{w_1 u_2 - u_1 w_2} = -N_2 u_2$$

$$\frac{F_0}{w_1 u_2 - u_1 w_2} = \frac{\begin{vmatrix} b_u & b_v & b_w \\ u_1 & v_1 & w_1 \\ u_2 & v_2 & w_2 \end{vmatrix}}{w_1 u_2 - u_1 w_2}$$

$$= \frac{\begin{vmatrix} b_u & b_w \\ u_2 & w_2 \end{vmatrix}}{w_1 u_2 - u_1 w_2}v_1 - \frac{\begin{vmatrix} b_u & b_w \\ u_1 & w_1 \end{vmatrix}}{w_1 u_2 - u_1 w_2}v_2 - \frac{\begin{vmatrix} u_1 & w_1 \\ u_2 & w_2 \end{vmatrix}}{w_1 u_2 - u_1 w_2}b_v = -N_1 v$$

连续法相对定向中常数项的几何意义：

(1) Q 为模型点的上下视差。

(2) 当一个立体像对完成相对定向时，$Q=0$。

(3) 当一个立体像对未完成相对定向时，即同名光线不相交时，$Q \neq 0$。

$$Q = b_u \mathrm{d}u - \frac{v_2}{w_2}b_u \mathrm{d}v - \frac{u_2 v_2}{w_2}N_2 \mathrm{d}\varphi_2 - \left(w_2 + \frac{v_2^2}{w_2}\right)N_2 \mathrm{d}\omega_2 + u_2 N_2 \mathrm{d}\kappa_2 \tag{3-10}$$

误差方程的建立：

$$v_Q = b_u \mathrm{d}u - \frac{v_2}{w_2}b_u \mathrm{d}v - \frac{u_2 v_2}{w_2}N_2 \mathrm{d}\varphi - \left(w_2 + \frac{v_2^2}{w_2}\right)N_2 \mathrm{d}\omega + u_2 N_2 \mathrm{d}\kappa - Q \tag{3-11}$$

量测 5 个以上的同名点可以按最小二乘平差法求相对定向元素。

5. 相对定向元素的计算

(1) 获取已知数据 x_0、y_0、f。

(2)确定相对定向元素的初值$\mu = v = \varphi = \omega = \kappa = 0$。

(3)由相对定向元素计算像点的像空间辅助坐标 u_1、v_1、w_1、u_2、v_2、w_2。

(4)计算误差方程式的系数和常数项。

(5)解法方程,求相对定向元素改正数。

(6)计算相对定向元素的新值。

(7)判断迭代是否收敛。

6. 模型点坐标的计算

相对定向工作完成后,建立起来的立体模型是辅助坐标系里的模型,需要通过绝对定向将其纳入测量坐标系中。在此之前需要先求得模型上模型点在辅助坐标系里的坐标,然后通过绝对定向完成坐标变换工作。以下为模型点坐标的计算过程:

(1)计算左、右像点的像空间辅助坐标系坐标

$$\begin{bmatrix} u_1 \\ v_1 \\ w_1 \end{bmatrix} = R_1 \begin{bmatrix} x_1 \\ y_1 \\ -f \end{bmatrix}, \begin{bmatrix} u_2 \\ v_2 \\ w_2 \end{bmatrix} = R_2 \begin{bmatrix} x \\ y_2 \\ -f \end{bmatrix} \tag{3-12}$$

(2)计算左、右像点的点投影系数

$$\left.\begin{aligned} N_1 &= \frac{b_u w_2 - b_w u_2}{u_1 w_2 - u_2 w_1} \\ N_2 &= \frac{b_u w_1 - b_w u_1}{u_1 w_2 - u_2 w_1} \end{aligned}\right\} \tag{3-13}$$

对于单独像对的相对定向,$b_u = b, b_v = b_w = 0$。

(3)计算模型点在像空间辅助坐标系中的坐标 U、V、W

$$\left.\begin{aligned} U &= N_1 u_1 = b_u + N_2 u_2 \\ V &= N_1 v_1 = b_v + N_2 v_2 \\ W &= N_1 w_1 = b_w + N_2 w_2 \end{aligned}\right\} \tag{3-14}$$

对于单独像对的相对定向

$$\left.\begin{aligned} U &= N_1 u_1 = b + N_2 u_2 \\ V &= N_1 v_1 = N_2 v_2 \\ W &= N_1 w_1 = N_2 w_2 \end{aligned}\right\} \tag{3-15}$$

(4)将模型点坐标乘以摄影比例尺分母,模型放大成约为实地大小

$$\left.\begin{aligned} U &= mN_1 u_1 = m(b_u + N_2 u_2) \\ V &= mN_1 v_1 = m(b_v + N_2 v_2) \\ W &= mN_1 w_1 = m(b_w + N_2 w_2) \end{aligned}\right\} \tag{3-16}$$

(二)绝对定向

1. 立体像对的绝对定向元素

相对定向后建立的立体模型是相对于摄影测量坐标系的,它在地面坐标系中的方位是未知的,其比例尺也是任意的。如果想要知道模型中某点相应的地面点的地面坐标,就必须对所建立的模型进行绝对定向,即要确定模型在地面坐标系中的正确方位及比例尺因子。这项工作叫立体模型绝对定向。

如前所述，立体像对共有12个外方位元素，相对定向求得5个元素后，待求解的绝对定向元素应有7个。求解这7个元素的过程实质上是将立体模型上的模型坐标通过平移、旋转、缩放纳入测量坐标系中。

绝对定向的定义：解算立体模型绝对方位元素的工作。立体模型绝对方位元素有7个，它们是：X_0、Y_0、Z_0、φ、Ω、K、λ。

绝对定向的目的：恢复立体模型在地面坐标系中的大小和方位。

过程：利用已知地面控制点，确定立体模型在地面坐标系中的大小和方位，求解绝对方位元素。方程式如下：

$$\begin{bmatrix} X_T \\ Y_T \\ Z_T \end{bmatrix} = \lambda \cdot \boldsymbol{M}\begin{bmatrix} X \\ Y \\ Z \end{bmatrix} + \begin{bmatrix} X_0 \\ Y_0 \\ Z_0 \end{bmatrix} = \lambda \cdot \begin{bmatrix} a_1 & a_2 & a_3 \\ a_2 & b_2 & b_3 \\ a_3 & c_2 & c_3 \end{bmatrix}\begin{bmatrix} X \\ Y \\ Z \end{bmatrix} + \begin{bmatrix} X_0 \\ Y_0 \\ Z_0 \end{bmatrix} \tag{3-17}$$

式中：$\boldsymbol{M}$ 为旋转矩阵，包含三个角元素 Φ、Ω、K；X_0、Y_0、Z_0 为坐标平移参数；λ 为模型比例尺因子。

2. 立体模型的绝对定向

像对相对定向仅仅是恢复了摄影时像片之间的相对位置，所建立的立体模型相对于地面的绝对位置没有恢复。要求出模型在地面测量坐标系中的绝对位置，就要把模型点在像空间辅助坐标系中的坐标转化为地面测量坐标，这项作业称为模型的绝对定向。模型绝对定向是通过地面控制点进行的。

地面测量坐标系是左手直角坐标系，而摄影测量的各种坐标系为右手直角坐标系。为方便转换，一般先将按大地测量得到的地面控制点坐标转换到地面摄影测量坐标系中，再利用它们把立体模型通过旋转、平移、缩放转换到地面摄影测量坐标系中，求得整个模型的地面摄影测量坐标，最后将立体模型转换回地面测量坐标系中。

如果不考虑模型本身的变形，将它看成刚体（所有点的精度是相等的），那么模型的绝对定向就是一个空间相似变换问题，即包含三个内容：

（1）模型坐标系相对于地面坐标系的旋转。

（2）模型坐标系对地面坐标的平移。

（3）确定模型缩放的比例因子。

设：$S—XYZ$ 为模型坐标系（注意与相对定向中的区别）；$O_T—X_TY_TZ_T$ 为地面坐标系，模型点相应地面点的地面坐标为（X_T, Y_T, Z_T）；模型点原点在地面坐标系 $O_T—X_TY_TZ_T$ 中的坐标为（X_0, Y_0, Z_0）；模型点在 $S—XYZ$ 中的模型坐标为（X, Y, Z）；λ 为模型比例尺因子；$\boldsymbol{M}$ 为由绝对方位元素角元素组成的旋转矩阵，则绝对定向方程式见式(3-17)。

式(3-17)在数学上称为三维空间的相似变换方程式。用向量的符号可表示为

$$X_T = \lambda \cdot \boldsymbol{M}X + X_0 \tag{3-18}$$

上述空间相似变换中共包含7个参数：其中，M 为旋转矩阵，包含三个角元素 Φ、Ω、K；X_0、Y_0、Z_0 为坐标平移参数；λ 为模型比例尺因子，X_0、Y_0、Z_0、Φ、Ω、K、λ 即为7个绝对定向元素。

空间相似变换公式通常应用于以下三种情况：

（1）已知地面坐标，反求变换参数——绝对定向。

（2）已知摄影测量坐标，求地面坐标。

（3）独立模型法区域网平差的数学模型。

空间相似变换公式用于绝对定向时,给出一个平面高程控制点,便可由式(3-17)列出3个方程组。给出两个平高点和一个高程控制点,便可列出7个方程式。联立解答该7个方程式,便可求解7个绝对方位元素的近似值的改正数。但是为了保证绝对定向的质量和提供检核数据,要有多余的地面控制点,通常是4个平高控制点,分布在立体模型的4个角隅,然后按最小二乘原理迭代求解。绝对定向控制点布设可参考图3-8。空间相似变换公式是变换参数的非线性函数,必须对其进行线性化。

图3-8 绝对定向控制点布设

3. 重心化坐标的运用

为了简化法方程的解算,我们将摄影测量坐标系的原点和地辅坐标系的原点都移到用于绝对定向的几个控制点的几何重心。如果我们认为构成模型的物质是均匀的,即地面控制点是等精度的,则重心点的模型坐标为

$$\dot{X} = \frac{1}{n}\sum X_i, \dot{Y} = \frac{1}{n}\sum Y_i, \dot{Z} = \frac{1}{n}\sum Z_i \tag{3-19}$$

重心点的地辅坐标系为

$$\dot{X} = \frac{1}{n}\sum X_{T_i}, \dot{Y} = \frac{1}{n}\sum Y_{T_i}, \dot{Z} = \frac{1}{n}\sum Z_{T_i} \tag{3-20}$$

这叫作坐标的重心化。

重心化坐标以后,模型点的模型坐标即变为重心化模型坐标,即为

$$\begin{bmatrix} \bar{X} \\ \bar{Y} \\ \bar{Z} \end{bmatrix}_j = \begin{bmatrix} X \\ Y \\ Z \end{bmatrix}_j - \begin{bmatrix} \dot{X} \\ \dot{Y} \\ \dot{Z} \end{bmatrix} \tag{3-21}$$

控制点的重心化地辅坐标为

$$\begin{bmatrix} \bar{X}_T \\ \bar{Y}_T \\ \bar{Z}_T \end{bmatrix}_j = \begin{bmatrix} X_T \\ Y_T \\ Z_T \end{bmatrix}_j - \begin{bmatrix} \dot{X}_T \\ \dot{Y}_T \\ \dot{Z}_T \end{bmatrix} \tag{3-22}$$

所以在重心化情况下,不再需要改正原点。因为定向点在重心化后已合理配赋。这样只剩下4个未知数,这是坐标重心化的一个明显优点。

因为

$$[\bar{X}] = [\bar{Y}] = [\bar{Z}] = 0, [\bar{X}_T] = [\bar{Y}_T] = [\bar{Z}_T] = 0, [\delta_X] = [\delta_Y] = [\delta_Z] = 0$$

证明:

$$\left.\begin{aligned}[\bar{X}_T] &= \sum_{i=1}^{n}\bar{X}_{Ti} = \sum_{i=1}^{n}(X_{Ti} - \frac{1}{n}\sum_{i=1}^{n}X_{Ti}) = \sum_{i=1}^{n}X_{Ti} - n\cdot\frac{1}{n}\sum_{i=1}^{n}X_{Ti} = 0 \\ [\delta_X] &= [\bar{X}_T] - \lambda M[\bar{X}] = 0\end{aligned}\right\} \tag{3-23}$$

在这种重心化坐标下,法方程变为非常简单的形式。此时,前4个未知数可以独立地求解。

$$\left.\begin{aligned}&dX_0 = 0, dY_0 = 0, dZ_0 = 0 \\ &d\lambda' = \frac{[\bar{X}\delta_X + \bar{Y}\delta_Y + \bar{Z}\delta_Z]}{[\bar{X}^2 + \bar{Y}^2 + \bar{Z}^2]}\end{aligned}\right\} \tag{3-24}$$

而需要解答的只是3阶法方程,因此空间相似变换的严密方程可写为

$$\begin{bmatrix} X_T \\ Y_T \\ Z_T \end{bmatrix} = \lambda \begin{bmatrix} a_1 & a_2 & a_3 \\ b_1 & b_2 & b_3 \\ c_1 & c_2 & c_3 \end{bmatrix} \begin{bmatrix} \bar{X} \\ \bar{Y} \\ \bar{Z} \end{bmatrix} + \begin{bmatrix} \dot{X}_T \\ \dot{Y}_T \\ \dot{Z}_T \end{bmatrix} \tag{3-25}$$

4. 绝对定向的计算过程

(1)读入数据。包括各个控制点的地面坐标(X_T, Y_T, Z_T)及相应模型点的摄测坐标,即模型坐标(X, Y, Z);此外,还应读入所有加密点的模型坐标,以便在绝对定向完成后将它们变换成相对应的地面点的地面坐标。

(2)分别计算控制点图形重心的摄影测量坐标和地面坐标。

(3)计算所有控制点和加密点的重心化摄影测量坐标;计算所有控制点的重心化地面坐标。

(4)确定绝对定向元素的初值。在近似垂直摄影的情况下,可取$\varphi_0 = \Omega_0 = \kappa_0 = 0$,在使用重心化坐标的情况下,$X_0 = Y_0 = Z_0 \equiv 0$,不必再求[模型坐标系的原点,也就是几何重心,它在地面坐标系下的坐标,也就是过去所说的(X_0, Y_0, Z_0),就是地面的几何重心原点坐标,所以平移量$X_0 = Y_0 = Z_0$恒为零]。而λ_0则由两个相距最远的控制点间的实地距离与其相应模型点的距离之比来确定。

(5)由三个角元素φ、Ω、κ的近似值构成旋转矩阵$\boldsymbol{M}$。

(6)因为在使用重心化坐标的条件下,$X_0^0 = Y_0^0 = Z_0^0 \equiv 0$,故应按式(3-26)逐点计算$\delta_X$、$\delta_Y$和$\delta_Z$:

$$\begin{bmatrix} \delta_X \\ \delta_Y \\ \delta_Z \end{bmatrix}_i = \begin{bmatrix} \bar{X}_T \\ \bar{Y}_T \\ \bar{Z}_T \end{bmatrix}_i - \lambda \begin{bmatrix} a_1 & a_2 & a_3 \\ b_1 & b_2 & b_3 \\ c_1 & c_2 & c_3 \end{bmatrix} \begin{bmatrix} \bar{X} \\ \bar{Y} \\ \bar{Z} \end{bmatrix}_i \quad (i = 1, 2, \cdots, n) \tag{3-26}$$

(7)计算$d\lambda'$,并按式(3-27)计算改正后的比例尺因子:

$$\lambda^{(k+1)} = \lambda^{(k)}(1 + d\lambda') \tag{3-27}$$

(8)组成并解答法方程,求出$d\varphi$、$d\Omega$和$d\kappa$。

(9)计算改正后的绝对定向元素。

$$\left.\begin{aligned}\varphi^{(k+1)} &= \varphi^{(k)} + d\varphi^{(k+1)} \\ \Omega^{(k+1)} &= \Omega^{(k)} + d\Omega^{(k+1)} \\ \kappa^{(k+1)} &= \kappa^{(k)} + d\kappa^{(k+1)}\end{aligned}\right\} \tag{3-28}$$

式中:k 代表迭代次数。

(10)重复步骤(5)~(9),直到绝对定向元素的改正小于限差为止。

(11)最后计算所有加密点的地面坐标:

$$\begin{bmatrix} X_T \\ Y_T \\ Z_T \end{bmatrix}_j = \lambda \begin{bmatrix} a_1 & a_2 & a_3 \\ b_1 & b_2 & b_3 \\ c_1 & c_2 & c_3 \end{bmatrix} \begin{bmatrix} \overline{X} \\ \overline{Y} \\ \overline{Z} \end{bmatrix}_j + \begin{bmatrix} \dot{X}_T \\ \dot{Y}_T \\ \dot{Z}_T \end{bmatrix} \tag{3-29}$$

式中:m 为立体模型中加密点的个数;$j = 1,2,\cdots,m$ 。

5. 地面测量坐标系与地面摄影测量坐标系间的转换

在介绍坐标系时提到,摄影测量坐标系采用的是右手系,而地面测量坐标系采用的是左手系,这给摄影测量坐标系到地面测量坐标系的转换带来了困难。为此,在摄影测量坐标系与地面摄影测量坐标系之间建立了一种过渡性的坐标系,称为地面摄影测量坐标系,具体内容参见坐标系的介绍。

在计算过程中要将地面测量坐标系转换到 X 轴大致与航带平行的地面摄影测量坐标系中,通过绝对定向计算得到的结果为地面摄影测量坐标系的坐标,也需要转换为地面测量坐标。具体的转换公式如下,其中假设两地面控制点为 A 和 B 。

$$\begin{bmatrix} X \\ Y \\ Z \end{bmatrix} = \begin{bmatrix} a & b & 0 \\ b & -a & 0 \\ 0 & 0 & \lambda \end{bmatrix} \begin{bmatrix} X_t - X_{tA} \\ Y_t - Y_{tA} \\ Z_t \end{bmatrix} \tag{3-30}$$

式中:X、Y、Z 为控制点地面参考坐标;X_t、Y_t、Z_t 为控制点地面坐标;X_{tA}、Y_{tA} 为 A 点在地面坐标系中的坐标。

$$\left.\begin{aligned} a &= \frac{\Delta U_{(B-A)}\Delta X_{t(B-A)} - \Delta V_{(B-A)}\Delta Y_{t(B-A)}}{\Delta X_{t(B-A)}^2 + \Delta Y_{t(B-A)}^2} \\ b &= \frac{\Delta U_{(B-A)}\Delta Y_{t(B-A)} - \Delta V_{(B-A)}\Delta X_{t(B-A)}}{\Delta X_{t(B-A)}^2 + \Delta Y_{t(B-A)}^2} \end{aligned}\right\} \tag{3-31}$$

式中: ΔU、ΔV 为模型点坐标差; ΔX、ΔY,ΔX_t、ΔY_t 为地面参考坐标差、地面坐标差。

四、任务实施

(一)生成影像金字塔文件

工程保存完后,需要在主界面 Tools - Images Commander 中建立影像金字塔,点击 ADD→添加影像路径→全选所有影像 → process image overview 即可生成影像金字塔文件。

(二)影像位置检查,连接点的自动提取

点击 或者 Georeferencing Start UAS Measurement... , 进入图 3-9 所示界面。

选中"Photos",选中所有影像,显示模式改为显示,查看影像摆放是否正确,如果不正确,在新建工程文件相机选项中,旋转相机坐标即可。

点击右侧工具竖栏 UAS(见图 3-10),点击"Extract":选择 Default 模式即可,如果处理失败,飞行姿态很差,考虑使用 Low Resolutio 或者 Half Resolution,GPS 误差超过 10 m,建议取消 Use GPS/Approx. EO,然后点击右侧开始按钮即可。注意:默认是勾选 Use GPS/Approx.

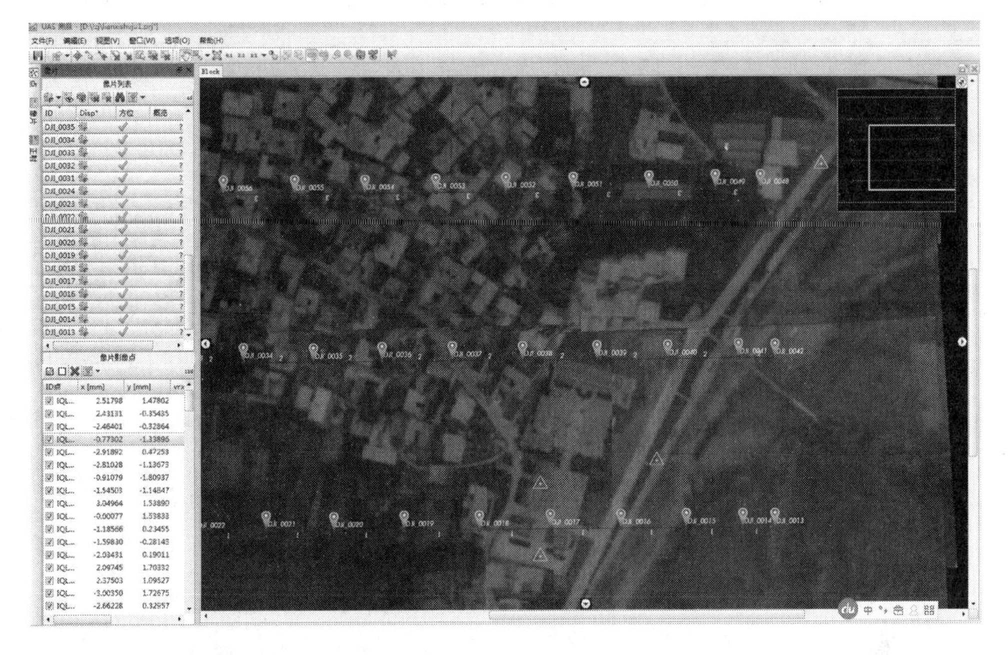

图 3-9 空中三角测量界面

EO 的,在 GNSS 位置激活,并且参加到平差当中。

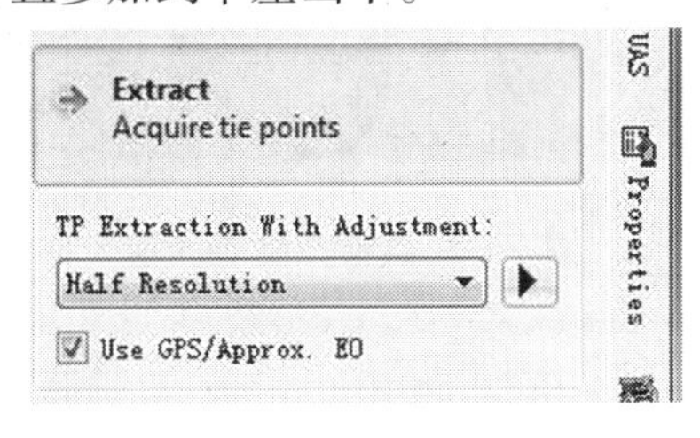

图 3-10 连接点提取

(三)编辑连接点、量测控制点

1. 编辑连接点

连接点自动提取后会将自动匹配的所有点显示于主界面,在左侧点号界面下,选中某一点,可以查看其匹配残差,并且双击进入编辑界面对其进行编辑,如图 3-11 所示。

2. 控制点量测

(1)选中图标。

(2)双击左侧点列表中任意一个控制点,弹出 MultiAerial 窗口,显示了所有控制点所在的图像。

(3)这个图框显示当前窗口一次显示像片数量,可以自己滑动来调节片子数量,绿色箭头用来翻页(见图 3-12)。

(4)把鼠标放在任意一张像片上,通过按住 Ctrl + 右键 + 移动鼠标的方法,可以移动像片,使光标与实际控制点地物重合。

(5)由于 GPS 定位不准确,会造成预测点与实际地物点相差较远,可以通过先在两张像片上刺点,然后双击左侧点列表中的控制点,右侧窗口中控制点会自动调整到控制点附近,

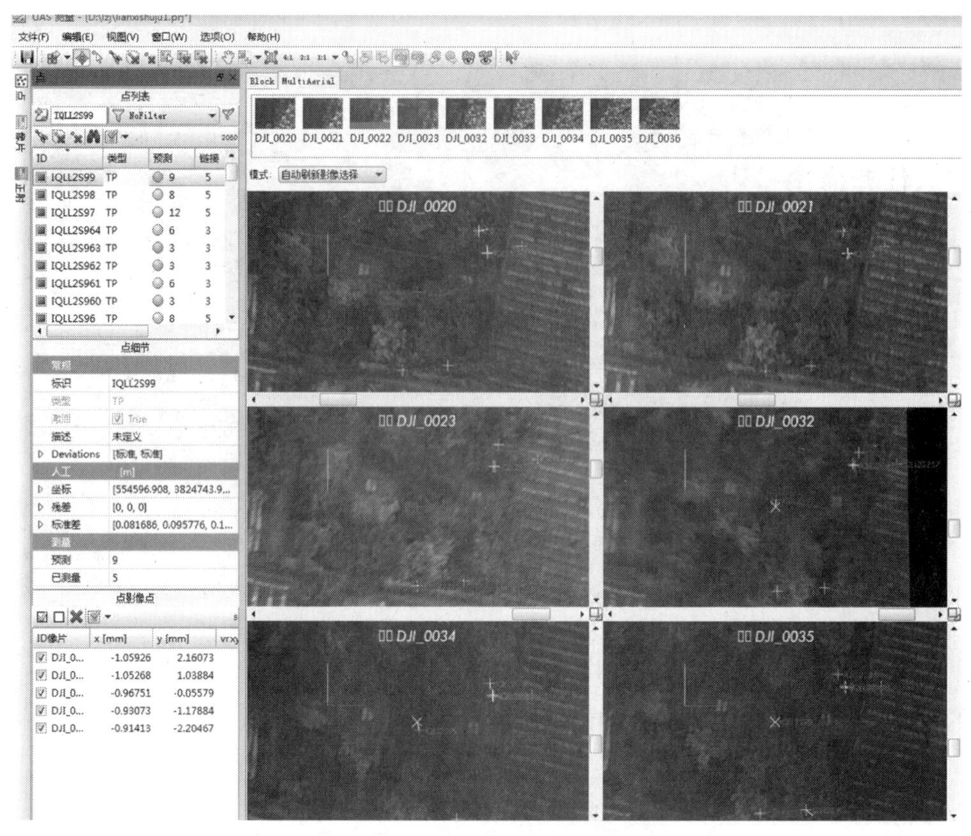

图 3-11　连接点检查编辑

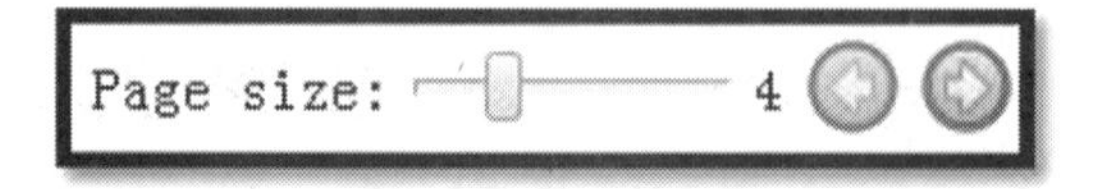

图 3-12　连接点编辑同时显示的照片数

这样方便刺点。

（6）还可以点击 Track 图标，自动控制点刺入。

（7）逐个把控制点刺入，之后保存。

五、技能训练

以 Inpho 无人机空中三角测量加密模块为参考，结合教学实际情况，选择合适的空中三角测量加密软件，进行连接点提取及控制点量测过程的训练。

六、思考练习

（1）连接点自动提取是采用什么算法实现的？

（2）像控点量测过程中，点位不准确怎么调整？在立体上量测和在平面上量测哪种效果好？

任务三　空中三角测量整体平差加密

一、任务描述

解析空中三角测量核心的内容是通过控制点或高精度 POS 数据将模型点坐标纳入统一的测量坐标系并进行整体平差，从而求得加密点坐标及每张影像的方位元素。

二、教学目标

1. 理解解析空中三角测量平差的基本原理。
2. 掌握常用软件空中三角测量处理基本流程。

三、相关知识

（一）航带法解析空中三角测量

单航带航带法解析空中三角测量是常用三种解析加密方法的基础。它利用一条航带内各立体模型的内在几何关系，建立自由航带网模型，然后根据控制点条件，按最小二乘法原理进行平差，并清除航带模型的系统变形，从而求得各加密点的地面坐标。单航带航带法解析空中三角测量是以连续法相对定向构成立体模型为特点的加密方法。

单航带航带法解析空中三角测量的主要解算过程如下。

1. 像点坐标量测与系统误差改正

量测像点坐标，像点坐标系统误差改正按相应公式进行，主要包括摄影机物镜畸变差、摄影处理、大气折光、底片压平以及地球弯曲等因素的影响。

2. 连续法相对定向建立单个模型

连续法相对定向建立单个模型的特点是选定的像空间辅助坐标系与航带第一张像片的像空间坐标系相重合。这样建立起的航带内各单个模型的像空间辅助坐标系的特点是各坐标轴向都保持彼此平行，模型比例尺各不相同，坐标原点也不一致。以第一张像片为左片，第二张像片为右片，计算第二张像片相对于第一张像片的相对定向元素，然后以第二张像片为左片，第三张像片为右片，求第三张像片相对于第二张像片的相对定向元素（全航带统一以第一张像片的像空间坐标系为辅助坐标系，此时第二张像片在航带里的定向元素已经计算出来了）。如此往复，计算全航带像片相对于像空间辅助坐标系的定向元素。

3. 航带内各立体模型利用公共点进行连接，建立起统一的航带网模型

航带内各单个模型建立之后，以相邻两模型重叠范围内三个连接点的高度应相等为条件，从航带的左端至右端的方向，逐个模型归化比例尺，统一坐标原点，使航带内各模型连接成一个统一的自由航带网模型。

相邻模型间的比例尺不同，必然反映在模型之间公共连接点的相对高程不等，故可用在考虑航高差之后的公共连接点在前后两模型中的高程应相等来求解比例尺归化系数，将后一模型乘以模型归化系数 k，即可将其比例尺化为与前一模型相同，这样就统一了模型的比例尺。在相对定向中，选定标准点位作为定向点，如图 3-13 所示，图中①、②表示模型编号，1、2、3、4、5、6 代表标准定向点位。模型①中的 2、4、6 点就是模型②中的 1、3、5 点，即两模

型中的公共连接点。取模型①中 2 点为例来求取模型比例尺归化因子系数 k,如图 3-14 所示。如果两模型的比例尺一致,则模型①中 M_1 点应与模型②中的 M_2 点重合。

图 3-14 为比例尺不一致的情况,两模型同名点的 Z 坐标之比,定义为比例归化系数 k,即

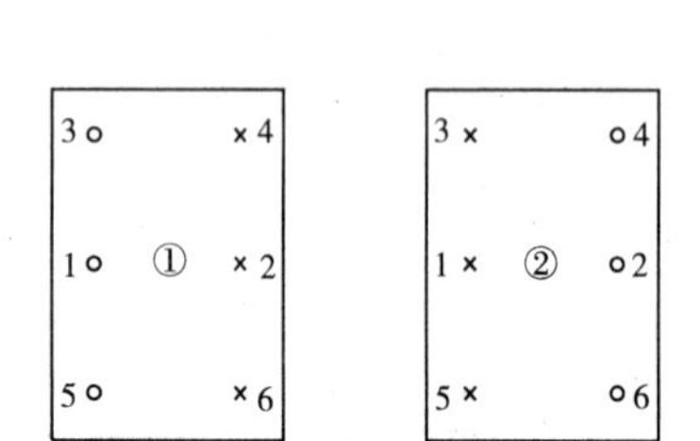

图 3-13　模型公共点

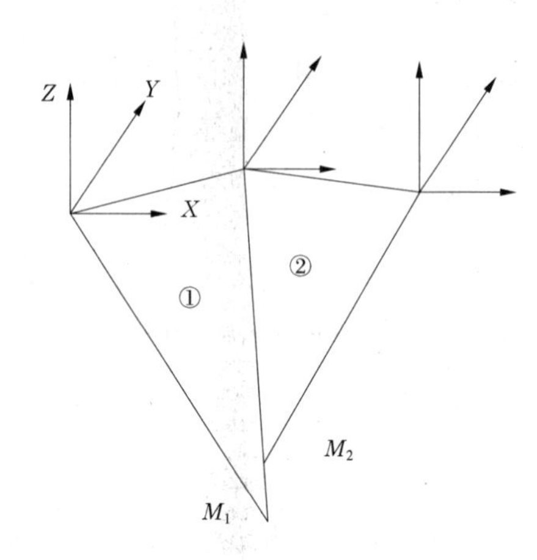

图 3-14　模型比例尺归化

$$k = \frac{S_1M_1}{S_2M_2} = \frac{(N'w_2)\ 模型_1}{(N'w_1)\ 模型_2} = \frac{(N'w_1)\ 模型_1 - b_w}{(Nw_1)\ 模型_2} \tag{3-32}$$

为了使模型连接好,作业中常取相对应的 3 个点的归化系数,然后取平均得到后一模型的归化系数,这样后一模型中各模型点坐标及其基线分量都乘以归化系数 k 就得到与前一模型比例尺相同的模型点坐标。这时,各模型的比例尺虽然一致了,但各模型的像空间辅助坐标系并未统一,即各模型上模型点坐标的原点不一致。

4. 模型点摄影测量坐标的计算

为了将各模型上模型点坐标纳入统一的辅助坐标系中,各模型需要进行由各自像空间辅助坐标系到全航带统一辅助坐标系的转换计算。第二个模型及以后各模型的摄站点在全航带上的统一坐标值为

$$\left.\begin{aligned} U_{S2} &= U_{S1} + kMb_u \\ V_{S2} &= V_{S1} + kVb_v \\ W_{S2} &= W_{S1} + kMb_w \end{aligned}\right\} \tag{3-33}$$

第二个模型及以后各模型中的模型点在全航带统一的坐标为

$$\left.\begin{aligned} U &= U_{S1} + kMNu_1 \\ V &= V_{S1} + \frac{1}{2}(kMNv_1 + kMN'v_2 + kMb_v) \\ W &= W_{S1} + kMNw_1 \end{aligned}\right\} \tag{3-34}$$

式中:U、V、W 为模型点坐标;U_{S1}、V_{S1}、W_{S1} 为本像对左摄站的坐标值,均由前一像对模型来求得;u_1、v_1、w_1 为左像点的像空间辅助坐标;v_2 为右像点的像空间辅助坐标;N、N' 为本像对左、右投影射线的点投影系数。

完成上述计算后,可得模型点在统一的辅助坐标系中的坐标值。航带内所有模型完成

上述计算,则建成自由航带网。

5. 航带网的概率绝对定向

建立的航带网模型是摄影测量坐标系,还需要根据地面控制点,把摄影测量坐标变换为地面摄影测量坐标,即将整个航带网按控制点的摄影测量坐标和地面摄影测量坐标进行空间相似变换,完成航带网模型的绝对定向,使整个航带网的摄影测量坐标纳入地面摄影测量坐标系中。

6. 航带网的非线性变形改正

航带法区域网平差的任务是在全区域整体解算各条航带模型的非线性改正式的系数,然后利用所求的各条航带模型改正数,求出待定点坐标,进而得到各加密点的地面坐标。在航带模型构建过程中,由于误差积累会产生非线性变形,通常采用一个多项式曲面来代替复杂的变形曲面,使曲面经过航带模型已知控制点时,所求得的坐标变形值与实际变形值相等或其差的平方和最小。

一般采用的多项式有两种:一种是对 X、Y、Z 坐标分列的二次多项式和三次多项式;另一种是平面坐标改正采用三次或两次正行变换多项式,而高程采用一般多项式。二次多项式和三次多项式改正公式为

$$\left.\begin{aligned}\Delta X &= a_0 + a_1\overline{X} + a_2\overline{Y} + a_3\overline{X}^2 + a_4\overline{X}\,\overline{Y} + a_5\overline{X}^3 + a_6\overline{X}^2\overline{Y}\\ \Delta Y &= b_0 + b_1\overline{X} + b_2\overline{Y} + a_3\overline{X}^2 + b_4\overline{X}\,\overline{Y} + b_5\overline{X}^3 + b_6\overline{X}^2\overline{Y}\\ \Delta Z &= c_0 + c_1\overline{X} + c_2\overline{Y} + c_3\overline{X}^2 + c_4\overline{X}\,\overline{Y} + c_5\overline{X}^3 + c_6\overline{X}^2\overline{Y}\end{aligned}\right\}\tag{3-35}$$

式中:ΔX、ΔY、ΔZ 为航带模型经概略绝对定向后模型点的非线性变形坐标改正值;$\overline{X}$、$\overline{Y}$ 为航带模型经概略绝对定向后模型点重心化概略坐标;a_i、b_i、c_i 为非线性变形多项式的系数。

平面坐标的正行变换改正公式为

$$\left.\begin{aligned}\Delta X &= A_1 + A_3\overline{X} - A_4\overline{Y} + A_5\overline{X}^2 - 2A_6\overline{X}\,\overline{Y} + A_7\overline{X}^3 - 3A_8\overline{X}^2\overline{Y}\\ \Delta Y &= A_2 + A_4\overline{X} + A_3\overline{Y} + A_6\overline{X}^2 + 2A_5\overline{X}\,\overline{Y} + A_8\overline{X}^3 + 3A_7\overline{X}^2\overline{Y}\end{aligned}\right\}\tag{3-36}$$

对式(3-35)、式(3-36)而言,去掉三次项,即得二次项变换公式。

航带模型的非线性改正视实际布设控制点情况确定是采用二次多项式还是采用三次多项式。对航带解析空中三角测量若采用三次多项式作非线性变形改正,则每个式中包含 7 个参数,共计 21 个参数,解算至少需要 7 个平高控制点。

假设采用二次多项式进行航带模型的非线性改正,则控制点的误差方程式为

$$\left.\begin{aligned}-u_X &= a_0 + a_1\overline{X} + a_2\overline{Y} + a_3\overline{X}^2 + a_4\overline{X}\,\overline{Y} - l_X\\ -v_Y &= b_0 + b_1\overline{X} + b_2\overline{Y} + b_3\overline{X}^2 + b_4\overline{X}\,\overline{Y} - l_Y\\ -w_Z &= c_0 + c_1\overline{X} + c_2\overline{Y} + c_3\overline{X}^2 + c_4\overline{X}\,\overline{Y} - l_Z\end{aligned}\right\}\tag{3-37}$$

其中

$$\left.\begin{aligned}l_X &= X - X_G - \overline{X}\\ l_Y &= Y - Y_G - \overline{Y}\\ l_Z &= Z - Z_G - \overline{Z}\end{aligned}\right\}\tag{3-38}$$

利用控制点建立误差方程式,建立相应的法方程,求解非线性变形改正式系数 a_i、b_i、c_i,

然后利用式(3-35)求解航带模型经概略绝对定向后模型点非线性变形坐标改正值,进而求得模型点的地面参考坐标。最后经过绝对定向方程式的逆变换得到最终的地面点坐标。

(二)独立模型法解析空中三角测量

独立模型法区域网空中三角测量以构成的每一个单元模型为一个独立单元,参加全区域的整体平差计算,实际上每个单元都被视为一个整体,只作平移、缩放和旋转,最终达到整个区域内各单元模型处于最或是位置。

1. 单元模型的建立

建立单元模型就是为了获取包括地面点、摄影测量加密点和摄影站点等模型点在内的坐标。单元模型可以由一个像对构成,也可以由若干个相邻像对构成。建立单元模型一般采用单独像对法,根据单独像对相对定向误差方程式建立法方程,求解像对的相对定向独立参数。单独像对相对定向完成,亦即求得了左、右像片的旋转矩阵的独立参数,可将像点的像空间坐标化算为像空间辅助坐标系中的坐标,并计算其模型点坐标。

2. 区域网的建立

相对定向完成后,由于每个单元模型的像空间辅助坐标系的轴系方向不一致,导致同一地面模型点在相邻单元模型中的坐标值不相同。现在要将各单元模型归化到同一个坐标系中,即建立区域网。

在单元模型归化至统一坐标系的过程中,利用相邻两单元模型间的公共点坐标值应相等的条件,通过后一模型单元相对于前一模型作旋转、缩放和平移的空间相似变换,把后一单元模型归化到前一模型的坐标系中,依次类推,进行到最后一个单元模型为止,如图 3-15 所示。经空间相似变换的单元模型,依然保持模型的原来形状和独立性。

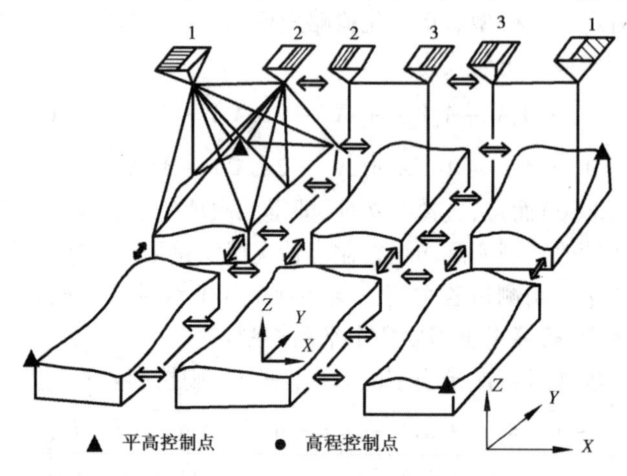

图 3-15　独立模型构建区域网

3. 全区域单元模型的整体平差

区域网整体平差依然将区域内的单元模型视为整体作为平差单元,按照在整个区域内相邻模型公共点在各单元模型上的坐标相同,以及地面控制点的模型计算坐标和实测坐标相同的原则,依据最小二乘原理,进行旋转、缩放和平移的空间相似变换,确定出每个单元模型在区域中的最或是位置。区域网的建立与整体平差,实际上可用相同的数学模型一次解算完成。

（三）光束法解析空中三角测量

1. 光束法解析空中三角测量简介

光束法解析空中三角测量以一个摄影光束（即一张像片）作为平差计算基本单元，是较为严密的控制点加密法，它以共线条件方程为理论基础。

2. 平差作业过程

光束法解析空中三角测量是以摄影时地面点、摄影站点和像点3点共线为基本条件，以每张像片所组成的一束光线作为平差的基本单元，以光线共线条件方程作为平差的基础方程。通过各光束在空中的旋转和平移，使模型之间公共点的光线实现最佳交会，并使整个区域很好地纳入已知控制点的地面坐标系中，如图3-16所示。光束法解析空中三角测量区域网平差就是在全区域网平差之前，每张像片的像点坐标都应进行由于底片变形、摄影物镜畸变差、大气折光和地球曲率所引起的像点误差改正。

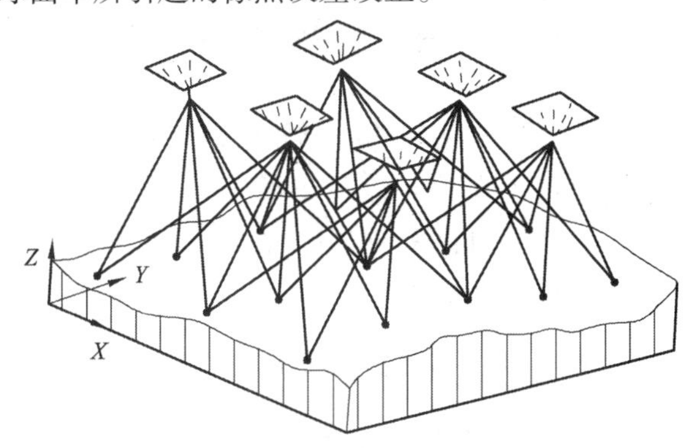

图3-16　光线束法解析空中三角测量

1）光线束区域网平差概算

光线束区域网平差概算的目的就是获取像片的外方位元素和加密点地面坐标系的近似值，其方法以下面方法为主。

（1）利用航带法的加密成果：具体做法首先是按航带法加密计算一次，得到全测区每个像对所需测图控制点地面摄影测量学坐标。然后直接用航带法求出各地面点坐标进行空间后方交会，求出像片的外方位元素。这些值作为光束法解析空中三角测量平差时未知数的初始值，对计算非常有利。

（2）利用旧地图：工作量大，又烦琐，故很少用它。

（3）用空间后方交会和前方交会交替进行的方法。

①对于单条航带而言，假定航带左边第一片水平、地面水平，摄站点坐标为$(0,0,H)$，则可计算次像片的6个标准像点的相应地面位置。

②将第一片和第二片组成像对，利用前方交会算出6个标准点相对起始面高差，然后修正第一片上的标准点坐标值；利用空间后方交会求得第二片相对第一片的外方位元素；利用第一片、二片两片的外方位元素求得立体像对的地面点近似值，推算出第三片主点的近似坐标。

③第三片可利用像主点坐标和三度重叠内的点，进行空间后方交会求出第三片的外方位元素；用第二片、第三片外方位元素进行前方交会，求得第二个模型中各点的地面近似坐标。以后各片用与第三片同样的方法求得航带中各像片的外方位元素和各点地面坐标近似值。

④利用第一条航带两端控制点进行绝对定向，相邻航带利用航带控制点和相邻公共点

对本航带各像片进行空间后方交会，求得各片方位元素，作为本带各片外方位元素的概略值。然后，进行各像对的前方交会求得地面点的概略值。依此类推，将全区域各航带上点的地面近似坐标值统一在同一坐标系内。

2）光束法解析空中三角测量区域网平差的误差方程式和法方程式

（1）误差方程式的建立。

每一个像点都符合共线方程，可列出两个方程式

$$\left.\begin{aligned} x &= -f\frac{a_1(X_A - X_S) + b_1(Y_A - Y_S) + c_1(Z_A - Z_S)}{a_3(X_A - X_S) + b_3(Y_A - Y_S) + c_3(Z_A - Z_S)} \\ y &= -f\frac{a_2(X_A - X_S) + b_2(Y_A - Y_S) + c_2(Z_A - Z_S)}{a_3(X_A - X_S) + b_3(Y_A - Y_S) + c_3(Z_A - Z_S)} \end{aligned}\right\} \tag{3-39}$$

将共线方程线性化，此时对 X、Y、Z 也要偏微分，其误差方程为

$$v_x = a_{11}\Delta X_S + a_{12}\Delta Y_S + a_{13}\Delta Z_S + a_{14}\Delta\varphi + a_{15}\Delta\omega + a_{16}\Delta\kappa - a_{11}\Delta X - a_{12}\Delta Y - a_{13}\Delta Z - lx \tag{3-40}$$

$$\left.\begin{aligned} U_{S2} &= U_{S1} + kMb_u \\ V_{S2} &= V_{S1} + kVb_v \\ W_{S2} &= W_{S1} + kMb_w \end{aligned}\right\} \tag{3-41}$$

$$\left.\begin{aligned} U &= U_{S1} + kMNu_1 \\ V &= V_{S1} + \frac{1}{2}(kMNv_1 + kMN'v_2 + kMb_v) \\ W &= W_{S1} + kMNw_1 \end{aligned}\right\}$$

若像片外方位元素改正值 $\Delta\varphi$、$\Delta\omega$、$\Delta\kappa$、ΔX_S、ΔY_S、ΔZ_S 用列向量 $\boldsymbol{X}$ 表示，待定点坐标改正值 ΔX、ΔY、ΔZ 用列向量 $\boldsymbol{t}$ 表示，则某一像点的误差方程式的矩阵表示为

$$V = \begin{bmatrix} B & C \end{bmatrix}\begin{bmatrix} X \\ t \end{bmatrix} - L \tag{3-42}$$

（2）区域网平差的法方程式。

误差方程式按最小二乘法组成法方程式为

$$\begin{bmatrix} B^{\mathrm{T}} & B^{\mathrm{T}}C^{\mathrm{T}} \\ C^{\mathrm{T}} & C^{\mathrm{T}}C \end{bmatrix}\begin{bmatrix} X \\ t \end{bmatrix} - \begin{bmatrix} B^{\mathrm{T}}C \\ C^{\mathrm{T}}L \end{bmatrix} = 0 \tag{3-43}$$

通常在解算法方程时先消去 t，利用循环分解法解算 X 值，然后加上近似值，得到该点的地面坐标。光束法解析空中三角测量区域网平差理论严密，易引入各种辅助数据（如由GPS 获得摄影中心坐标数据）、各种约束条件进行严密平差，是目前应用最为广泛的区域网平差方法。航带法区域网平差常用于精度要求不高的情况和获取光束法解析空中三角测量区域网平差值的初值。

（四）POS 辅助空中三角测量

POS（position and orientation system）机载定位定向系统是基于全球定位系统（GPS）和惯性测量装置（IMU）的可直接测定影像外方位元素的现代导航定位系统，可用于在无地面控制或仅有少量地面控制点情况下的航空遥感对地定位和影像获取，如图 3-17 所示。

摄影测量基本原理是：一是通过像控点及对应像点坐标后方交会获取像片外方位元素，在内、外方位元素已知的基础上，通过前方交会获取待求点地面坐标；二是通过同名点坐标

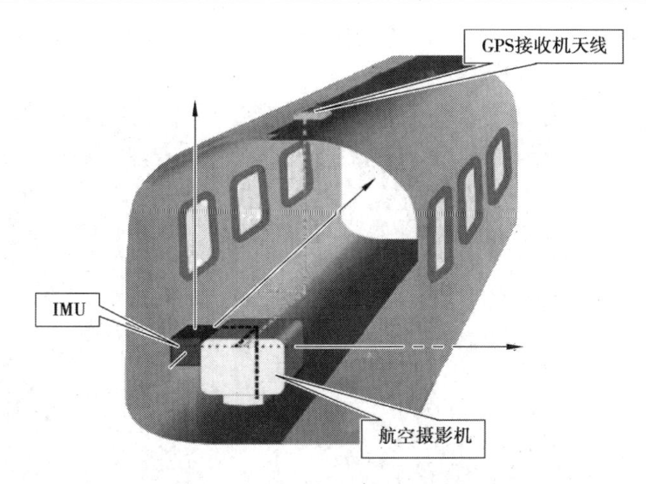

图 3-17　POS 机载定位定向系统

进行相对定向,获取立体模型,立体模型通过旋转、平移、缩放,纳入测量坐标系中,立体模型的旋转、平移、缩放是通过控制点对其进行绝对定向的过程。两种方法都要用到像控点,前一种方法要直接求出像对的 12 个外方位元素,后一种方法通过求 5 个相对定向元素及 7 个绝对定向元素间接求出 12 个外方位元素。高精度 POS 可以直接获取拍摄瞬间每张像片的外方位元素,这样就没有必要再通过外业控制点来求像片的外方位元素了,即实现了免像控。

四、任务实施

(一)自由网平差

在没有控制点的情况下进行模型的平差解算。

(二)控制网平差

控制点量测完毕后,接下来可进行整体平差(见图 3-18)。

点击“orientate”,这里有两种平差方法。

1. adjustment with calibration 平差检校

平差和相机检校有三种方法。

1)first approximation

该方法用于没有检校信息可用的情况,使用这种模式计算出一个检校模型,相当于初始初略校准。

2)extensive

针对所有相机做检校,通常需要一个检校模型来完成检校,一般是在 first approximation 检校基础上做进一步检校。

3)refine

当控制点刺完后,可以使用这一项做相机检校。

一般就是按照以上 1)、2)、3)的顺序进行。如果相机已经通过专业的机构做过检校,相机参数非常准确,一般不用这个模式,只需要使用 adjustment 平差即可。

2. adjustment optional 平差检校

(1)default 仅用于影像已经做过畸变改正的情况

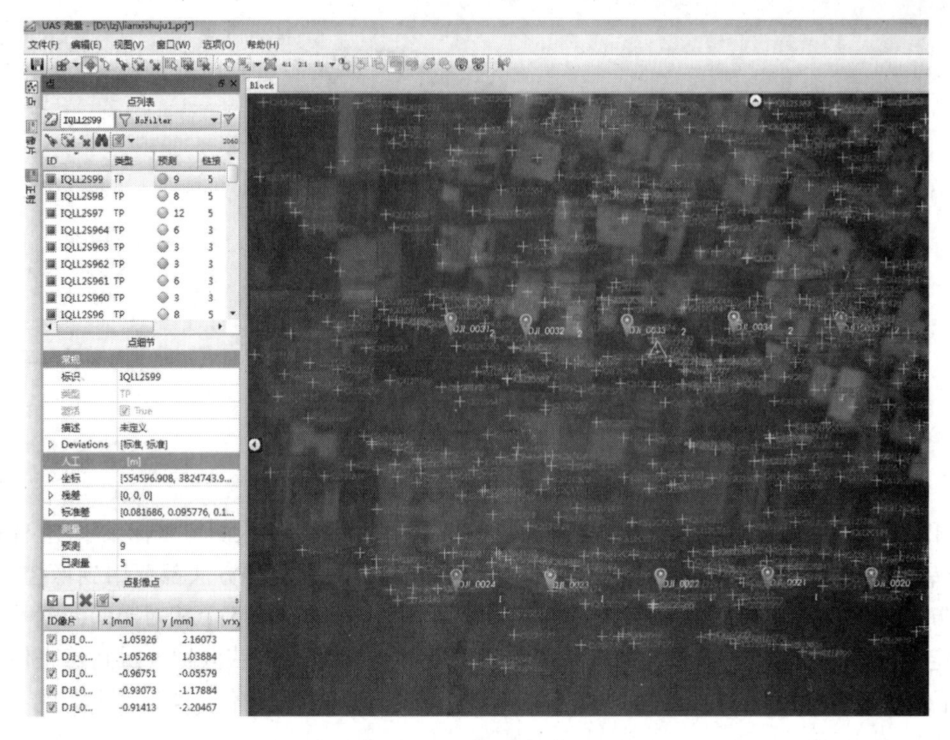

图 3-18　空中三角测量平差

(2)Recompute EO 重新计算外方位元素。

一般影像做过畸变处理,就是用 adjustment optional 模式。

(三)联合平差

如有高精度 POS 文件,可通过控制点及 POS 数据联合平差,此时在平差前勾选 use GPS/approx. EO,再开始平差。

(四)精度控制分析、成果输出

平差结束以后点击“Report”,可以生成平差报告,检查成果精度,成果精度报告结合规范要求来检查。

五、技能训练

以 Inpho 无人机空中三角测量加密模块为参考,结合教学实际情况,选择合适的空中三角测量加密软件,进行空中三角测量加密整体训练。

六、思考练习

对比分析传统带像控点的空中三角测量成果、基于高精度 POS 免像控的空中三角测量成果、带少量控制点及高精度 POS 数据联合空中三角测量成果精度及效率。

项目四 3D数据生产

项目概述

4D数据是测绘地理信息技术的基础数据,摄影测量技术的主要任务就是生产数字高程模型、数字正射影像图、数字线画图产品,这里不包括数字栅格地图(它属于地理信息产品)。通过基础知识的学习,已经了解到如何通过航空摄影的方式去获取一个地区的立体模型。本项目学习的目的是掌握在已有立体模型的基础上如何进行3D数据的生产。

任务一 立体测图(DLG制作)

一、任务描述

利用空中摄影获取的立体像对,通过相对定向—绝对定向或空间后方交会—空间前方交会,可重建地面按比例尺缩小的立体模型。在这个模型上进行量测,可直接测绘出符合符号规定比例尺的地形图,获取地理基础信息。其产品可以是图形,也可以是数字化的产品(如数字地面模型或数字地图)。这种测绘方式将野外测绘工作搬到室内进行,减少了天气、地形对测图的不利影响,提高了工作效率,并使测绘工作逐步向自动化、数字化方向发展。因此,航测数字化立体成图方式已成为测绘地形图的主要方法。

二、教学目标

(1)理解立体测图的基本原理。
(2)了解立体测图的方法。
(3)掌握利用一种软件进行立体测图的方法。

三、相关知识

(一)立体测图分类

航测立体测图的方法主要有以下三种。

1. 模拟法立体测图

模拟法立体测图是一种经典的摄影测量制图方法。它利用两个投影器,将航摄的透明底片装在投影器中,再用灯光照射,用与立体电影相似的原理重建地面立体模型;在测绘承影面上,用一个量测用的测绘台进行测图。这种方法曾经是测图的重要方法。由于它是用立体型的航测仪器模拟摄影过程的反转,所以称为模拟摄影测量。这种方法所用的仪器类

型很多,20 世纪 70 年代后,由于电子技术的发展,这类仪器已被解析测图仪代替。这种仪器测绘的地形图都是线画产品,用于建立地理基础信息库时,还需将地图进行数字化,增加了工作量。因此,目前这类仪器都已经被淘汰。

2. 解析立体测图

解析立体测图是 1957 年以后,随着电子技术的发展而形成的一种测图方法。所用的仪器称为解析测图仪,它由一台精密立体坐标量测仪、计算机接口设备、绘图仪、计算机等组成。影像安置在影像盘上,按相应的计算公式进行解析相对定向、解析绝对定向等,求解建立立体模型的各种元素后,存储在计算机中。测图时,软件自动计算模型对应的左、右影像上同名像点坐标,并通过伺服系统自动推动左、右影像盘和左、右测标运动,使测标切准模型点,从而满足共线方程,进行立体测图。这种方法精度高,且不受模拟法的某些限制,适用于各种摄影资料、各种比例尺测图任务,其产品首先以数字形式存储在计算机中,可直接提供数字形式的地理基础信息,目前这种方法也已经被淘汰。

3. 数字化测图

数字化测图是目前正在发展的一种方法。所用的仪器称为数字摄影测量系统,由影像数字化仪、计算机、输出设备及摄影测量软件系统组成。透明底片或影像经数字化以后,变成数字形式的影像,利用数字相关技术,代替人眼观察自动寻找同名像点并量测坐标;采用解析计算的方法,建立数字立体模型,由此建立数字高程模型、自动绘制等高线、制作正射影像图、提供地理基础信息等。整个过程除少量人机交互外,全部自动化。例如,我国自行研制的全数字摄影测量系统 VirtuoZo、航天远景、JX－4 等都已大规模用于摄影测量生产作业。随着计算机技术、数字图像处理技术、计算机视觉技术、专家系统等的发展,在航测成图方面数字化测图以其高效率、自动化、智能化而得到了广泛应用。

(二)模拟法立体测图

20 世纪 70 年代以前设计与制造的立体测图仪,主要是用光学机械的方式模拟摄影过程的几何反转,用实际的投影光线或机械导杆代替摄影光线进行同名光线的交会,建立与地面完全相似的立体模型,在此立体模型上,进行地物、地貌的测绘,利用仪器上的内绘图桌,或通过机械传动装置与之相连的外接绘图桌,绘出地形原图。这类仪器由于是模拟摄影过程,统称为模拟测图仪。这类仪器有多倍投影测图仪、DP－2、美国的 Kelsh 多倍仪、精密立体测图仪 C5、B8S、A10、AG－1、Planimat D2、Topocart 等。由于这类仪器获得的是图解式的地形原图,不是数字化的地图产品,精度与作业的适应性都不如解析测图仪。为了适应学科与技术的发展,后期成功研制出这类仪器的各种改造方案,可将模拟测图仪改造成计算机控制的解析测图仪,或计算机辅助测图的机助测图系统。

1. 摄影过程的几何反转

摄影测量的本质是应用测量中的交会原理,通过不同角度对同一物体交会摄影,摄影时,物体发生的光线被摄影仪以像点的形式记录在相邻的影像上。在后期进行恢复摄影时两张影像的内方位元素和相对方位关系,对记录在相邻影像上的像点的信息进行投影,即反向传播光线,实现交会。大量这样的点结合在一起就重现出一个和实地完全一致的立体模型,这个过程就是摄影过程的几何反转。在这个过程中,需要注意的是,要保证摄影时摄影中心和投影时投影中心与影像的位置关系一致,即恢复内方位元素,同时要保证两张影像恢复摄影时的相对位置关系,即相对定向工作,如图 4-1 所示。

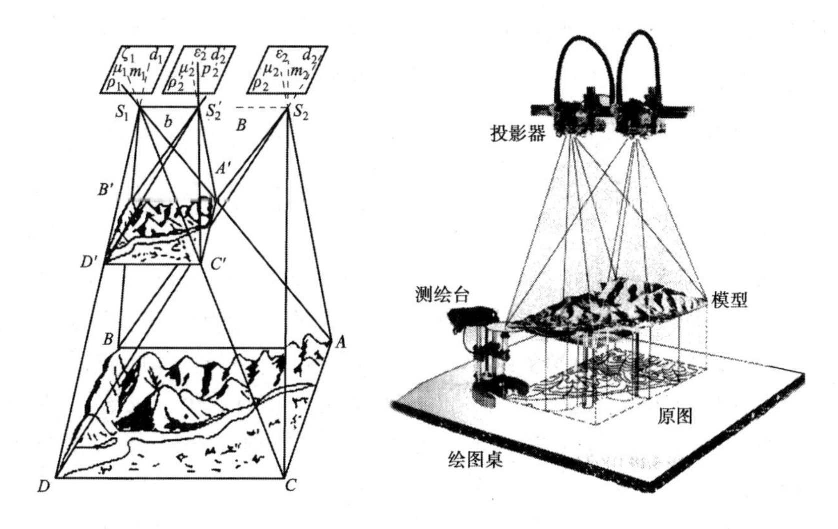

图4-1　模拟法立体测图

2. 模拟法测图中立体像对的相对定向

立体像对的相对定向,即恢复像对两影像摄影时的相对方位,建立与地面相似的立体模型。

将两相邻影像任意放置在投影器上,恢复内方位元素以后,光线经投影物镜投影到承影面上成像,如图4-2所示。这时,同名光线不相交,即与承影面的两个交点不重合,这个不重合其实就是存在左右视差 P 和上下视差 Q。当升降测绘台时,左右视差可以消除,只存在上下视差。因此,上下视差是衡量同名光线是否相交的标志,或者说,若同名像点上存在上下视差,就说明没有恢复两张影像的相对关系,即没有完成相对定向。根据这一原则,我们可以通过运动投影器,消除同名点上的上下视差,达到相对定向的目的。在定向过程中要保证两张影像上至少5个以上点重合,所以定向点的选择很重要。

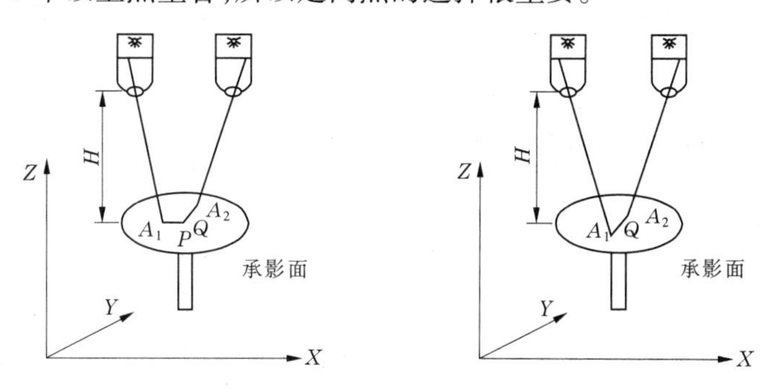

图4-2　模拟立体测图仪原理

1)相对定向方程式

当立体像对没有相对定向时,测图承影面上的各同名点存在上下视差 Q,如图4-2所示,某一对同名像点在承影面上的投影点 A_1、A_2,其 Y 坐标为 Y_1、Y_2,坐标差就是同名点的上下视差 Q:

$$Q = Y_1 - Y_2 \tag{4-1}$$

光学机械法相对定向就是通过有目的的微动投影器的相对定向螺旋,不断加入坐标改正数,即纵向坐标位移 dY_1、dY_2,使同名点的纵坐标发生变化,实现同名点的纵坐标加上改

正数后的差值为零,以完成相对定向,即

$$(Y_1 + dY_1) - (Y_2 + dY_2) = 0 \tag{4-2}$$

将式(4-1)代入式(4-2)得

$$Q = dY_2 - dY_1 \tag{4-3}$$

式(4-3)就是模拟立体测图仪相对定向的基本关系方程式。

2)定向点选择

(1)定向点数量。光学机械法相对定向是通过消除承影面上的所有同名点上下视差来完成的。然而,生产中不可能也没必要做到对所有同名点消除上下视差。实际做法是通过少量点位上下视差的消除完成两张影像相对位置的恢复。为完成相对定向所选择的必需的少量点位,称为相对定向的定向点。由于相对定向方程式中有5个待求值,即5个相对定向元素,为此至少应选择5个定向点,按其定向方程列出5个独立方程式,组成方程组方可求解。在实际作业中,为了检核,再增加一个点,共计6个点。

(2)定向点的位置分布。由上述讨论可知,光学机械法相对定向是依赖6个定向点的上下视差消除实现的。显然,定向点的位置分布是否合理,将直接决定相对定向的精度和工作效率。为提高相对定向的精度和作业速度,选择的相对定向点的位置如图4-3所示,为相对定向的标准点位。

3. 模拟法测图中立体像对的绝对定向

立体像对的相对定向完成后,也就建立起了与地面相似的立体模型。但这个模型的比例尺和空间位置均是任意的,为了用立体模型进行量测,获取正射投影的地形图,必须将该模型纳入地面测量坐标系中,并归化为测图比例尺。这一过程称为立体模型的绝对定向。

模型的绝对定向从解析的角度分析,就是利用一定数量的地面控制点反求7个绝对定向元素。而在模拟立体测图仪上完成这一工作时,则是通过已相对定向好的模型的平移、旋转和缩放,使模型上的控制点与按大地坐标展绘的相应控制点的图底对应起来即告完成。其作业方法和步骤如下。

1)准备底图

在立体像对重叠范围的4角各有1个平高控制点(实际只需3个,多余1个作检核用),其地面测量坐标已由野外实测或解析空中三角测量方法测定。将控制点根据其平面坐标按测图比例尺展绘在图纸上,制成图底,如图4-4所示。

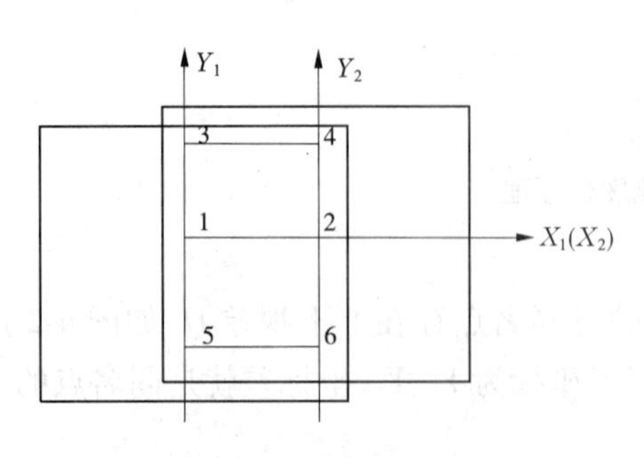

图4-3 定向点位分布

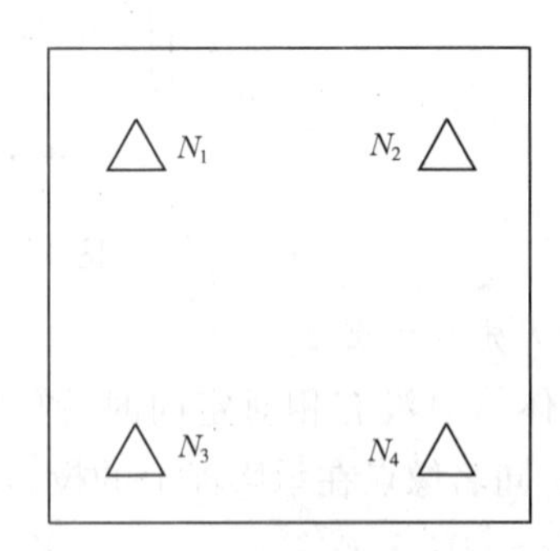

图4-4 底图控制点分布

2)确定模型比例尺

(1)模型平移。首先将底图置于仪器的绘图桌面上,比较模型上某一控制点在绘图桌

面上的正射点 N_1' 与底图上的 N_1 的位置,若不重合,则通过移动底图使其重合。这相当于求解模型绝对定向元素 X_s、Y_s。

(2)模型旋转。在第(1)步的基础上,比较对角线上另一模型控制点的正射投影 N_4' 与底图上相应点 N_4 的位置差异,若 N_1N_4' 连线与 N_1N_4 连线不重合,则以 N_1 为圆心旋转图底使其重合。这相当于求解模型绕竖轴 Z 的旋角 κ。

(3)模型比例尺的归化。在前两步的基础上,比较底图上两控制点(N_1 和 N_4)间的长度,两者若不相等,说明模型比例尺与测图比例尺不一致。此时沿投影基线方向移动其中一个投影器,改变模型基线的长度(改变模型比例尺),直到两模型点的投影正好与底图上相应点重合。这相当于求解模型比例尺归化系数。

3)模型置平

(1)航向置平。取仪器 X 轴方向两控制点 N_1 和 N_2 中任一点如 N_1 为起始点,求出 N_2 对于 N_1 的实地高差 $\Delta H = H_2 - H_1$,并化算为按测图比例尺计量的数值 $\Delta h_{2-1} = h_2 - h_1$ 。然后通过浮游测标立体量测出模型上相应点之间的高差 $\Delta h'_{2-1} = h'_2 - h'_1$,比较 $\Delta h'_{2-1}$ 与 $\Delta h'_{2-1}$ 两者是否相等,若不符则说明模型在仪器 X 轴方向有倾斜,此时把模型作为一个整体绕 Y 轴旋转一个 φ 角,注意当仪器无公共 φ 螺旋时,可用 φ_1 和 φ_2 螺旋使每张影像绕 Y 轴同步旋转,并配合 bz 消除重复出现的上下视差,使得 $\Delta h'_{2-1} = \Delta h_{2-1}$ 。这相当于解求模型绕 Y 轴的旋转角 φ。

(2)旁向置平。按与航向置平相仿的办法,比较 Δh_{3-1} 与 $\Delta h'_{3-1}$ 两者是否相符,若不相符则说明模型在仪器 Y 轴方向有倾斜,同样把模型作为一个整体绕仪器 X 轴旋转 Ω 角,使得 $\Delta h'_{3-1} = \Delta h_{3-1}$ 。这相当于解求模型绕 X 轴的旋转角 Ω。

在上述模型置平时,当用模型上起始点的高程量测读数代表该点的实际高程时,即解求了绝对定向元素 Z_s。定向时用 N_4 作为检查点。至此模型绝对定向的7个元素全部得到解求。

需要指出的是,上述光学机械法绝对定向各步骤带有近似性,需重复进行反复趋近,直至合乎限差要求。

(三)地物与地貌的测绘

像对经相对定向和绝对定向建立了一个按比例尺缩小的与地面完全相似的立体模型。此时可在立体观察下由仪器的量测系统对模型进行测量,取得地形原图。在量测中,始终要把握立体浮游测标紧贴待测的立体模型表面这一要领。

测绘地物和地貌之前,应自己研究作业规范与技术设计书,全面观察整个立体,了解地形地貌,并考虑如何更好地反映地面的地貌和地物特征,将图底固定在绘图桌面上,然后先测地物,再绘地貌。

1.地物的测绘

地物的测绘就是将地形图上需要表示的地物、注记内容绘制在图底上。其基本方法是通过 X、Y、Z 三维运动,使浮游测标与模型表面保持严格相切,并准确地沿地物轮廓线移动,此时代表浮游测标在图底上正射投影的描笔,即可描绘出该地物在图底上的正射投影图形。测绘地物时要参照调绘影像,将调绘影像上所有注记内容标注在图底的相应位置上。地物的取舍根据不同比例尺的要求而定。测绘地物的顺序通常是:居民地、道路网、水系、土壤植被、地类界等。

2. 高程注记点的测绘

根据用图的需要,规范规定在图幅内每 100 cm^2 需测注 15 个左右的高程注记点。点位应选在易于判读且具有方位意义的地方,如山头、谷底、鞍部、地形变换处及道路交叉、水系交叉处等。同时要求点位分布均匀,每个高程注记点要量测两次,差值在容许范围内取中数。测绘时,要用浮游测标立体切准模型上所选点位,在图底上标出其平面位置,将量测的高程注记于点旁。

3. 地貌的测绘

地貌是地形图的重要内容之一,因此在测绘地貌时总的要求是位置准确、走向明显、形态逼真地反映地貌特征。为了保证地形图清晰易读,应根据不同情况适当取舍。

测绘地貌的主要工作是勾绘等高线。等高线描绘的方式是根据预先计算好的各等高线高程的读数表,把要测绘等高线的高程读数设置在仪器的高程分划尺上,在立体观察下,始终保持测标与立体模型表面相切,移动浮游测标即可在图底上绘出该高程截面的等高线。描绘等高线时,应先勾绘地性线,然后绘制计曲线和首曲线,必要时还要加绘间曲线和助曲线,并将高程均匀地标注在计曲线上。原则上要求计曲线和首曲线都应实测,但对于计曲线间隔小的等倾斜地区,也可先只实测计曲线,然后内插首曲线,间隔过小时甚至不插绘首曲线。

对不以等高线表示的地貌,如断崖、陡壁、冲沟等,在测绘等高线之前,应在仪器上绘出轮廓和方向,并测注比高,待清绘时再画其相应的地貌符号。

4. 检查接边

在地形图测绘时,应做好相邻像对、相邻航线及相邻图幅间的接边工作。依测图规范规定,如接边误差在限差之内,可平均配赋误差自然接好;如接边误差超限,应查明原因妥善处理。每个像对或一幅图测绘结束后,都应进行细致的自我检查。自我检查的内容包括如下几方面:高程注记点位置和数量是否满足规范要求;高程注记点的高程与等高线有无矛盾;山头、鞍部、曲线是否有遗漏;曲线精度是否合乎要求;地形地貌有无变形;等高线与水系的关系是否合理;地物、地貌要素是否测绘齐全、正确等。

最后,可进行航测原图的清绘、整饰,交付原图。

四、任务实施

以空中三角测量成果数据为例介绍航天远景软件 DLG(数字线画图)产品的制作(不同软件的空中三角测量成果数据都可以导入 MapMatrix 进行立体测图,不同空中三角测量成果数据导入的方法不同,学者可参考相关资料解决)。FeatureOne 特征采集处理专家可以完成 DLG(数字线画图)产品的制作,集立体采集、编辑、检查、出图、入库于一体,不需要切换软件和数据格式,进一步提高用户的工作效率。

(一)启动程序

启动 MapMatrix 程序,加载 *.xml 文件。

(二)创建测图数据

在工程浏览窗口右键加载 MapMatrix 工程文件(*.xml),然后在工程浏览窗口的产品节点下的 DLG 节点处,点击鼠标右键,在弹出的右键菜单中选择新建 DLG 命令,系统弹出如图 4-5 所示的对话框。

在该对话框的文件名文本框处输入 DLG 文件名,例如 sample.fdb。点击“打开”按钮,

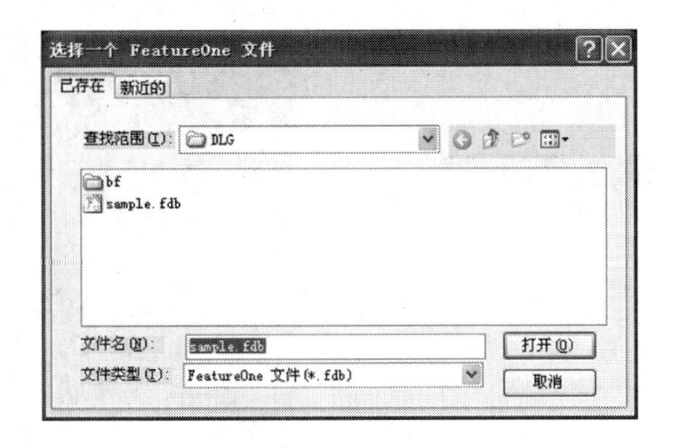

图 4-5　新建 DLG 文件

此时在 DLG 节点下会自动添加一个数据库节点,如图 4-6 所示。

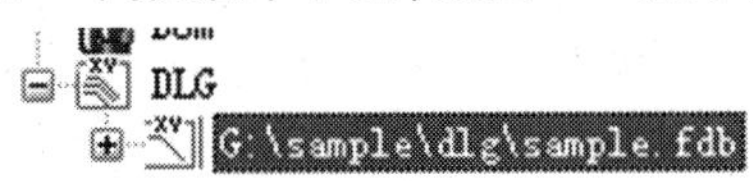

图 4-6　fdb 文件

然后在 fdb 节点处单击鼠标右键,在弹出的右键菜单中选择加入立体像对命令,系统弹出图 4-7 所示的对话框。

单击需要添加到模型中的立体像对,或者框选所有的立体像对,点击“确定”按钮。此时,工程浏览窗口的 DLG 节点如图 4-8 所示,在该节点下列出了 DLG 数据库(*.fdb)文件目录,以及立体像对。

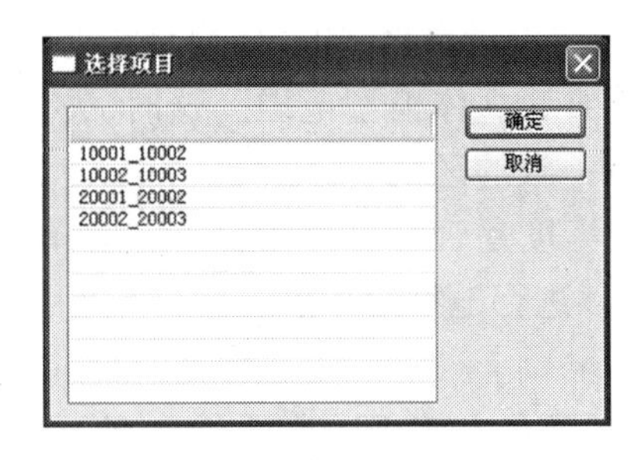

图 4-7　选择立体像对

图 4-8　DLG 文件信息

选中 fdb 节点,点击工程浏览窗口的“加载到特点采集”按钮 ,或在该节点处点击鼠标右键,在弹出的右键菜单中选择数字化命令,系统调出特征采集界面。

(三)定制工作环境

选择数字化命令后,会自动激活 FeatureOne 程序,弹出如图 4-9 所示的界面。

根据项目要求,需要设置正确的符号库及比例尺。程序默认使用的是“MapMatrix2007 国标旧版”符号库。若需要使用“国标新版”符号库,就需要重新配置符号库。选择菜单工具→选项→符号库配置界面。

(四)打开立体像对

在工程区域窗口中选择立体像对并打开。

软件提供了打开三种立体像对的模式:核线像对、原始像对和实时核线像对。

(1)核线像对。采集核线的立体像对,演示数据使用此模式。

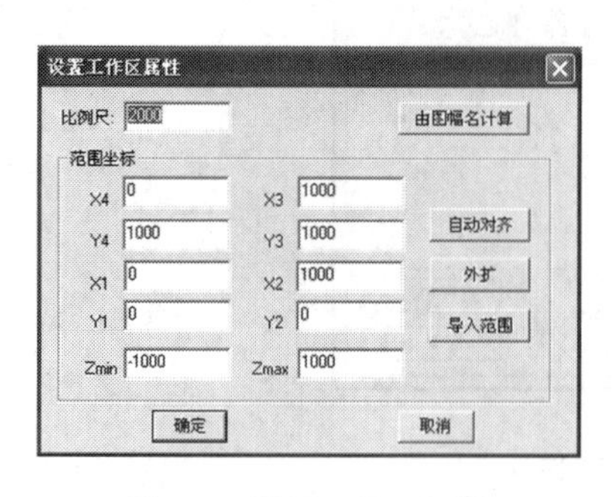

图 4-9 设置工作区属性

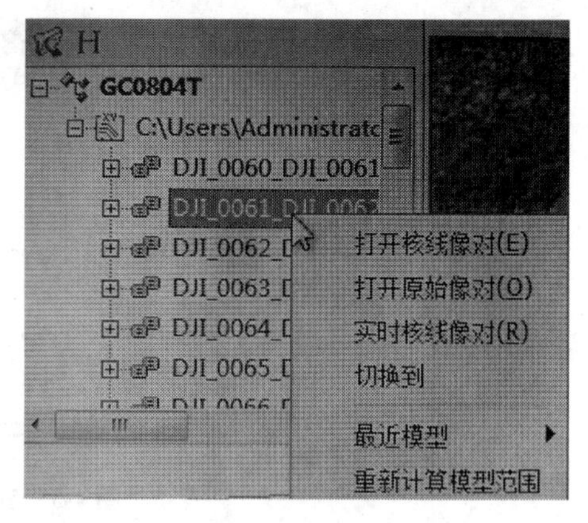

图 4-10 立体像对的模式

(2)原始像对。对于 ADS 数据和卫星影像测图,可以直接在原始像对上进行,不需要采集核线,但普通航片影像不适合用该立体测图。为了加快原始像对的漫游速度,可以对原始影像进行分块处理。Lensoft 工程的影像就只适用原始影像立体测图。

(3)实时核线像对。实时核线不但能自动根据立体构成方向将立体像对构建好,无须事先旋转影像,而且每个像对都是构建出最大立体范围的,确保没有立测漏洞。实时核线的优点:空中三角加密完后可直接测图,无须采集核线;无须旋转影像处理主点和外方位元素。注意:打开实时核线像对时要先在"工具→选项→影像视图"中勾选"高性能立体模式"。

每个项目作业前一般都有对应的范围,如果在外部平台作了图幅线,如 CAD 中,可以通过"导入 DXF/DWG"的命令导进来,然后选择"工作区→设置矢量文件参数→设置边界为矢量数据外包",矢量窗口的坐标范围会自动更新到当前矢量数据,和立体模型相对应。用户也可以选择"工作区→设置矢量文件参数→设置边界为立体模型范围",这时,矢量窗口的坐标范围会自动更新到与当前打开的立体模型范围一致的区域。

然后把控制点导进来,戴上立体眼镜查看控制点精度是否符合测图要求。选择"工作区→导入→导入控制点"。控制点符合测图要求就可以进行地物的采集。

(五)数据采集

在采集窗口中选择采集码,如图 4-11 所示,或者在键盘上按 F2 键,系统会在工作窗口的中心位置显示采集窗口。按照《基础地理信息要素分类与图形表达代码》(DB 33/T 817—2010)将采集码分为 9 大类,另外还提供了一种辅助特征码。采集时,可双击某一类将其展开,也可输入层码或层名,或者在输入框下方的列表中双击一个层码选择。具体工具使用见 MapMatrix 中文操作手册。

(六)数据检查修改

编辑地物时就要对数据进行检查了,主要是用来检查测图过程中矢量绘制时表示不合理的问题。选择菜单"专业功能→数据检查",在右侧弹出"检查方案列表",如图 4-12 所示。常用的检查功能可根据需要选择。

(七)分幅及图廓整饰

选择"专业功能→批量分幅→标准矩形分幅",参数设置如图 4-13 所示。

图 4-11 采集窗口

检查方案列表

缺省

常用检查项
- 顺时针
- 边重叠
- 点线矛盾+等高线合法性
- 线线矛盾
- 自相交或打折
- 曲线相交
- 废地物
- 重叠地物
- 小范围内高程点重复
- 河流流向正确性
- 层与对象一致性
- 无效的线、面
- 不合理断线
- 交叉位置附属物缺失(缺参数)
- 注记与面的一致性检查(缺参数)
- 点与面的一致性检查(缺参数)
- 孤立地物(缺参数)

新建方案　删除方案

图 4-12 检查方案列表界面

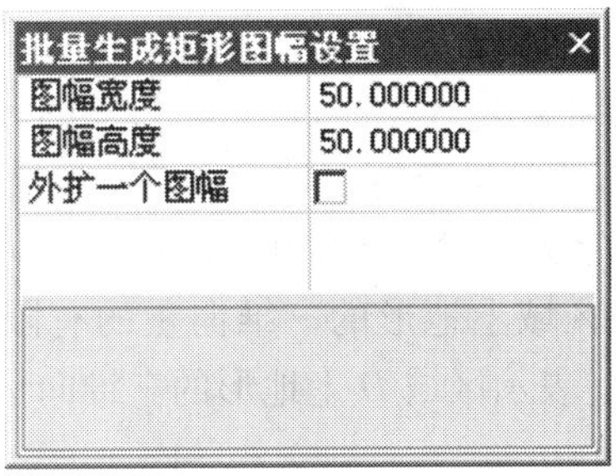

批量生成矩形图幅设置

图幅宽度	50.000000
图幅高度	50.000000
外扩一个图幅	☐

图 4-13 矩形分幅

可以把制作好的 fdb 数据导出为其他格式的数据，如图 4-14 所示。

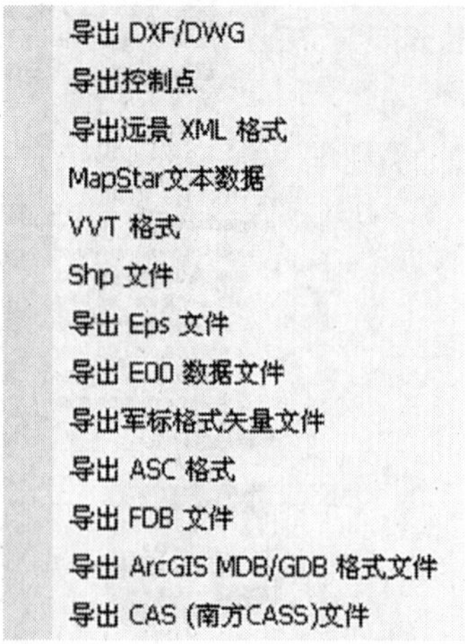

导出 DXF/DWG
导出控制点
导出远景 XML 格式
MapStar文本数据
VVT 格式
Shp 文件
导出 Eps 文件
导出 E00 数据文件
导出军标格式矢量文件
导出 ASC 格式
导出 FDB 文件
导出 ArcGIS MDB/GDB 格式文件
导出 CAS (南方CASS)文件

图 4-14　支持导出的数据格式

五、技能训练

(1)以练习数据为例，掌握立体采集工程的建立过程。

(2)利用空中三角测量成果数据，通过 MapMatrix 完整地采集一个测区地形图数据，并整饰输出。

六、思考练习

(1)不同空中三角测量数据成果如何导入航天远景软件进行测图？

(2)立体测图与传统测图的方式的优缺点有哪些？

任务二　数字高程模型(DEM)制作

一、任务描述

数字高程模型是测绘地理信息最基础的数据，也是工程应用基础数据，是摄影测量的主要产品，其质量直接影响到正射影像图的质量及工程应用质量。本任务分析数字高程模型的特点及分类，通过实际操作来熟悉摄影测量系统获取数字高程模型的过程。

二、教学目标

(1)理解数字高程模型的基础知识。

(2)了解数字高程模型编辑的理论知识。

(3)掌握数字摄影测量系统获取数字高程模型的过程。

三、相关知识

(一)数字高程模型及相关概念

数字地面模型 DTM(digital terrain model)是地球表面形态等多种信息的一个数字表示，DTM 是定义在某一区域 D 上的 m 维向量有限序列：

$$\{V_i, i = 1,2,\cdots,n\}$$

其向量 $V_i = (V_{i1}, V_{i2}, \cdots, V_{in})$ 的分量为地形 $X_i, Y_i, Z_i[(X_i, Y_i) \in D]$ 和资源、环境、土地利用、人口分布等多种信息的定量描述或定性描述。

数字高程模型 DEM(digital elevation model)是国家基础空间数据的重要组成部分，它表示地表区域上地形的三维向量的有限序列，即地表单元上高程的集合，数学表达为：$z = f(x,y)$。表示区域 D 上地形的三维向量有限序列

$$\{V_i = (X_i, Y_i, Z_i), i = 1, 2, \cdots, n\}$$

其中，$(X_i, Y_i) \in D$ 是平面坐标，Z_i是(X_i, Y_i)对应的高程。DEM 是 DTM 的一个子集，是对地球表面地形地貌的一种离散的数字表达，是 DTM 的地形分量。

数字地表模型DSM(digital surface model)是指包含了地表建筑物、桥梁和树木等高度的地面高程模型。与DEM相比,DEM只包含了地形的高程信息,并未包含其他地表信息,DSM是在DEM的基础上,进一步涵盖了除地面外的其他地表信息的高程。在一些对建筑物高度有需求的领域,得到了很大程度的重视。DSM表示的是最真实的地表起伏情况,可广泛应用于各行各业。如在森林地区,可以用于检测森林的生长情况;在城区,DSM可以用于检查城市的发展情况;特别是众所周知的巡航导弹,它不仅需要数字地面模型,而且需要数字表面模型,这样才有可能使巡航导弹在低空飞行过程中"逢山让山,逢森林让森林"。

(二)数字高程模型表示方法

1.数学方法

(1)使用三维函数模拟复杂曲面。

(2)将一个完整曲面分解成方格网或面积大体相等的不规则格网,每个格网中有一个点的观测值,即为格网值。

2.图形法

1)等高线模式

等高线通常被存储成一个有序的坐标点序列,可以认为是一条带有高程值属性的简单多边形或多边形弧段。由于等高线模型只是表达了区域的部分高程,往往需要一种插值方法来计算落在等高线以外的其他点的高程,又因为这些点落在两条等高线包围的区域内,所以通常只要使用外包的两条等高线的高程进行插值。

2)点模式表示

将区域划分成网格,记录每个网格的高程。这种DEM的特点是用计算机处理以栅格为基础的矩阵很方便,使高程矩阵成为最常见的DEM;缺点是在平坦地区出现大量数据冗余,若不改变格网大小,就不能适应不同的地形条件,在视线计算中过分依赖格网轴线。

(1)GRID模式(见图4-15):规则格网法是把DEM表示成高程矩阵,此时,DEM来源于直接规则矩形格网采样点或由不规则离散数据点内插产生。

规则格网法优点是:结构简单,计算机对矩阵的处理比较方便,高程矩阵已成为DEM最通用的形式。

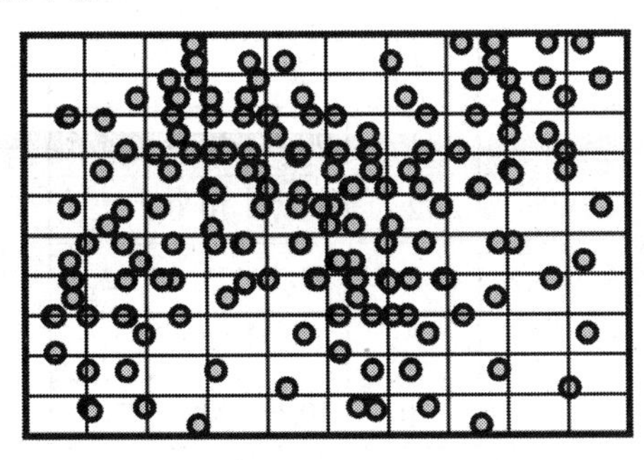

图4-15 GRID模式表示方法

GRID模式的缺点:地形简单的地区存在大量冗余数据;如不改变格网大小,则无法用于起伏程度不同的地区;对于某些特殊计算,如视线计算,格网的轴线方向被夸大;由于栅格过于粗略,不能精确表示地形的关键特征,如山峰、洼坑、山脊等。

(2)不规则三角网(TIN,triangulated irregular network)模型:本模式克服了高程矩阵中冗

余数据的问题,而且能更加有效地用于各类以 DTM 为基础的计算,但其结构复杂。TIN 表示法利用所有采样点取得的离散数据,按照优化组合的原则,把这些离散点(各三角形的顶点)连接成相互连续的三角面(在连接时,尽可能地确保每个三角形都是锐角三角形或是三边的长度近似相等)。

TIN 模型可根据地形的复杂程度来确定采样点的密度和位置,能充分表示地形特征点和线,从而减少了地形较平坦地区的数据。

TIN 模型的存储方式如图 4-16 所示:图 4-16(a)所示为三角形号和边号的拓扑结构表,图 4-16(b)为三角网点线面关系图,图 4-16(c)为点、线、面的拓扑结构表,图 4-16(d)为节点坐标。

三角形号	边号		
Ⅰ	(1)	(2)	(3)
Ⅱ	(2)	(4)	(5)
Ⅲ	(4)	(6)	(7)
Ⅳ	(7)	(8)	(9)
Ⅴ	(5)	(11)	(12)
Ⅵ	(9)	(10)	(11)
Ⅶ	(12)	(13)	(14)
Ⅷ	(13)	(14)	(15)

(a)

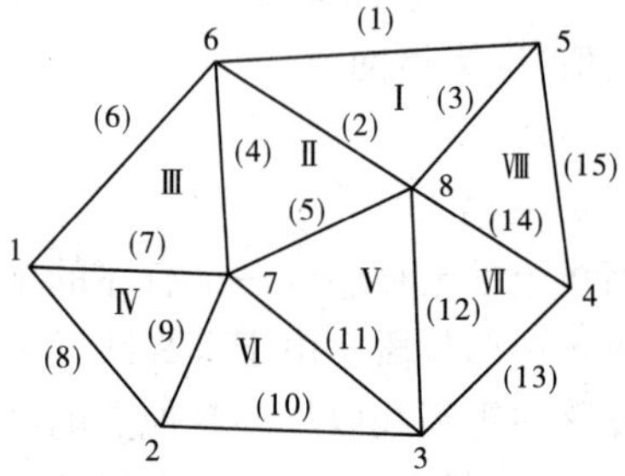

(b)

边号	起点	终点	左面	右面
(1)	6	5	1	-1
(2)	6	8	1	2
(3)	5	8	8	1
(4)	6	7	2	3
(5)	7	8	2	5
(6)	6	1	3	-1
(7)	1	7	3	4
(8)	2	1	-1	4
(9)	2	7	4	6
(10)	2	3	6	-1
(11)	3	7	6	5
(12)	3	8	5	7
(13)	3	4	7	-1
(14)	4	8	7	8
(15)	4	5	8	-1

(c)

NO	X	Y	Z
1	90.0	10.0	43.5
2	50.7	10.0	67.3
3	67.2	23.9	62.6
⋮	⋮	⋮	⋮
10	10.0	90.0	81.0

(d)

图 4-16　TIN 的存储方式

TIN 模型的表现形式如图 4-17 所示。

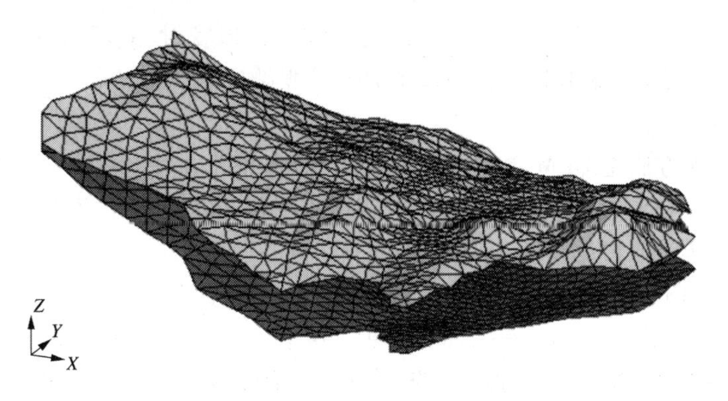

图 4-17　TIN 模型的表现形式

3. 三角网 TIN 和规则格网 GRID 的比较

TIN 和 GRID 都是应用最为广泛的连续表面数字表示的数据结构。正如前面所说的，TIN 具有许多明显的优点和缺点。其最主要的优点就是可变的分辨率，即当表面粗糙或变化剧烈时，TIN 能包含大量的数据点，而当表面相对单一时，在同样大小的区域 TIN 只需要最少的数据点。另外，TIN 还具有考虑重要表面数据点的能力。正是这些优点导致其数据存储与操作都比较复杂。GRID 模式的优点是结构十分简单、数据存储量很小、各种分析与计算非常方便有效等。通过分别用 TIN 和 GRID 制作 DEM 可知：

(1)用等高线、特征线、特征点数据中的点构成 TIN 并生成正方形格网，在两者数据相同的情况下，TIN 具有较高的精度。

(2)根据 DEM 产生的地形晕渲图与正射影像的比较，可以看出 TIN 的图像与正射影像更吻合。

(3)根据 DEM 反生成的等高线，也可以看出采用 TIN 制作的 DEM 反生成的等高线与原等高线套合比较好。

(4)当用于建立 DEM 表面的采样数据点减少时，GRID 的质量明显比 TIN 降低得快。而随着采样点或数据密度的增加，两者之间的性能差别越来越不明显。

(三)数字高程模型获取

1. 地面测量

该方法利用能自动记录的测距经纬仪(常用 RTK 或全站仪)到野外实测，获得高程点。这种经纬仪一般都有微处理器，可以自动记录和显示有关数据，还能进行多种测站上的计算工作。其记录的数据可以通过串行通信，输入计算机中进行处理，后期对获取的高程点内插得到 DEM。

2. 现有地图数字化

该方法是利用数字化仪对已有地图上的信息(如等高线)进行数字化的方法。目前，常用的数字化仪有手扶跟踪数字化仪和扫描数字化仪。

3. 空间传感器

该方法利用全球定位系统 GPS，结合雷达和激光测高仪等进行数据采集。早在 2000 年，美国“奋进”号航天飞机在结束了 9 d 的绕地飞行后，采用星载成像雷达和合成孔径雷达等高新技术，采集了地球上人类所能正常活动地区(约占地表总面积的 80%)的地面高程信息，经处理可制成数字高程模型和三维地形图。此次计划所取得的测绘成果覆盖面大、精度

高、有统一的基准,不但在民用方面应用广泛,而且在导弹发射、战场管理、后勤规划等军事活动中具有重要价值,因此引起了各国军事界和传媒的广泛关注。

4. 数字摄影测量方法

数字摄影测量方法是 DEM 数据采集最常用、最有效的方法之一。它利用附有的自动记录装置(接口)的立体测图仪或立体坐标仪、解析测图仪及数字摄影系统,进行人工、半自动或全自动的量测来获取数据。

5. LIDAR +CCD 相机

LIDAR 也叫机载激光雷达,是一种安装在飞机上的机载激光探测和测距系统,是由 GPS(全球卫星定位系统)、INS(惯性导航系统)和激光测距三大技术集成的应用系统,如加拿大 OPTECH 公司生产的 ALTM3100 系统和德国 IGI 公司生产的 LiteMapper5600 系统。ALTM3100 和 LiteMapper5600 机载激光扫描遥感系统同时集成了 CCD 相机,它与激光探测和测距系统协同作业,同步记录探测点位的影像信息,因此它可直接获取一个地区高精度的数字高程模型(DEM)、数字地表模型(DTM)、数字正射影像图(DOM)。由于这种方法可以直接获取高精度的正射影像数据,免去了影像处理的环节,它的成果可以广泛应用于城市测绘、规划、林业、交通、电力、灾害等部门。

四、任务实施

(一)生成 DEM

同任务一,在工程浏览窗口中选择模型(在右侧属性窗口中可设定相关匹配参数),点击按钮,即可完成 DEM 的自动生成处理,注意:也可以直接采用全区匹配的方式生产 DEM,特别是小飞机数据尤为适用。直接采用全区匹配的方式生产区域 DEM 数据,如图 4-18所示。

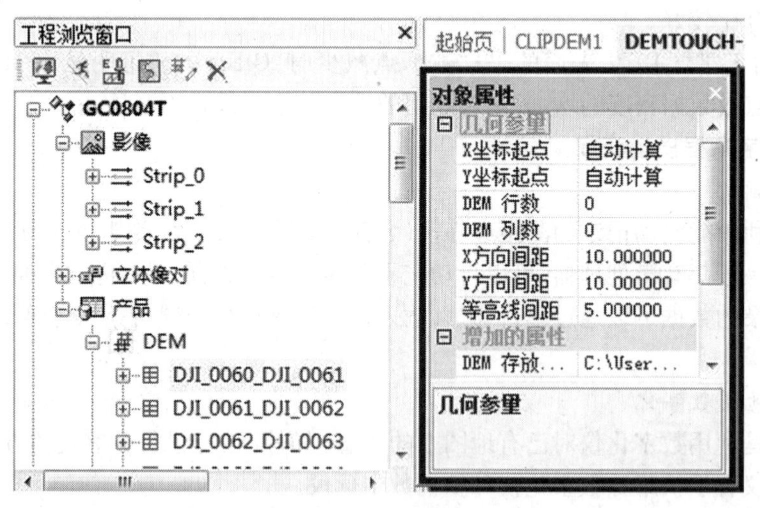

图 4-18 DEM 参数设置

(二)编辑 DEM

在工程视图的 DEM 节点下选择需要编辑的 DEM,点击按钮,进入 DEM 编辑界面,如图 4-19 所示。

对照立体及等值线,检查 DEM 数据是否与地面在同一高度,若不在,可通过平滑、匹配

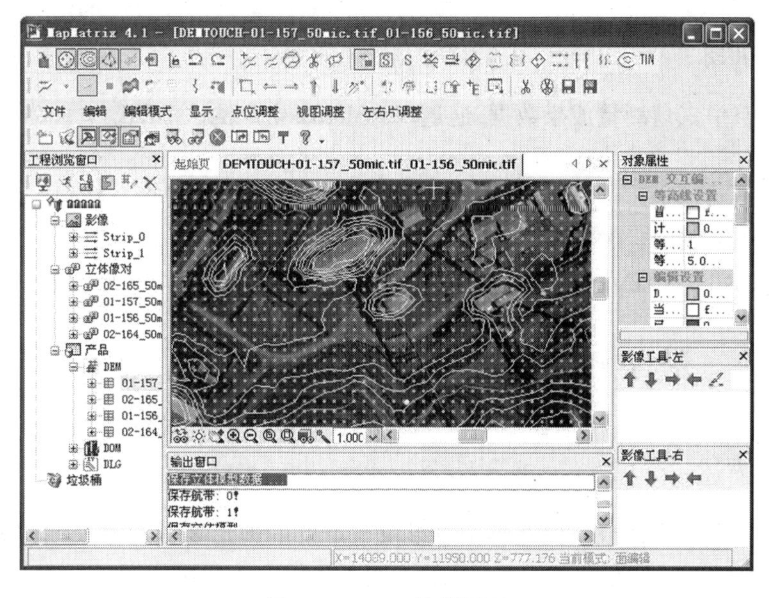

图 4-19　DEM 编辑界面

点内插、量测点内插、三角内插、导入外部矢量数据内插等方法对其进行修正，直到所有高程点在正确的高程位置。

（三）拼接 DEM

在工程视图的 DEM 节点下选择需要参与拼接的 DEM，点击按钮，会弹出如图 4-20 所示的对话框。

选择“新建”按钮，新建一个 DEM 名称，设定名称后，选择“打开”按钮，打开后拼接窗口如图 4-21所示。

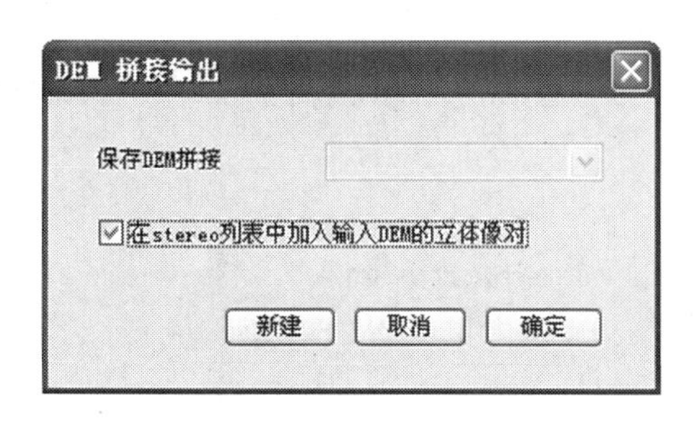

图 4-20　“DEM 拼接输出”对话框

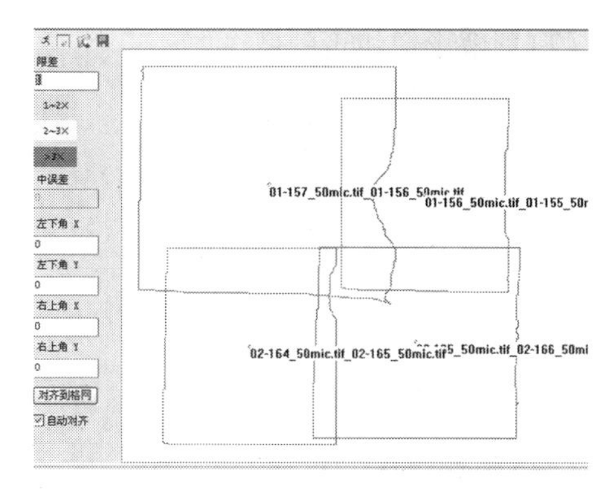

图 4-21　DEM 拼接界面

用鼠标在视图区域内拉框设定坐标范围，或者在左边的编辑框中输入坐标，左上角编辑框可设定拼接限差，设定完成后，选择拼接按钮进行拼接，拼接完成的 DEM 可再次进行 DEM 编辑，也可裁切输出。

（四）裁切 DEM

DEM 的裁切使用程序工具菜单下的裁切 DEM/DOM 工具，直接设定裁切范围裁切即可。

五、技能训练

利用已有空中三角测量成果数据,通过 MapMatrix 生产测区 DEM。

六、思考练习

(1)分析 DSM、DEM、DTM 的区别与联系。
(2)分析 GRID 与 TIN 模型的优缺点,思考如何实现两种数据模型的相互转化。

任务三　数字正射影像图(DOM)制作

一、任务描述

将航空摄影正射影像或航天遥感正射影像与重要的地形要素符号及注记叠置,并按相应的地图分幅标准分幅,以数字形式表达的地图称为数字正射影像图。

数字正射影像图(DOM)是利用数字高程模型(DEM)对经扫描处理的数字化航空影像或高空采集的卫星影像数据逐像元进行投影差改正、镶嵌,按国家基本比例尺地形图图幅范围剪裁生成的数字正射投影数据集。对于航空影像,利用全数字摄影系统,恢复航摄时的摄影姿态,建立立体模型,在系统中对 DEM 进行计算、编辑和生成,最后制作出精度较高的 DOM,再对 DOM 进行编辑输出。

二、教学目标

(1)了解数字正射影像图的概念
(2)理解影像纠正的概念。
(3)了解影像纠正的分类。
(4)了解影像纠正的方法。
(5)掌握数字微分纠正的方法。
(6)了解反解法纠正的步骤。
(7) 掌握 DOM 产品生产的流程。

三、相关知识

(一)影像纠正

如图 4-22 所示,航空摄影过程中,影像有倾斜,由地面物点 A、B、C、D、F 汇聚于投影中心 S 的投影光线与影像平面的交点 a、b、c、d、f 构成了地物物点,航片是地面物点在影像平面的中心投影。如果影像水平,将地面物点沿铅垂线方向投影在任一水平面上,投影点 a_0、b_0、c_0、d_0、f_0 即为物点的正射投影,这些正射投影点经一定比例尺缩小后,就能得到影像平面图的影像。但当地面物点都位于同一水平面时,航摄机对水平地面摄取水平影像,如图 4-23所示,地物点在影像上的中心投影 a、b、c、d、f 的形状与相应的正射投影 a_0、b_0、c_0、d_0、f_0 完全相似。

通过以上图形的分析可以了解到,航摄航片与影像平面图存在着以下差别:

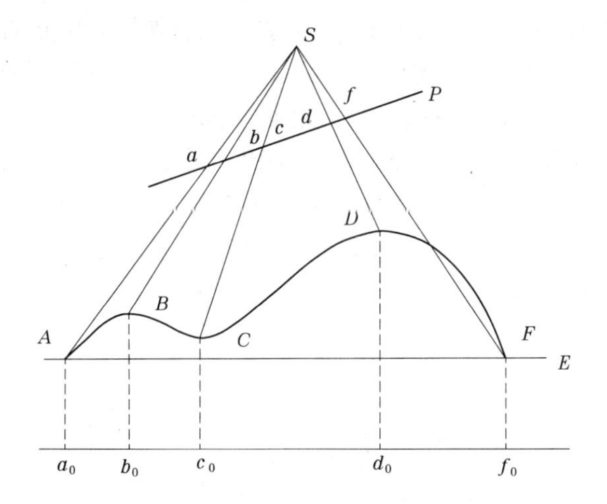

图4-22 航空摄影是中心投影

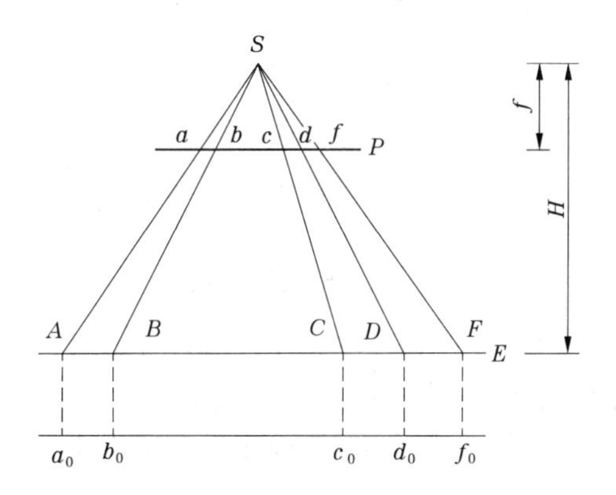

图4-23 影像和地面水平的情况下投影

(1)由于影像倾斜引起的像点的位移。

(2)由于地面起伏引起的像点位移。

(3)摄站点之间由于航高差引起的各张影像间的比例尺与成图比例尺不一致。

由此可知,在地形没有起伏、影像没有倾斜的情况下,航摄影像可以看作是影像平面图。为了消除影像与影像平面图的差异,需要将竖直摄影的影像消除影像倾斜引起的像点位移和限制或消除地形起伏引起的投影差,并将影像归化为成图比例尺,这项工作称为影像纠正。

1.影像纠正的原理

影像纠正的实质是将影像的中心投影变换为成图比例尺的正射投影,实现这一变换的关键是要建立或确定像点与相应图点的对应关系。这种关系可以按投影变换用中心投影方法建立,也可以按数字解析方法用函数式确定。

1)投影变换纠正

(1)平坦地区。

水平地面摄取的水平影像的影像是地面的正射投影,当对水平地面摄取倾斜影像时,如果在影像上能消除影像倾斜引起的像点位移,那么该影像就是地面的正射投影。但真正水平的地面极少,当高差相差不大,因地形起伏产生的投影差在图上不超过航测规范规定的0.4 mm时,则可视为平坦地区。

在平坦地区制作影像平面图时,影像纠正只要消除影像倾斜引起的像点位移,即将倾斜影像纠正为水平影像并缩放到成图比例尺即可,这项工作在实现影像摄影过程几何反转后可以完成。如图 4-24 所示的影像、摄影中心、地面,当恢复影像的内、外方位元素后,将影像装入原摄影机,就实现了影像摄影过程的几何反转。因此,在投影高度为摄影中心的位置(成图比例尺)水平放置图板,像点在图板上的投影即相应比例尺的正射投影,这种用恢复影像内、外方位元素来实现影像纠正的方法,由于恢复了摄影光束的形状,故称为相似光束纠正,也称为第Ⅰ类型纠正。

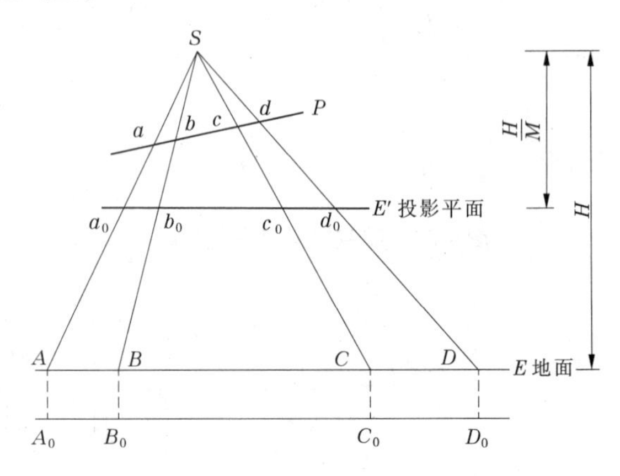

图 4-24 投影变换纠正

按照相似光束纠正,每次都要选用一定焦距的投影物镜,因此制作影像平面图使用的纠正仪都采用变换光束纠正的方案,用一个物镜可以纠正各种摄影主距的影像。它是在相似光束纠正的基础上,运用透视旋转定律,来实现变换光束纠正的。变换光束纠正又称为第Ⅱ类型纠正。

(2)丘陵地区。

在丘陵地区,当地形起伏产生的投影差超过容许值时,可以分带纠正,将像幅所摄地面按高程分为若干层。每层按平坦地区进行影像纠正,经过逐层纠正缩放每一层的投影比例,使各层投影比例尺统一为成图比例尺,再将各层的纠正影像拼接镶嵌起来,就取得整张纠正影像。

2)数学解析纠正

像点与其相应地面点固有的函数关系表示了像点与其相应正射投影点的对应关系,即共线方程。共线方程体现了中心投影三点共线的条件是投影变换的函数式。按照共线方程,在已知影像内、外方位元素和地面点的高程后就建立了像点与图点的对应关系。

2. 数字微分纠正

根据有关的参数与数字地面模型,利用相应的构像方程式,或按一定的数学模型用控制点解算,从原始非正射投影的数字影像获取正射影像,这种过程是将影像化为很多微小的区域逐一进行纠正,且使用的是数字方式处理,故叫作数字微分纠正。

在数字影像上,由于影像倾斜和地形起伏,影像上各个栅格对应的灰度都发生了变化,影像纠正的实质是要解决位置和灰度的问题,保证由于影像倾斜和地形起伏位移引起的灰度变换到正确的位置上。解决这个问题就要确定原始图像与纠正后图像之间的几何关系

（数学中的映射范畴）。常用的方法有正解法和反解法（间接法）。

1）正解法

以原始影像像素的每一小格为纠正单元，通过共线条件方程，直接获取其在影像平面图上位置的方法称为直接法数字微分纠正，如图 4-25 所示。利用的方程式为共线方程：

$$\left.\begin{aligned} X - X_S &= (Z - Z_S)\frac{a_1 x + a_2 y - a_3 f}{c_1 x + c_2 y - c_3 f} \\ Y - Y_S &= (Z - Z_S)\frac{b_1 x + b_2 y - b_3 f}{c_1 x + c_2 y - c_3 f} \end{aligned}\right\} \tag{4-4}$$

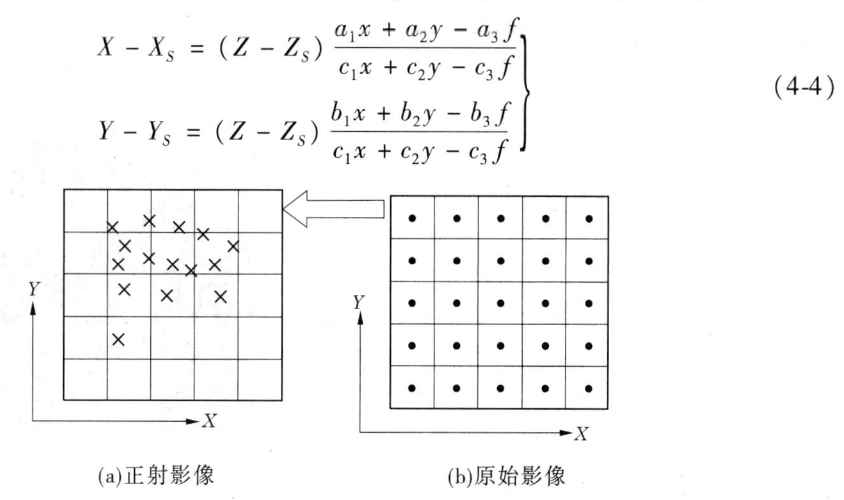

图 4-25　正解法数字微分纠正

该方法实现影像纠正的过程包括：

（1）获取原始影像的数字影像。

（2）通过共线方程求影像上像素对应的地面坐标（X,Y,Z）。

（3）按比例尺求出地面坐标点对应的正射影像上的像素坐标。

（4）灰度值的摄影测量内插。求出正射影像各像素即格网的每一小格影像的灰度值。

（5）正射影像上按位置逐点赋予灰度值，即能获得纠正的数字影像。

直接法的特点：纠正图像上所得的点非规则排列，有的像元可能“空白”（无像点），有的可能重复（多个像点），难以实现灰度内插并获得规则排列的纠正数字影像。

2）反解法（间接法）

间接法数字纠正是以正射影像的像素为纠正单元，解算其在原始影像上对应的像素，然后赋予正射影像的方法，如图 4-26 所示。

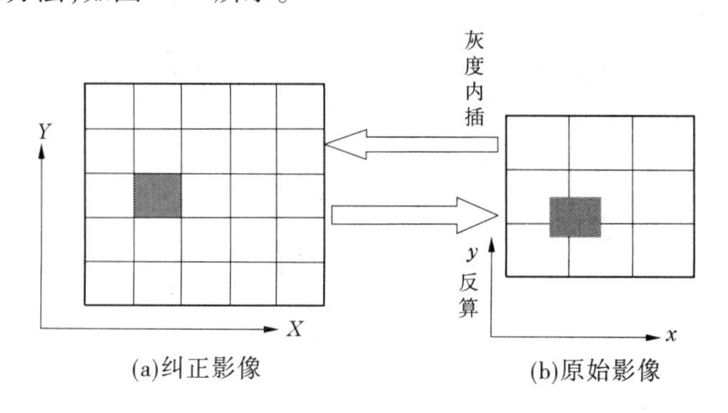

图 4-26　反解法数字微分纠正

其作业过程如下：

(1)计算地面点坐标:正射影像任一点 P 的坐标由正射影像左下角地面坐标(X_0,Y_0)与正射影像比例尺分母 M 计算 P 点对应的地面坐标(X,Y),如图 4-27 所示。

(2)利用共线方程,在内、外方位元素已知的情况下计算地面点对应的原始像点坐标:

$$\left.\begin{aligned} x &= -f\frac{a_1(X_A - X_S) + b_1(Y_A - Y_S) + c_1(Z_A - Z_S)}{a_3(X_A - X_S) + b_3(Y_A - Y_S) + c_3(Z_A - Z_S)} \\ y &= -f\frac{a_2(X_A - X_S) + b_2(Y_A - Y_S) + c_2(Z_A - Z_S)}{a_3(X_A - X_S) + b_3(Y_A - Y_S) + c_3(Z_A - Z_S)} \end{aligned}\right\} \tag{4-5}$$

地面 P 的坐标(X,Y)通过第(1)步已经求出,Z 是 P 点的高程,由 DEM 内插求得,通过共线方程,计算出地面点对应的像点坐标。

(3)像点坐标转换成像素坐标:因为我们现在得到的坐标是像点在像平面坐标系中的坐标,而数字影像坐标是像素坐标,根据仿射变换方程式将像点坐标转换成其对应的影像平面上的像素坐标。式(4-6)中的参数可根据框标解算出来,框标的像素坐标及影像平面坐标已知。

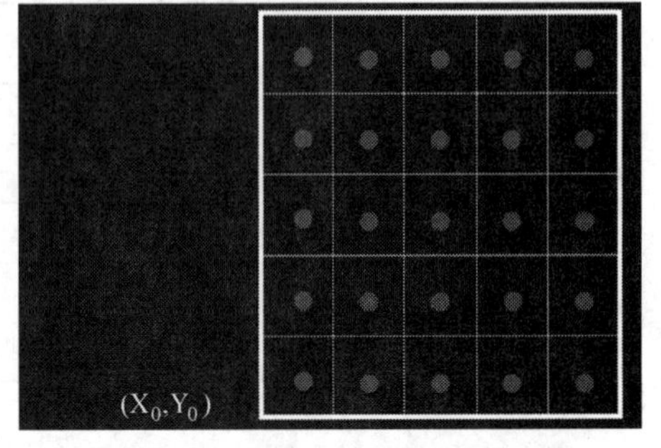

图 4-27　空白正射影像地面点坐标

$$\left.\begin{aligned} x &= h_0 + h_1\bar{x} + h_2\bar{y} \\ y &= k_0 + k_1\bar{x} + k_2\bar{y} \end{aligned}\right\} \tag{4-6}$$

(4)灰度内插:算出的像点坐标不一定落在像元素中心,需进行灰度内插(一般用双线性内插),求出像点的灰度值。

(5)灰度赋值:将像点灰度值赋给纠正后的像元素 P。

间接法的特点:纠正图像上所得的点规则排列,在规则排列的灰度量测值中进行灰度内插,适合于制作正射影像图。

3. DOM 制作

1)正射影像的拼接

影像纠正得到的正射影像以单张影像为单位,需要通过影像拼接技术将其拼接为一张完整的影像图。在不同影像之间选择同一线状位置进行裁切,以便拼接,这个线状位置称为拼接线。

(1)拼接线的选择(见图 4-28)。

拼接线选择在线状地物边缘区域最佳。拼接线选择不能将完整的地物分割,这是选择拼接线的基本原则。

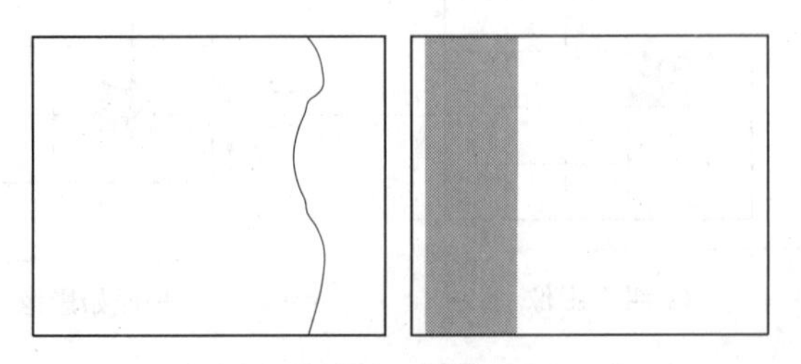

图 4-28　拼接线选择

(2)沿拼接线裁剪(见图4-29)。

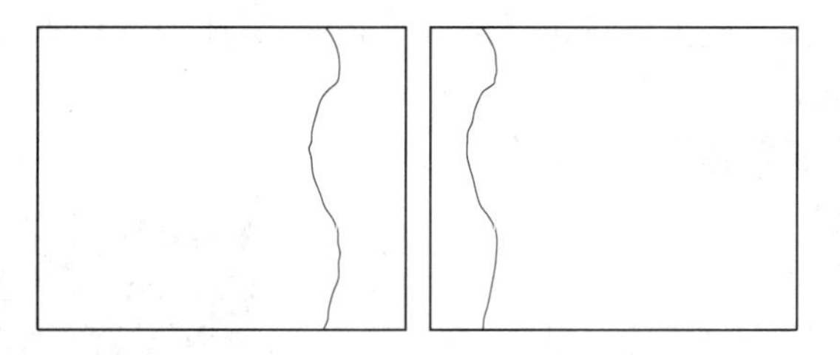

图4-29 沿拼接线裁剪

(3)沿拼接线拼接(见图4-30)。

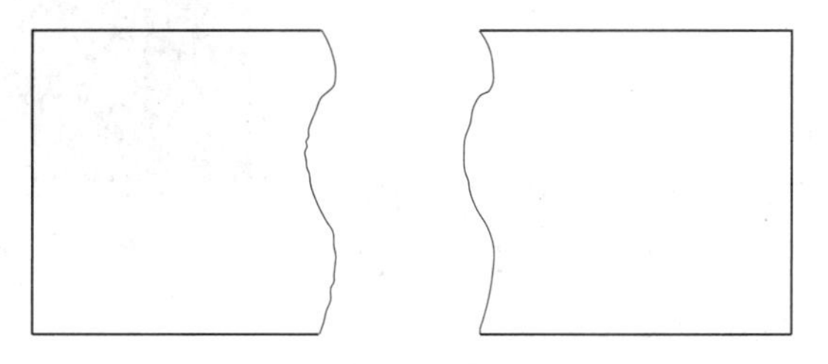

图4-30 沿拼接线拼接

要求:拼接线两边无几何错位。

2)色调调整

用匀光技术消除同一幅图内多个影像之间和同一影像内部的色调差别,使得拼接后的影像色调均匀一致。

3)拼接图像上拼接缝的消除(羽化处理技术)

羽化处理结果见图4-31,羽化处理原理见图4-32。

图4-31 羽化处理结果

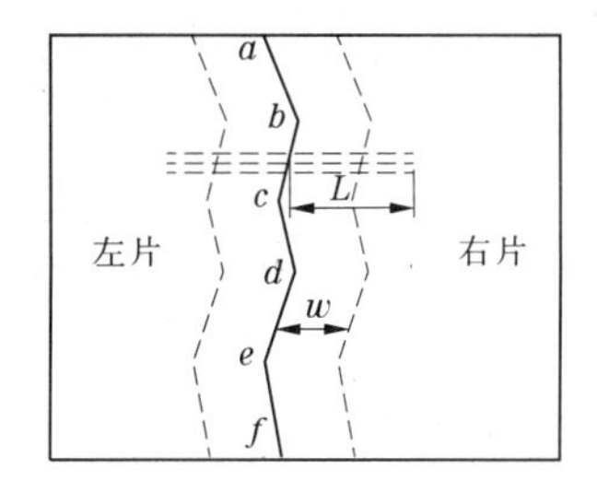

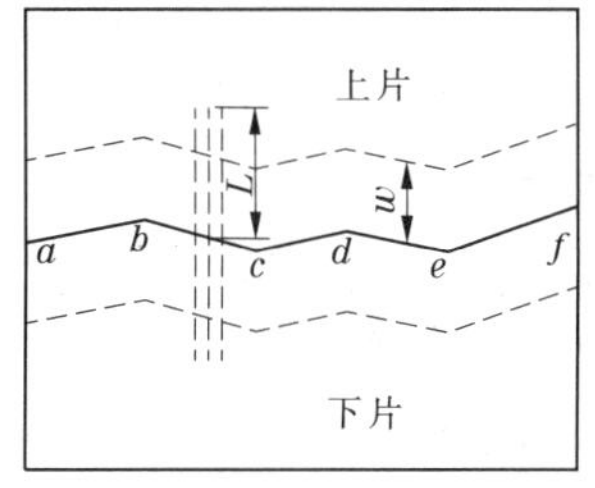

图4-32 羽化处理原理

4) 相关信息的叠置与图外整饰

(1) 相关信息的叠置。相关信息包括部分等高线、重要但影像难以识别的地物的符号、必要的文字和数字注记。

(2) 图外整饰数字正射影像图的制作。

①自动计算图廓坐标。

②自动绘制内外图廓。

③自动绘制方格网注记的增加、删除、移动。

④注记和影像的分层与叠置。

如图 4-33 所示为最终得到的 DOM 产品成果。

图 4-33　DOM 产品成果

四、任务实施

(一) 自动生成 DOM

(1) 在主界面的工程浏览窗口中,单击鼠标左键选中产品节点下需要用来生成 DOM 的 DEM 文件。然后单击鼠标右键,系统弹出右键菜单;

(2) 单击“新建正射影像”选项,系统会自动在产品节点下的 DOM 子节点里创建一个 DOM 的保存路径及 DOM 文件名,其名字与 DEM 的一样,系统自动在该节点下列出对应的 DEM 和影像,如图 4-34 所示。

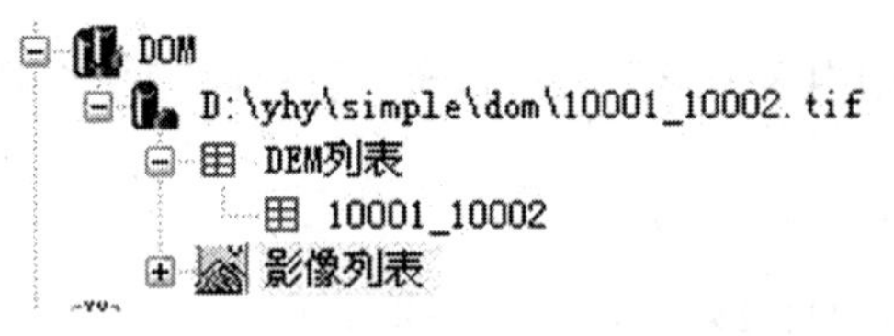

图 4-34　DOM 节点文件

(3) 单击该系统创建的 DOM 路径名,该正射影像文件参数将显示在右边的对象属性窗口中。用户可以在此对生成正射影像的参数进行修改,程序自动保存修改结果。

(4) 单击工程浏览窗口上的图标,系统自动生成相应的 DOM。

(5) 关于处理进展情况,系统会在中下方的输出窗口中给出实时的提示。处理完成后,系统提示“正射影像生成完成”。

(6) 单击图标即可查看生成的 DOM 影像。

(二) DOM 参数修改

单击鼠标左键,选中系统创建的 DOM 路径,“对象属性”窗口显示如图 4-35 所示的信息。

可以通过单击鼠标左键选中右栏的对应参数进行修改。

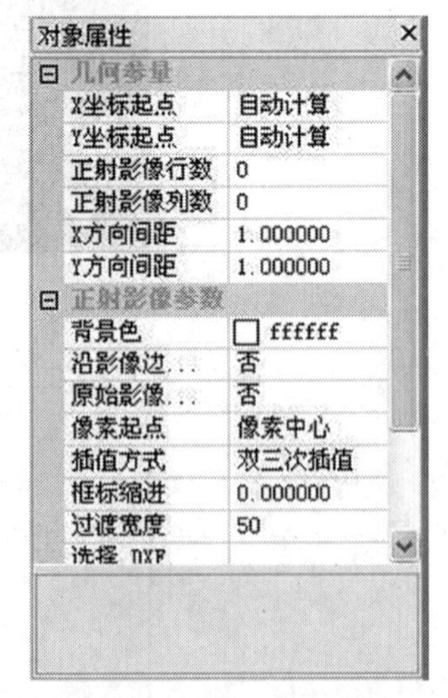

图 4-35　DOM 参数修改

(三) DOM 查看

在生成的 DOM 的右键快捷菜单中选择“显示”,或单击图标，则在主界面显示该 DOM。在主界面单击右键，出现快捷菜单(见图 4-36)。

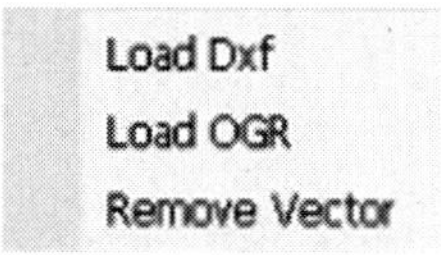

Load Dxf
Load OGR
Remove Vector

图 4-36　DOM 查看方式

(1) Load Dxf：可在显示的 DOM 上叠加矢量数据，检查 DOM 的精度。

(2) Remove vector：卸载叠加的矢量。

(四) 编辑 DOM

由于正射影像的某些区域会出现变形(如模糊、重影等情况)，此时可以通过对应的纠正过的原始影像对该正射影像进行修复。

在工程浏览窗口单击生成的 DOM，然后单击浏览窗口中的编辑图标，系统自动进入编辑状态。同时，与编辑有关的功能图标将出现在工具栏上。具体操作步骤参考软件操作手册。

五、技能训练

利用已有空中三角测量成果数据，通过 MapMatrix 生产测区 DOM。

六、思考练习

1. 影响 DOM 成果质量的主要因素有哪些?
2. 如何检查 DOM 质量是否合格?

项目五　像片调绘及地物补测

项目概述

摄影测量方法测绘地形图作业过程中，由于在立体模型上部分地物信息不能直接获取，主要是属性信息及部分被树木遮挡的几何信息，这些信息就需要作业员到实地调查或进行补测。

任务一　像片调绘

一、任务描述

像片调绘在航测成图过程中的地位非常重要，是航测外业的主要工作之一，其成果是内业测图的基础资料、主要依据。调绘的内容如果有差错，内业是难以发现和纠正的，对成图结果影响十分严重。因此，在像片调绘时必须认真负责、一丝不苟，以确保成图质量。

二、教学目标

（1）掌握像片判读和调绘的基本概念。
（2）掌握像片调绘的基本作业程序和内容。

三、相关知识

（一）像片判读及像片调绘的概念

1.像片判读的概念与特征

像片判读是根据地物的波谱特性、空间特征、时间特征和成像规律，对提供了丰富地面信息的影像，识别出与影像相应的地物类别、特性和某些要素，或者测算某种数据指标，为地形图测制或为其他专业部门需要提供必要的要素的作业过程。该过程是进行像片控制选点和像片调绘的基础。

这里所说的像片主要包括航片（航摄影像）和卫片（卫星拍摄的遥感影像）。由于成像机制的不同，遥感影像会有更多的表现形式，但总体上最经常使用的真彩色遥感影像与航摄像片都有相似的8大判读特征：形状、大小、阴影、相关位置、纹理、图案结构、色调与色彩、活动等特征。

1）形状特征

形状特征是指物体外轮廓所包围的空间形态。航摄像片上地面物体的形状是物体的俯视图形。根据形状特征识别地物应注意以下问题：

(1)由于航摄像片倾斜角很小，对于运动场等不突出于地面的物体，在像片上影像的形状与实际地物的形状基本相似。

(2)对于烟囱、水塔等高出地面而具有一定空间高度的物体，由于受投影差的影响，其构像形状随地物在像片上所处的位置而变化。如图 5-1 所示，地物位于像主(底)点附近，不论空间高度如何，在像片上的构像都是地物顶部的正射投影图形，如图 5-1 中①所示；地物位于像主(底)点以外，在像片上的构像由顶部图形和侧面图形两部分组成，顶部图形产生变形，面向像主点的侧面则随离开像主点的距离大小而变化：离开像主点的距离越大构像越大，且地物顶部的构像总是朝着离开像主点的方向移位，如图 5-1 中②、③所示。

(3)由于像片比例较小，某些小地物的构像形状变得比较简单，甚至消失；如长方形的小水池的构像变成一个小圆点，这时就不能从形状上去识别地物了。

(4)同一地物在相邻像片上的构像由于投影差的大小、方向不同，其形状也不一样。

(5)对于突出地面的物体，通过立体观察可以看到物体的空间形状，应从更有利的空间状态去识别地物。

2)大小特征

大小特征是指地物在像片上构像所表现出的轮廓尺寸。精确量测出地物构像的尺寸，根据像片比例就能计算出地物的实际大小；地面许多同类地物都可以用大小特征来判定，如体育场与篮球场、公路与小路、大房屋与小房屋、大水库与小池塘等，其大小都有明显区别。

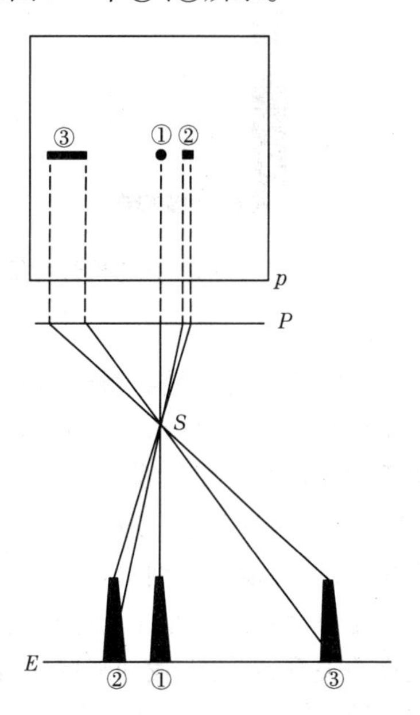

图 5-1　高出地面物体的投影差

在航摄像片上，平坦地区的地物与其相应构像之间，由于像片倾角很小，基本上可以认为它们存在着统一的比例关系，即实地大的物体在像片上的构像仍然大；但在起伏大的地区，像片上各处的比例尺不一样，因而同样大小的地物，处在高处的比处在低处的在像片上构像要大。

需要指出的是，地物构像尺寸大小不仅取决于地物大小和像片比例尺，还与像片倾斜、地形起伏、地物形状及其亮度等因素有关；与其背景形成较大反差的线状地物，如道路，在像片上的构像宽度一般都超过按比例尺寸计算的实际宽度。

3)阴影特征

高出地面的物体在阳光照射下进行摄影时，在像片上会形成三部分影像，如图 5-2 所示，受阳光直接照射的部分 a，由其自身的色调形成影像；b 未受阳光直接照射，但有较强的散射光照射所形成的影像，称为本影；c 由于建筑物的遮挡，阳光不能直接照射到地面，而只有微弱散射光照射，在建筑物背后的地面上所形成的阴暗区，即建筑物的影子，称为阴影或落影。阴影和本影有助于增强立体感，对突出地面的物体有重要的判读意义，特别是对于烟囱等俯视面积较小而空间高度较大的独立地物，仅根据它们顶部的构像形状是很难识别的，利用阴影特征则可以准确定位和定性。但在像片判读时阴影也有不利的方面。由于阴影色调较深，使处在阴影中的地物变得模糊不清，甚至完全被遮盖，从而给判读带来困难或错误。

需要注意的是,在同一张像片上阴影具有方向一致的特点;在相邻像片上如果不是航区分界线(或不同时间补飞的航摄像片),阴影的方向也基本保持不变,如图 5-3 所示。但利用阴影特征进行判读时,不能以阴影的大小作为判定地物大小或高低的标准。因为物体阴影的大小不仅与物体自身形状大小有关,还与阳光照射的角度和地面坡度有关;阳光入射的角度大,阴影小,反之则大。

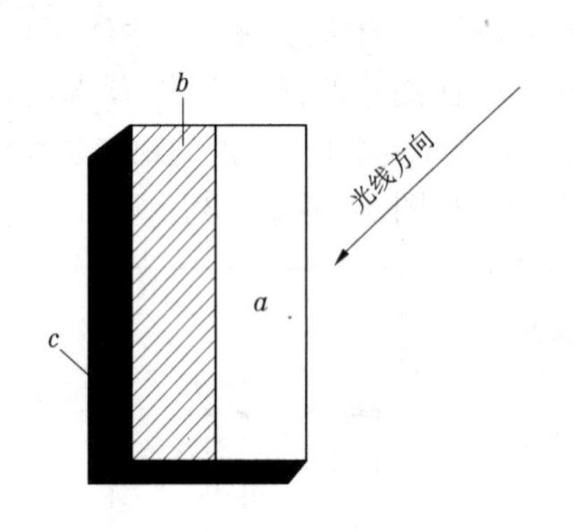

图 5-2　阴影构像特征

图 5-3　阴影方向一致特征

4) 相关位置特征

相关位置特征是地物的环境位置、空间位置配置关系在像片上的反映。一种地物的产生、存在和发展总是和其他某些地物互相联系、互相依存、相互制约的,地物之间的这种相关性质称为相关特征。据此进行推理分析,就可以解释一些难以判读的影像。如铁路、公路与小溪、沟谷的交叉处一般会有桥梁或涵洞;采石场与石灰窑、学校与运动场等都有不可分割的联系,一种地物识别出来后另一种地物就可根据它们之间的联系规律比较容易判定。

在像片判读时像片上总有些地物可以直接识别出来,利用这些已经识别的地物和周围地物的关系,就可以找到某些影像不清或构像很小、不易发现的重要地物,从而判定其位置和性质。例如,草原、沙漠中发现有几条小路通向同一个点状地物,基本可判定这里是水源。

5) 纹理特征

一根草、一颗树等细小地物在航摄像片上的成像没有明显的形状可供判读,但成片分部的细小地物在像片上成像可以造成有规律的重复,使影像在平滑程度、颗粒大小、色调深浅、花纹变化等方面表示出明显的规律,这就是纹理特征。纹理特征是地物成群分布时的形状、大小、性质、阴影、分布密度等因素的综合体现,因此每种地物都有自己独特的纹理特征。利用纹理特征可以区分阔叶树林与针叶林、树林与草地、菜地与旱地等。

6) 图案结构特征

如果说纹理特征是指地物成群分布时无规律的积聚所表现出的群体特征,那么地物有规律的分布所表现出的群体特征就称为图案结构特征。如经济林与树林都是由众多的树木组成的,其空间排列形状有明显差别;天然生长的树林的分布状况是自然选择的结果,而人工栽种的经济林则是经过人工规划的,其行距、株距都有一定的尺寸;有经验的农艺师甚至可以根据图案结构的微小差异区分各种经济林的性质。利用图案结构特征还可以区分各种类型的沙地、居民地等地物。

7) 色调与色彩特征

不同地物对电磁波(光)反射、吸收及辐射能力不同,地面物体本身又呈现出各种自然色彩。在黑白像片上能见到由黑到白、深浅程度不同的物体影像;像片上反映出的这种黑白层次称为色调。一般情况下,不同的地物在像片上就会形成不同的色调;在可见光范围内摄影时,凡物体本身为深色调,则在像片上的影像色调无疑较深;凡物体本身为浅色调或白色,其影像色调也较浅。因此,针对同一地区同一时间获取的像片,色调的变化是可以比较的。色调的深浅用灰度来表示。为了判读时有一个统一的描述尺度,航空像片的影像色调一般分为 10 个灰阶,即白、白灰、浅灰、深灰、灰、暗灰、深灰、淡黑、浅黑、黑。

色彩特征只适用于彩色影像。在彩色影像上各种不同物体反射不同波长的能量(地物的波谱特性),像片影像以不同颜色反映物体特征;判读时不仅可以从彩色色调而且可以从不同颜色去区分地物,因此具有更好的判读效果。

8)活动特征

活动特征是指判读目标的活动所形成的征候在像片上的反映。工厂烟囱排烟、大河流中船舶行驶时的浪花、履带式车辆走后留下的履带痕迹、污水向河流中的排放量等都是目标活动的特征,是判读的重要依据。

需要注意的是,对地物进行判读不可能只用一种特征,只有根据实际情况综合运用上述各种判读特征才能取得较满意的判读效果。若具备了丰富的经验和丰富的知识,就能表现出较高的判读水平。

2.像片调绘的概念

像片调绘就是在对航摄像片上的影像信息进行判读的基础上,对各类地形元素及地理名称、行政区划名称按照一定的原则进行综合取舍,并进行调查、询问、量测,然后以相应的图式符号、注记表示或直接在数字影像上进行矢量化编辑转绘,为航测成图提供基础信息资料的工作。

像片调绘是航测外业的主要工作,其成果是内业测图的基础资料和主要依据。调绘的内容如果有差错,内业是难以发现和纠正的,对成图结果影响十分严重。因此,在像片调绘时必须认真负责、一丝不苟,以确保成图质量。

针对地形图图式符号的 9 大类,调绘工作同样分为 9 大要素:①测量控制点;②居民地及设施;③道路及附属设施;④管线及附属设施;⑤水系及附属设施;⑥境界;⑦植被及土质;⑧地貌;⑨注记。

(二)主要地物调绘

1.永久性测量控制点的调绘

永久性测量控制点是指实地设有永久性固定标志的测量控制点,它包括三角点、小三角点、GPS 点、水准点、独立天文点及埋石的高级地形控制点等,如图 5-4 所示。

(a)GPS 点

(b)架设钢标的三角点

(c)水准点

图 5-4　常见的控制点

控制点是测制地形图和各种工程测量施工放样的主要依据。标志完整的测量控制点，航测成图时必须以相应符号精确表示，还应注出点名和高程（以分数形式表示，分子为点名，分母为高程）。一般注在符号右侧（有比高时，比高注在符号左侧）。测量控制点的高程时，凡经等外水准以上精度联测的高程注至0.01 m，其他注至0.1 m。供内业加密、测图以及作为重要地物描绘之用。

永久性测量控制点虽然属于需要调绘的内容之一，但从表示精度和工作方便角度出发，一般在航外控制测量过程中刺点并以相应符号整饰在控制像片上，再由内业按坐标展绘。因此，一般不调绘这些控制点。水准点和位于土堆上的三角点一般应在野外调绘，如图 5-5 所示。

三角点	土堆上三角点	小三角点	土堆上小三角点	GPS等级点
2.4 △ 张湾岭/156.7	5 张湾岭/156.7	2.4 ▽ 摩天岭/294.9	4 张庄/156.7	B14/495.26

天文点	埋石图根点	土堆上埋石图根点	水准点	卫星定位连续运行站点
☆ 固壁山/24.5	1.6 江山/275.4	2.5 江山/275.4	1.6 ⊗ Ⅱ京石5/32.81	2.6 14/495.26

图 5-5　各种控制点的表示符号

位于居民地内的测量控制点，如果影响居民地的表示，其点名和高程均可省略。用烟囱、水塔等独立地物作控制点时，图上除表示相应地物符号、注出地物比高、点名和高程外，还应注出测量控制点的类别，例如：三角点。当无法注记时，可在图外说明，例如：图内王村西北的水塔为三角点。

2.居民地及设施的调绘

居民地是重要的地物要素，在识图、用图方面，居民地具有外形特征、类型特征、通行特征、方位特征、地貌特征 5 个重要特征，具有良好的方位作用。根据居民地的建筑形式和分布状况，一般可分为独立房屋、街区式居民地、散列式居民地、居民地等，本任务只重点介绍生活中常见的三种。

1）独立房屋

独立房屋是指在外形结构上自成一体的各种类型的单栋（独立）房屋，如图 5-6 所示。只要是长期固定，并有一定方位作用的独立房屋，以及居民地内外能反映居民地分布特征的独立房屋，不管房屋大小、形状、用途、质量如何，也不分住人或不住人，均以独立房屋表示。

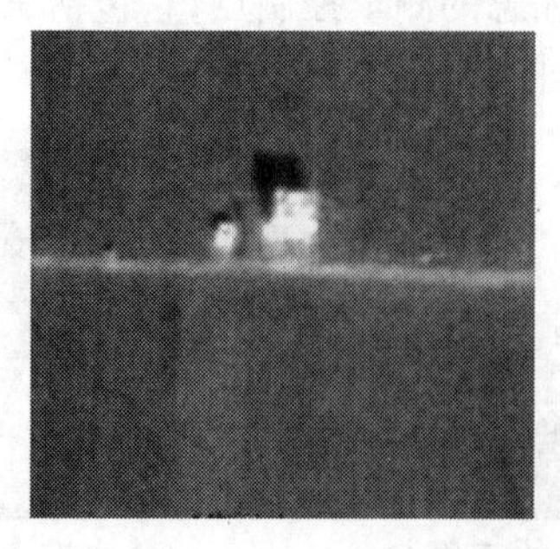

图 5-6　独立房屋与独院

独立房屋分为不依比例尺、半依比例尺、依比例尺表示的三种类型：①独立房屋的图上长度小于 1.0 mm、宽度小于 0.7 mm 的，称为不依比例尺表示的独立房屋，长和宽分别用固定值 1.0 mm 和 0.7 mm 来描绘。②房屋的图上长度大于 1.0 mm、宽度小于 0.7 mm 的，称为半依比例尺表示的独立房屋，长依比例尺描绘，宽用固定值 0.7 mm 描绘。③图上长、宽尺寸分别大于上述规定的单幢房屋，称为依比例尺表示的独立房屋，长和宽均依比例尺描绘。

调绘独立房屋时应注意以下问题：

(1)保持真方向描绘。因为独立房屋方向有判定方位的作用，位于路边、河边、村庄进出口处的独立房屋较重要，一定要真方向描绘。不依比例尺表示的独立房屋，符号的长边代表实地房屋屋脊的方向；若为正方形或圆形，符号的长边应与大门所在边一致。依比例尺和半依比例尺表示的独立房屋也要注意实际形状和位置准确。

(2)判绘要准确。调绘时判读要仔细，不要将已拆除的房屋或者菜园、草垛、瓜棚等当作独立房屋描绘。

(3)当独立房屋分布密集，不能逐个表示时，只能取舍不能综合。此时外围房屋按真实位置绘出，内部可适当舍去。

(4)特殊用途的独立房屋应加说明注记，如抽水机房、烤烟房，应分别加注“抽”“烤烟”等说明。新疆等地用于晾晒葡萄干的晾房应加注“晾”字。

(5)有围墙或篱笆形成庄院的独立房屋，当围墙、篱笆能依比例尺表示时则视实际情况用相应符号表示；否则只绘房屋。

(6)正在修建的房屋，已有房基的用相应房屋符号表示；否则不表示。

(7)损坏无法正常使用的破坏房屋或废墟，图上只表示有方位意义的。图上面积小于 1.6 mm^2的破坏房屋一般不表示，但在地物稀少地区可表示。

2)街区式居民地

房屋毗连成片且按一定形式排列，构成街道(通道)景观的居民地称为街区式居民地，如图 5-7 所示。街区是指按街道(通道)分割形式排列的毗连成片的房屋建筑区。调绘街区式居民地，一般先调外围，绘出外围轮廓和方位物，搞清进入居民地的各级道路；然后进入居民地内部，仔细区分主、次街道，调绘居民地内部的突出建筑物以及其他地物、地貌元素，对街区内的房屋进行综合取舍等。

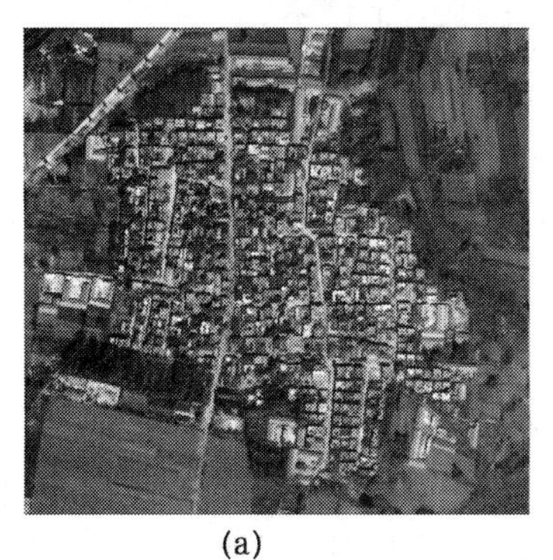
(a)

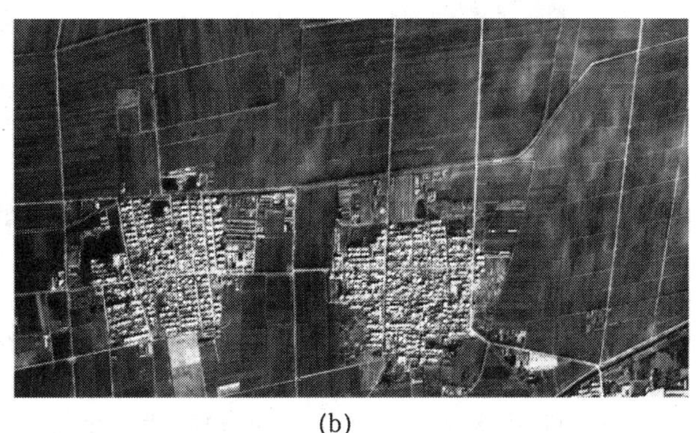
(b)

图 5-7　街区式居民地空中影像

(1)外形特征的表示。

①街区外缘的轮廓边线,在能显示其特征的前提下,除按真实位置描绘外,凸凹部分在图上小于 1 mm 的一般可综合表示。

②街区外围的各种地物、地貌元素,包括散列分布的独立房屋、河流、道路、垣栅、土堤、冲沟、菜地、电力线、通信线等,都必须按规定详细表示,以反映其分布规律。

③位于街区附近,特别是街道进出口附近的独立房屋,不能综合为街区,以免失去特征。这些房屋对判定方向,确定位置有较大作用。如图 5-8 所示。

(2)分布特征的表示。

①街道线要整齐描绘。靠街道一侧的房屋边线,当紧靠街道线时,以街道线代替;有明显凹进或突出的地方要按实际情况表示,以显示其特征。

②街区内部房屋可进行较大的综合,即房屋间距在图上小于 1.5 mm 时,可以综合表示;否则,应分开表示。街区内的空地,可根据南、北方居民地的特征进行取舍,大于图上 4~9 mm^2时应表示。

③房屋排列整齐或具有散列分布特点的机关、学校、医院、工厂、新住宅区等,不应作为街区房屋表示,即应逐个表示,个别情况可进行小的综合,以明确其分布特征。

④由许多独立庄院组成的村庄,街道(通道)按实际情况表示,房屋一般不能综合;当有围墙时,街道线可用围墙表示。

⑤突出房屋指形态或颜色与周围房屋有明显区别并具有方位意义的房屋。符号如图 5-9中 a 所示,突出房屋的轮廓线加粗为 0.25 mm。藏族地区有方位意义的经房也用符号 a 表示,并加注“经”字。多栋 10~18 层的房屋构成的高层建筑区,符号如图 5-9 中 b 所示。超高层房屋指高度与周围房屋有明显区别,19 层以上并具有方位作用的房屋,以外围轮廓加晕线绘出,符号如图 5-9 中 c 所示。

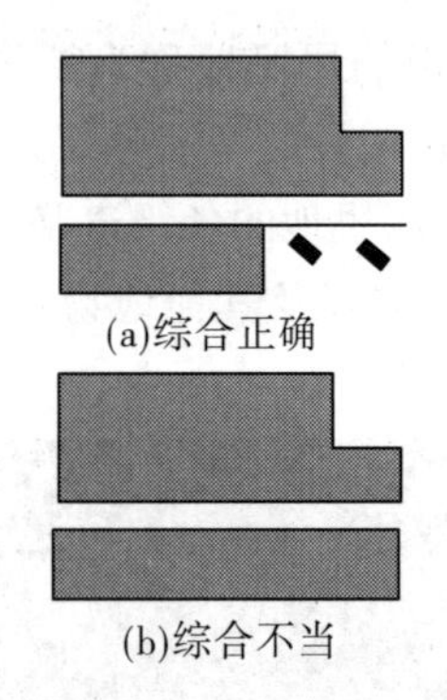

图 5-8　街道进出口处独立房屋的表示

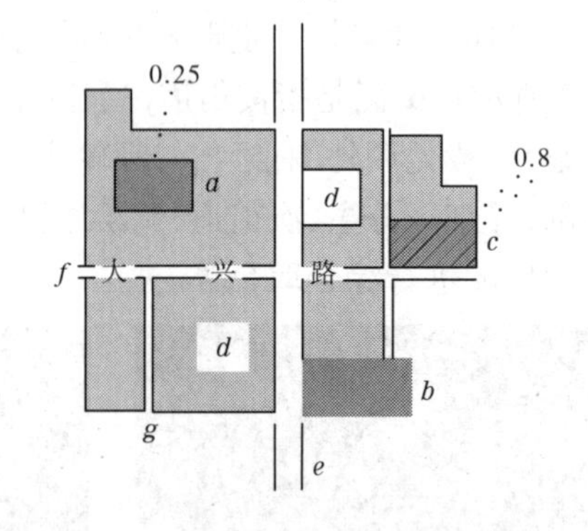

图 5-9　街区及突出房屋的表示

(3)通行特征的表示。

街区式居民地的通行特征主要是指街道(巷道)的分布以及主、次街道的划分。街道指街区中比较宽阔的通道,街道的宽度实际反映了街道的通行能力。街道按其路面宽度、通行情况等综合指标区分为主干道、次干道和支线。主干道指城市道路网中路面较宽、交通流量大,边线用 0.15 mm 的线,按实地路宽依比例尺或用 0.8 mm 路宽表示。次干道指城市道路网中的区域性干道,与主干道相连构成完整的城市干道系统,边线用 0.12 mm 的线,按实地路宽依比例尺或用 0.8 mm 路宽表示。支线指城市中联系主、次干道或内部使用的街巷、胡同等,边线用0.12 mm的线、0.5 mm路宽表示。

主、次街道以其作用大小区分,不管街道的宽度和大小。在某些地区,河、渠贯穿居民地,街道宽度按上述尺寸表示会影响街区特征时,可适当缩小街道宽度。当街区中的街道线与房屋或垣栅轮廓线间距在图上小于0.3 mm时,街道线可省略。当居民地内巷道过密时次要街巷可进行适当取舍:取连接街道或者道路的巷道,舍去死胡同;取较宽较直的巷道,舍去拐弯较多较窄的巷道。

(4)方位特征的表示。

居民地的方位特征主要包括居民地的外轮廓和居民地内、外具有方位目标作用的突出建筑物和其他地物、地貌元素。

居民地内、外的突出建筑物主要包括突出房屋、烟囱、水塔、宝塔、教堂、大会堂、纪念碑、纪念像、钟鼓楼、无线电塔等,均应以相应符号准确描绘。其他地物、地貌元素主要包括独立树、空场地、土堆、河流、渠道、桥梁、陡崖、路堤、路堑以及穿过城域的铁路等。

3)散列式居民地

房屋分散,间距较大,或疏或密,无明显街道,散列分布的居民地称为散列式居民地,如图5-10所示。散列式居民地主要分布在我国各地的山区、南方的丘陵地区和水网地区。

图5-10 南方散列式居民地空中影像

城市中的机关、学校、工厂、住宅新区,房屋间距较大、排列整齐的房屋也属于散列式居民地,它们的表示方法以及综合取舍原则基本一样。独立房屋的综合取舍是表示散列式居民地的关键,应遵循以下原则:

(1)独立房屋密集的居民地,对于三五成团、连接紧密的房屋可以综合为小居住区(即小街区)表示;其余的房屋应逐个表示。这样仍可以反映房屋的疏密分布特征。但此时必须注意,不能综合过大,否则会失去散列分布的特点。

(2)独立房屋比较稀疏的居民地,对村庄外围的独立房屋,包括村口、路旁、河渠边以及远离村庄的独立房屋必须准确表示;村庄内部的独立房屋如果逐个表示有困难可以适当舍去,但不能随便综合。

4)居民地设施

(1)棚房。是指有顶棚而四周无墙壁或仅有简陋墙壁的建筑物。与其他房屋连接在一起或街区内的棚房不单独表示;独立的或远离居民地的棚房有良好的方位作用,一般应表示。如图5-11(a)所示为依比例尺表示的棚房符号,图5-11(b)为不依比例尺表示的符号。不依比例尺表示的棚房仅在地物较少并具有一定方位意义时才表示。季节性使用的棚房和渔村也用此符号表示,并加注使用月份,有名称的注出名称。临时性的棚房不表示。

(a)依比例尺表示　　(b)不依比例尺表示

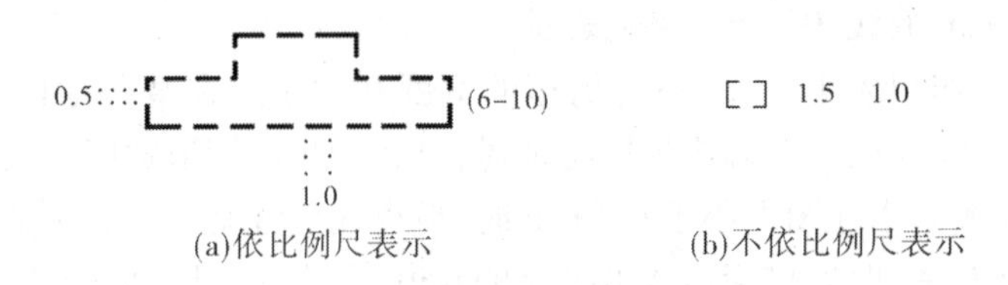

图 5-11　棚房

(2)菜窖、温室、花房。指有防寒、加温和透光等功能,供种植蔬菜、瓜果、花卉等喜温植物的房屋或棚房。单个温室、大棚等不论其建筑结构和形式,图上宽度大于 2 mm 且宽度大于 1.5 mm 的依比例尺表示,并加注“菜”“果”“花”等简要说明注记;长、宽小于上述尺寸的和临时性的不表示。但多个小温室、大棚成群分布时,其图上分布范围大于 25 mm^2 的用地类界表示其范围,其内适当配置符号。如图 5-12(a)所示为依比例尺符号,图 5-12(b)为成群分布的表示符号。

(3)破坏房屋。指受损坏无法正常使用的房屋或废墟。只表示有方位意义的破坏房屋,图上面积小于 1.6 mm^2 的破坏房屋不表示,但在地物稀少地区不依比例尺表示。其表示符号如图 5-13 所示。

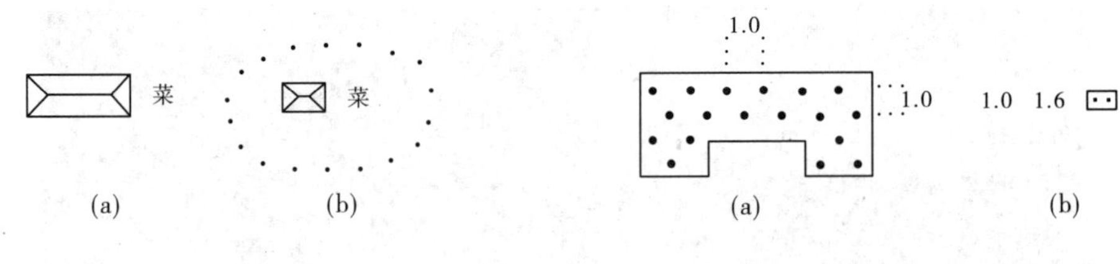

(a)　　(b)

图 5-12　温室的表示

(a)　　(b)

图 5-13　破坏房屋的表示

(4)公共厕所。指独立的、完整的、固定的厕所。单幢房屋符号加注“厕”字。简陋的不表示。

(5)围墙。是用土或砖、石砌成的起封闭阻隔作用的墙体,是街道线、居民地外轮廓的一部分,具有可供判读的形态特征,在描绘时要求中心线位置准确。居民地外围和院落外围的土墙、砖石墙、土围、垒石围,高度大于 1.5 m 的均用围墙符号表示;围墙长度在图上小于 5 mm 时,一般不表示。围墙与街道边线重合或间距在图上小于 0.3 mm 时,只表示围墙符号,此时黑色小方块应朝向房屋一侧以保持通道或街道整齐,如图 5-14 所示。高度不足 1.5 m 的矮小围墙,其图上长度大于 1.5 mm 时,可用黑色细实线表示其范围,不绘小方块符号。

(6)栏栅、铁丝网、篱笆。指用木条、铁丝、铁条、竹子、灌木、活树或通电铁丝等组成的起封闭阻隔作用的障碍物。图上长度小于 5 mm 的或高度低于 1 m 的一般不表示。如图 5-15所示。通电的铁丝网应加注“电”字。垣栅与街道边线重合时,只表示垣栅符号。

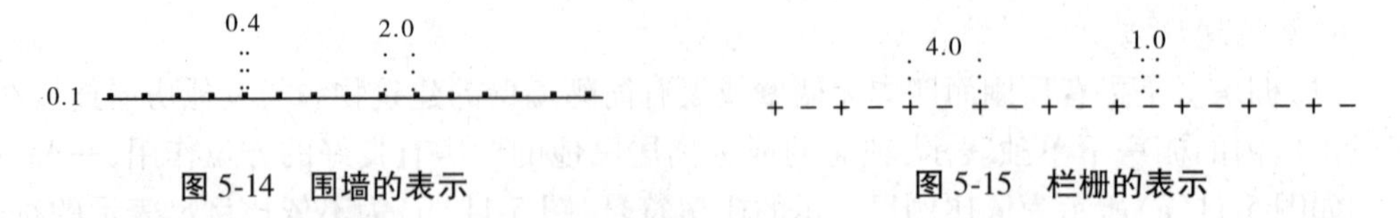

图 5-14　围墙的表示

图 5-15　栏栅的表示

5)居民地和其他地物的关系及其表示方法

(1)居民地与道路的关系。

① 单线路或双线路进入街区式居民地时，如果两边街区不等长，应在短街区一边补齐街道线，如图 5-16 中①所示。但在任何情况下街道线不能代替铁路，铁路应以其本身符号表示。

②双线路进入街区式居民地时，如果一边有街区另一边无街区，则应在无街区一边加绘街道线，以显示街区式居民地的特征，如图 5-16 中②所示。

③如果单线路一边有街区，且街道明显，则应加绘街道线，以街道两端和路相接，如图 5-16中③所示；否则，道路可直接通过。

④独立房屋紧靠双线路时，以道路边线代替房屋轮廓线表示，如图 5-16 中④所示。

⑤独立房屋紧靠单线路时，房屋符号按真实位置绘出，道路直接从房屋旁边通过，与房屋符号保留 0.2 mm 间隔，如图 5-16 中⑤所示。

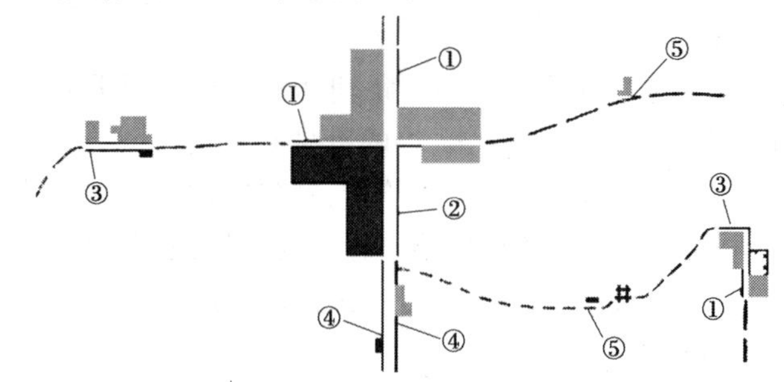

图 5-16　街区居民地与道路的关系

(2)居民地与水系的关系。

①位于河、湖内高架在水面上的房屋，按真实位置描绘；房屋部分伸入水面时，水涯线应绘至房屋符号边缘与房屋轮廓线相接；其他桥梁、道路按实际情况描绘，如图 5-17 所示。

②房屋紧靠河、湖岸边，其间无通道时，房屋边线可与水涯线共用；有通道时，房屋应移位表示，如图 5-18 所示。水网地区房屋建成“以河为街”的街区式居民地，其表示方法按上述原则进行。

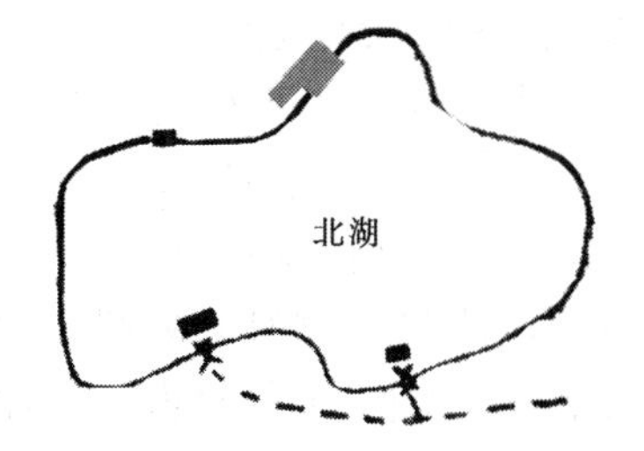

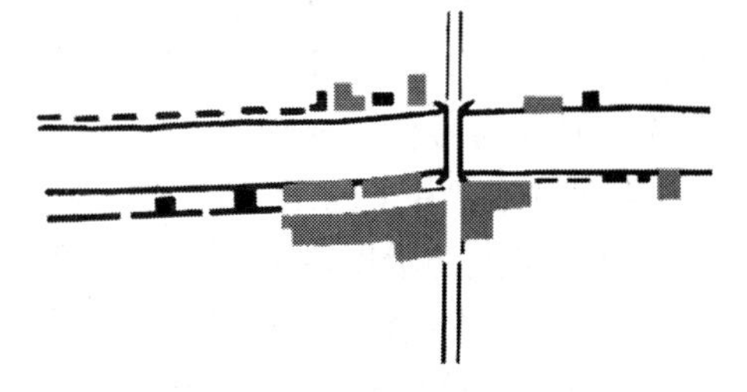

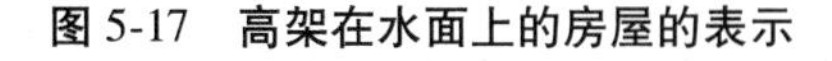
图 5-17　高架在水面上的房屋的表示

图 5-18　紧靠河、湖岸边房屋的表示

(3)居民地与垣栅的关系。

如图 5-19 所示，“1”指垣栅与房屋边线紧靠时，不绘垣栅符号；“2”指垣栅内、外均有房屋时，不绘垣栅符号；“3”指围墙可以代替街道线绘出，但街道线不能代替围墙；“4”指房屋与垣栅的间距大于图上 0.2 mm 或中间形成通道时，垣栅符号单独表示，垣栅与房屋之间至少留 0.2 mm 间距。

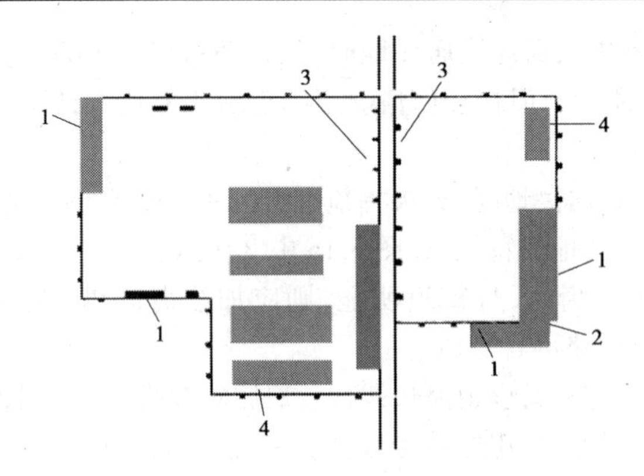

图 5-19　居民地与垣栅的关系

(4)房屋与堤的关系。

如图 5-20 所示,上面为主要堤符号,下面为一般堤符号。图中所指有三种情况,即:

①房屋在堤上时,房屋按真实位置绘出,堤的符号断开表示。

②房屋在堤坡时,房屋符号仍按真实位置绘出;房屋所在堤的一边,堤的符号断开。

③房屋在堤脚时,堤的符号按真实位置绘出,房屋符号紧靠堤的符号绘出。

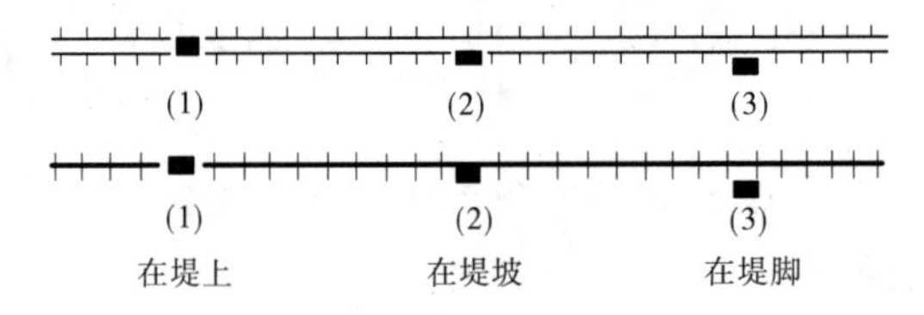

图 5-20　房屋与堤的关系

3.道路及附属设施的调绘

道路是人们物资交流、劳动生产、外出旅游等的重要条件,对发展国民经济有十分重要的作用。道路一般可分为铁路、公路、机耕路、乡村路、小路、内部道路 6 种。

1)铁路

铁路在各类道路中是最重要的一类,铁路运输也是国家最重要的运输方式。因此,铁路符号除遇到独立地物外都要完整绘出;铁路通过居民地时,靠近铁路两侧的房屋可移位表示,以保证铁路符号位置准确。

铁路在航摄像片上的影像特征十分明显,易于判读,因此调绘铁路主要是区分铁路类别,调绘铁路沿线的附属建筑物和附属设施。按铺设轨道的路线数、轨距以及机车的动力牵引方式可分为单线铁路、复线(双线)铁路、建筑中的铁路窄轨铁路、电气化铁路和轻便铁路 5 个类别,其相应符号如图 5-21 所示。

(1)单线铁路:指在路基上铺设一条标准铁轨(轨距为 1.435 m)的线路,其符号如图 5-21(a)所示。

(2)复线(双线)铁路:指在一条路基上铺设有两条标准轨线路的铁路。如果复线铁路在一条路基上能分别用单线铁路符号绘出真实位置,则应以单线铁路符号分别表示,但两条线路间距不应小于 0.3 mm,不绘双线铁路符号。当不能按真实位置分别表示两条线路时,以两条标准轨的几何中心为准用标准轨距复线铁路符号表示,如图 5-21(b)所示。

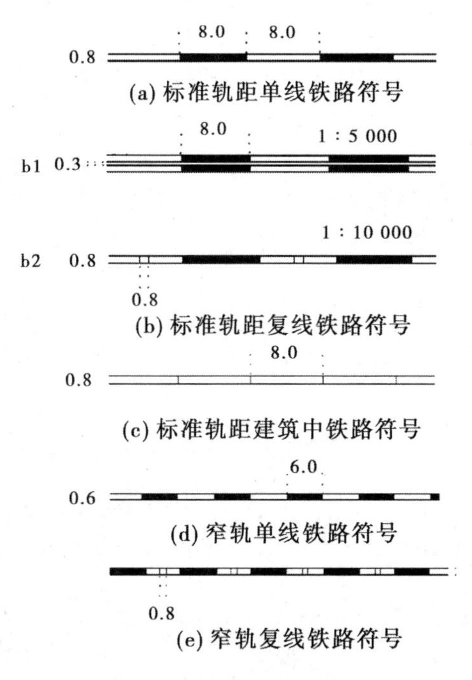

图 5-21　铁路的表示

(3)建筑中的铁路:是指正在修建中的、其路基已基本成型的铁路线路,不分复线或单线均用如图 5-21(c)所示符号表示。其附属建筑物,已定性的用相应符号表示,未定性的不表示。

(4)窄轨铁路:指轨距窄于标准轨距的铁路。这种铁路多为未经改建的老铁路或地方性铁路,已不多见。仍分为单线或双线以图式规定的窄轨铁路符号表示,如图 5-21 中的(d)、(e)所示。临时性的不表示。

(5)电气化铁路:指以电力作为机车动力的单线铁路或双线铁路,如图 5-22 所示。电气化铁路可从铁路上方是否有专供火车机车使用的电力线进行判定。单线铁路或双线铁路以图式规定的相应符号表示,电气化铁路则在相应铁路符号上(将符号断开)加注“电”字。

图 5-22　电气化铁路

(6)轻便铁路:一般指工矿区内部供机动牵引车、手压机式手推车行驶的固定小型铁路。路基只经过简单修建,铁轨既轻又窄,运载量不大。长期固定的轻便铁路用规定符号表示,临时性的不表示。

2) 铁路附属设施

火车站是铁路上指挥调度车辆和人员、货物集散的场所，拥有大量的铁路附属设施，部分典型设施如图 5-23 所示。其相应的表示方法如图 5-24 所示。

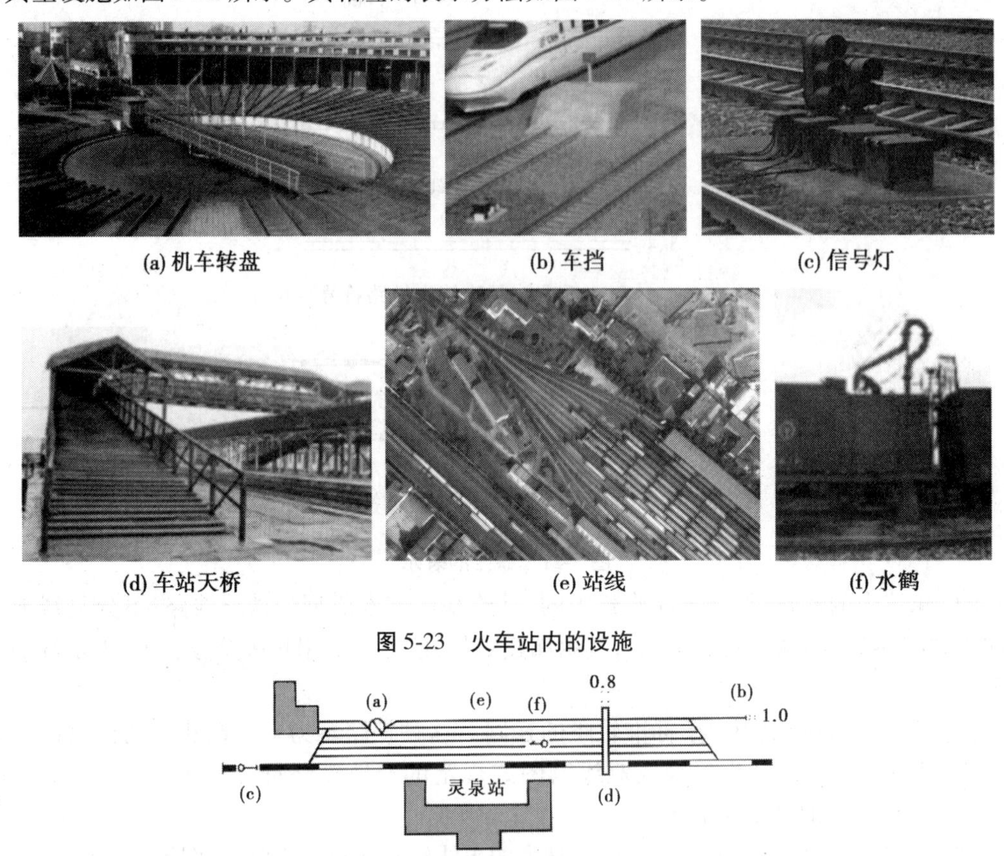

(a) 机车转盘　(b) 车挡　(c) 信号灯

(d) 车站天桥　(e) 站线　(f) 水鹤

图 5-23　火车站内的设施

图 5-24　附属设施的表示

3) 公路

公路是连接城乡、输送货物和旅客、发展国民经济的重要通道，调绘时必须全部表示，不得舍去。沿公路调绘时应注意表示路堤、路堑、桥梁、涵洞、行树、隧道等附属地物。公路进出居民地以及和其他地物之间的关系应交代清楚。

(1) 高速公路。指具有中央分割带、多车道、立体交叉、出入口受控制的专供汽车分向分车道高速行驶的干线公路。其具有重要的政治、经济意义，应注重表示。其路基质量高，路面宽，坡度小，转弯少且转弯半径大，附属设施完整，主要包括桥梁、涵洞、排水沟渠、隧道、立交桥、隔离绿化墙、分道隔离墩、加油站、监管站、道班、路标、信号以及照明等。其表示符号如图 5-25 中(1)所示。

(2) 等级公路。是指路基坚固，路面质量较好，附属设施较完善，晴雨天均能通行汽车的道路。其铺面材料一般有水泥、沥青、碎石、砾石等。按其行政等级可划分为国道、省道、县道、乡道及其他公路、专用公路等，相应的表示符号分别如图 5-25 中(2)、(3)、(4)、(5)所示；公路行政等级代码和公路技术等级代码分别见表 5-1 和表 5-2。

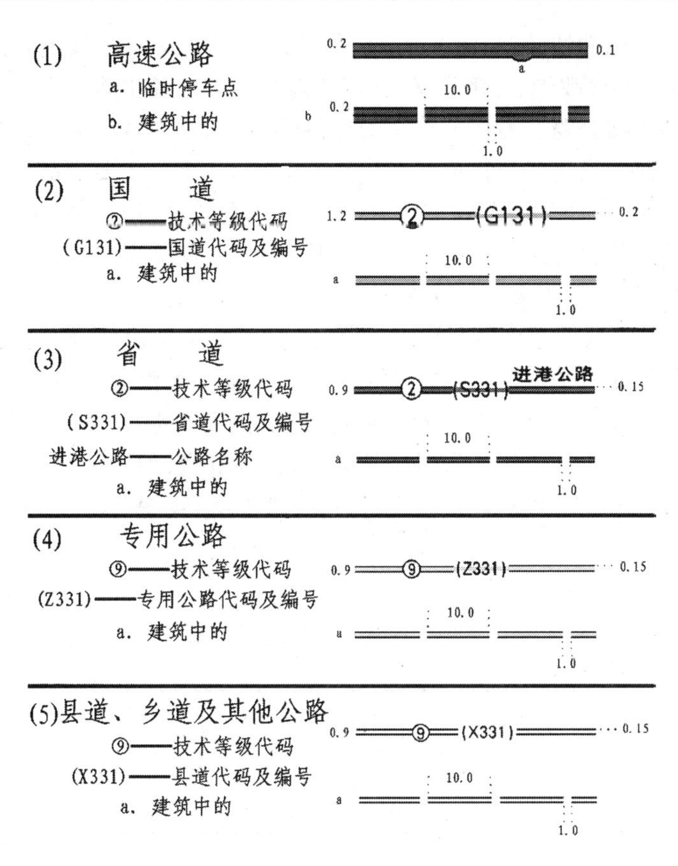

图 5-25　各级公路的表示

表 5-1　公路行政等级代码

公路行政等级	代码
国道	G
省道	S
县道	X
乡道	Y
专用公路	Z
其他公路	Q

表 5-2　公路技术等级代码

公路技术等级	代码
一级公路	1
二级公路	2
三级公路	3
四级公路	4
等外公路	5

国道是指具有全国性的政治、经济、国防意义，确定为国家级干线的公路。省道是指具有全省（自治区、直辖市）政治、经济意义，连接省内中心城市和主要经济区的公路以及不属于国道的省际间的干线公路。专用公路是指专供厂矿、林区、农场、油田、旅游区、军事要地等与外部联系的公路。县道是指连接县城和县内主要乡（镇）、主要商品生产和集散地的公路。乡道是指主要为乡（镇）村经济、文化、行政服务的公路。等外公路是指路基不很坚固，路面只经过简单的修筑，质量较差，主要是沟通县、乡、村，直接为农业、林业或工厂、矿山运输的支线公路，汽车流动量不大，会、让车困难。

（3）机耕路。在我国北方也叫大车路，是指路面经过简易铺修，但没有路基，能通行拖拉机、大车等的道路，某些地区也可通行汽车。这种路基本上没有附属建筑物和附属设施，有些地区的机耕路甚至看不见人工修建的痕迹，仅是由大车碾压而成，其符号如图 5-26 所示。我国北方地区用于下地生产的机耕路很多，可适当取舍，但通往河边、山区、矿井、采石场、林场、窑场、渡口、车站等处和连接公路、铁路的机耕路必须表示。

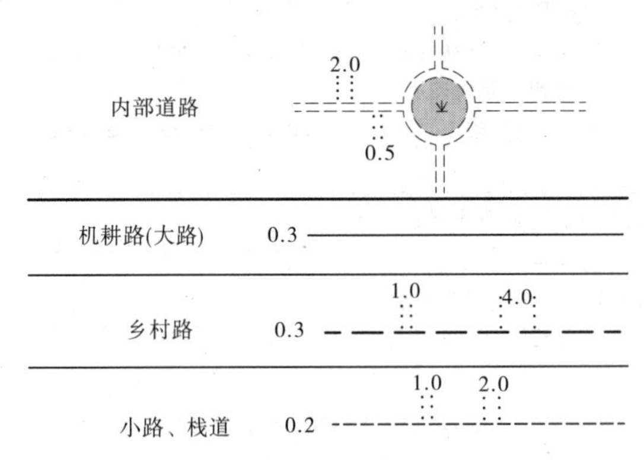

图 5-26　机耕路、乡村路、小路、内部道路的表示

（4）乡村路。是指连接乡村之间且不能通行大车、拖拉机的道路。路面不宽，有的地区用石块或石板铺成。一般是通往城镇，连接集市、乡政府、国营农场和大居民地的农村主要道路，其符号如图 5-26 所示。农村中的乡村路在图上占有十分重要的地位，能否恰当地表示乡村路是能否突出农村道路类别的重要环节。但外业调绘时对乡村路和小路不易区分，因此应注意：

①乡村路的起点、终点都应该是上述情况所指出的重要去处，而决不是一般的小居民地或不重要的地方，即不能在这些地方中断。

②乡村路应是汇集小路，连接高级道路，起明显骨干作用的道路；在没有高一级道路的情况下，在调绘像片上会清楚地看到这种路通向长远，纵横于小路之间，十分重要。

③贯通成网。就是一副图或者一个地区的乡村路和其他高级道路互相沟通，把大居民地和其他重要去处连接成一个整体，形成合理的能反映实地道路分布特征的道路网。

④由于乡村路在实地无明显可靠的特征，因此调绘乡村路应事先在老图或像片上进行分析、判断，然后到实地有目的地调查、询问，得出正确结果，这样可以避免把乡村路绘错或者忘了调绘乡村路。

（5）小路。是指次于乡村路、驮运路的其他供单人单骑行走的道路，其符号如图 5-26 所示。在小路稠密的地区，要注意对小路进行合理适当取舍。如两居民地之间有多条小路，则只表示距离短而行人又常走的一条；舍去与铁路、公路、机耕路、乡村路、平行相近的小路而选择离这些路较远的小路；要尽量表示荒僻地区有一定作用的小路。小路的取舍既反映小路的分布情况又突出小路的重要作用，才能满足用图部门的需要。人行栈道也用同一符号表示，并加注“栈道”。

(6)内部道路。是指公园、工矿、机关、学校等内部有铺装材料的道路。宽度大于图上 1 mm的依比例尺表示；宽度小于图上 1 mm 的，可适当取舍择要表示，但应能反映内部主要通行特征，其表示方法如图 5-26 所示。

4)道路附属设施

(1)桥梁。是指车辆和行人跨越河流、海峡、沟谷、渠道等障碍物的交通建筑物。较大的桥梁具有显著的方位目标作用和重要的政治、经济、军事意义，因此调绘中一定要准确表示。根据其通行能力可分为车行桥和人行桥两大类。长度大于 1 mm 时，依比例尺表示；否则按不依比例尺符号表示。

①车行桥是指跨越水面、沟壑或道路等，供火车、汽车等大型交通工具通行的架空通道。车行桥有单层的铁路桥或公路桥、铁路公路两用的双层桥(如武汉长江大桥、南京长江大桥等)和铁路公路并行的桥梁。等级公路上桥梁应加注载重吨数。图上不分造型种类、建筑材料，符号按真实方向表示。桥宽和桥长在图上大于 0.8 mm 和 1 mm 的应分别用依比例尺符号表示，桥长在图上小于 1 mm 的用不依比例尺符号表示。四级公路以上的桥梁应加注载重吨数。

②人行桥是指不能通行车辆，仅供人通行的桥梁。桥梁符号按真实方向表示，长度略大于河流宽度。桥长在图上小于 1 mm 的用不依比例尺符号表示，大于 1 mm 的用依比例尺符号表示。时令桥、亭桥也用此符号表示，并分别加注通行月份或“亭”字。

(2)涵洞、隧道。涵洞是指修建在道路、堤坝等构筑物下面的过水通道，如图 5-27 所示。涵洞不仅具有跨越小溪小沟的作用，而且有排水、保护路基的功能；同时在用图中，较大的涵洞也是较好的定位目标。因此，在沿铁路或公路上修建较正规的涵洞一般均须表示，机耕路及其以下道路附属的涵洞一般不表示。但调绘涵洞时应注意与桥的区分：凡跨径小于 5 m，顶部填土较厚，或其修建形式为矩形、梯形、管形者均属涵洞而不是桥。

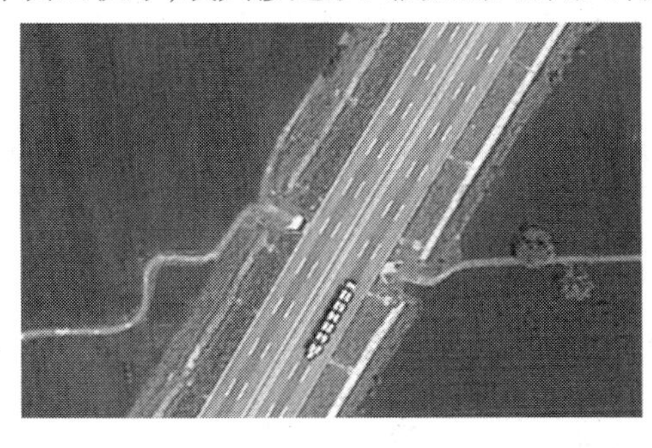

图 5-27　涵洞

隧道主要是指建造在山岭、河流、海峡及城市等地面下的通道，如图 5-28 所示。其他道路穿过山洞，其山洞部分也用隧道符号表示。调绘时应注意准确判绘进、出口位置，符号按真方向描绘，进、出口之间用短虚线描绘，图上长度小于 2 mm 的不表示。其表示方法如图 5-29所示。

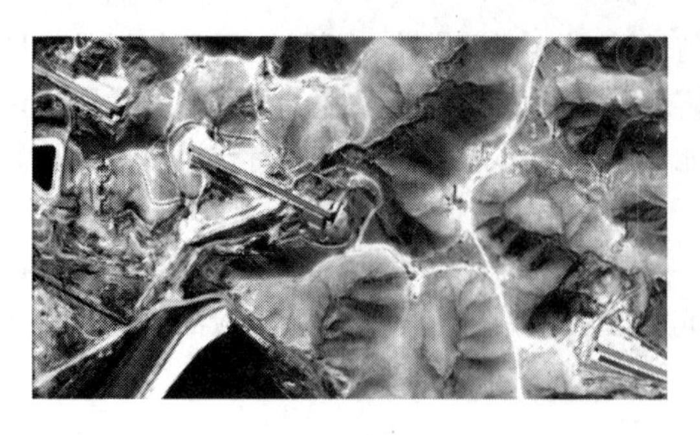

图 5-28 隧道

铁路或公路通过陡坡下的路段,为防止塌方、雪崩或流石的破坏,在其铁路或公路上方修筑的隧道式建筑,洞体有一部分露在外面,并留有窗孔可让阳光直接射入洞内,因此称为明峒,如图 5-30 所示。这种明峒也用隧道符号表示,并加注“明峒”。

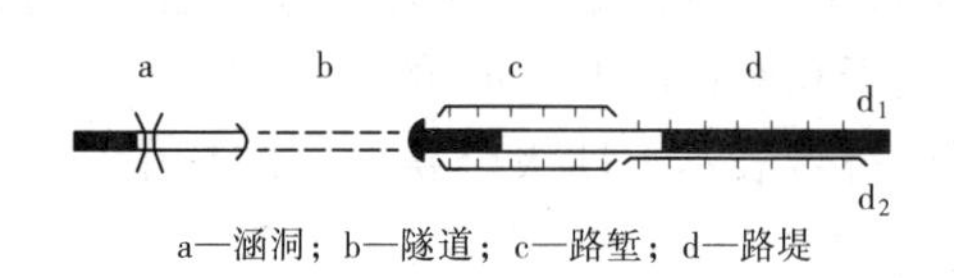

图 5-29 涵洞、隧道、路堤的表示

图 5-30 明峒示意图

(3)路堤、路堑。路堤是指道路通过洼地或跨越沟谷时,为使路坡度减小,在地面上人工修筑的高于地面的路段。比高在 1 m 以上且图上长度大于 5 mm 时才表示,比高大于 2 m 的应加注比高。堤坡的投影宽度在图上大于0.5 mm 的用依比例尺长短线表示,小于0.5 mm 的均用 0.5 mm 短线表示。路堤上缘线与道路符号间隔大于 0.2 mm 时,上缘线应表示。路堑是指道路通过山地时,为了保持线路和路面平直,减少坡度,由地面向下挖掘,道路两侧向内形成的高于路基的陡坎路段。比高在 1 m 以上且图上长度大于 5 mm 时才表示,比高大于 2 m 的应加注比高。山坡上的道路,当路堑很密时可摘要表示。

(4)收费站。是指设置在公路上头或桥头,向过往车辆收取通行费用的场所。收费站长度或宽度在图上大于符号尺寸的,用依比例尺符号表示。表示时,应超出道路边线 0.2 mm;小于符号尺寸的,放宽到符号尺寸表示。其表示符号如图 5-31 所示。

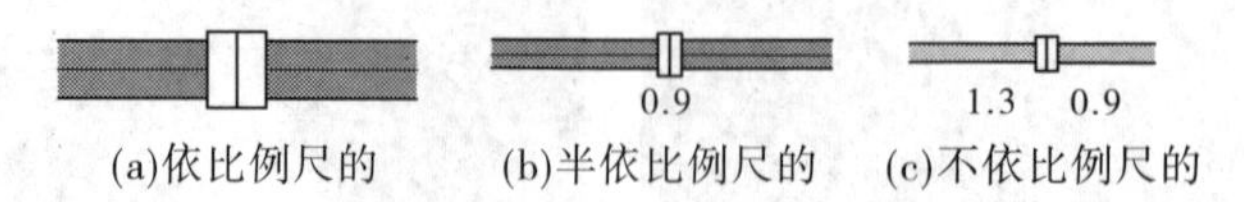

图 5-31 收费站的表示

5)调绘道路时应注意的问题

(1)同级道路彼此平行、靠近时,双方各自移位一部分表示。但两条道路符号的边线可以共用。

(2)双线道路彼此平行、靠近,不能同时绘出各自符号时,应以高一级道路为主按真实位置绘出,次一级的可省去一条边线。

(3)如果两条路不在同一水平面上;当上面为铁路、下面为公路时,则铁路真实真位置绘出,并绘堤的符号,公路可省去一条边绘出。当上面为公路、下面为铁路时,铁路仍按真实位置表示,公路可相对移位并按规定表示。

(4)铁路与双线河平行靠近,符号不能同时绘出时,应以铁路为准,双线河移位表示;而公路与双线河不能同时绘出符号时,则应以双线河为准将公路移位表示。铁路、公路与单线河、渠平行靠近,不能同时准确绘出符号时,应以铁路、公路为准,单线河、渠符号移位表示;单线路与单线河渠之间如果产生上述矛盾则应以单线河、渠为准,而将单线路移位表示。

(5)机耕路以上道路与冲沟重合时,冲沟可稍加宽以陡崖符号表示;虚线路与单线冲沟重合时,如果单线冲沟不太重要,则只绘道路符号,冲沟可不表示;如果冲沟必须表示,则道路绘至冲沟边缘中断。

(6)道路交叉、道路过沟时,如果没有其他交叉建筑物,则所描绘的符号均应实线相交,不能在交点上留出缺口,因为只有这样才能准确判定交叉点的位置。

(7)铁路、公路、机耕路的转弯处应表示合理,不能把曲线绘成折线,以突出拐弯点的准确位置。

(8)在山区调绘道路时一定要看立体描绘,注意准确判绘道路位置,防止道路产生大的移位,造成爬悬岩、掉深涧的错误。

(9)铁路、公路以及人烟稀少地区的主要道路在自由图边出图廓时,要在图边处注出通往附近主要村镇的名称和千米数(铁路注至车站)。如"至××村 4 km"。

(10)道路与堤的关系应按以下原则处理:堤上为双线路时,以表示双线路为主,堤作为路堤表示;堤上通过单线道路时,以表示堤为主,单线道路接于堤的两端;如果单线路在堤的中部与堤相接,道路符号与堤的符号应实线相交。

4.管线及附属设施的调绘

铺设于地面上或地面下以及架空的各种输油管道、输气管道、输水管道和架设在地面上的电力线、通信线总称为管线。其在国民经济建设和人民生活中均有重要作用,同时也是判定方位的目标。管线的调绘主要是准确判定起点、终点、转折点或转弯处的位置,然后用相应符号表示,并加注输送物名称。

1)管道

管道是指输送油、汽、气、水等液体和气态物质的管状设施。按架设方式分为架空、地面上和地面下三种情况,其符号如图 5-32 所示。图上长度不足 1 cm 的和街区内的(包括工厂内的)管道不表示。

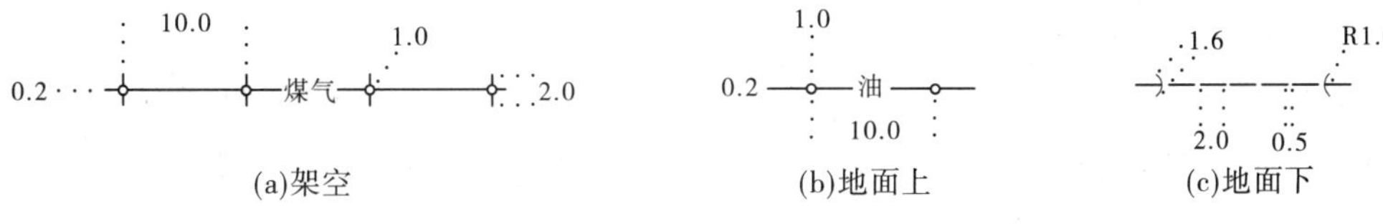

10.0　1.0　0.2　煤气　2.0　(a)架空

1.0　0.2　油　10.0　(b)地面上

1.6　R1.0　2.0　0.5　(c)地面下

图 5-32　管道的表示

架空管道是指架设在支撑物体上的管道,当管道架空跨越河流、冲沟、道路时,符号不中断。但如果管道从地下通过双线路时应在道路两侧中断,符号之间留 0.2 mm 间隔。地下管道能判别走向的用相应符号表示,并加注输送物名称。符号虚线部分表示地下管道,并表示其出入口;不能判定位置的,或表示有困难的不表示。

2)电力线、通信线

电力线是指用以输送6.6(10)kV以上且固定的高压输电线路。通信线是指供通信设备使用的电缆、光缆线路。调绘电力线和通信线,要重点判刺转折点和岔点处的电杆位置,并在像片背面标记出,以备清绘时查用。另外,还应注意以下问题:

(1)在地物密集以及电力线较多的经济发达地区可以不表示输电线。

(2)沿铁路、公路和主要堤两侧的电力线、通信线,在图上距道路或堤的符号边线5 mm以内可不表示;在分岔处、转折处和出图廓时,在图内表示一段符号以示走向。

(3)当两条以上线路相距小于图上3 mm时,可舍去其中电压较低或输送距离短者。

(4)当电压在35 kV以上时,应加注电压数(以kV为单位)。电杆(塔)在1∶5 000图上按实地位置表示,在1∶10 000图上均匀配置。

(5)凡是进入地下的输电线、通信线应准确判绘进出地口位置,其符号如图5-33(a)、(b)中"a"和"b"表示。

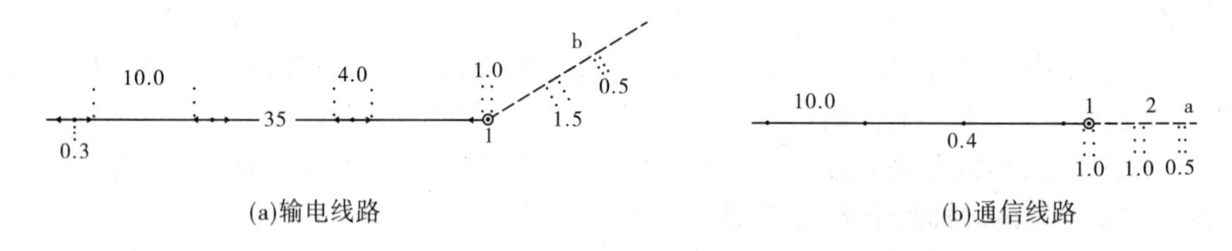

图5-33　线路的表示

(6)高压输电线一般不中断,电力线、通信线除通过街区式居民地必须间断外,通过其他地物如河流、道路、水库等均不中断;但遇独立地物时,如果影响符号清楚则应断开。

(7)识别6.6 kV以上的电力线有一定困难,但一般可根据杆架上的瓷瓶片数(一片以上)、相邻杆架之间的档距(一般大于80 m)以及电力线的输送距离(一般大于8 km)特征进行判断。如果实地鉴别有困难,则应到有关部门询问确定。

(8)通信线一般只表示地物稀少地区且较固定的或有方位意义的线路。光缆应加注"光"字,线路较长时图上每隔15 cm重复注出。

(9)变电站范围能依比例尺表示的,用图5-34所示符号按真实形状表示轮廓[见图5-34(a)],其内配置符号;不能依比例尺表示的,符号表示在大变压器的位置上,如图5-34所示符号[见图5-34(b)]。安装在电线杆、架上的小型变压器不表示。

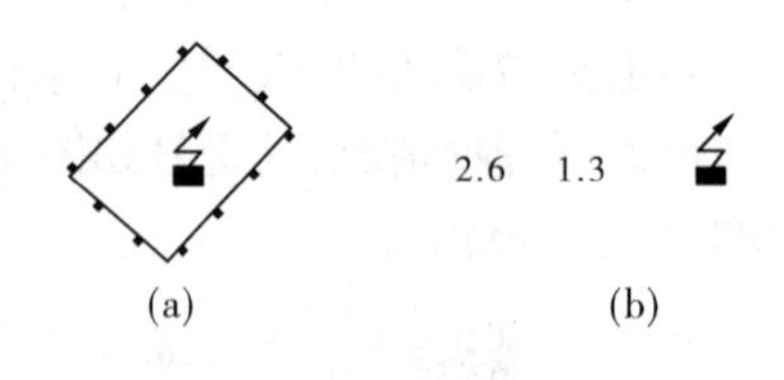

图5-34　变电站(室)的表示

(10)在山区调绘时,因投影差的影响,实地是直线的输电线、通信线在像片上不再是直线,线路的延伸方向会发生较大变化,调绘像片之间的接边常常发生矛盾,因此外业调绘电力线、通信线时,无论调绘面积线附近有无转折点,均要判刺一个电杆位置,然后将相邻调绘像片的线路都绘到同一点上相接。

5.水系及附属设施、附属物的调绘

水系是测绘部门对地形图上表示的水源地、水流经之地、水的汇聚地等各种自然和人工水体的总称。与水系密切相关的附属物和各种水工设施也是水系调绘的重要部分。

1)水涯线的调绘

水涯线即水面与陆地的交界线,又称为岸线。水涯线是表示河流、湖泊、水库的形状、大小的重要界线,调绘河流、湖泊、水库,重要的问题就是如何正确判定并描绘水涯线。

河流、湖泊、水库的水涯线一般描绘在摄影时的水位;若摄影或测图时间为枯水或洪水期,所测定的水位与常年大部分时间的平稳水位相差很大时,应按常规水位岸线实地调绘并加以改正。高水位岸线是常年雨季的高水面与陆地的交界线,又称高水界。高水界与水涯线之间的距离在图上大于 3 mm 时应表示高水界。单线表示的河流,其高水界不表示,池塘、水库和实地界线不明显的高水界也不表示。当高水界与陡岸重合时,则省略高水界,表示陡岸符号。高水界与水涯线之间有岸滩的,用相应的岸滩符号表示。

2)地面河流、地下河段、消失河段、时令河的调绘

地面河流是指地面上终年有水的自然河流。河流宽度在图上大于 0.5 mm 的用双线依比例尺表示,小于 0.5 mm 的用 0.1~0.5 mm 的渐变单线表示,如图 5-35(a)所示,图中 a 为水涯线,b 为高水位线,c 为岸滩。

地下河段指河流、渠道流经地下的河段,其在地面上的出入口应表示准确。其符号用圆弧表示在水流进、出口的位置,如图 5-35(b)所示。河流流经山洞时,用山洞符号表示。

消失河段指河流流经沼泽、沙地等地区,没有明显河床或表面水流消失的地段。消失河段分别按实地宽度(单线河与双线河)用一排或两排点线表示,如图 5-35(c)所示。图上长度小于符号三个点的间距可不表示。

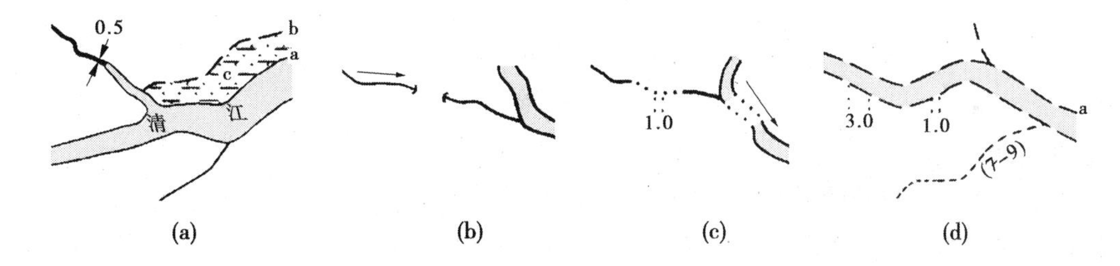

图 5-35 河流的表示

时令河是指季节性有水的自然河流。以其新沉积物(淤泥)的边界为时令河岸线(不固定水涯线),加注有水月份。时令河宽度在图上大于 0.5 mm 的用双虚线依比例尺表示,小于 0.5 mm 的用 0.1~0.5 mm 的单虚线表示,如图 5-35(d)所示。单线表示的时令河,其符号实线部分长度可根据河流的长度渐变为 0.5~3.0 mm,空白部分渐变为 1.0~3.0 mm。

3)湖泊、池塘、水库的调绘

湖泊是指陆地上洼地积水或人工挖掘形成的水域宽阔、水量变化缓慢的水体。湖泊岸线以常水位位置确定。

池塘岸线一般以塘坎边缘线描绘。图上面积小于 2~4 mm^2 的池塘一般不表示,缺水地区图上面积小于 2 mm^2 的可扩大到 2 mm^2。池塘一般只取舍不综合,但在大面积的基塘区或只有土埂相隔的池塘,可适当综合,不论取舍或综合,均应保持其原有的形状特征及与其他地物、地貌的相关位置。

水库是指在山沟或河流的狭口处建造拦河坝形成的人工湖泊,是拦洪蓄水和调节水流的水利工程建筑物。其水涯线一般可根据影像描绘,并要求注记堤坝的性质,如"石""水

泥”等。容量在 1 000 万 m^3以上的水库和重要的小型水库,需加注正常水位的水库容量(以万 m^3为单位),如图 5-36 中 a 所示。

溢洪道是水库的泄洪设施,用以排泄水库容纳不下的洪水。水库的溢洪道按其实际宽度依比例尺表示,宽度小于 3 m 的可适当放大表示。溢洪道口底部要测注高程,高程测注在溢洪道底部的最高处,如图 5-36 中 b 所示。溢洪道的闸门和坝上水闸均用水闸符号表示。

泄洪洞也是水库的泄洪设施,符号绘在洞口位置上,洞口大于图上 1.0 mm 的,依比例尺表示,如图 5-36 中 c 所示。饮水孔、取水孔、灌溉孔、排沙洞等出水口,也用此符号表示。

水库堤坝内侧投影宽度与水涯线间的距离在图上大于 0.5 mm 的,应绘出水涯线;小于 0.5 mm 的,可不绘水涯线符号。堤坝顶部宽度图上大于 0.5 mm 的,用双线依比例尺表示,如图 5-36 中 d_1 所示;小于 0.5 mm 的用单线表示,如图 5-36 中 d_2 所示。堤坝两侧的斜坡投影宽度图上大于 0.5 mm 的用依比例尺长短线绘出;小于 0.5 mm 的用 0.5 mm 的短线绘出。拦水坝长度大于 50 m 或坝高大于 15 m 的,须加注坝长、坝顶高程和建筑材料,如图 5-36 中 d_1 所示。建筑中的水库如图 5-36 中 e 所示。

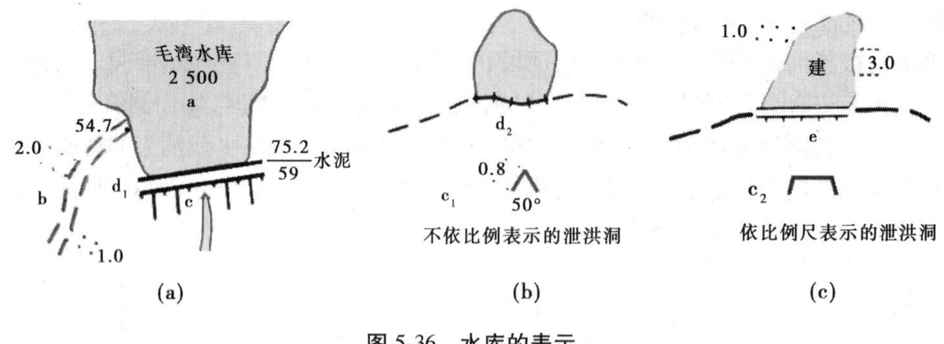

图 5-36 水库的表示

4)沟渠的调绘

沟渠是指人工修建的供灌溉、引水、排水的水道。其宽度是指沟沿间的距离。沟渠的水涯线以渠道边缘为准。平坦地区的沟渠一般比较平直和有明显的转折;山区的沟渠随着山形弯曲,近似于等高线的形状。

沟渠按其外形特征可分为一般的、有岸的和有沟堑的三种类型。堤、沟堑比高小于 1 m 的沟渠用一般沟渠符号表示,如图 5-37(a)所示。当堤高出地面 1 m,长度在图上大于 5 mm 时,用有岸的沟渠符号表示,如图 5-37(b)所示;灌溉渠系的源头,抬高水道、抽水设备的渠首用如图 5-37(b)中“c”所示符号。沟堑是指沟渠通过高地或山隘处经人工开挖形成两侧坡面很陡的地段。当沟堑上缘线无法按实地位置表示时,双线表示的沟渠,其沟堑符号可表示在沟渠符号内,短线交错配置,水涯线断至沟堑符号上;单线表示的沟渠,其沟堑上边缘线可适当外移,以保持相关位置的正确合理。沟堑比高在 1 m 以上且图上长度大于 5 mm 时才表示,比高大于 2 m 应标注比高,如图 5-37(c)所示。

干沟是指经常无水、只在雨后短暂时期内有积水的、未挖成而搁置或废弃的沟渠。图上宽度小于 0.5 mm 的用单线表示,大于 0.5 mm 的用双线依比例尺表示,如图 5-38 所示。干沟深度小于 0.5 m(1 : 5 000 地形图)和小于 1 m(1 : 10 000 地形图)或长度在图上小于 10 mm的一般不表示;干沟深度大于 2 m 的应标注沟深。旧战壕也用此符号表示,并加注“战壕”。

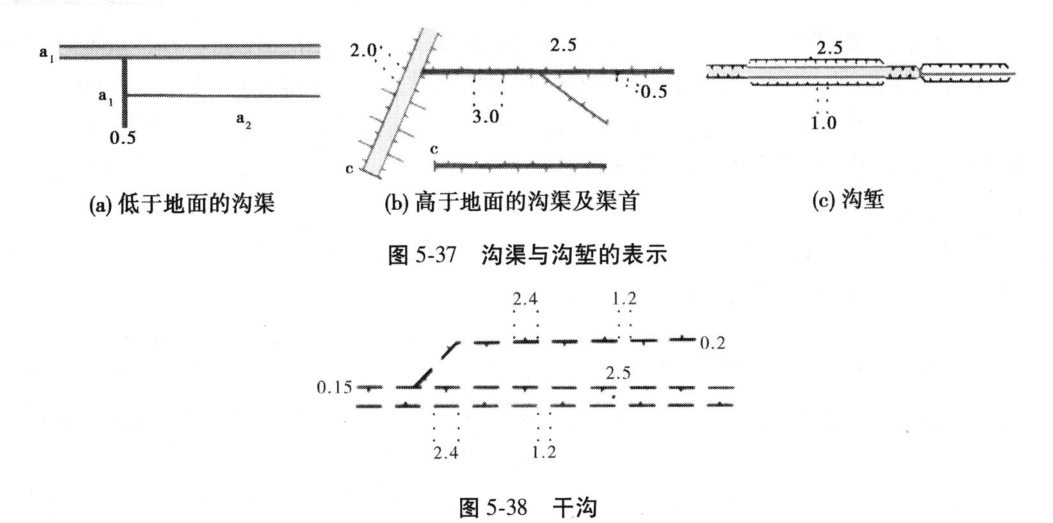

(a) 低于地面的沟渠 (b) 高于地面的沟渠及渠首 (c) 沟堑

图 5-37 沟渠与沟堑的表示

图 5-38 干沟

5）河流与沟渠的流向

（1）河流的水流方向及速度。有固定流向的江、河、运河应表示流向，如图 5-39（a）所示。通航河段应标示流速，图上每隔 15 cm 标注一个。

（2）沟渠的水流方向。有固定流向的沟渠应表示流向，在往复流的地方应标注往复流向，如图 5-39（b）所示。

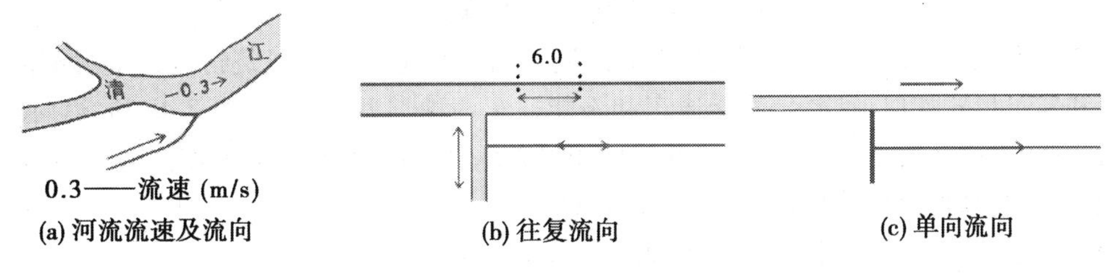

(a) 河流流速及流向 (b) 往复流向 (c) 单向流向

图 5-39 河流与沟渠流速与流向的表示

6）水系附属设施的调绘

（1）堤的调绘。堤是指一般沿河流、湖泊、沟渠两侧，由人工构筑的高出地面，防洪、防潮的挡水构筑物。有较规则的形态，横截面为梯形且为带状分布，主要分干堤和一般堤两种，如图 5-40 所示。

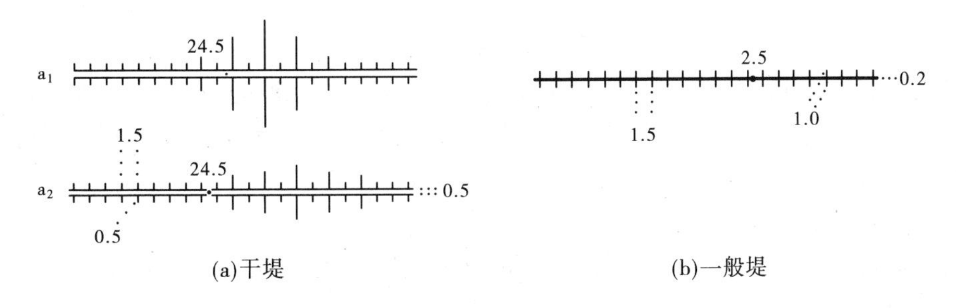

(a)干堤 (b)一般堤

图 5-40 堤的表示

不论土堤或石堤，凡基低宽大于 10 m 或堤高于 3 m 以上，有重要防洪、防潮作用的均用干堤符号表示；其他用一般堤符号表示。干堤应每隔 10~15 cm 注一个堤顶高程；堤高大于 2 m 时，应标注比高。堤高小于 1 m 的一般不表示，但有方位作用的堤，虽低于 1 m 也应表示。

堤坡的投影宽度在图上大于 0.5 mm 的用依比例尺长短线表示,小于 0.5 mm 的均用 0.5 mm的短线表示。当水域边的堤内侧斜坡边缘线与水涯线间距在图上小于0.2 mm 时,水涯线可不表示。但当堤顶内侧线与水涯线的距离在图上小于0.5 mm 时,堤可不表示内侧边沿线及斜坡,外侧边沿线及斜坡按实地位置表示。

(2)闸、坝的调绘。

闸、坝包括各种建筑形式和建筑材料的水闸和水坝,它是人们开发利用水利资源的重要水利工程建筑物,在河道上也有明显的方位目标作用。

①水闸。水闸是建在河流、水库和沟渠中,由闸门起闭,用以调节水位和控制流量的构筑物。根据建筑情况分别用能通车的和不能通车的符号表示,如图 5-41 表示,孔径大于 1 m 的分水设备也用此符号表示。图上长度大于 1.9 mm 的闸门,用闸门符号加依比例尺双线表示。

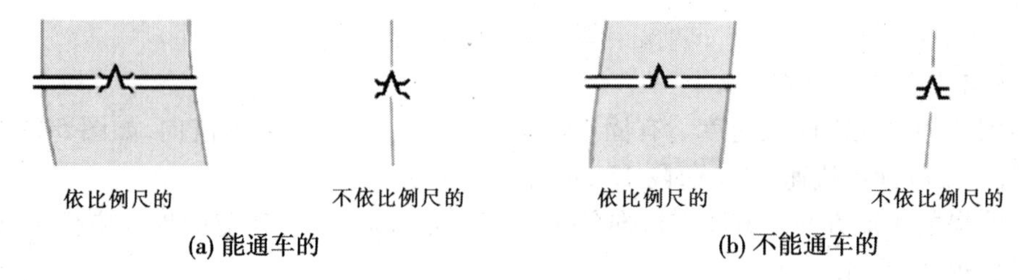

图 5-41　水闸的表示

②拦水坝。拦水坝是拦截山谷、横截河流以抬高水位的坝式建筑物。拦水坝不论建筑材料和建筑形式如何,只区分为能通车和不能通车两种类型表示,如图 5-42 所示。图上长度大于 2.0 mm 或宽度大于 0.8 mm 的依比例尺表示。坝长大于 50 m 或坝高大于 15 m 的应注坝顶高程、坝长及建筑材料。大于 0.5 mm 时,依比例尺表示坡长线;坝坡侧面的投影宽度在图上小于 0.5 mm 时,用 0.5 mm 的短线表示。

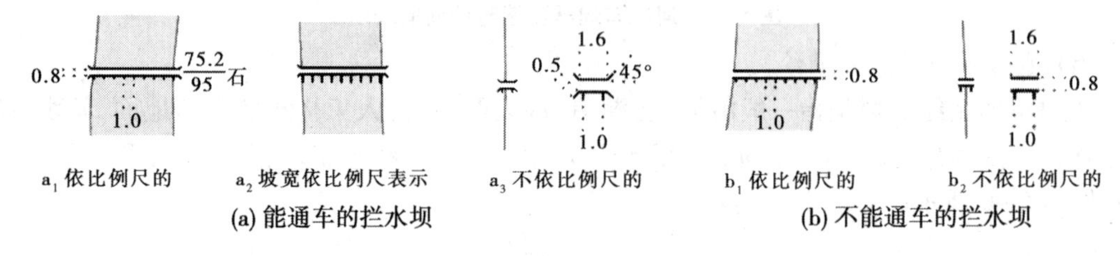

图 5-42　拦水坝的表示

(3)抽水站(水轮泵、扬水站)。抽水站是指独立安置在水源处,利用水的冲力自动扬水或利用水泵取水的电机设备或设施。不论大小,均用同一符号表示。设备安置在房屋内进行给水、排水管理的抽水站和扬水站以房屋符号表示,并分别加注"抽""扬"字。

6.境界的调绘

境界是表示区域范围的分界线,分为国界和国家内部境界两种。国界是关系到维护国家主权和领土完整以及影响国际关系的大事;国内各级境界也是国家实施行政管理,划定土地归属,影响当地人民生产、生活以及安定团结的重要界线。因此,调绘各级境界时必须慎重、仔细、准确,以防止发生错误,带来不良后果。

境界是一种在实地并不存在的线状地物,它是根据实际情况约定或规定的人为界线;这种界线有的以界桩、界碑、界牌标定,而大部分则是以地物、地貌的特殊部位为准划定,如山脊线、山谷线、河流的中心线、道路的边线等都可能作为分界的标志。因此,实地调绘境界主要是通过调查访问,并以有关资料为根据,把确认的境界位置准确地表示在调绘像片上。

1)国界

国界是本国和邻国领土之间的分界线。国界应根据国家正式签定的边界条约或边界议定书及附图,会同边防人员实地踏勘,在确认无疑的基础上按实地位置在图上精确表示。调绘国界应注意以下问题和有关规定:

(1)国界通常按边界走向从东向西、由北向南顺序编号。如果一个编号只有一个界桩,则称为某号单立界桩;一个编号如果有两个或者三个界桩,则分别称为某号双立界桩或某号三立界桩。

(2)国界符号应连续不间断,所有界桩、界碑、界堆及转折点均应按坐标值定位,注出其编号。如果这些分界点没有坐标,则应按国家系统以像片控制点的精度测定其坐标,并尽量测注出高程;同号双立或三立的界桩、界碑,图上不能同时按实地位置表示时,界桩符号可不要定位点,用空心小圆圈按界桩的实地位置关系表示,并注出各自序号;各种注记不要压盖国界符号,并应注在本国界内。

(3)国界经过地带的所有地物、地貌均应详细表示,对有特征意义的细貌部分更要详细表示。

(4)国界通过河流、湖泊、海域时,应明确表示出水域和岛屿、沙滩、礁石的归属。

(5)以山脊、山谷为界时,国界符号应不间断绘出;通过山顶、鞍部、山口等,符号的中心位置必须准确描绘。

(6)国界如果以河流及线状地物为界,根据国界的具体位置有以下几种表示方法:

①以河流中心线或主航道线为界时,河流符号内能绘出国界符号时,国界符号在河流中心线位置或主航道线上不间断绘出,并正确表示岛屿、沙洲的归属;河流符号内表示不下国界符号时,国界符号在河流两侧不间断交错表示(即跳绘的方法,每段 3~4 节),岛屿、沙洲用附注标明归属。

②以共有河流或线状地物为界时,国界符号在其两侧每隔 3~5 cm 交错表示 3~4 节符号,岛屿用附注标明归属。

如图 5-43 所示,大河流中的国界表示以河流主航道线为界;小河流为共有河流,图 5-43 中“7-1”“7-2”代表国界碑编号,图中的双立界桩,即编号为 7 的两个界桩。

③以河流或线状地物一侧为界时,国界符号在相应的一侧不间断地绘出。

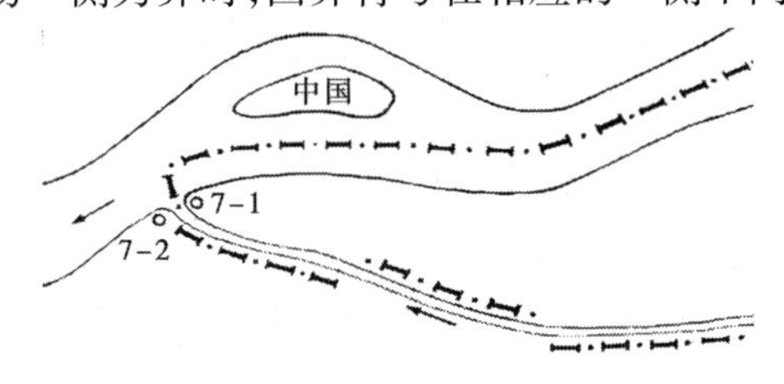

图 5-43 以河流为界的国界表示

2)国内各种境界

国内各种境界包括:省界、自治区界、直辖市界;自治州、地区、盟、地级市界;县、自治县、

旗、县级市界；乡、镇、国营农场、林场、牧场、盐场、养殖场界，特殊地区界和自然、文化保护区界。其界线的表示如图 5-44 所示。

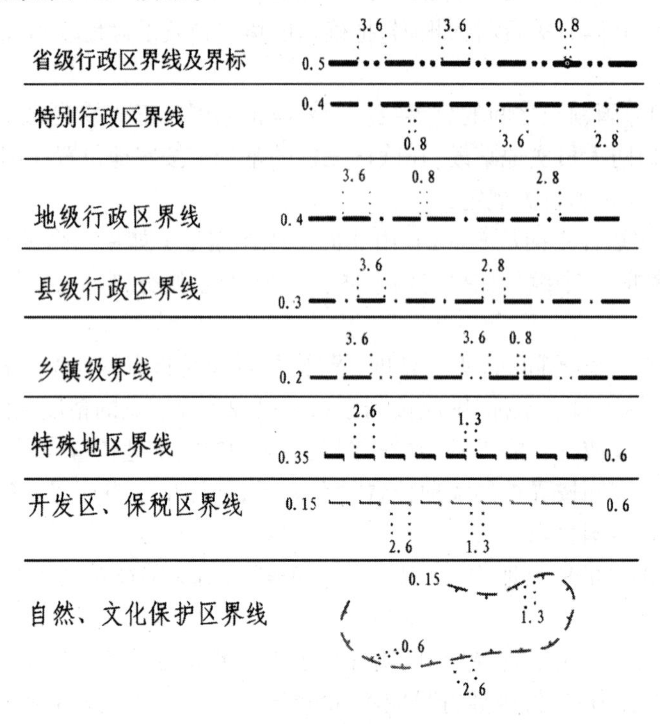

图 5-44 国内各级境界的表示

调绘国内各级境界的方法和要求与调绘国界基本一样，但国内境界层次多、情况更为复杂，还应注意以下问题：

（1）国内各级行政区划界应以相应的符号准确表示，各级界桩、界标要准确表示。界标若为石碑，又有方位意义，则以纪念碑符号表示。

（2）当两级以上境界重合时，按高一级境界表示。国家内部各种境界，遇有行政隶属不明确地段，在其相应的地方注“待定界”，或按政府部门公布的权宜划法表示。

（3）境界以线状地物为界，不能在线状符号中心表示时，可沿两边每隔 3 ~ 5 cm 交错表示 3~4 节符号，但在境界相交或明显拐弯点以及接近图廓或调绘面积边缘的地方，境界符号不应省略，且应实线通过，实线相交。在调绘面积线外，境界符号的两侧应分别注明不同行政区域的隶属关系。如同属××省则省名称可不注。

（4）境界通往湖泊、海峡时，应在岸边和水面部分绘出一段符号。如图 5-45 中 b 所示。湖泊、海峡为三个以上省、市、县所共有时，应在境界交会处各绘一段符号，且应以实线部分绘出交点，如图 5-45 中 a 所示。

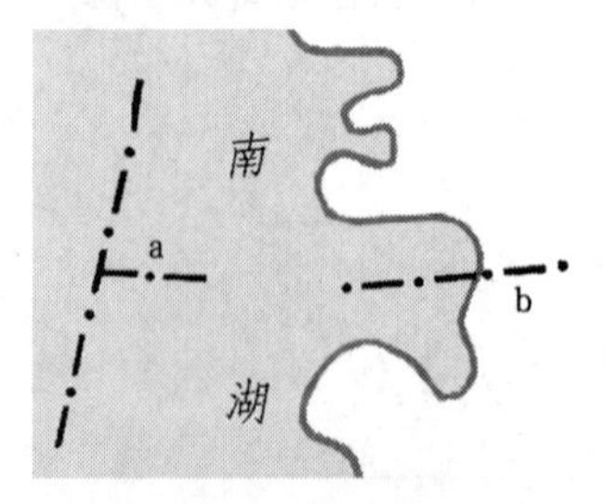

图 5-45 境界经过水面时的表示

（5）境界通过河流、湖泊、海域时，应清楚地标明岛屿、礁石、沙洲、沙滩等的隶属关系。

（6）地类界、通信线和电力线不能代替境界符号，如果两种符号不能同时准确绘出，地类界移位，电力线和通信线可部分中断而境界照绘。

(7)境界通过山顶或山脊时,应观察立体准确描绘于地性线上,防止表示不合理的种种现象。如图 5-46 中所示(a)表示合理,(b)表示不合理。

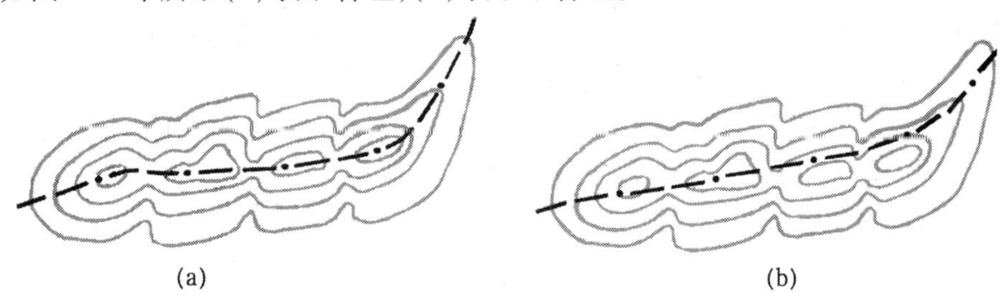

图 5-46　境界过山顶、山脊时的表示情况

(8)当一个辖区内有另一个管辖区的一部分地区时,则称此地为“飞地”。“飞地”的界线用其所辖属行政单位的境界符号表示,并在其范围内加注隶属关系。如湖南省湘潭县内的竹山镇属湘潭市管辖,河南荥阳市内的上街区属郑州市管辖。其境界则用湘潭市或郑州市同级境界符号表示,并在其范围内加注湘潭市或郑州市。

7.植被与土质的调绘

植被是覆盖在地面的各种植物的总称,包括天然生长和人工栽培的木本植物、草本植物、水生植物、藤类植物和竹类植物。表示意义:植被是给人类提供生活物资的主要来源;在军事上有隐蔽、障碍、取材、判定方向等作用;在经济建设中,对于发展生产、保持水土、防风固沙、调节气候、美化环境等方面都有特殊贡献。同时,陆地生长的植被情况和所在地的土质情况又有着直接的关系,所以土质的调绘常常和植被一起考虑。

1)地类界的表示

地类界是指各种地物分布的范围界线,必须封闭。植被地类界是指不同种类的植被分布范围和轮廓特征,以地类界符号及注记表示,但并不是所有的植被都要求调绘地类界。密集成林且具有明显轮廓线的植被才要求调绘,如树林、竹林、灌木林、幼林、经济林、稻田、旱地、采地、经济作物地等。分布轮廓线不明显或不能表示分布范围的植被不需要绘地类界,如疏林、稀疏灌木林、迹地、高草地、半荒草地、荒草地以及小面积树林、独立树丛、独立灌木丛、狭长灌木林、狭长竹林等。

地类界应着重表示植被分布的某些突出、明显的拐角,并按真实位置绘出。地类界零乱破碎,枝杈太多又影响图面清晰时,图上小于 2 mm 的弯曲部分进行综合取舍。地类界一般应与所表示的地物颜色一致。

地类界与道路、河流、沟渠、陡岸、陡坎、垣栅等地面有形(实物)的线状地物符号重合时,可省略不绘;但与境界、电力线、通信线等地面无形(实物)的地物符号重合时,地类界应移位绘出。与等高线重合时可压盖等高线。

2)常见植被的调绘及表示要求

(1)稻田。是指种植水稻的耕地。不分常年有水和季节性有水,均用此符号表示。水旱轮作地也按稻田符号表示。大面积的稻田应整列式配置符号,如图 5-47(a)所示;由道路、河流、沟渠等分割成的小片稻区,符号配置间隔可缩小为 3 mm 表示;沿沟谷分布的狭长稻田,图上宽度小于 3 mm 时,可不表示地类界。

(2)旱地。是指稻田以外的农作物耕种地,包括撂荒未满 3 年的轮歇地。符号按整列

式表示,如图 5-47(b)所示。大面积的旱地可不用符号表示,在其范围内加注“旱地”注记。

(3)菜地。是指以种植蔬菜为主的耕地(常年耕种)。符号按整列式配置,如图 5-47(c)所示,图上面积小于 25 mm^2 和居民地内的零星菜地均不表示。粮菜轮种的耕地按旱地表示。

(4)水生作物地。是指比较固定的以种植水生作物为主的用地,如菱角、莲藕、茭白地等。符号按整列式表示,非常年积水的水生作物地(如藕田),在图上用不固定水涯线加符号表示。如图 5-47(d)所示。大于 2 cm^2 的除表示符号外,应加注品种名称;图上面积小于 25 mm^2 的不表示。

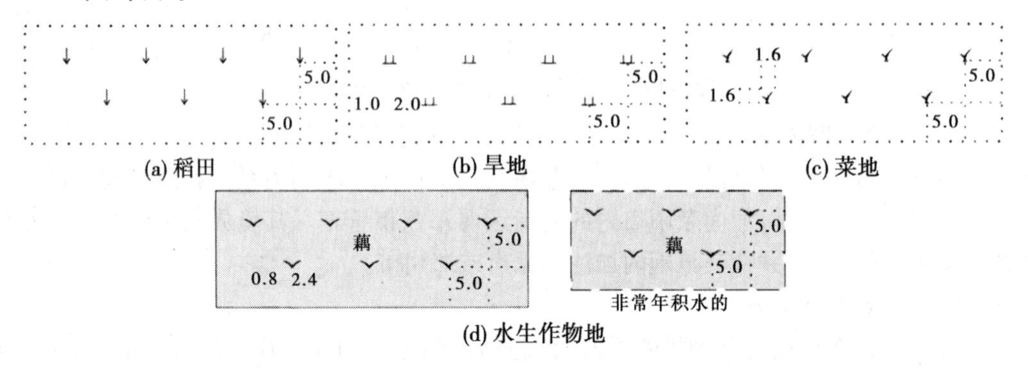

图 5-47 农作物的表示

(5)园地。是指以种植果树为主,集约经营的多年生木本和草本作物,覆盖率大于 50% 或每亩株数大于合理株数 70% 的土地。主要包括经济林和经济作物地。

①经济林指以生产果品、食用油料、药材为主要目的树木,如茶园、桑园、橡胶园等。图上面积大于 25 mm^2 的经济林,用大面积经济林符号按整列式绘出,图上面积大于 50 mm^2 时,要加注相应的林木名称,如图 5-48(a)中符号“a”所示。图上面积小于 25 mm^2 的经济林用如图 5-48(a)中符号“b”表示。成条状分布的经济林,用如图 5-48(a)中符号“c”表示。田间和居民地内、外的零星经济树一般不表示,在树木稀少地区选择表示。

②经济作物地指由人工栽培、种植比较固定的多年生长植物,如甘蔗、麻类、香蕉、药材、香茅草、啤酒花等。经济作物与其他作物轮种的,不按经济作物地表示。

图上面积大于 25 mm^2 的,符号按整列式配置,面积大于 50 mm^2 时应加注相应产品名称,如“橡胶”“苹”“桑”“茶”“油茶”“蔗”“麻”“药”等,如图 5-48(b)所示。图上面积小于 25 mm^2 的经济作物地一般不表示。

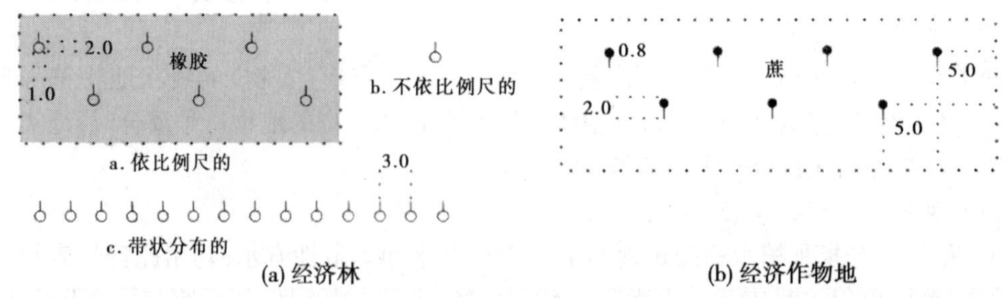

图 5-48 园地的表示

(6)成林。是指林木进入成熟期、郁闭度(树冠覆盖地面程度)在 0.3(不含 0.3)以上,林龄在 20 年以上的、已构成稳定的林分(树木的内部结构特征)能影响周围环境的生物群落。成林分针叶林、阔叶林和针阔混交林。图上面积大于25 mm^2的成林应表示,在其范围内每隔5~9 mm散列配置针叶、阔叶或针阔混交林符号,如图5-49中(a)~(c)所示。图上面积小于25 mm^2的成林用小面积树林符号,如图5-49(d)所示。符号的大圆表示在林地中心位置上,小圆配置在方便处。图上宽度小于2 mm、长度大于5 mm的成林用狭长林带符号表示,如图5-49(e)所示,其长度依比例尺表示,图上长度大于10 mm的田间密集整齐的单行树,也用狭长林带符号表示。沿双线路的狭长林带,也可用狭长林带表示。

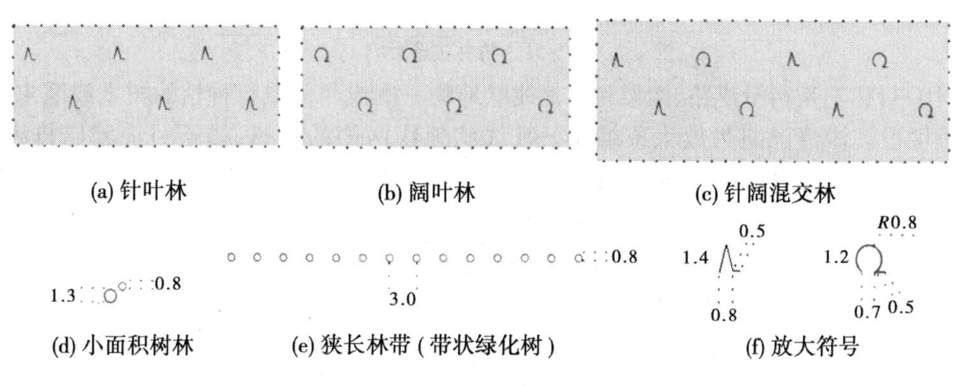

图5-49　成林的表示

(7)幼林、苗圃。幼林是指林木处于生长发育阶段,通常树龄在20年以下,尚未达到成熟的林分。苗圃指固定的林木育苗地。幼林、苗圃在图上面积大于25 mm^2时才表示,在其范围内整列式配置符号,大于50 mm^2时要加注"幼""苗"字。

(8)灌木林。是指成片生长、无明显主干、树杈丛生的木本植物地。攀缘涯边的藤类和矮小的竹类植物亦用灌木林符号表示。

覆盖度在40%以上的灌木林地,图上面积大于25 mm^2的用密集灌木林符号散列配置,如图5-50(a)所示。覆盖度在40%以下的灌木林地,面积大于图上25 mm^2的用稀疏灌木林符号按实地灌木分布情况散列配置,如图5-50(b)所示。图上面积小于25 mm^2的灌木林和有方位意义的灌木丛用灌木丛符号表示,如图5-50(c)所示。杂生在疏林、竹林、草地、盐碱地、沼泽地、沙地内的零星灌木,用灌木丛符号散列配置。图上宽度小于2 mm 、长度大于5 mm的狭长灌木林用如图5-50(d)表示,长度小于图上5 mm 的用灌木丛符号表示。

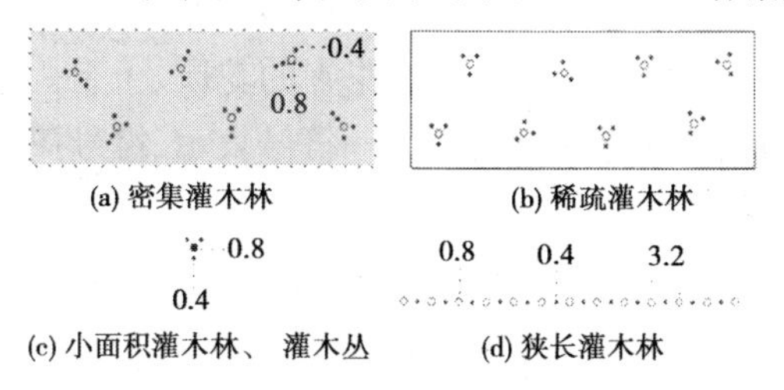

图5-50　灌木林的表示

(9)竹林。指以生长竹子为主的林地。图上面积大于25 mm^2 的竹地称为大面积竹林,在其范围内散列配置符号,如图5-51(a)所示。面积小于图上25 mm^2 的竹林或有方位意义的竹丛用如图5-51(b)所示符号表示。宽度小于图上2 mm的狭长竹丛用如图5-51(c)所示符号,长度依比例尺表示。天然丛生的矮小竹子,用灌木丛符号表示;成片的用灌木林符号表示。

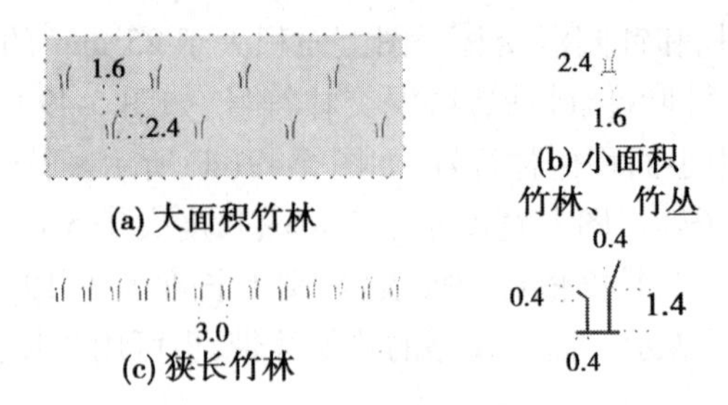

图 5-51　竹林的表示

(10)行树。是指沿道路、沟渠和其他线状地物一侧或两侧成行种植的树木或灌木。符号间距可视具体情况略为放大或缩小。凡线状地物两侧的行树,描绘时应鳞错排列,如图 5-52所示。双线表示的道路,其路边的狭长林带,也用行树符号表示。

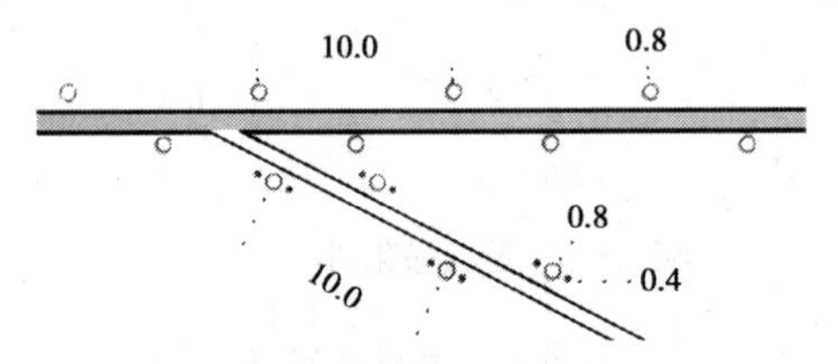

图 5-52　行树的表示

(11)草地。是指草木植物生长旺盛、覆盖率在 50%以上的地区,如干旱地区的草原等。草地符号按整列式绘出,如图 5-53(a)所示。草地有放牧价值,也在一定程度上反映了当地的气候和土质情况,因此调绘时应予以表示。人工种植的绿地也用草地符号表示,并加面色,如图 5-53(b)所示。

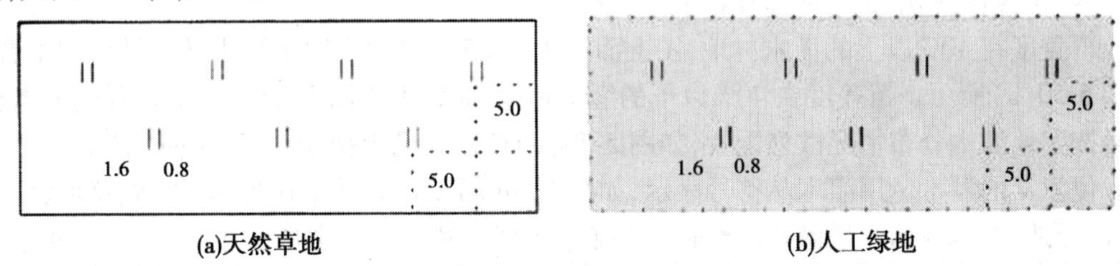

图 5-53　草地的表示

(12)花圃、花坛。是指用来美化庭院、种植花卉的花园、土台。街道、道路旁规划的绿化岛、花坛及工厂、机关、学校内的正规花坛均用同一符号表示,符号按整列式配置,如图 5-54 所示。图上面积小于 25 mm^{2}的不表示。

图 5-54　花圃、花坛的表示

3)土质的调绘

土质是指覆盖在地壳表层的土壤性质,如沙地、石块地、露岩地、盐碱地等。土壤性质与地面上物质分布状态、地理位置、气候条件、地下水的分布及其性质有关。土质与水利、水土保持等国民经济建设有着密切的关系,因此调绘土质时要能正确反映其性质、位置和分布范围等各种特征。

(1)盐碱地。是指地面盐碱聚集的地面。图上只表示不能种植作物的盐碱地,在其分布范围内散列配置符号,如图5-55(a)所示。盐碱地上长有其他植被时,用相应植被符号配合表示。

(2)小草丘地。是指在沼泽、草原和荒漠地区长有草类或灌木的小丘并成群分布的地面。在其范围内散列配置符号,如图5-55(b)所示。沼泽地上的草墩也用此符号表示。

(3)龟裂地。是指黏土地表水分被强烈蒸发后而形成坚硬网状裂隙的地面。多出现于荒漠地区的低洼地段。表面土质为黏土,在干燥季节龟裂成坚硬的块状,下雨后则成一片泥泞。在其范围内散列配置符号,如图5-55(c)所示。

(4)白板地。是指土质坚硬,地面平坦,无裂隙、无植被,表面呈白色的地面。图上面积9 mm^2以上的,其分布范围用地类界表示,加注“白板地”注记,如图5-55(d)中符号“a”所示。图上面积2~9 mm^2的用如图5-55(d)中符号“b”表示;图上面积小于2 mm^2的不表示。

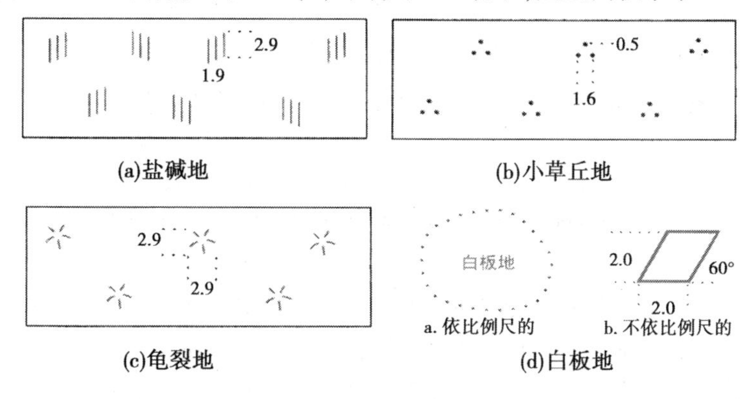

图5-55　盐碱地、小草丘地、龟裂地、白板地的表示

(5)砂砾地、戈壁滩。砂砾地是指基岩经长期风化和流水作用而形成的砂和砾石混合分布和地表几乎全为砾石覆盖的地段。主要分布在离石山较近的干河床、河漫滩、河流上游沿岸、海边干出滩等地段,在其范围内散列配置符号。戈壁滩是指地表几乎全为砾石覆盖,只生长少量的稀疏耐碱草类及灌木的地段。砂砾地和戈壁滩难以严格区分,因此均用同一符号表示,如图5-56(a)所示。

(6)沙泥地。是指沙和泥混合分布的地面。在其范围内整列配置符号,如图5-56(b)所示。

(7)石块地。是指岩石受风化作用破裂,经雨水搬移或在重力作用下自然散落而形成的碎石块堆积地段。在像片上可以见到像黑芝麻点似的细小点状影像。但调绘时要注意石块地与露岩地的区别:露岩地是地下的基岩露出地面,是有“根基”的岩石;而石块地的石块是“外来”的、无根基的岩石。描绘时用两个棕色三角块符号为一组按实地分布范围散列配置,如图5-56(c)所示。

(8)残丘地。是指由于风蚀或其他原因形成的成群石质(或土质)小丘。在其范围内按实地方向,用如图5-56(d)所示符号散列配置表示(符号的圆弧一端指向迎风面)。图上面积大于4 mm^2且平均比高大于2 m的,应适当测注平均比高。能依比例尺表示的残丘用等高线表示。

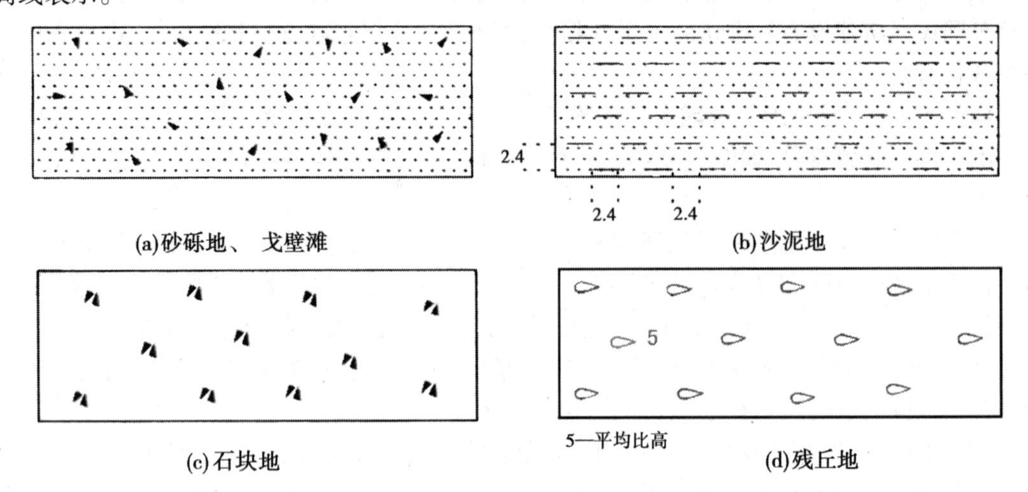

图 5-56　各类土质的表示

8.地貌的调绘

地貌是地球表面起伏变化的自然形态。其在地形图上用等高线配以特征地貌符号、高程注记、比高注记表示。等高线是地面上高程相等的各相邻点所连成的闭合曲线。等高线分为首曲线、计曲线、间曲线、助曲线。其高程注记应分布适当,便于用图时迅速判定等高线高程,字头朝向高处;一般还应在谷地、山头、鞍部、图廓边及斜坡方向不易判读的地方表示出示坡线,指向斜坡降落的方向,且与等高线垂直相交。常见特征地貌元素的表示如下。

1)冲沟

冲沟是地面上长期被雨水急流冲蚀而形成的大小沟壑,其两侧有明显的陡壁和坡折线,攀登困难。冲沟多分布在黄土高原地区,阻碍交通,影响工业建设、农业生产,因此在地形图上必须注意表示。调绘冲沟应注意以下几个问题:

(1)冲沟宽度在图上 0.5 mm 以内时,用单线表示;在图上 0.5～1.5 mm 时,用双线冲沟表示;在图上 1.5 mm 以上时,沟壁用陡崖符号表示;大于图上 3 mm 时,应加测沟底等高线。冲沟宽度大于 2 m 时需测注比高,如图 5-57 所示。

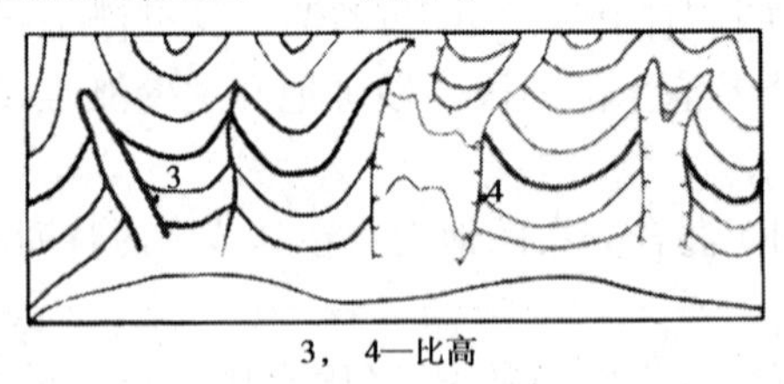

图 5-57　冲沟

(2)调绘冲沟时应在立体观察下描绘,以保证冲沟边缘线、沟头、沟口及拐弯处位置准确。

(3)冲沟密集时可适当取舍,舍去较短或坡度较缓的单线冲沟;但冲沟不能综合,取舍程度应以保持该地区的冲沟地貌特征为原则。

2)陡坎、陡崖

陡坎、陡崖是指形态壁立、难以攀登的陡峭崖壁或各种天然形成的坎(坡度在 70° 以上),分为土质和石质两种。

长度大于图上 5 mm、比高 1 m 以上的一般均应表示,凡比高大于 2 m 的应标注比高。陡崖符号的实线为崖壁上缘位置。小于 0.5 mm 时,以 0.5 mm 短线表示;土质陡崖图上水平投影宽度大于 0.5 mm 时,依比例尺用长线表示,如图 5-58(a)所示。小于 2 mm 时,以 2 mm 表示;石质陡崖图上水平投影宽度大于 2 mm 时,依比例尺表示, 如图 5-58(b)所示。

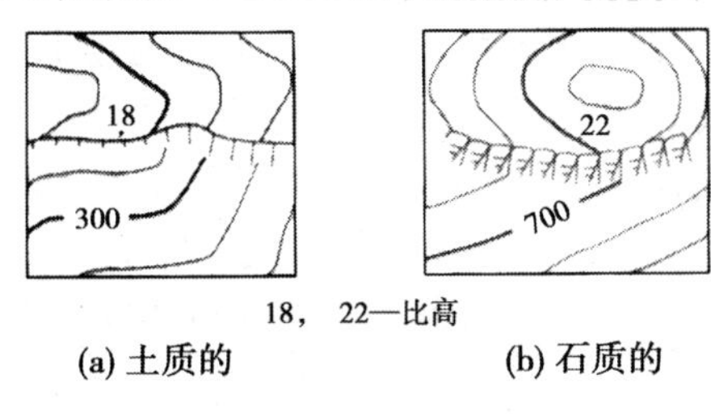

18, 22—比高

(a) 土质的　　(b) 石质的

图 5-58　陡崖

3) 滑坡

滑坡是指斜坡表层由于地下水和地表水的影响,在重力作用下滑动的地段。描绘滑坡符号时,符号上缘用陡崖符号表示,范围用地类界表示,其内部的等高线用长短不一的虚线表示。滑坡图上面积小于 25 mm^2时可不表示。

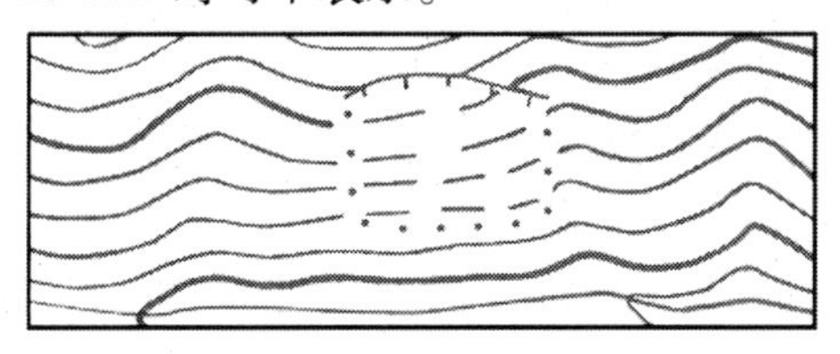

图 5-59　滑坡

4) 梯田坎(人工陡坎)

梯田坎是指依山坡或谷地由工人修成的坡度在 70°以上阶梯式农田的陡坎。它是山区农田的重要特征。坎高 1 m 以上的才表示,2 m 以上的应加注比高。梯田坎密集时,最高、最低一层陡坎按实地位置表示,中间各层可适当取舍。坎高不足 1 m 的大面积梯田坎为了显示其特征,可择要表示。图 5-60 为梯田坎的表示符号,人工陡坎也用同一符号表示。

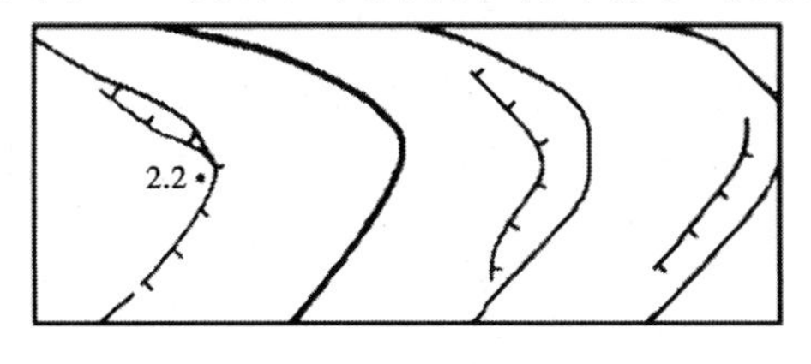

图 5-60　梯田

调绘梯田坎时应注意和陡崖相区分:梯田坎是人工地貌,有人工修建的痕迹,分布在耕地范围内。因此,如果陡坎上下都是耕地,一般应是梯田坎;陡崖是天然地貌,无人工修建的痕迹,沟池、山坡均有可能出现,但是当陡坎上下都不是耕地时,一般应是陡崖,用相应符号描绘。

9.地名调查与注记

地貌是地球表面起伏变化的自然形态。其在地形图上用等高线配以特征地貌符号、高程注记。

(三)调绘像片的整饰与接边

1.调绘像片的整饰

调绘像片的整饰是指调绘内容要及时清绘,清绘时各种地物的中心位置要准确,中心点、中心线应按图式规定绘出。地物符号之间的关系要合理反映地物之间的相互关系。清绘时要边清绘边检查,做到不遗漏、不移位变形,如有问题需记录,清绘后统一补调。

清绘是指在调绘像片上直接进行着墨整饰。资料清绘直接影响成图精度,因为其成果就是外业调绘提交给内业成图的唯一的来自于实地的图形资料,是内业成图的依据。无论在调绘过程中判读、量测、调查、综合取舍如何准确和正确,如果在转化为成果的清绘和编辑过程中产生了遗漏、移位、变形,或者图面表示不清楚,符号运用不正确,则全部调绘成果仍不符合要求。因此,必须掌握清绘技术和清绘方法,耐心细致、认真负责地做好清绘工作。

1)清绘的一般要求

(1)调绘的内容应及时清绘,当天调绘的内容最好当天清绘或第二天清绘,这样才能做到记得清、绘得快,清绘的内容更加可靠。如果有特殊困难,清绘时间距调绘时间最多不超过3天。

(2)正确运用图式符号,描绘时基本上按图式规定的尺寸大小描绘,但全部线画均应较图式规定略粗一些。由于蓝色在像片清绘时不易区分,因此图式上的蓝色符号和注记均改用绿色;但水涯线改用黑色,水域部分的染色仍用蓝色。

(3)各地物符号之间的关系要交待清楚;符号之间至少要有0.2 mm的间隔;各种说明注记必须清楚、明确;整个图面必须清晰易读。

(4)在清绘中要做到不遗漏、不移位、不变形,并随时进行自我检查。

2)手工清绘的方法

(1)按调绘路线清绘。即沿着调绘路线一块一块地清绘,一块的内容全部清绘完以后再清绘另外一块。在清绘中应参照像片上着铅的痕迹和透明纸上调绘的内容,边回忆、边着墨。清绘的顺序一般是:独立地物、居民地、水系、道路、地貌、地类界、名称注记、植被;最后,普染水域、高等级公路、植被。这种清绘方法的优点是便于回忆,避免地物遗漏,适用于地物比较复杂的地区;缺点是需较多的更换颜色。

(2)按地物分类清绘。即清绘时将某一类地物全部清绘完后再按顺序清绘另一类地物,直到全部内容清绘完为止。地物清绘的顺序仍然和第一种方法所列的顺序一样。

(3)按颜色分类清绘。清绘时顺次暗黑色、绿色、棕色、红色清绘各种符号和注记,最后用淡蓝色普染水域。

后两种清绘方法的优点是系统性强,连续清绘一种地物或一个颜色的地物,用色、用笔都比较方便,适用于地物分布较简单的地区;缺点是不便于回忆,不注意时容易遗漏地形元素。

3)检查

不论采用哪一种方法清绘,都应该做到边清绘边检查;绘完一块检查一块,绘完一片检查一片。检查的方法有:根据调绘路线回忆检查;利用透明纸记录的内容对照检查,根据调绘像片上着铅的痕迹反光查看;用立体镜观察立体模型配合检查等。检查中如果发现有遗漏或者有怀疑的地方,必须到实地核对,及时纠正差错;在此基础上还必须进行全面的自我复查,以确保质量。

2.调绘像片的接边

由于不同时间,不同作业员进行调绘,以及其他种种原因,调绘接边往往产生很多矛盾,如道路不接或者错位;一边有通信线,另一边无相应的通信线等。接边就是通过对照检查,核实修改,使调绘面积线两侧的调绘内容严密衔接,协调一致,与实际情况相吻合,在图面上也不产生任何矛盾。按作业范围调绘接边可分为小组内部接边和外部接边,图幅内部接边和外部接边。按作业时间调绘接边又可分为同期作业接边、与已成图幅接边和自由接边。

1)同期作业的调绘接边

同期作业的调绘片必须在实地处理好接边问题;发现矛盾,立即在野外实地检查,以避免将问题带到内业成图过程中去,造成更大损失。接边时应注意:

(1)相接于调绘面积线上的地物要做到位置、形状、宽度基本一致,完全衔接,不能互相错开,更不能你有我无。

(2)道路、境界的等级、位置、注记要一致。

(3)陡坎、冲沟、路堤、沟堑等要合理衔接,比高的注记应不产生矛盾。

(4)河流、沟渠水库、湖泊应衔接并一致。

(5)地类界和植被应衔接一致;相应的植被注记应不产生矛盾。

(6)电力线、通信线、管道在接边处不论有无转折点,均应在调绘面积线外判刺一个点位,以便于接边。接边时可从相邻像片上互相转绘接边点,各自连成直线;此时,对于山地、丘陵地,由于投影差的影响,共同接边的直线仍然不能吻合这一问题可由内业处理。经内业清除投影差后,接边的街接、吻合问题可以得到解决。

(7)图幅外部接边完成后应签注接边说明,如:“已与邻幅接边”。同时要签注接边者、检查者姓名,接边的日期,以示负责。

2)与已成图幅接边

与已成图幅接边可利用已成图幅在上交资料时保存的抄边片进行接边,接边方法与同期作业调绘接边一样,但应注意以下问题:

(1)接边说明中应写“与××年测图抄边片已接边。”

(2)接边时,当接合差不大于图上 1 mm,个别不大于 1.5 mm 时,仅在新测图幅的调绘片上进行改正。

(3)接边时如果发现原调绘片有较大的错误或遗漏,则应利用本幅像片补调或补测,把衔接关系交代清楚,注明改动和补测的情况,迅速向内业成图单位反映,以便及时改正。

3)自由图边

自由图边是指以前和现在都没有进行相同比例尺测绘的图边。调绘自由图边,除保证成图满幅外,还应调绘出图廓线 4 mm 以上,以保证与以后测图的图幅接边。自由图边需要进行抄边,并将抄边片作为成果资料随同图幅的其他资料一起上交。

所谓抄边,就是利用调绘余片,将调绘像片图边附近 10 mm 范围内的调绘内容按影像原样全部转绘到抄边片上。在抄边片上还应转刺并整饰图边附近的全部控制点,同时在像片背面准确地抄写控制点相应的坐标和高程数据,以便相邻图幅今后作业时应用。所有抄边内容都要严格检查,并签注抄边者、检查者姓名和抄边、检查的日期,以示负责。

四、技能训练

选择一幅学校周边地区包含 9 大要素的遥感影像,通过实地调绘的方式完成相应地区的像片调绘工作。

五、思考练习

(1)像片判读的 8 大特征是什么?
(2)像片调绘的 9 大要素是什么?
(3)按什么标准去调绘独立房屋?

任务二　地物补测

一、任务描述

地物补测是航测外业的主要工作之一,是解决新增地物以及遥感影像上有但无法准确定位的唯一方法。为了满足成图精度,补测结果是内业测图的补充资料和主要依据。

二、教学目标

掌握地物补测的基本概念与方法。

三、相关知识

(一)补测的概念

补测就是根据像片上明显地物的影像,采用判读、量测或交会的方法,确定需要补测的地物及地貌元素在像片上的位置。需要补测的地物及地貌元素主要是指像片上没有影像的新增地物,由于形状较小在像片上看不到实际影像的地物,以及被云影、阴影、雪影遮盖的地物等。如果云影、阴影、雪影或新增地物在像片上的面积大于 4 cm^2,或面积虽小于 4 cm^2,但涉及山头、鞍部、谷地等重要地貌,则应该按常规测图或单张像片测图的方法补测。《地形图航空摄影测量外业规范》规定,采用单张像片测图,或利用单张像片补测和补调像片上无影像的地物、地貌元素时,对四周明显地物相关位置的移位差不得超过图上 0.75 mm,困难地区也不能超过图上 1.0 mm。

新增地物以及其他需要补测的地物、地貌,因为像片上没有影像,补测时如果不注意就可能产生移动变形,不能满足成图精度的要求,因此补测中还要注意以下问题。

1.注意地物的中心位置

不依比例尺表示的独立地物都是以中心点为准,线状地物都是以中心线为准;补测时必须注意距离要量到中心点或中心线位置上。因为地物边缘到中心位置都有一定距离,例如公路、水渠的边线不是地物的中心线;水塔、烟囱外围边缘上的点到中心位置还有一段距离,如果把这些边线或边缘上的点当作中心线或中心点描绘,实际上已经产生了移位。

2.注意地物的方向

除垂直于南图廓线描绘的独立地物符号外,在外测其他地物时要特别注意地物的方向,因为描时方向不好控制,容易绘错,因此地物经过补测绘好以后,应对照周围地物,比较它们之间的方向是否与实地一致,进行检查。

3.注意地物的形状和大小

对于依比例尺表示的地物,补测时还要注意其形状和大小,否则会使地物变形失真。因此,补测地物时必须首先准确判定或测定地物外轮廓的转折点,然后补测其他地物点。例如补测一个新建的工厂,首先应准确判定或测定工厂的围墙铁丝网以及外围建筑物的主要转折点以控制其范围;内部的厂房、宿舍和其他建筑物就可根据其形状、大小以及相关位置进行插绘。

补测线状地物,应注意转折点的准确位置。补测盘山水渠,可首先补测水渠绕过山谷和山脊的准确位置,然后在立体模型上根据水渠走向进行描绘。如果不能准确判定渠道位置,应概略绘出水渠位置,然后在主要转弯点测注渠底高程,由内业在成图过程中修正。对新增水库水涯线位置的确定也可按上述方法处理。

4.注意表示补测地物的附属建筑物

在补测地物时,对有的地物如公路、水渠,不仅注意表示地物本身,而且要注意表示其附属建筑物和附属设施,否则不仅会造成地物遗漏,而且会产生与周围地物不协调甚至矛盾的问题。如水渠通过山脊而没有沟堑,公路跨过河流而没有桥梁,这些问题内业无法处理。因此,在补测这些地物时要注意表示桥梁、涵洞、路堑、路堤、沟堑、渡槽、倒虹吸管等附属建筑物和附属设施。

5.注意检查

无论用什么方法补测地物都必须尽可能利用附近影像清晰的其他地物进行检查,以防止可能发生的错误,并确保补测地物的精度。

(二)补测的方法

1.判读法

根据四周明显地物的影像直接判定所需补测地物在像片上的准确位置,如图 5-61 所示,根据河流、田埂直接可以判定通信线转折点的位置。其他地物的中心点、轮廓点都可以按照这种方法判定。

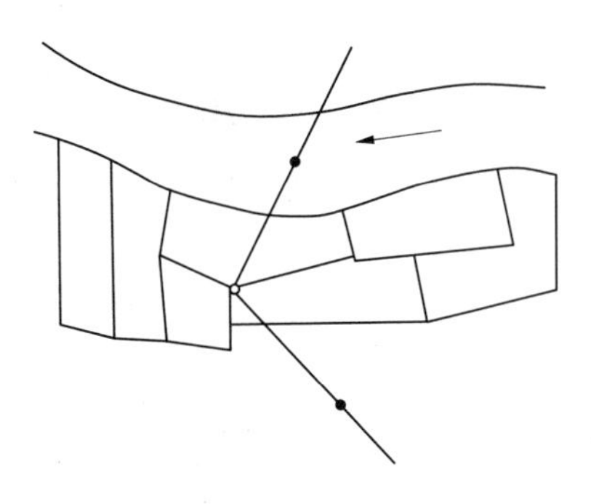

图 5-61　判读法补测

2.比较法

比较地物之间的相互关系,直接确定需补测地物在像片上的位置的方法。如图 5-62 所示,机耕路旁新建了一座独立房屋,这座独立房屋基本上是在左右两座独立房屋的中间,又处于左边居民地房屋轮廓线的延长线上,方向与机耕路方向一致。因此,根据上述关系,用目估的方法就可以直接在像片上确定新增独立房屋的位置和方向;然后根据独立房屋的大小,依像片比例尺缩小后补绘在像片上。

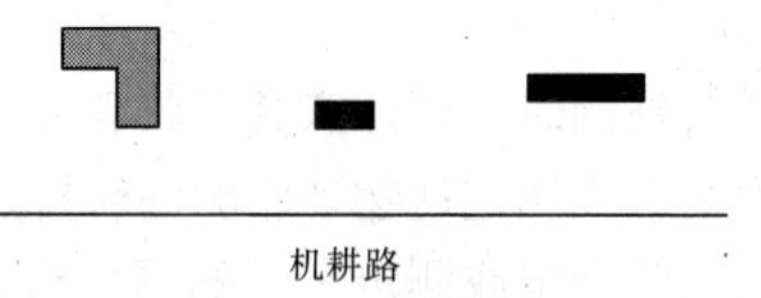

图 5-62 比较法补测

3.截距法

如图 5-63 所示,要补绘通信线转折点 P;此时先在旁边土堤上选取一点 A,使 A 点在独立树与 P 点连线的延长线上;量取 D_1,在像片上确定 A 点,再量取 D_1、D_3,根据像片比例尺则可确定 P 点在像片上的准确位置。

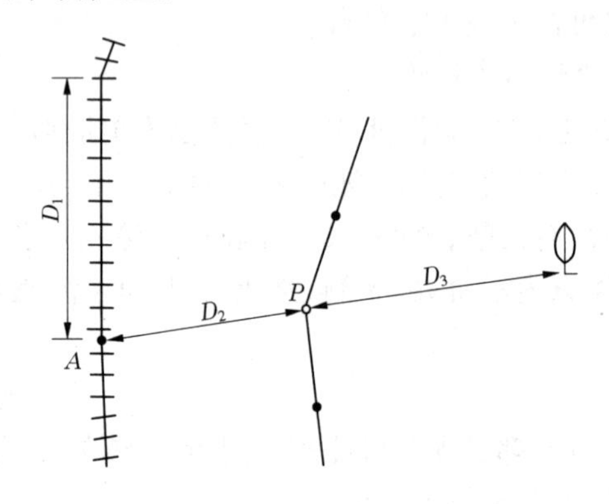

图 5-63 截距法补测

4.距离交会法

如图 5-64 所示,要补绘新增烟囱在像片上的位置,此时可分别量取道路交叉点、独立房屋至烟囱的距离 D_1、D_2,并将其化算为像片上的长度;然后以距离交会的方法即可确定烟囱在像片上的位置。

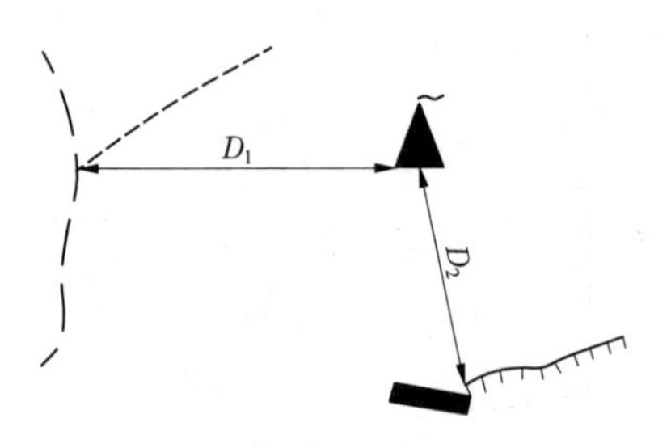

图 5-64 距离交会法补测

5.坐标法

如图 5-65 所示,要补绘新增房屋 A 的图形,此时可分别量取 D_1、D_2,再量取新增房屋的长度、宽度;然后将这些距离和长度依像片比例尺换算为像片上的长度,用坐标展点的方法在像片上展出新增房屋的轮廓图形。

为了检查展点是否正确,可再量取原有房屋 K 至新增房屋 A 某一个房角的距离,如 D_4、D_3 进行检查。

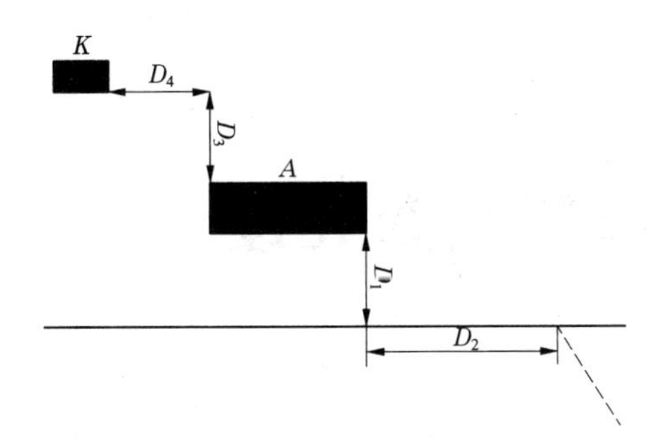

图 5-65　坐标法补测

四、技能训练

选择两三种补测方法,让学生针对遥感影像中不能直接准确定位的地物进行补测练习。

五、思考练习

(1)补测需要注意哪些问题?

(2)补测一般可采用哪些方法?

项目六　遥感图像处理

项目概述

遥感图像处理是对遥感图像进行辐射校正和几何纠正、图像整饰、投影变换、镶嵌、特征提取、分类,以及各种专题处理等一系列操作,以求达到预期目的的技术。

随着计算机技术的发展,计算机处理技术已经越来越多地应用于遥感图像处理之中。在光学图像转换为数字图像之后,或者通过遥感传感器直接获得数字遥感图像之后,就可以利用计算机对遥感图像数据进行处理,这种处理技术称为遥感图像数字处理方法。数字处理方法操作简单,能够很容易地构建满足特定处理任务的遥感图像处理系统,同时,随着计算机硬件和软件技术的发展,处理效率越来越高,可以准确地提取所需要的遥感信息,还可以和其他计算机系统(如地理信息系统和 GPS 系统)无缝集成,形成 3S 技术的综合应用。所以目前来说,遥感图像数字处理方法已经逐步取代光学方法,成为遥感图像处理的主流技术手段。

任务一　遥感图像预处理

一、任务描述

遥感图像处理的一般流程,主要分为数据源、图像预处理(几何校正、融合、镶嵌、裁剪、大气校正等)、图像信息提取(人工解译、自动分类、特征提取、动态检测、反演、高程提取)和应用等过程。

二、教学目标

(1)通过理论学习与实践操作,掌握遥感图像的基本处理流程。
(2)理解遥感数据获取的基本原理及图像拼接和裁剪的实现过程。

三、相关知识

(一)遥感基本知识

遥感是一种远离目标,通过非直接接触而判定、测量并分析目标性质的技术。对目标进行信息采集主要是利用了从目标反射或辐射的电磁波。此外,重力和磁也作为信息采集手段而加以利用,这些都包含在广义的遥感之中。

接收从目标中反射或辐射的电点波的装置叫遥感器(remote sensor),照相机及扫描仪等即属于此类。传感器是收集、量测和记录遥远目标的信息的仪器,是遥感技术系统的核心。遥感器一般由信息收集、探测系统、信息处理和信息输出4部分组成。此外,搭载此遥感器的移动体叫作遥感平台(platform),如现在使用的飞机及人造卫星等。遥感这一词汇是20世纪60年代在美国创造的技术用语,它是用来综合以前所使用的摄影测量、像片判读、地质摄影而提出的,特别是1972年,随着第一颗地球观测卫星Landsat的发射成功而迅速得到普及。

遥感器利用遥感技术通过观测电磁波,从而判读和分析地表的目标及现象。所以,遥感也可以说是利用物体反射或辐射电磁波的固有特性,通过观测电磁波达到识别物体及物体所在的环境条件的技术。

图6-1表示遥感数据采集的概念。图6-2表示不同目标所固有的电磁波特性受到太阳及大气等环境条件的影响后,通过遥感器观测并经过计算机数据处理或人工图像判读,最终应用于各种领域的数据流程。

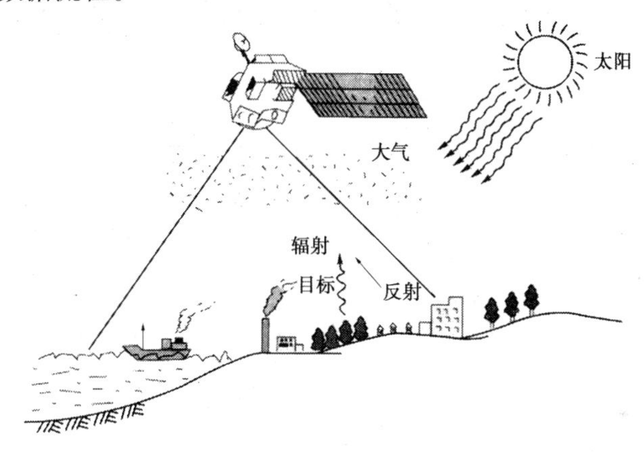

图6-1 遥感数据获取

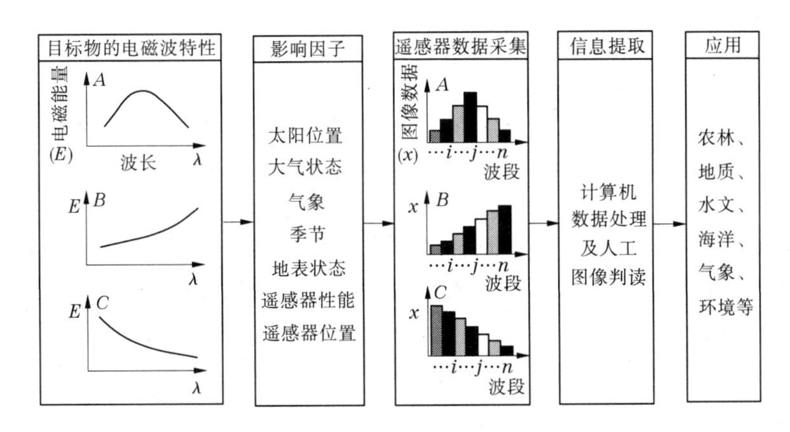

图6-2 遥感数据处理流程

遥感的应用领域是非常广泛的,从室内的工业测量到大范围的陆地、海洋信息的采集以及全球范围的环境变化监测。在城市和区域的尺度内,可应用于土地开发的进展及绿地植被的变化监测等,同时是掌握沙漠化等全球尺度的自然环境变化的不可缺少的手段。在海洋研究中,可以收集海面水位、混浊状况、植物性浮游生物的分布状况、海面温度等各种信

息，同时从遥感得到的波浪信息中还可以测定海面风的风向和风速。在大气研究中，可应用于调查二氧化碳及臭氧等微量成分的组成，以及从云图中分析气象现象等领域。太阳辐射经过大气层到达地面，一部分与地面发生作用后反射，再次经过大气层，到达传感器，传感器将这部分能量记录下来传回地面，即为遥感数据。

电磁波的波段从波长短的一侧开始，依次称为 γ 射线、X 射线、紫外线、可见光、红外线、无线电波。波长越短，电磁波的粒子性越强，直线性、指向性也越强。

图 6-3 表示电磁波的各个波段，其中红外线的各波段的名称及其波长范围，以及微波(microwave)的波长范围根据使用者的需要而有所不同，不是固定的。这里只是表示在遥感中一般所使用的名称和波长范围。

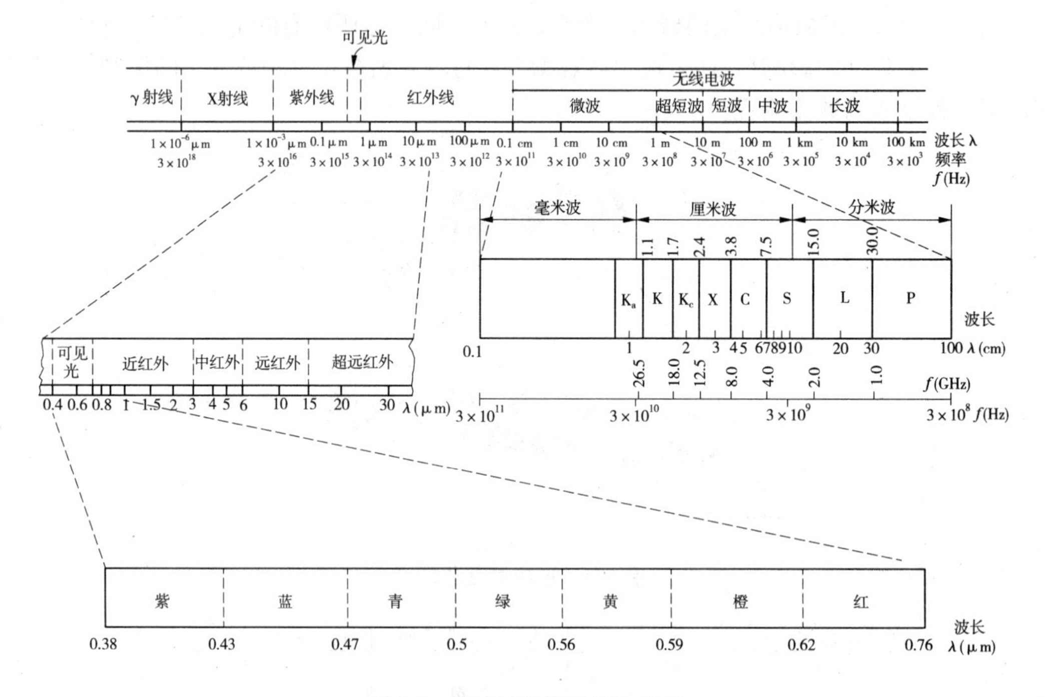

图 6-3　电磁波谱的范围和分类

根据所利用的电磁波的光谱段，遥感可以分为可见光，反射红外遥感、热红外遥感、微波遥感三种类型。

太阳光谱相当于 6 000 K 的黑体辐射，在可见光与近红外波段，地表物体自身的辐射几乎等于零。地物发出的波谱主要以反射太阳辐射为主。太阳辐射到达地面之后，物体除了反射作用，还有对电磁辐射的吸收作用。电磁辐射未被吸收和反射的其余部分则是透过的部分，即到达地面的太阳辐射能量=反射能量+吸收能量+透射能量。

一般而言，绝大多数物体对可见光都不具备透射能力，而有些物体如水，对一定波长的电磁波透射能力较强，特别是对 0.45~0.56 μm 的蓝绿光波段，一般水体的透射深度为 10~20 m，清澈水体可达 100 m。对于一般不能透过可见光的地面物体，波长 5 cm 的电磁波却有透射能力，如超长波的透射能力就很强，可以透过地面岩石和土壤。大气主要由气体分子、悬浮的微粒、水蒸气、水滴等组成。大气中的各种成分对太阳辐射选择性吸收，形成太阳辐射的大气吸收带，而大气的散射是太阳辐射衰减的主要原因，散射主要发生在可见光区，大气发生的散射主要有瑞利散射、米氏散射和非选择性散射。由于大气层的反射、散射和吸收作用,太阳辐射的各波段受到衰减的作用轻重不同,因而各波段的透射率也各不相同。我们把受到大气衰减作用较轻、透射率较高的波段称为大气窗口。

物体的光谱反射率根据物体的种类而变化。由于物体发出的光谱辐射亮度受光谱反射率的影响,所以通过观测光谱辐射亮度就可以识别远处的物体。

图 6-4 表示土地覆盖中具有代表性的植物、土壤、水的光谱反射率。如图 6-4 所示,植物在近红外区有很强的反射;土壤的特性与植物不同,它在可见光及短波红外区有强反射;而水在红外区几乎没有反射。

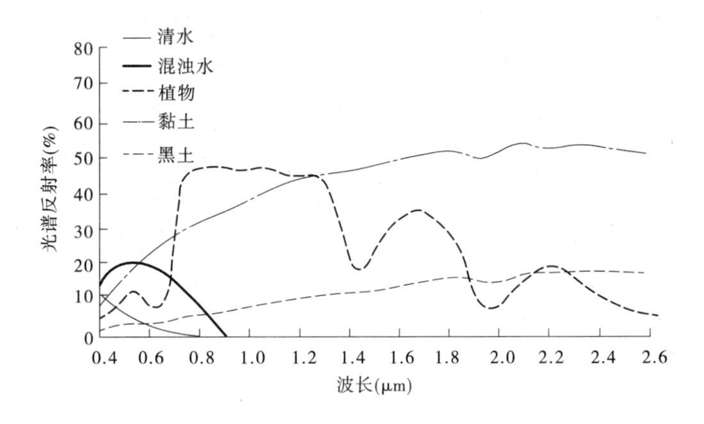

图 6-4　植物、土壤、水的光谱反射率

图 6-5 表示植物叶子更详细的光谱反射率曲线。叶子中包含的叶绿素在 0.45 μm 和 0. 67 μm 附近对电磁波有较强的吸收,所以在可见光区(0.5~0.6 μm(绿)范围内)呈现较高的反射率,因此植物的叶子看上去是绿色的。在 0.74~1.3 μm 的近红外区之所以也呈现出很高的反射率,是叶子的细胞构造所引起的体散射的缘故。可见光、近红外波段之所以被广泛应用于植被调查,就是利用了植物具有在红外波段的强烈吸收和在近红外波段的强烈反射这种特性。在约 1.5 μm 和 1.9 μm 附近即水的吸收波段中,可以明显看出反射率有个跌落,其跌落的程度取决于叶子中水分的含量。

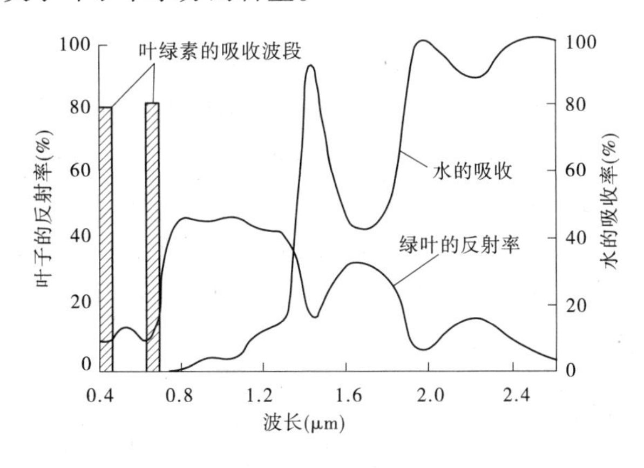

图 6-5　叶子的光谱反射率

如图 6-4 和图 6-5 所示,植物的光谱反射率在 0.68~0.75 μm 急剧变化,这部分光谱对植

物分析非常重要。对该光谱反射率进行一次微分后,将所求出的最大变化率的波长部分称为红边(red edge)。因为红边根据植物的种类、叶绿素的含量等而变化,因此成为植物分析中重要的参数之一。土壤的状况及水分不足等原因会影响植物中叶绿素的发育,造成红边会向短波长区移动,这种现象称为蓝移(blue shift)。

(二)图像校正

1.遥感图像的辐射误差

由于遥感图像成像过程复杂,传感器接收到的电磁波能量与目标本身辐射的能量是不一致的。传感器输出的能量包含了由于太阳位置和角度条件、大气条件、地形影响及传感器本身的性能等所引起的各种失真,这些失真不是地面目标本身的辐射,因此对图像的使用和理解造成影响,必须加以校正或消除。

辐射定标和辐射校正是遥感数据定量化的最基本环节。辐射定标是指传感器探测值标定的过程和方法,用以确定传感器入口处的准确辐射值。辐射校正是指消除或改正遥感图像成像过程中附加在传感器输出的辐射能量中的各种噪声的过程。但是一般情况下,用户得到的遥感图像在地面接收站处理中心已经做了辐射定标和辐射校正,这里仅做简要介绍。

遥感图像的辐射误差主要包括如下内容:

(1)传感器本身的性能所引起的辐射误差。

(2)光照条件的变化和地形影响所引起的辐射误差。

(3)大气的散射和吸收所引起的辐射误差。

2.遥感图像的辐射校正

辐射误差校正主要包括以下几个方面。

1)传感器本身的性能引起的辐射误差校正

传感器的性能对传感器的能量输出有直接影响,主要指传感器的光谱响应系数。在扫描类传感器中,电磁波能量在传感器系统能量转换过程中会产生辐射误差。由于能量转换系统时灵敏度特性有很好的重复性,根据测量值对其进行辐射误差校正。而在摄影类传感器中,由于光学镜头的非均匀性,成像时图像边缘会比中间暗,而这可以通过测定镜头边缘与中心的角度加以改正。

2)太阳高度角和地形影响引起的辐射误差校正

太阳高度角引起的辐射畸变校正是将太阳光线倾斜照射时获取的图像校正为太阳光直接照射时获取的图像,因此在做辐射校正时,需要知道成像时刻的太阳高度角。太阳高度角可以根据成像时刻的时间和地理位置确定。由于太阳高度角的影响,在图像上产生阴影现象,阴影遮挡阴坡地物,对图像的定量分析和自动识别产生影响。一般情况下阴影是难以消除的,但对多光谱图像可以用两个波段图像的比值产生一个新图像以消除地形的影响。在多光谱图像上,产生阴影区的图像亮度值是无阴影时的亮度和阴影亮度值之和,通过两个波段的比值可以基本消除。

3)大气校正

除考虑上述因素外,辐射校正必须考虑大气的影响,需要进行大气校正。大气的影响是指大气对阳光和来自目标的辐射产生吸收和散射。消除大气的影响是非常重要的,消除大气影响的校正过程就称为大气校正。可以通过基于地面训练场辅助数据进行辐射校正,然后利用波段的特性进行大气校正。

遥感图像的几何处理包括两个层次:一是遥感图像的粗加工处理,二是遥感图像的精纠正处理。

遥感图像的粗加工处理也称为粗纠正,它仅做系统误差改正。当已知图像的构像方程式时,就可以把与传感器有关的测定的校正数据,如传感器的外方位元素等代入构像方程式对原始图像进行几何校正。

遥感图像的精纠正处理是指消除图像中的几何变形,产生一幅符合某种地图投影或图形表达要求的新图像的过程。它包括两个环节:一是像素坐标的变换,即将图像坐标转变为地图或地面坐标;二是对坐标变换后的像素亮度值进行重采样。遥感图像纠正主要处理过程如下:

(1)根据图像的成像方式确定影像坐标和地面坐标之间的数学模型。

(2)根据所采用的数学模型确定纠正公式。

(3)根据地面控制点和对应像点坐标进行平差计算变换参数,评定精度。

(4)对原始影像进行几何变换计算,像素亮度值重采样。

目前,常用的纠正方法有多项式法、共线方程法和随机场内插值法等。常用重采样方法有最邻近像元采样法、双线性内插法和双三次卷积重采样法。

(三)图像拼接、分幅裁剪

图像拼接的原理是:如何将多幅图像从几何上拼接起来,这一步通常是先对每幅图像进行几何校正,将它们规划到统一的坐标系中,然后对它们进行裁剪,去掉重叠的部分,再将裁剪后的多幅图像装配起来形成一幅大幅面的图像。

(四)图形投影变换

地球可以表示为扁平的旋转椭球体,表示地球上位置的经度、纬度根据旋转椭球体确定。其中,根据精度要求,地球可以近似为球体。地图投影法是把旋转椭球体表面或球体表面的图形以某种方式映射到平面上的方法。由于不可能获得无畸变的地图投影,因此自古以来开发了具有不同特点的各种投影法。把拍摄的地球表面(一部分)的遥感图像用二维图像表示时,必须采用某种地图投影法进行处理。因此,选择与应用目的相适应的投影法是非常重要的。

根据投影时保存的图形性质,可以分为对面积正确投影的等积投影法和对地球表面任意点上两直线组成的角度正确投影的等角投影法(正形投影)。不过,上述方法以外的投影法也有很多。等角投影法也可以称为对地球上的微小图形以相似的形状投影到地图上的投影法。对于植被及土地覆盖那类以分布面积为主要问题的专题图,最好采用等积投影法。对于表示风向及潮流那种具有方向的量,最好采用等角投影法。当然,等积投影法和等角投影法不是对立的。

根据投影法的几何构成原理进行分类,有圆柱投影法、圆锥投影法和方位投影法。地轴与圆柱等旋转对称轴一致的投影法称为主轴法。仅就主轴法而言,通常目标区域在低纬度时适合采用圆柱投影法,在中纬度区适合采用圆锥投影法,在高纬度区适合采用方位投影法。以下就遥感图像投影中经常采用的投影法进行简要说明:

(1)墨卡托投影法:等角圆柱投影法,该投影法在赤道附近失真小,它是海图的标准投影法。

(2)横轴墨卡托投影法:墨卡托投影法的横轴法,相当于将圆柱的轴置于赤道面内,圆

柱与子午线相接进行投影。在旋转椭球体上,中央子午线为等距直线的等角投影法称为高斯-克吕格投影法,被广泛应用于通用横轴墨卡托投影法等。横轴墨卡托投影法在中央子午线附近区域失真小。因此,把全世界从西经 180°到东经 180°分割为 6°宽的经度带,从中央子午线到东西方向各 3°投影为一个坐标系,这就是通用横轴墨卡托投影法。

(3)兰勃特等角圆锥投影法:被广泛用于以天气图为首的多种地图中。

(4)等距圆柱投影法:沿子午线等距离划分的圆柱投影法。又称方格投影。是假想球面与圆筒相切于赤道,赤道为没有变形的线。经、纬线投影成两组相互垂直的平行直线。其特征是保持经距和纬距相等,经、纬线成正方形网格,但随着纬度升高,面积失真、角度失真也增大,但由于是便于与经度、纬度对应的最单纯的投影法,所以被广泛使用。

四、任务实施

(一)图像拼接

以 2 景 TM5 影像为例学习如何进行图像的拼接,本项目采用 ENVI5.0 及以上版本均可。实现拼接(镶嵌)的主要流程如下:数据加载→匀色处理→接边线与羽化→结果输出。

(1)打开 mosaic_1.img 和 mosaic_2.img。

(2)在 Toolbox 中打开 Mosaicking /Seamless Mosaic,启动图像无缝镶嵌工具 Seamless Mosaic,点击 Seamless Mosaic 面板左上方的 +,添加需要镶嵌的影像数据(见图 6-6)。

图 6-6 数据加载

在 Data Ignore Value 列表中,可设置透明值,当重叠区有背景值时,可设置这个值。

(3)勾选右上角的 Show Preview,可以预览镶嵌效果,如图 6-7 所示。

匀色处理在 Color Correction 选项中,勾选 Histogram Matching,这里使用 Overlap Area Only:重叠区直方图匹配选项,如图 6-8 所示。

在 Main 选项中(见图 6-9),在 Color Matching Action 上单击右键,设置参考(Reference)和校正(Adjust),根据预览效果确定参考图像。直方图匹配匀色效果如图 6-10 所示。

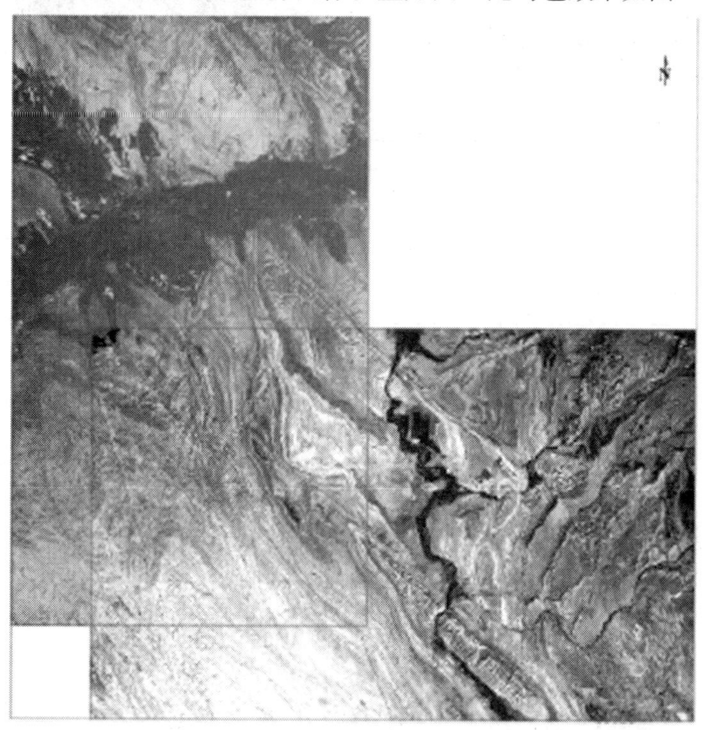

图 6-7 镶嵌效果预览

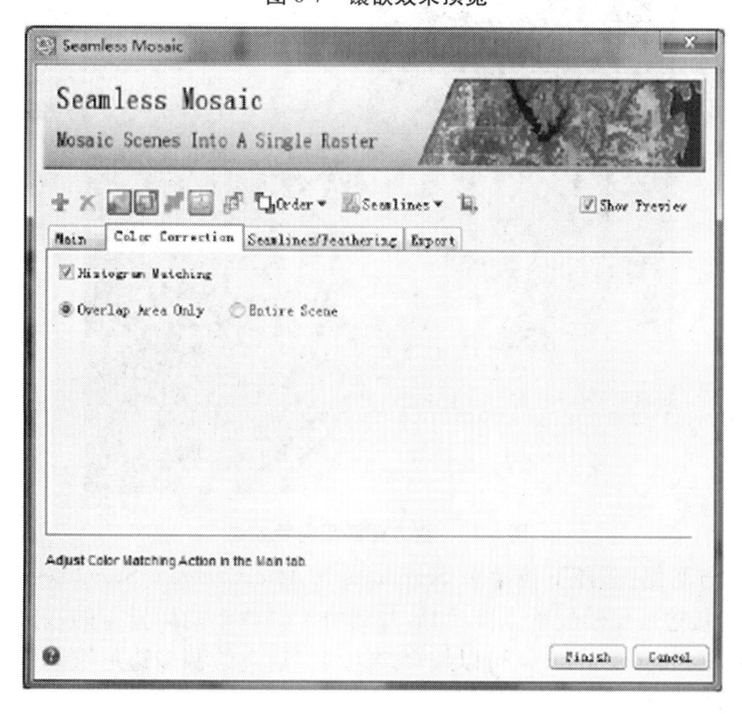

图 6-8 Color Matching Action 匀色选项面板

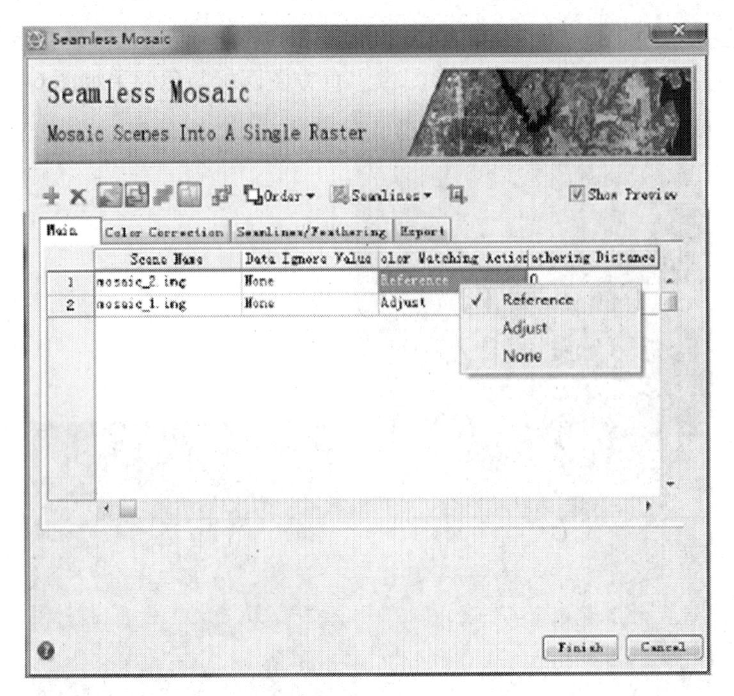

图 6-9　Main 选项面板

图 6-10　直方图匹配匀色效果

(4)接边线与羽化:选择下拉菜单 Seamlines > Auto Generate Seamlines,自动绘制接边线。自动生成的接边线比较规整,可以明显看到由于颜色不同而显露的接边线。下拉菜单 Seamlines> Start Editing Seamlines,可以编辑接边线。通过绘制多边形重新设置接边线。输出参数设置面板如图 6-11 所示。

单击"Finish"完成镶嵌,结果如图 6-12 所示。

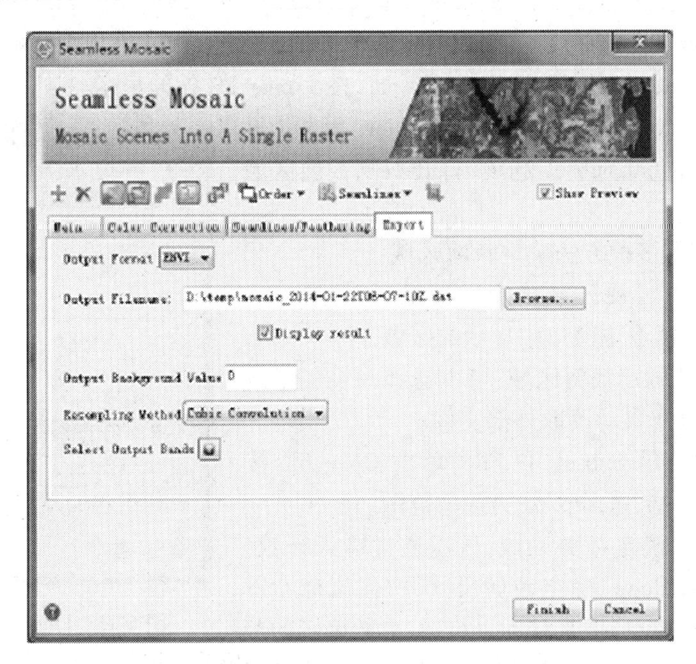

图 6-11　输出参数设置面板

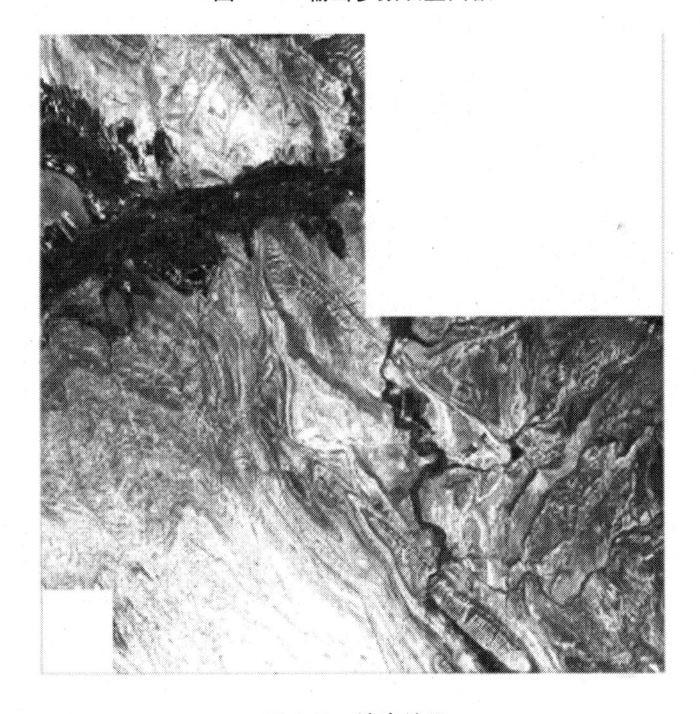

图 6-12　镶嵌结果

(二) 图像裁剪

图像裁剪的目的是将研究之外的区域去除。常用的方法是按照行政区划边界或者自然区划边界进行头像裁剪;在基础数据生产中,还经常要进行标准分幅裁剪。

规则裁剪是指裁剪图像的边界范围是一个矩形,这个矩形范围获取途径包括行列号、左上角和右下角两点坐标、图像文件、ROI/矢量文件。规则分幅裁剪功能在很多处理过程中

都可以启动(Spatial Subset)。下面以 TM 影像为例,介绍其中一种规则分幅裁剪过程。

(1)File>Open,打开图像 Beijing_TM.dat,按 Linear 2%拉伸显示。

(2)File > Save As,进入 File Selection 面板(见图 6-13),选择 Spatial Subset 选项,打开右侧裁剪区域图像裁剪。

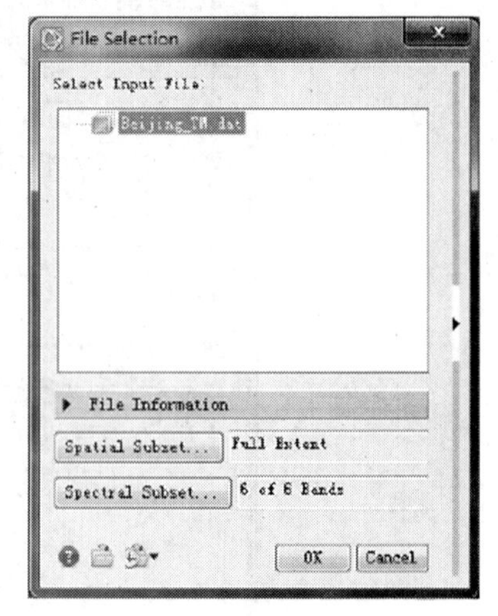

图 6-13　File Selection 面板

图像的裁剪有多种方法确定裁剪区域:

(1)使用当前可视区域确定裁剪区域:单击 Use View Extent,自动读取主窗口中显示的区域。

(2)通过文件确定裁剪区域:可以选择一个矢量或者栅格等外部文件,自动读取外部文件。

(3)点击右下角 Subset By File,单击 Open file 按钮,选择矢量数据“矢量.shp”作为裁剪范围。

(4)手动交互确定裁剪区域:可以通过输入行数、列数(Columns 和 Rows)确定裁剪尺寸,按住鼠标左键拖动图像中的红色矩形框来移动以行数、列数确定的裁剪区域,也可以直接用鼠标左键拖动红色边框来确定裁剪尺寸以及位置。

可以看到裁剪区域信息,左侧“Spectral Subset”按钮还可以选择输出波段子集,这里默认不修改,单击“OK”。裁剪参数设置面板如图 6-14 所示。

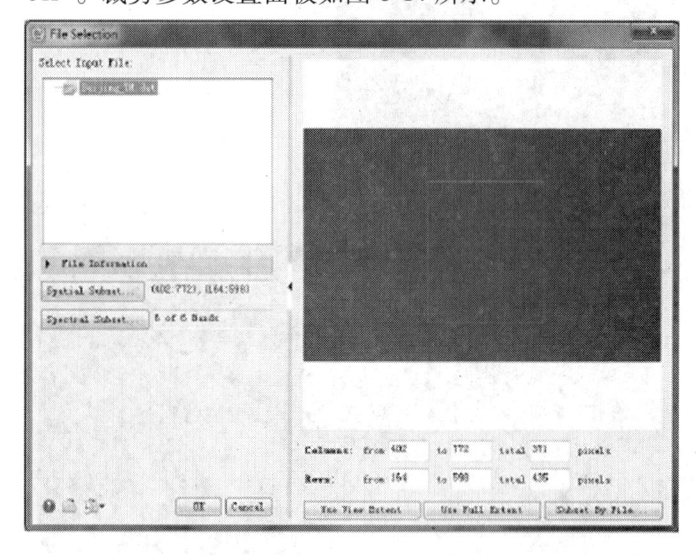

图 6-14　裁剪参数设置面板

选择输出路径及文件名,单击“OK”按钮,完成规则图像裁剪过程,结果输出如图 6-15 所示。

不规则图像裁剪是指裁剪图像的边界范围是一个任意多边形。任意多边形可以是事先生成的一个完整的闭合多边形区域,可以是一个手工绘制的多边形,也可以是 ENVI 支持的矢量文件。针对不同的情况采用不同的裁剪过程。

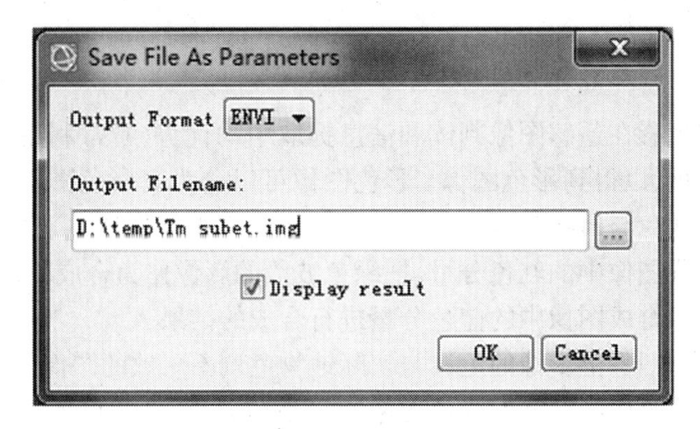

图 6-15　结果输出

五、技能训练

通过 ENVI 遥感图像处理软件实现图像的拼接和裁剪，能熟练应用多种方法实现图像的裁剪。

六、思考练习

如何使用矢量数据对图像进行裁剪？如何提高图像拼接或者镶嵌的精度？

任务二　遥感图像增强处理

一、任务描述

目前，常用的遥感图像增强处理方法主要有彩色合成、灰度变换、直方图变换、密度分割、灰度颠倒、图像间运算、邻域增强处理、主成分分析、K-T 变换、信息融合。

二、教学目标

为了从遥感图像中提取地物的属性信息，利用的是影像的灰度信息，然而，地物在成像过程中受到许多因素的干扰，如大气传输、传感器系统的传输变换等，致使所获得的图像在强度、频率及空间方面出现退化，呈现对比度（反差）下降、边缘模糊等现象。为了使影像清晰、醒目、目标物突出，提高目视解译和计算机自动识别与属性分类的效果，常常需要对影像灰度进行某些处理。

图像增强是数字图像处理的基本内容。遥感图像增强是为特定目的，突出遥感图像中的某些信息，削弱或除去某些不需要的信息，使图像更易判读。图像增强的实质是增强感兴趣目标和周围背景图像间的反差。它不能增加原始图像的信息，有时反而会损失一些信息。图像增强是计算机自动分类的一种预处理方法。

图像增强处理技术可以分为空间域和频率域两种处理方法。空间域处理是指直接对图像进行各种运算以得到需要的增强结果。频率域处理是指先将空间域图像变换成频率域图像，然后在频率域中对图像的频谱进行处理，以达到增强图像的目的。图像增强的方法有彩色增强、对比度增强、空间滤波、主成分变换、缨帽变换、遥感图像融合等。下面分别介绍这几种增强方法。

（一）彩色增强

为了充分利用色彩在遥感图像判读和信息提取中的优势，常常利用彩色合成的方法对多光谱图像进行处理，以得到彩色图像。彩色图像可以分为真彩色图像和假彩色图像。真彩色图像上影像的颜色与地物颜色基本一致。利用数字技术合成真彩色图像时，是把红色波段的影像作为合成图像中的红色分量、把绿色波段的影像作为合成图像中的绿色分量、把蓝色波段的影像作为合成图像中的蓝色分量进行合成的结果。

假彩色图像是指图像上影像的色调与实际地物色调不一致的图像。遥感中最常见的假彩色图像是彩色红外合成的标准假彩色图像。它是在彩色合成时，把近红外波段的影像作为合成图像中的红色分量、把红色波段的影像作为合成图像中的绿色分量、把绿色波段的影像作为合成图像中的蓝色分量进行合成的结果。

（二）对比度增强

对比度增强是将图像中的亮度值范围拉伸或压缩成显示系统指定的亮度显示范围，从而提高图像全部或局部的对比度。输入图像中的每个亮度值通过一定的转换函数，对应于输出图像的一个显示值。目前，多数显示系统利用 8 字节（即 0~255），然而多数单幅图像上的亮度范围通常都小于遥感器的整个记录范围。其有效亮度值区域未达到其全部亮度值范围，导致图像显示时的低对比度。另外，由于一些地物在可见光、近红外或中红外波段具有相似的辐射强度，当一幅图像中具有相似辐射强度的地物比较集中时，也会导致图像中的低对比度。

（三）空间滤波

空间滤波（spatial filtering）是指在图像空间(x,y)或者空间频率域(ζ,η)对输入图像应用若干滤波的数量而获得改进的输出图像的技术。其效果有噪声的消除、边缘及线的增强、图像的清晰化等。

1.图像空间域的滤波

对数字图像来说，空间域滤波是通过局部性的积和运算（也叫卷积）而进行的，通常采用 $n \times n$ 的矩阵算子（也叫算子）作为卷积函数。

$$g(i,j)=\sum_{k=i+w}^{i+w}\sum_{l=j-w}^{j+w}f(i,l)\times h(i-k,j-l) \tag{6-1}$$

式中 f——输入图像；

h——滤波函数；

g——滤波后的输出图像。

2.空间频率域的滤波

空间频率域的滤波用傅里叶变换之积的形式表示，即

$$G(\zeta,\eta)=F(\zeta,\eta)\times H(\zeta,\eta) \tag{6-2}$$

式中 F——原图像的傅里叶变换；

H——滤波函数；

G——输出图像的傅里叶变换，对 G 进行逆变换就可以得到滤波后的图像。

滤波函数有低通滤波、高通滤波、带通滤波等。低通滤波用于仅让低频的空间频率成分通过而消除高频成分的场合，由于图像的噪声成分多数包含在高频成分中，所以可用于噪声

的消除。高通滤波仅让高频成分通过,可应用于目标物轮廓等的增强。带通滤波由于仅保留一定的频率成分。所以,可用于提取、消除每隔一定间隔出现的干涉条纹的噪声。

(四)主成分变换

主成分分析是着眼于变量之间的相互关系,尽可能不丢失信息的用几个综合性指标汇集多个变量的测量值而进行描述的方法。从把 p 个变量(p 维)的测量值汇集于 m 个(m 维)主成分的意义上讲,也可以说是使维数减少的方法。在多光谱图像中,由于各波段的数据间存在相关的情况很多,通过采用主成分分析就可以把原图像中所含的大部分信息用假想的少数波段表示出来。这意味着信息几乎不丢失但数据量可以减少。

通过彩色合成,同时能够被视觉感知的仅限于 3 个波段(R,G,B),因此在多波段数据中,只有一部分信息能同时被视觉感知;利用主成分分析算法,把数据压缩到 3 个波段上,就可以用彩色显示出更多的信息。在 Landsat TM 图像的除热红外波段的 6 个波段上采用主成分分析,对获得的三个主成分赋于(R,G,B)后进行彩色合成的图像就是主成分分析的应用。主成分分析算法还可以用来进行高光谱图像(hyper-spectral images)数据的压缩和信息融合。

(五)缨帽变换

1976 年,Kauth 和 Thomas 发现了一种线性变换,它使坐标空间发生旋转,但旋转后的坐标轴不是指向主成分的方向,而是指向另外的方向,这些方向与地面景物有密切的关系,特别是与植物生长过程和土壤有关。这种变换既可以实现信息压缩,又可以帮助解译分析农业特征,因此有很大的实际应用意义。

Kauth-Thomas 变换简称 K-T 变换,又形象地称为"缨帽变换"。这种变换的着眼点在于农作物生长过程而区别于其他植被覆盖,力争抓住地面景物在多光谱空间中的特征。

目前,对这个变换的研究主要集中在 MSS 与 TM 两种遥感数据的应用分析方面。

(六)遥感图像信息融合

遥感图像信息融合(Fusion)是将多源遥感数据在统一的地理坐标系中,采用一定的算法生成一组新的信息或合成图像的过程。不同的遥感数据具有不同的空间分辨率、波谱分辨率和时相分辨率,如果能将它们各自的优势综合起来,可以弥补单一图像上信息的不足,这样不仅扩大了各自信息的应用范围,而且大大提高了遥感影像分析的精度。

低分辨率的多光谱影像与高分辨率的单波段影像重采样生成一副高分辨率多光谱影像遥感的图像处理技术,使得处理后的影像既有较高的空间分辨率,又具有多光谱特征。图像融合除了要求融合图像精确配准,融合方法的选择也非常重要,同样的融合方法用在不同影像中,得到的结果往往会不一样。

三、任务实施

(一)图像增强

打开 ENVI5.0 软件,实现彩色增加变换步骤如下:

(1)选择 File > Open,打开 Landsat TM 数据。

(2)在 Toolbox 中,打开 Transform/Color Transforms/HSV to RGB Color Transform(如图 6-16 所示)。

(3)选择 Band4、Band3 和 Band2 波段,点击"OK"按钮,得到变化结果。图 6-17 为变换前、后的图像对比。

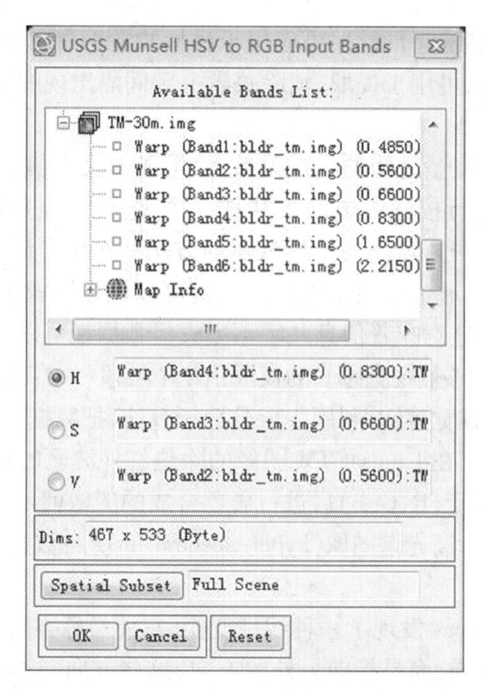

图 6-16　选择面板

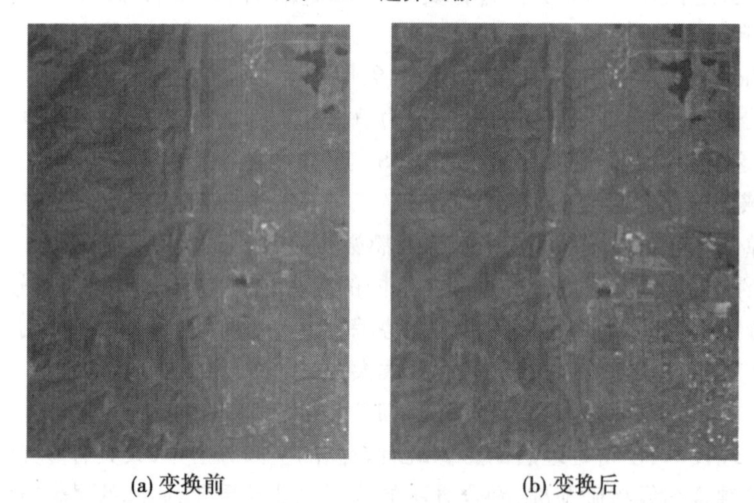

(a) 变换前　　(b) 变换后

图 6-17　变换前、后图像对比

同样对于“缨帽变换”，打开 Transform/Tasseled Cap，选择图像，进行变换，此处不再赘述。

（二）图像融合

下面以 SPOT4 的 10 m 全色波段和 Landsat5 TM 30 m 多光谱的融合操作为例，学习图像融合操作流程。

（1）选择 File>Open，将 SPOT4 数据 pan.img 和 Landsat TM 数据 TM-30m.img 分别打开。

（2）在 Toolbox 中打开 Image Sharpening /Gram-Schmidt Pan Sharpening，在文件选择框中分别选择 TM-30m.img 作为低分辨率影像和 pan.img 作为高分辨率影像（high spatial），单

击"OK"按钮,打开"Pan Sharpening Parameters"面板。

(3)在 Pan Sharpening Parameters 面板(见图 6-18)中,选择传感器类型(Sensor):Unknown,重采样方法(Resampling):Cubic Convolution,输出格式为:ENVI。

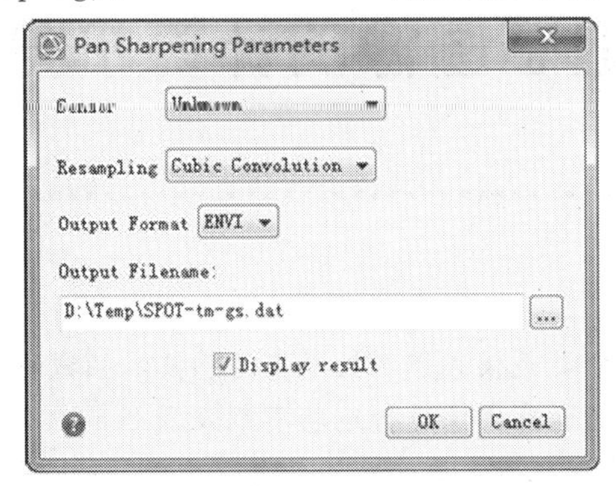

图 6-18 Pan Sharpening Parameters 面板

(4)选择输出路径及文件名,单击" OK" 执行融合处理。进度条显示在右下角。

(5)显示融合结果(见图 6-19),可以看到多光谱图像的分辨率提高到了 10 m。

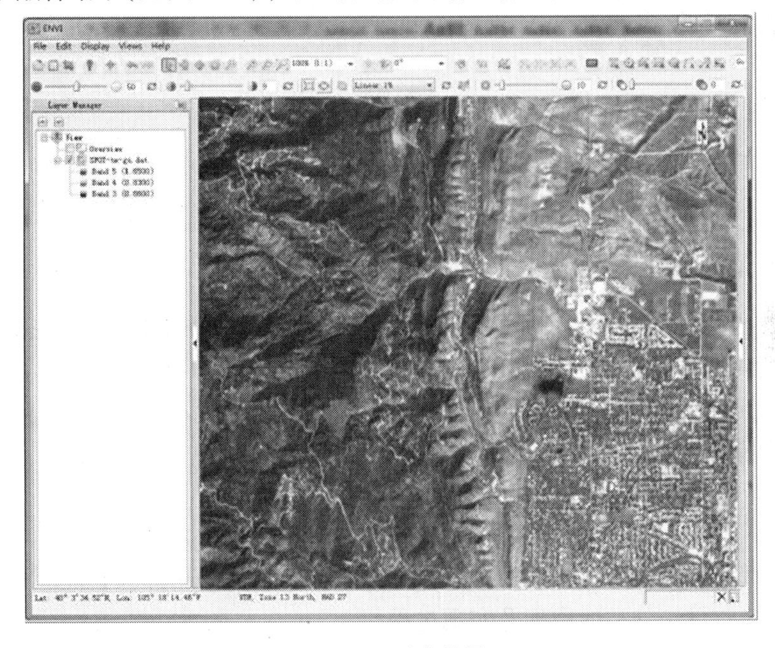

图 6-19 融合结果

四、技能训练

通过 ENVI 遥感图像处理软件的图像增强和图像融合的学习,能掌握其基本实现流程,能运用其他遥感图像处理软件进行不同算法图像增强的实施和训练。

五、思考练习

使用 ENVI 软件,练习不同算法的图像增强和不同传感器类别影像的融合。

项目七　遥感图像的计算机分类

项目概述

遥感图像的计算机分类是模式识别技术在遥感技术领域的具体应用。它是依靠计算机算法对从地表获取的遥感图像进行地物类别及属性的自动识别,从图像上形成对地物的认识和理解,最终提取所需要的地物信息。当前,遥感图像的自动识别与分类主要采用统计决策理论的方法,从地物中提取一组特征值,并在相应的特征空间进行定义,运用该理论进行特征空间的划分,结合地物光谱、纹理等特征将不同的类别划分到各个子空间中去,从而达到分类的目的。

任务一　遥感图像的非监督法分类

一、任务描述

遥感图像的非监督法分类是遥感图像处理非常重要的一项工作,它的主要目的是提供无监督学习的自主分类,仅依据地物的光谱信息就能实现完全自动化的分类处理,能在一定程度上代替人工进行分类,其效率非常高。它也为后续的监督法分类提供了精确训练样本,从而提高了遥感图像处理的整体效率。

二、教学目标

(1)通过理论学习与实践操作,掌握遥感图像的非监督法分类的内容。
(2)理解非监督法分类的原理及实现过程。

三、相关知识

(一)遥感图像分类概述

遥感图像分类就是将图像的所有像元按其性质分为若干个类别的技术过程。根据需要可以分为不同的类,每一个类都认为具有相同的光谱特征。单波段图像上就是以每个像元不同的亮度为基础进行的分类,而多光谱遥感图像的分类是以地物在多光谱图像上的不同亮度为基础进行的分类。不同的地物在同一波段上表现出的亮度一般是互不相同的,不同地物在不同波段图像上所呈现的亮度也不尽相同,这就是遥感图像上区分不同地物的依据。

以多光谱图像分类为例,如图 7-1 所示。

假设多光谱图像有 n 个波段,同一地面点在 n 个波段上有 n 个亮度值,这些观测值将构成一个多维的随机变量 X,称为光谱特征向量,可以记为

$$X = [x_1, x_2, \cdots, x_n]^T \tag{7-1}$$

在该向量中,n 为图像波段数量,x_i 为地物影像点在第 i 个波段图像上的亮度值。这样具有 n 个波段的多光谱图像便可以用一个 n 维的特征空间中的一系列点的集合来表示。在遥感图像分类中,常把某一类分类目标所形成的特征称为模式,而把属于该类的所有具有代表性的像元称为特征样本,多光谱矢量 X 称为样本的观测值,由多光谱矢量组成的空间称为特征空间。

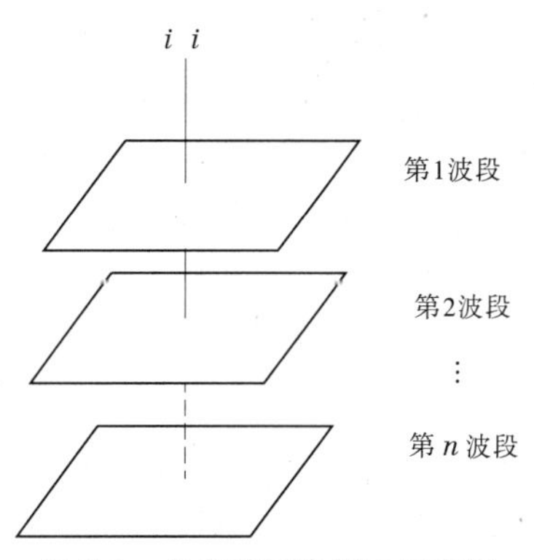

图 7-1　多光谱图像例子示意图

点的集群:每一个影像地物点依据其所在的各个波段的亮度观测值可以在该特征空间中找到一个对应的光谱特征点。通常情况下,同一类地物的光谱特性比较接近,因此在特征空间中的点聚集在该类的中心附近,但由于大多数光谱点都有随机误差存在,同类地物的各个取样点在特征空间中的特征点不可能只表现为同一光谱特征点,而是形成一个相对聚集的点集群,不同类的地物所形成的点集群间隔相对较远。

不同地物在特征空间中,可以包含若干特征子空间。特征点的集群在特征空间的分布大致有三种情况:

(1)理想情况:不同类别地物的集群至少在一个特征子空间中是完全可以相互区分开的,如图 7-2(a)所示。

(2)典型情况:不同地物类别的集群,在任何一个子特征空间中都有相互重叠现象存在,但是在总的特征空间中是可以完全分开的,如图 7-2(b)所示。

(3)一般情况:无论在总的特征空间,还是任意一个子空间中,不同类别的集群之间总是存在重叠的情况,如图 7-2(c)所示。

由此可见,对于遥感图像的分类,其核心问题就是确定不同特征点分布的集群之间的分界线。

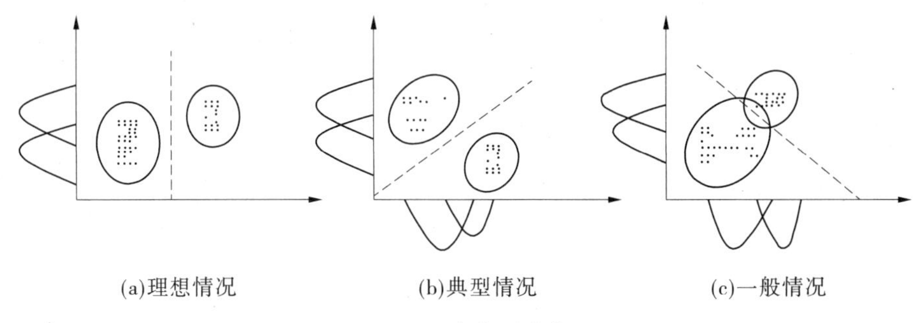

(a)理想情况　(b)典型情况　(c)一般情况

图 7-2　点集群分布

如何确定分界线呢? 假设一幅多光谱图像只包含三类目标 T_A、T_B、T_C,则在特征空间中将形成可以互相分开的点的集群 A、B、C,这样将三类目标加以区分开来等价于在特征空间找到了若干条曲线将 A、B、C 三个点集群分割开。这些曲线可以用方程表示,即

$$\varphi_{AB}(X) = 0 \tag{7-2}$$

该式称为 A、B 两类之间的判别边界。

在 $\varphi_{AB}(X)$ 确定之后，特征空间中任意一点是属于 A 类还是 B 类，我们可以根据分类需要确定一定阈值 T，根据几何学的知识有

$$\varphi_{AB}(X) > T \text{时}, X \in T_A; \varphi_{AB}(X) < T \text{时}, X \in T_B \tag{7-3}$$

式(7-3)称为确定未知样本属于某一类的判别准则，$\varphi_{AB}(X)$ 称为判别函数。根据上述原则，可以确定 T_C 所属类别。由此可知，遥感图像分类算法的核心是确定判别函数和建立相应的判别准则，其关键问题在于对各类点的集群的分布规律的统计描述。这个统计描述的方法主要有特征点概率密度统计和特征点的距离统计。以概率统计为例，一旦各类集群分布的概率密度函数确定，就可能计算任一随机变量属于某个类的集群的条件概率，进而依据某种概率比较而建立判别函数，即用于分类的判别函数，就可以对图像实施分类处理。

遥感图像的分类是对图像上每个像素按照亮度接近程度给出对应类别，从而达到区分遥感图像中多种地物的目的。在分类过程中常采用统计特征变量来对某些类别进行分类，在很多情况下，需要从遥感图像的 n 个特征中选取 k 个特征为分类依据，把从 n 个特征中选取有效的 k 个特征的过程称为特征提取。所要提取的特征有利于更有效地分类，使图像分类不必在高维特征空间中进行。

如果事先已经知道了待分类别的有关信息(类别的先验知识)，在这种情况下对未知类别的样本进行分类的方法称为监督法分类(supervised classification)。通过监督法分类，不仅可以知道样本的类别，甚至可以给出关于样本的一些描述。类别样本的先验知识可以通过若干已知类别的样本训练学习获取。假如我们事先没有类别的先验知识，也就是类别未知的情况下，对未知类别的样本进行分类的方法称为非监督法分类(unsupervised classification)。非监督法分类只能把样本区分为若干类别，而不能建立关于样本的属性描述。

(二)非监督法分类

非监督法分类是指人们事先对分类过程不施加任何的先验知识，而仅依靠遥感影像上地物光谱特征的分布规律进行分类。该分类结果只是对不同类别达到了区分，并不能确定类别的属性。对于所分类别，主要是通过分类结束后的目视判读或者实地调查核实而加以确定。所以，非监督法分类也称聚类分析，是按照像元之间的相似性进行归类的统计方法。

一般情况下，聚类算法是先确定若干聚类中心点，每一个中心点周围代表一个类别，按照某种相似性度量指标，例如距离最小，将各个类别归属于各聚类中心所代表的类别，形成初始分类。接着根据聚类的准则进一步判断初始分类是否合理，如果不合理则修改分类结果，重新聚类，如此反复迭代计算，直到所分类别合理。

聚类分析通常用迭代方法实现，首先给定某个初始分类，然后采用迭代算法找出使准则函数取得极值的聚类结果，因此聚类分析是一个动态的过程。在遥感图像分类中，动态聚类方法最为常用。非监督法分类的核心问题是如何确定合适的初始类别及迭代调整问题。主要的过程如下：

(1)确定初始类别参数，即确定最初的类别数和类别中心。

(2)计算每一个像元所对应的特征矢量与各个点集群中心的距离。

(3)在众多矢量中，选择与聚类中心距离最短的类作为这一矢量的所属类别。

(4)计算新的类别的均值向量。

(5)将新的类别的均值与原始聚类中心位置做比较。若位置变化，选取新类别的特征

点的均值作为新的聚类中心,回到第(2)步开始反复迭代操作。

(6)若聚类中心位置不发生变化,认为分类符合条件,计算终止。

1. 指标参数

度量空间中的距离常采用以下几种指标参数:

(1)绝对距离值

$$d_{ij} = \sum_{k=1}^{n} |x_{ik} - x_{jk}| \tag{7-4}$$

式中　i, j——特征空间中的两个点。

(2)欧氏距离

$$d_k^2 = (x - u_k)^t \cdot (x - u_k) \tag{7-5}$$

(3)马氏距离

$$d_{ij}^2 = (x_i - x_j)^{\mathrm{T}} \sum_{ij}^{-1} (x_i - x_j) \tag{7-6}$$

式中　$\sum_{ij}$—— 协方差阵,当$\sum_{ij} = I$时,马氏距离变为欧几里德距离。

在多光谱遥感图像分类中,最常用的是各种距离的相似性度量。在相似性度量选定之后,必须再定义评价聚类结果质量的准则函数。根据这个准则函数进行样本聚类时,必须保证在分类结果中,类别内部之间距离最小,不同类之间距离间隔最大。即在特征空间中,同类内部点之间聚集紧密,而不同类中的点在特征空间中相距较远。常用的聚类准则有类别误差平方和最小准则。

2. K－均值聚类方法

K－均值聚类方法的基本思想是首先预先确定分类的类别和初始中心的位置,通过反复迭代计算,逐步移动各类的中心,直到得到满意的聚类效果。该算法的聚类判别准则是使每一类聚类中各点集到该聚类中心的距离的平方和为最小,即距离误差最小准则。其算法框图如图 7-3 所示。

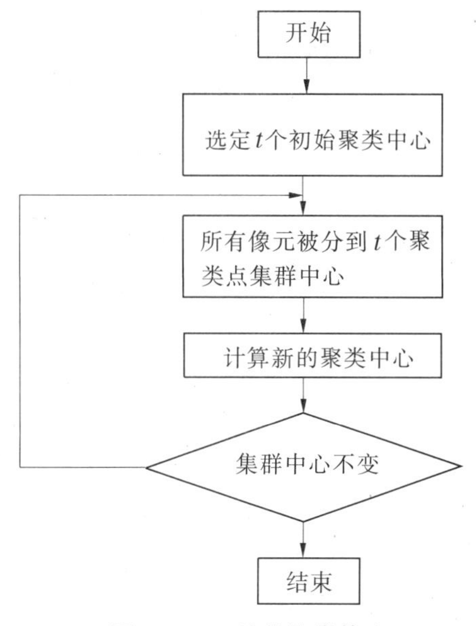

图 7-3　K－均值聚类算法

假设图像上的目标要分为 t 类，t 为已知类别的数量，则 K－均值聚类算法如下：

第一步：根据经验或者试验结果适当地选择 t 个类的初始中心为 $Z_1^{(1)}, Z_2^{(1)}, Z_3^{(1)}, \cdots, Z_t^{(1)}$。

第二步：在第 k 次迭代中，对任一样本 X 按如下的判别规则把它调整到所分 t 个类别中的某一类别中去。对于所有点 i,j，当 $i \neq j, i=1,2,3,\cdots,t$ 时，如果存在 $\| X - Z_j^{(k)} \| < \| X - Z_i^{(k)} \|$，则 $X \in s_j^{(k)}$，其中 $s_j^{(k)}$ 是 $Z_j^{(k)}$ 为中心的类。

第三步：由第二步得到 $s_j^{(k)}$ 类新的聚类中心

$$Z_j^{(k+1)}, Z_j^{(k+1)} = \frac{1}{N_j} \sum_{X \in S_j^{(k)}} X \tag{7-7}$$

式中　N_j 为 $s_j^{(k)}$ 类中的样本数。

$Z_j^{(k+1)}$ 是按照使得 j 最小的原则来确定的，j 的表达式为

$$j = \sum_{j=1}^{t} \sum_{X \in S_j^{(k)}}^{t} \| X - Z_j^{(k+1)} \|^2 \tag{7-8}$$

第四步：对于所有的 $i=1,2,3,\cdots,t$，如果 $Z_i^{(k+1)} = Z_i^{(k)}$，则迭代结束，否则转到第二步继续进行迭代计算。

该算法是一个迭代算法，迭代过程中类别中心按最小二乘误差原则进行移动，因此类别中心的移动是合理的。同时，这种算法的结果要受到一些因素的影响，例如初始类别中心的位置、聚类中心的数量、各种聚类的几何分布等。初始类别往往需要一定的经验确定，或者通过试验确定。另外，在分类的过程中，没有调整类别数量的措施，可能会造成不同的初始分类，得到不同的分类结果，这是该方法的缺点。改进措施是可以使用聚类中心试探方法，如最大最小距离定位法，寻找初始中心，提高分类的效果。

3. ISODATA 聚类分析算法

ISODATA（iterative self-organizing data analysis techniques algorithm）聚类分析算法也称迭代自组织分析算法，它与 K－均值聚类方法有两点不同：第一，它是每次把所有样本调整完毕之后，重新计算一次各类样本的均值，是一种批量修正法，而 K－均值聚类方法是每调整一个类别就重新计算一次样本的均值；第二，ISODATA 聚类分析算法可以通过调整样本所属的类别完成样本的聚类分析，同时可以自动地进行类别的合并处理和分裂处理，从而得到分类数量比较合理的聚类结果。ISODATA算法流程如图 7-4 所示。

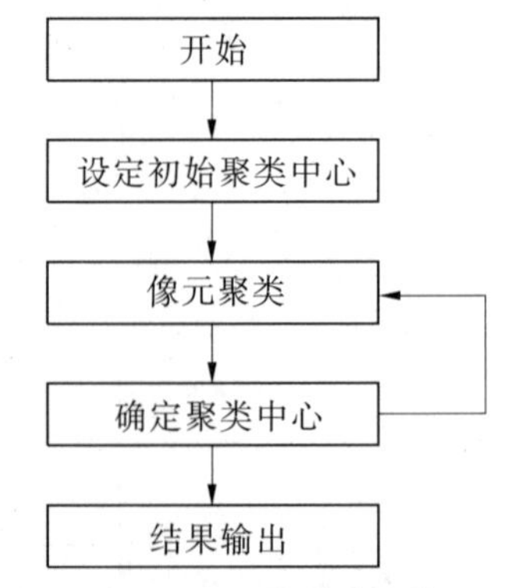

图 7-4　ISODATA 聚类分析算法流程

ISODATA 聚类分析算法的具体描述如下：

第一步：选定用于控制处理算法的参数。

K：希望得到的类别数（近似值）；

θ_N：所希望的一个类中样本的最小数目；

θ_S：关于类的分散程度的参数（如标准差）；

θ_C：关于类间距离的参数（如最小距离）；

L：每次允许合并的类的对数；

I:允许迭代的次数。

第二步:聚类处理。

适当地选取 N_c 个类的初始中心 Z_i,$\{Z_i, i=1,2,3,\cdots,N_c\}$。对任一样本 X 按如下方法把它分到 N_c 个类别中的某一类中去。对于所有点 i,j,当 $i \neq j(i=1,2,3,\cdots,N_c)$时,如果存在:

$$\| X - Z_j \| < \| X - Z_i \| \tag{7-9}$$

则 $X \in S_j^{(k)}$,其中 S_j 是以 Z_j 为中心的类。

第三步:类别的取消处理。

如果 S_j 类中的样本数 $N_j < \theta_N$,去掉类,$N_c = N_c - 1$,返回式(7-8)继续执行。

第四步:判断迭代是否结束。

按式(7-10)重新计算各类的中心,即修正聚类中心。

$$Z_i = \frac{1}{N} \sum_{X \in S_j} X \quad (j = 1,2,3,\cdots,N_c) \tag{7-10}$$

计算 S_j 类内的平均距离

$$\overline{D} = \frac{1}{N_j} \sum_{X \in S_j^k} (X - Z_j) \qquad (j = 1,2,3,\cdots,N_c) \tag{7-11}$$

计算所有样本离开其相应的聚类中心的平均距离

$$\overline{D} = \frac{1}{N} \sum_{j=1}^{N_c} N_j \cdot \overline{D_j} \tag{7-12}$$

如果迭代次数大于 I,则最后一次迭代,置 $\theta_c = 0$,跳转到检查类间的最小距离,判别是否进行合并处理。

第五步:类别的分裂处理。

对当前的每一类进行判断,判断其最大的标准差是否超限,如果某类超过限差,并且满足:

$$N_c \leqslant \frac{k}{2} \tag{7-13}$$

如果迭代次数为偶数,或者 $\geqslant 2k$,则跳转到检查类间的最小距离,判断是否需要进行合并处理;否则,转向检查各分量标准差,判断是否需要分裂。如果本步骤没有分裂处理,则进入下一步合并处理。

第六步:类别的合并处理。

首先对已经有的类别计算每两类中心间的距离 D_{ik},然后将所有计算的距离与距离限差进行比较,如果 $D_{ik} < T_k$,则将这个两类合并为一类。

值得注意的是,在迭代过程中,每次合并后类别的总数不应小于指定的类别 N_c 的一半,并且在同一迭代中已经参与过合并处理的类别,不再与其他类别合并。合并处理完成后返回下一步继续进行迭代运算。

ISODATA 聚类分析算法是以初始类别为基础进行自动迭代的过程,该方法自动地进行相同类别的合并和不同类别的分裂,在合并与分裂中聚类调整,形成稳定的类别,从而完成非监督法分类。

(三)非监督法分类后处理

遥感图像分类完成后,大多数类别已经被分离出来,形成较为稳定的类别,但是在图像上还存在一些问题,比如图像上存在与已分类别不相容的"噪声",它可能是原始图像自带的噪声,也可能是混合像元造成的类别错误。如果对分类后的遥感图像做进一步的处理,图像效果会更好。分类后处理的内容有以下几项。

1. 分类后专题图的处理

遥感图像经过辐射处理、几何处理和色彩增强处理后,根据应用需求进行专题图的制作,使得专题图可以用编号、字符、符号、图例及颜色表示各个具体的类别。这些类别仍然是以图像上的像元为基础的二维专题地图,但是像元上的数值、符号和色调已经不再用亮度表示,而是代表了地图上的地物类别。专题图可以用一定的比例尺、图名、类别符号来表示地面物体,输出地图时可以是黑白的,也可以是彩色专题图。

2. 遥感图像的分类后处理

用地物光谱特征的相似性进行聚类处理,在分类结果图上也会存在"噪声",产生"噪声"的原因大致有几种情况:一种情况是原始图像上本来就包含一些与所要的类别完全不一样的信息,这个就是"噪声";另一种情况是在地物交界处包含了多种地物类别,其混合的像元辐射亮度不同造成错误分类;还有一些情况是分类完全正确,只是有些零星地物类别分布于地面,占地面积很小,形成一些小斑块,这些图斑我们并不感兴趣,我们往往对大面积的地物类别感兴趣,因此希望用综合的方法使它们从图像上消失。

用分类平滑处理技术可以对这些问题做一般性处理。这种处理技术常用邻域平滑处理,取一个平滑的窗口,大小可以为 3×3 或者 5×5。它执行的是逻辑运算,而非代数运算。将这样一个模板往图像窗口上覆盖,如图 7-5 所示。从分类图上取出 9 个像元,其中 A 类地物 6 个,B 类地物 1 个,C 类地物 2 个。A 类占据绝对优势,中心像元 C 用 A 替代,这种平滑取值的方法就称为多数平滑。平滑时,中心像元值取周围占多数的类别。将窗口在分类结果图上逐行逐列地进行推动并运算,直到完成整个分类结果图的平滑处理。

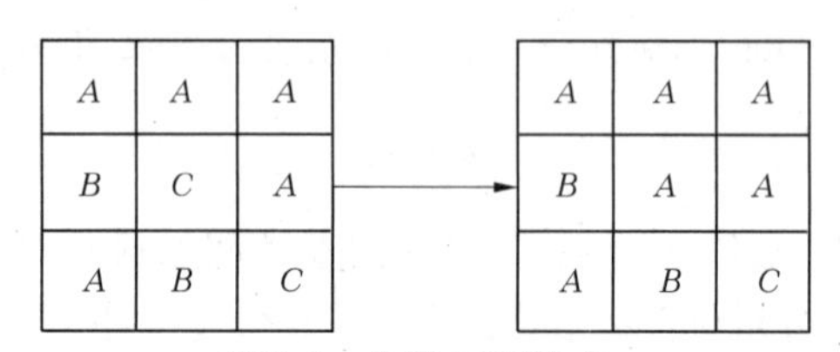

图 7-5　分类平滑技术

(四)遥感图像分类精度评定

分类的结果要进行精度评定,其正确程度是遥感图像定量分析的一部分。一般无法对整个分类图的每一个像元做检核,判断其分类是正确的还是错误的,是利用一些样本对分类误差进行估计。

采集分类样本大致有三种方式:①来自监督分类的训练样区;②专门选定的试验场;③随机取样。第一种方法是取样,当类别比较纯粹时,有一定作用,但是作为检核最后分类图的精度而言,不是最佳方法。用试验场的办法来验证分类精度,是一个比较好的方法,有目的、有计划地进行取样,样本较多,类别也很多,测定的数据及时传输、存储,但需要实时测定。随机取样一般是取一批像元群,这样容易在航片或者地图上定位区域,样区内容可以地面测量,也可以在航片上提取。

一般遥感图像分类精度评定常采用两种比较主流的方法:

(1)用混淆矩阵来描述。对检核分类精度的样区内的所有像元,统计其分类图中的类别与实际类别之间的混淆程度。比较之后的结果用表格来表示,这个表格就是混淆矩阵。混淆矩阵的行列数量与分类的类别数量基本一致。比如某图像要分为3类,那么混淆矩阵就是3行3列的表格;依次类推,如果要分为4类,那么混淆矩阵就是4行4列的。混淆矩阵第一列是待分类的类别数,第一行代表实际的类别数,混淆矩阵的主对角线上的元素代表被正确分类的像元数。根据混淆矩阵,可以计算分类的用户精度、制图精度和总体分类精度。

(2)计算Kappa系数。它是通过地表真实分类中的像元总数(N)乘以混淆矩阵对角线的和X_{KK},再减去一类地表真实像元的总和($X_{K\Sigma}$)与这一类中被分类的像元总数$X_{\Sigma K}$的积,再除以总的像元数的平方减去这一类中地表真实像元与这一类被分类的像元总和的积得到的。

$$k=\frac{N\sum_{K}X_{K}-\sum_{K}X_{K\Sigma}X_{\Sigma K}}{N^{2}-\sum_{K}X_{K\Sigma}X_{\Sigma K}} \tag{7-14}$$

四、任务实施

非监督法分类的流程如图7-6所示。

(一)初始类别获取

1. 启动非监督法分类

从ERDAS软件中调用非监督法分类主要有两种方法,这里只介绍一种。点击Main菜单,选择数据预处理(Data preparation),打开对话框"Data preparation",点击"Unsupervised Classification",如图7-7所示。

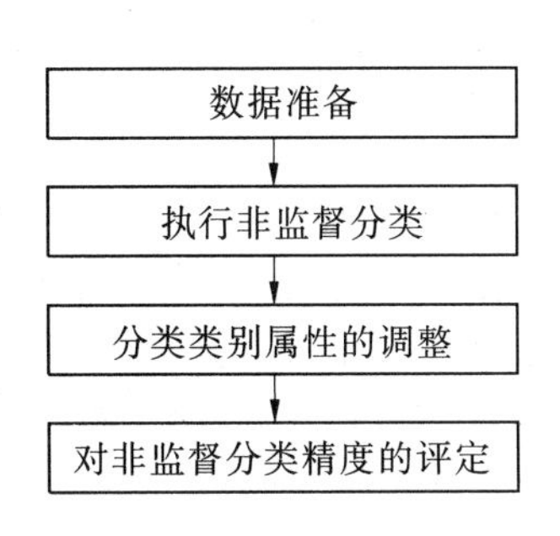

图7-6 非监督法分类的流程

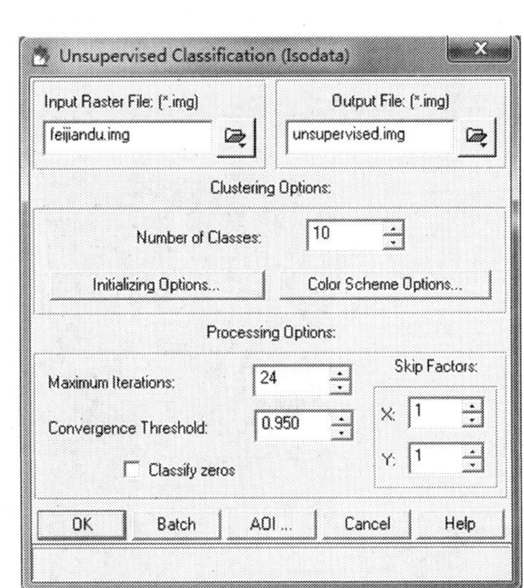

图7-7 非监督法分类对话框

2. 非监督法分类的参数设置

如图7-7所示,在"Input Raster File"框中输入待分类的遥感图像文件名,例如feijiandu.img,在Output Filen:(*.ing)中选择存储路径并给定输出文件名,例如unsupervised.img。

初始聚类的方法有两种：第一种是按图像像元的统计值进行自由分类，另一种是按选定的模板文件进行非监督法分类。Initializing from Statistics 为按像元光谱值聚类，Use Signature Means 为按模板文件聚类。Number of Classes 为非监督分类的类别数，这里选择"10"，一般计算时选择的类别数是实际最终分类类别数量的 2 倍以上，定义最大循环迭代次数（Maximun Iterations）选择"24"，一般情况下为了避免出现无限循环，迭代循环次数设置为 6 类以上，设置迭代循环的收敛阈值（Convergence Threshold）为 0.950。点击"OK"按钮，执行非监督法分类，同时关闭"Unsupervised Classification"（Isodata）对话框。

（二）分类调整

非监督法分类按一般的聚类统计方法对遥感图像进行了分类，仅仅只是达到了对不同类别的区分，但是每一个类别的属性还没有明确确定，分类后的类别色彩也没有做适当选择，因此在获得初始分类之后，还要进一步确定所分类别的属性和色彩，评定分类的实际精度，以求获得最佳的分类方案。具体步骤如下：

1. 新建窗口，加载数据

在 ERDAS 主界面，打开一个 Viewer 窗口，将原始图像和已经分类过的图像同时显示在一个窗口里，进行叠加显示。通过对原始影像的目视判读，以发现分类后的图像上的类别特征，帮助进一步判定对应的类别。

具体操作为打开 Viewer 窗口，点击 File 文件，选择"Open Raster Layer"，选择原始图像文件，例如 feijiandu. img，用同样的方法打开刚才分类过的图像文件，例如 unsupervised. img，同时将 Raster Options 标签下的 Clear Display 选项前的勾去掉，以保证两幅影像能在同一个窗口不同的层显示出来。执行 Viewer 窗口中的卷帘显示，点击"Utility"菜单，在下拉菜单中选中"Swipe"，弹出 Viewer Swipe 窗口，通过拖动窗口中的滑块来观察两幅影像对应的地方，从而为判别不同地类提供了一个对比。如图 7-8 ~ 图 7-10 所示。

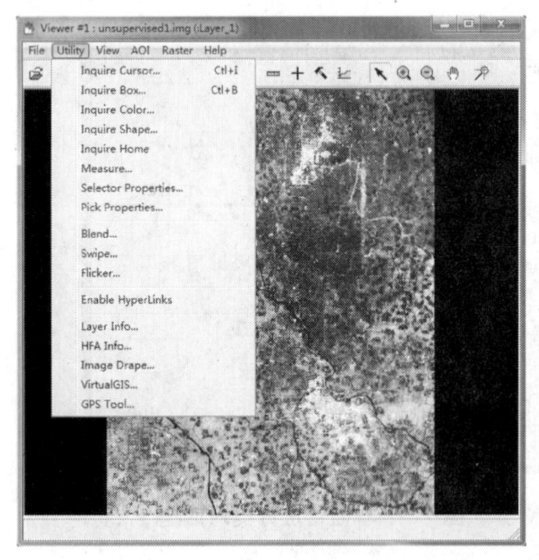

图 7-8　执行卷帘 Swipe 显示

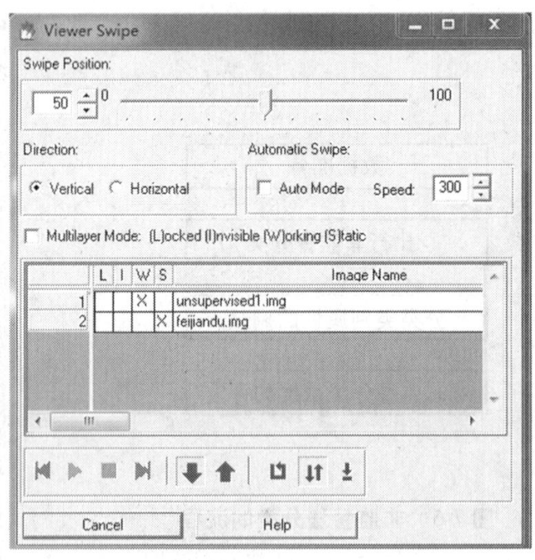

图 7-9　"Viewer Swipe"窗口

2. 打开分类图像的数据记录表，对属性字段进行调整

分类后的遥感图像，图像上的每一类别在数据记录表里都有其对应的类别名称、字段、透明度、直方图、颜色等基本信息，人们往往希望按照分类目的进行调整，例如把名称变成人

图 7-10　两幅影像卷帘显示的效果

们所熟悉的名称，例如居民地、植被、水系，用这些专业词汇，表达既准确又方便，颜色上跟人们平时的认知尽可能一致，例如绿色代表植被，蓝色代表水域，黑色或者灰色代表居民地。

具体操作为在 Viewer 窗口，打开非监督分类的图像，点击“Raster”菜单，选择“Tools”，打开工具面板，选择▦图标，打开属性表(Raster Attribute Editor)窗口，如图 7-11、图 7-12 所示。在该属性表窗口中，点击“Edit”菜单，选择“Column Properties”子菜单，弹出“Column Properties”对话框，如图 7-12 所示。

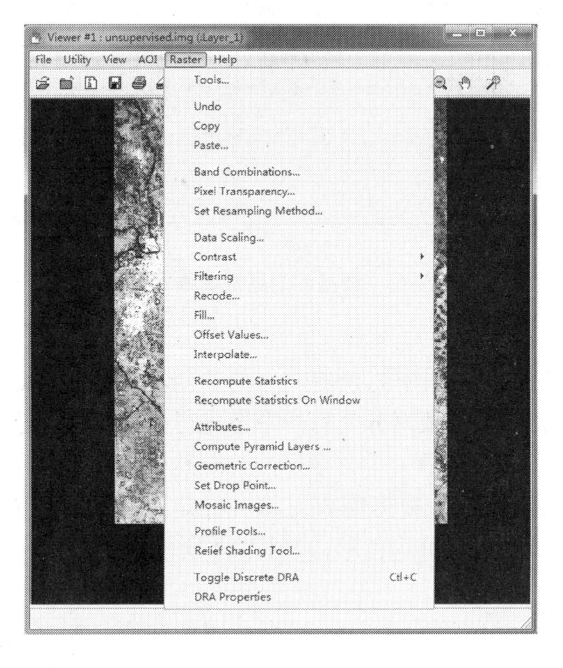

图 7-11　Raster 的 Tools 子菜单

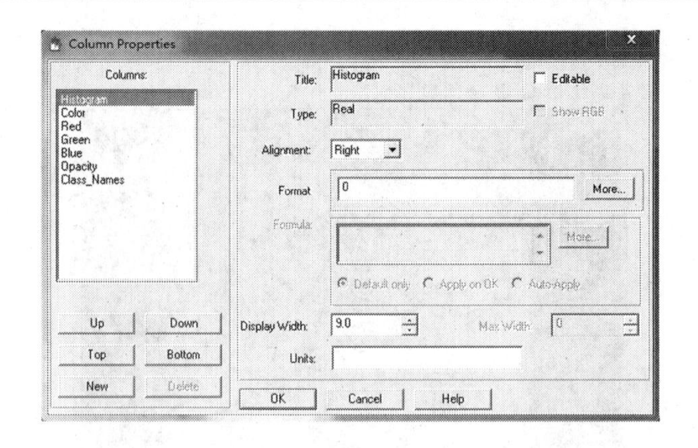

图 7-12　“Column Properties”对话框

对属性字段显示顺序进行调整。在 Columns 栏有 Histogram、Color、Opacity、Class_Names、Red、Green、Blue 等字段，运用 Up、Down、Top、Bottom 等按钮，对上述字段在属性表中的显示位置进行调整，字段显示宽度(Display Width)，这里输入“9. 0”。依此方法，可以对字段透明度等做出相应的调整。调整后的属性表编辑窗口如图 7-13 所示。

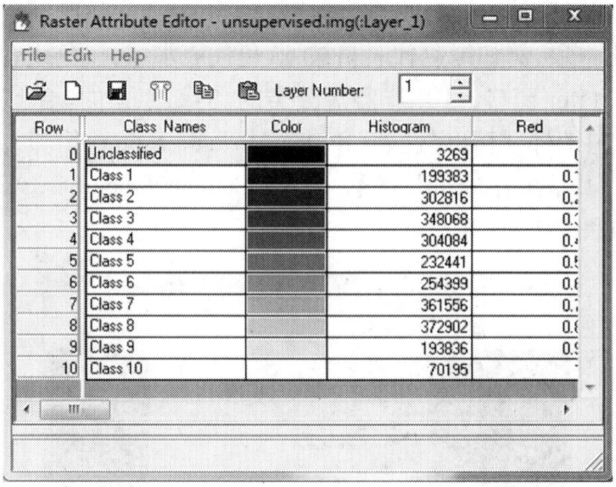

Raster Attribute Editor - unsupervised.img(:Layer_1)

File　Edit　Help

Layer Number: 1

Row	Class Names	Color	Histogram	Red
0	Unclassified		3269	(
1	Class 1		199383	0.
2	Class 2		302816	0.
3	Class 3		348068	0.
4	Class 4		304084	0.
5	Class 5		232441	0.
6	Class 6		254399	0.
7	Class 7		361556	0.
8	Class 8		372902	0.
9	Class 9		193836	0.
10	Class 10		70195	

图 7-13　调整后的属性表编辑窗口

3. 对分类类别进行颜色调整

非监督法分类的结果是灰度图像，所有类别的颜色均为系统自动赋值，为了使得分类的图像具有更直观的色彩效果，需要对分类后的图像进行色彩的重新选择。在属性窗口(Raster Attribute Editor)界面，依次选择每一个类别，点击其行(Row)字段，然后点击 Color 字段的颜色块，弹出可供选择的颜色，根据需要对每一类定义色彩。以 Class1 为例，在其 Color 下所在的颜色块点击右键，得到可选色彩，如图 7-14 所示。

4. 不透明度的设置

在 Viewer 窗口中，同时显示了两层图像，原始图像在下一层，分类结果图在上一层，为了对单个类别的专题含义与分类精度进行具体分析，要把不需要显示的类别设置为透明状态，其值设定为 0，把需要显示的类别设置为不透明状态，其值设定为 1。具体操作为在属性

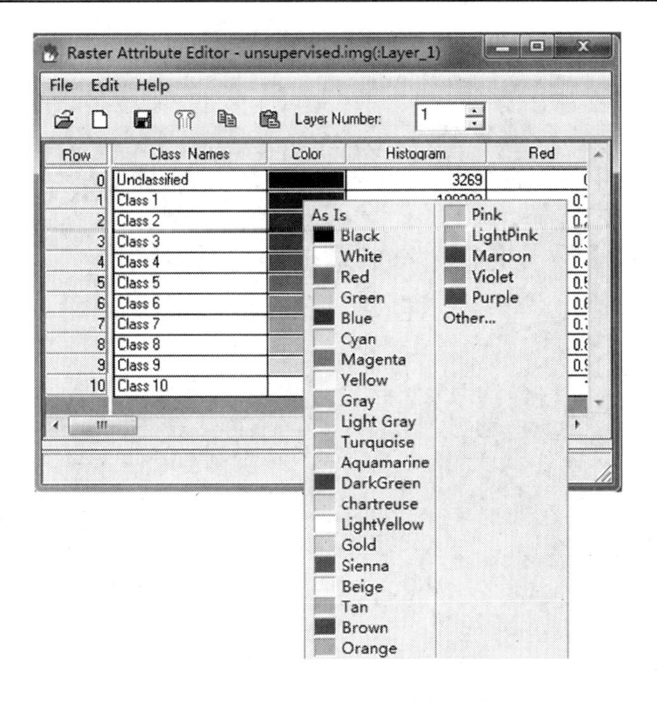

图 7-14　改变类别显示的颜色值

表编辑窗口(Raster Attribute Editor)右键单击 Opacity 字段名,选择 Formula 项,弹出“Formula”对话框,如图 7-15 所示。

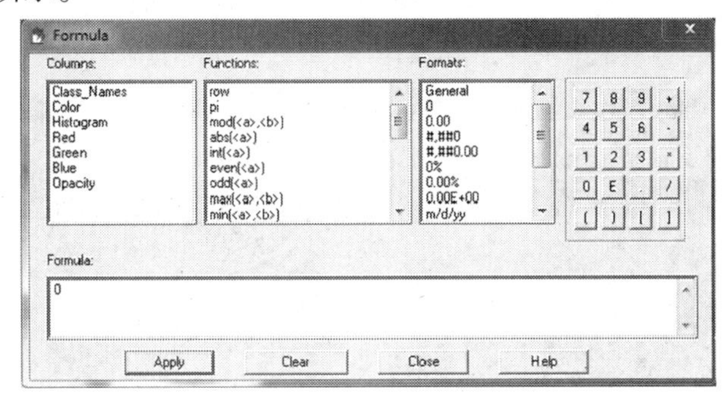

图 7-15　“Formula”对话框

在“Formula”对话框中,可以输入数字 0,单击“Apply”,则所有行的 Opacity 值全部设置为 0,所有的类别均为透明状态。然后在属性表编辑窗口(Raster Attribute Editor)中,选择所需要分析的类别的 Row 字段,单击该类别的 Opacity 字段,将其值修改为 1。此时,在 Viewer 窗口中,只有需要分析的类别,其图像显示在原始图像上,其他类别均不显示,即为透明状态,如图 7-16 所示。

5. 确定类别的属性、标注类别名称和颜色

在 Viewer 窗口中,通过卷帘(Swipe)显示,逐一对比分类后图像与原始图像之间的关系,借助原始彩色图像进行初步判读,结合地面调查的结果,精确确定地物类别属性。在属性表编辑窗口(Raster Attribute Editor)中,对已经判明的类别更改名称、颜色,名称的选择一般是用英文或者拼音字母来代表,例如居民地,其名称可以表示为 house 或者 jumindi 等,不

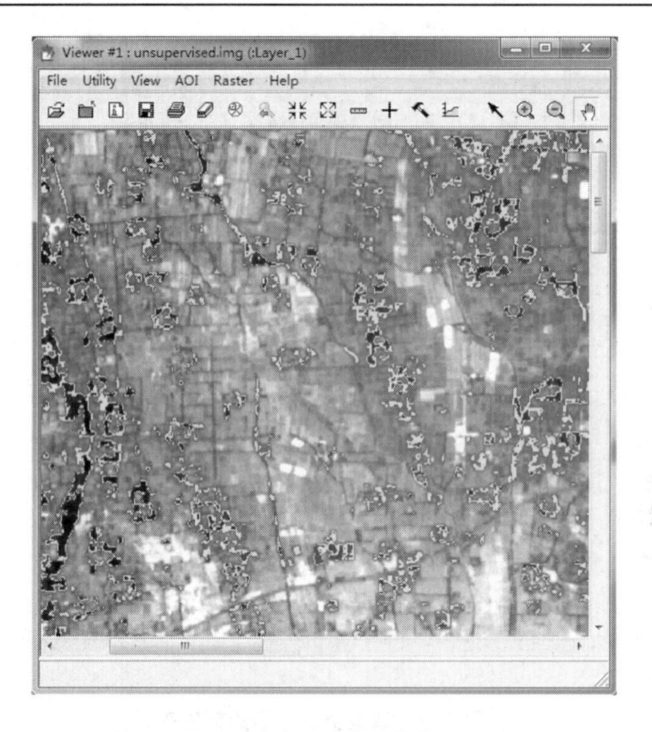

图 7-16　不透明度设置为 1 的类别(绿色)

能用中文,因为软件不支持。颜色的选择上尽可能与实地的颜色一致,不能与实地一致的尽可能与专题分类的颜色一致,例如水域一般用蓝色,植被一般用绿色等。分类后的结果如图 7-17 所示。

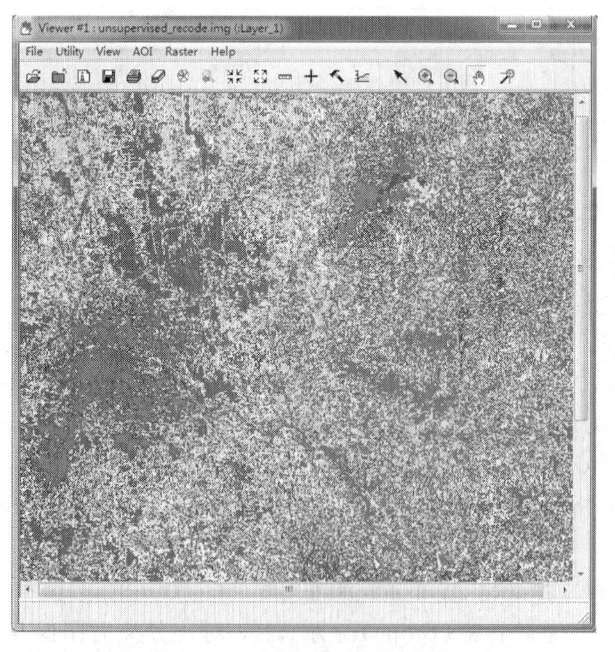

图 7-17　非监督分类的结果

6. 类别的合并与定义

根据非监督分类的流程,如果能获得满意的效果,非监督分类即可结束,若对分类结果不满意,则需要进行分类后处理,例如进行聚类统计、过滤分析、去除分析和分类重编码等处理。

五、技能训练

通过 ERDAS 遥感图像处理软件的非监督法分类学习,能理解其基本实现流程,能运用其他遥感图像处理软件进行非监督法分类项目的实施和训练。

六、思考练习

非监督法分类具有哪些特点?如何提高非监督法的工作效率?

任务二 遥感图像的监督法分类

一、任务描述

遥感图像的监督法分类是遥感图像处理中极为重要的一项内容,是实现遥感图像上地物的精确分类的一个基本方法,也是进行遥感图像解译的一项重要前提。在人工先验知识的指导下,运用合理的算法,可以实现图像上地物的自动分类识别,为遥感图像上地物的自动提取打下坚实的基础。

二、教学目标

(1)通过学习与训练,掌握遥感图像监督法分类的全部过程。
(2)能运用多种软件进行监督法分类,必要时自己编写算法,进行图像分类。

三、相关知识

(一)监督法分类的基本思想

遥感图像分类总的目的就是将图像中每个像元根据其不同波段的光谱亮度、空间结构或其他信息,按照某种规则划分为不同的类别。这种方式也称为统计模式识别,最简单的分类就是利用不同波段的光谱亮度值进行单个像元的自动分类。卫星数据提供了三个方面的信息:光谱信息、空间信息和时间信息。计算机模式识别的任务就是通过对各类地物光谱特征的分析来选择特征参数,将特征空间划分为互不重叠的子空间,然后将像元划分到各类子空间中去,从而实现分类。

监督法分类又称训练分类法,即用已知类别的样本像元去识别其他未知类别像元的过程。基本思想是根据类别已知的先验知识确定判别函数和相应的判别准则,利用一定数量的已知类别的训练样本观测值确定判别函数的待定参数(称为分类学习或训练),然后将未知类别的样本的观测值代入判别函数,再根据判别规则对该样本所属类别做出判定,实现对图像的分类。

(二)监督法分类的一般过程

从统计模式识别的角度来看,监督法分类的一般过程如图 7-18 所示。

1. 确定感兴趣的类别及数量

对分类目的而言,我们需要事先确定哪些地物是我们要进行分类的对象,这样便于建立关于这些地物的先验知识,从而准确地对特征进行选择。

2. 特征变换和特征选择。

为了设计出效果好的分类器, 一般要对分类的原始图像进行分析处理。特征变换就是将模式化的图像特征即 m 个测量值集合起来并通过某种变换产生 n 个新的特征。主要目的是减少特征之间的相关性,尽可能地用少量的特征来最大限度地包含原始数据信息,突出类别之间的差异,从而改善分类效果。

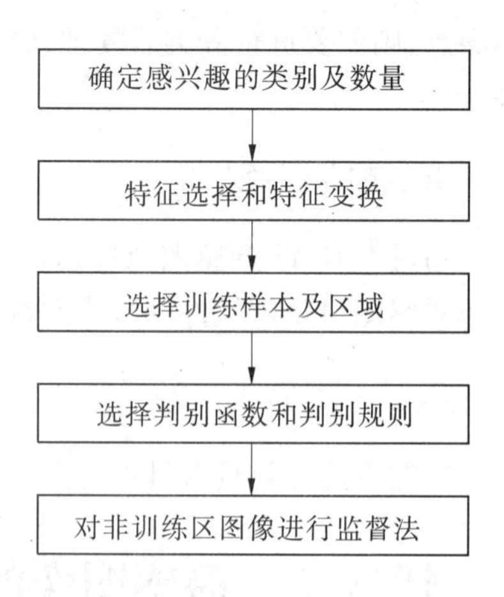

图 7-18 监督法分类的一般过程

特征选择就是选择数据量少而优化的一组特征影像进行分类。特征变换和特征选择,一方面能减少参加分类的特征图像的数目,另一方面可以从原始影像中抽取能更好进行分类的特征图像,它们是遥感图像自动分类的一个重要处理。

3. 选择训练样本,构成训练样区

训练样本的选择是监督法分类的关键。

训练样区是图像上类别属性已知、用来计算统计参数的区域。

(1)训练样区的选择要保证有一定的代表性、准确性和统计性。这样才能保证正确的分类结果。准确性是指所选地物要与实地地物一致;代表性是指某一区域代表某一地物;统计性是指训练样区要有足够的像元数量,如果图像有 N 个波段,则每一类应该至少有 $10N$ 个训练样本,才能满足一些分类算法中计算方差和协方差矩阵的要求。

(2)在确定训练样本的专题属性时,应确定所使用的地图及实地调查的信息与遥感图像在时间上保持一致,防止地物因时间的变化引起分类模板定义混乱。

(3)训练样本选择后可以作直方图,观察所圈选的样本的分布规律,尽可能是具有单个波峰的近似正态分布的曲线。如果直方图中出现两个波峰的情形,有两个类似的正态分布曲线重叠,则可能是混合类别,需要重新选择训练样本。

(4)训练样本的选择来源。训练样本可以实地收集,例如用 GPS 进行现场采集,实地记录样本。也可以跟踪屏幕来采集,在屏幕上数字化每一类别有代表性的像元或区域,或者用户指定一个中心像元,机器自动评价其周边像元,选择与其相似的像元。人机交互模式是利用鼠标选定辨别清楚的地物,在相应区域用鼠标勾画出一小块 AOI 区域以构建训练区。

(5)训练样区的评价。选择训练样本后,为了比较和评价样本的好坏,需要计算各类训练样本的基本光谱特征信息,通过每个样本的基本统计值,例如均值,方差,最大、最小值协方差矩阵,相关矩阵等,以检查训练样本的代表性,评价训练样本的好坏。训练样区的评价方法有两种:图表显示和统计测量。最简单的图表显示均值图和直方图,直方图可以显示不同样本的亮度值分布,通常训练样本的亮度值越集中,其代表性越好。

4. 选择判别函数和判别规则

选择好训练样区后,相应地物类别的光谱特征可以用于对训练样区的样本进行统计计算。如果采用基于概率误差最小的最大似然法分类,则需要用其对数形式的判别函数来计算所需参数。如果采用最小距离法分类,则计算协方差矩阵和均值向量。如果采用平行算法，则用样区数据计算盒子边界，判别函数确定后，再选择一定的判别规则就可以对其他图像区域进行分类了。

（三）几种典型的监督法分类

判别函数的概念：各个类别的判别区域确定后，某个类别的特征矢量属于哪个类别可以用一些函数来表示和鉴别，这些函数称为判别函数。这些判别函数是是描述某一未知特征矢量属于某个类别的情况，如按概率大小来判别类的归属。

判别规则的概念：当计算完某个矢量在不同类别函数中的值后，我们要确定该矢量属于哪一类，必须给出确定的判断依据。例如将矢量代入函数计算后，所得的函数值最大，则该矢量就属于最大值所对应的类别，这种判据称为判别规则。

1. 最大似然法

最大似然法是常用的分类法之一，它是通过计算各个像素对于各类的归属的概率大小，把某一像元分到归属概率最大的类别中去的方法。最大似然法分类的一个前提是假设训练区内所有地物的光谱特征具有随机分布，近似服从正态分布，按正态分布规律，借用贝叶斯判别规则进行判别，得到分类结果。

在特征空间中，地物点可以在特征空间找到相应的特征点，对于同类地物，在特征空间中将形成一个服从某种概率分布的点集群。这个点集群 X 就可以用一个 n 维的特征矢量来表示，这样把 X 落入某集群 ω_i 的条件概率 $P(\omega_i/X)$ 当成是分类判别函数，即概率密度函数，把 X 落入某集群的条件概率最大的类归为 X 的类别。这种规则就是贝叶斯判别规则。

$$P(\omega_i/X) = \frac{P(X/\omega_i) \cdot P(\omega_i)}{P(X)} \tag{7-15}$$

式中　$P(\omega_i)$——ω_i 类出现的概率，即先验概率；

$P(X/\omega_i)$——ω_i 类的似然概率，即在 ω_i 类中出现 X 的条件概率；

$P(\omega_i/X)$——X 属于 ω_i 类的概率，也称后验概率。

$P(X/\omega_i)$ 表示的是 ω_i 类中出现 X 的概率。所有属于 ω_i 的像元出现的概率密度已知后，就可以统计出 ω_i 的概率曲线分布图，有多少个类别就有多少个概率密度曲线分布图。可以推断，如果给定一个已知类别的样区，用已知的像元做统计，就可以求出特征参数，进而求出总的先验概率。因此，$P(X)$ 是一个常量，在比较概率大小时没有多大意义，可以省去不参加。则公式变为

$$G(\omega_i/X) = P(X/\omega_i) \cdot P(\omega_i) \tag{7-16}$$

最大似然法广泛应用于遥感图像分类，分类实际应用时常采用对数变换的形式，即

$$G_i(X) = \ln P(\omega_i) - \frac{1}{2}\ln|s_i| - \frac{1}{2}(X - M_i)^{\mathrm{T}} s_i^{-1} (X - M_i) \tag{7-17}$$

相应的贝叶斯判别规则为：若对于所有可能的 $j = 1, 2, \cdots, m; j \neq i$，$G_i(X) > G_j(X)$，则 X 属于 ω_i 类。当使用概率密度函数分类时，不可避免地会出现错误类，但是，贝叶斯判别规则是错分概率最小的优化准则。

最大似然法的适用也有限制，当总体分布不符合正态分布时，其分类的可靠性会下降。另外，用这种方法对遥感影像分类，对每一个像元的计算量都很大，因而该方法在分类时所需时间较多，效率会下降。

2. 最小距离法

最小距离法是根据各个像元与训练样本在各个类别的特征空间中的距离大小来决定其

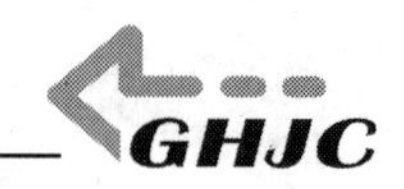

类别的。如图 7-19 所示，在散点图中，波段 1 和波段 2 分别为横坐标和纵坐标，类别 A 和类别 B 的训练样本形成了两个集群 A 与 B，其在两个波段的均值位于两个集群的中心（A_1，B_1），（A_2，B_2）。假设有一个像元 C，其光谱亮度值为（C_1，C_2），计算其离集群 A 和 B 的距离，发现像元 C 离 A 最近，则将其划分到类别 A 中。这就是最小距离法分类的基本原理。

最小距离分类法比较简单，计算速度快，可以用于浏览分类状况。其主要缺点是没有考虑不同类别内部的方差的不同，从而造成一些类别在其边界上重叠，引起分类误差，导致分类精度不高，在遥感图像分类中应用较少。

3. 平行算法

平行算法又称盒式决策规则，是根据训练样本的亮度值范围形成一个多维数据空间。样本外的像元如果落在训练样本的亮度值所对应的区域，就被划分到其对应的类别中。如图 7-20 所示。图中两个类别 A 和 B，其训练样本在第 1 波段上的最小值和最大值分别为 $A_{\min1}$、$A_{\max1}$，$B_{\min1}$、$B_{\max1}$，在波段 2 上类别 A、B 的值为 $A_{\min2}$、$A_{\max2}$，$B_{\min2}$、$B_{\max2}$。这些值所对应的区域可以看作是 A 和 B。所有其他像元在这两个波段的亮度值如果落在 A，则这个像元就是 A 类。这个过程还可以进行多波段的扩展。

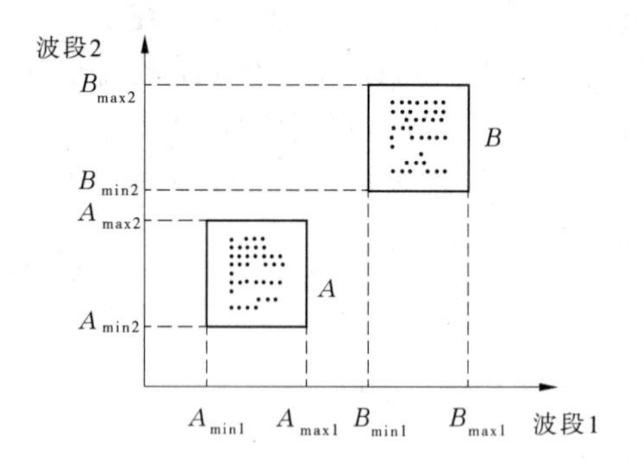

波段2
B max2
B
B min2
A max2
A
A min2
A min1
A max1
B min1
B max1
波段1

图 7-19　最小距离法示意图

波段2
B
B 2
A
A 2
C 2
C
A 1
C 1
B 1
波段1

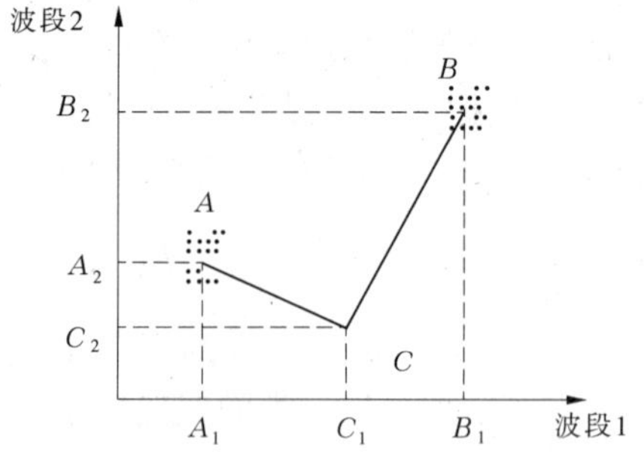

图 7-20　平行算法示意图

该方法简单、明了，缺点是当类别较多时，各类别所定义的区域容易重叠。由于存在误差，训练样本的亮度范围可能大大低于其实际亮度范围，从而造成许多像元不属于任何一类，算法因此失效，所以需要改进，采用一定的规则，将这些像元归属到某一个类别中去。

4. 马氏距离分类法

马氏距离定义了样本之间相关性的影响，是一种改进型的距离定义。用这种方法做判别依据，在内部变化较大的聚类组将产生内部变化同样较大的类；反之，亦然。马氏距离公式如下：

$$D = (X - M_c)^{\mathrm{T}} \sum{}^{-1} (X - M_c) \tag{7-18}$$

式中　D——Mahalannobis 距离；

c——某一个特定的类别；

X——关于像元 x 的光谱特征向量；

M_c——类别 c 的训练样本中像元的协方差矩阵。

马氏距离分类法能够顾及到类别的内部变化，在必须考虑统计指标的场合，比最小距离法更有优势。如果在训练样本中像素的分布离散程度较高，则协方差阵中就会出现较大值，容易出现错分。

（四）监督法分类与非监督法分类的比较

在遥感图像的分类中，监督法分类和非监督法分类有各自的优点，也有各自的缺点。在实际工作中，往往需要对两种方法进行优势互补，发挥各自的长处，避开各自的不足，取长补短，使分类的效率和精度都有较大提升。最大似然法分类的优势在于只要空间聚类符合正态分布，那么它可以减小分类时的误差，并且计算速度快，效率高，缺点是如果空间聚类不符合正态分布，且聚类数量较多时，会出现计算速度慢、复杂度高的缺点，从而影响分类。最小距离法用于分类比较简单，但是没有很好的顾及聚类内部的相关性，分类边界重叠，容易出现错误。马氏距离法分类时顾及到了聚类类别之间的关系，计算了协方差矩阵，减少了分类错误，但是，它分类的前提是在考虑统计指标的前提下效果才会好。另外，在聚类分离程度较高时，容易造成协方差过大，出现分类错误。

非监督法中，K－均值聚类法算法简单，容易理解，计算速度快，但是，分类结果受初始类别的聚类中心和初始聚类的位置影响，往往不同的初始分类得到不同的分类结果，这是其缺陷。ISODATA 聚类法采用批量修正样本的方法，计算新的均值，是一种动态调整，同时可以自动进行类与类的合并、分裂，从而得到比较理想的聚类结构。非监督法有一个共同的问题是，类别已分出来，但是类别的属性却不清楚，需要结合地面调查或者高分辨率的航空影像等来识别类型。

监督法分类最大的问题就是分类前样本的选择要求尽可能每一类内部像素性质要单一，而不同类之间可以有较大差异，而这些可能通过非监督法分类完成。非监督法负责高效率的聚类，监督法负责对这些聚类进行训练学习，这样样本聚类效果好，在保证分类精度的前提下，分类速度快。具体做法是：

（1）选择有代表性的区域进行非监督法分类。要求待分类区域尽可能地包含多个类别，使感兴趣的区域得到有效的聚类。

（2）结合地面调查或者更高分辨率的航空影像、地图等，获得更多用于分类的先验知识。聚类的类别可以作为监督法分类的训练样本区。

（3）进行特征选择，提取感兴趣的特征，选择合适的特征图像进行分类。

（4）使用监督法进行遥感图像的分类。根据先验知识及聚类的样本，设计分类器，对整个图像进行分类。

（5）输出分类结果图像，以不同的色彩将整个图像分成很多类。

四、任务实施

遥感图像的监督法分类一般有以下几个步骤：建立分类模板、评价分类模板、利用模板执行监督法分类、分类结果评价、分类后处理。在实际工作中，如果已经有比较好的模板，可以直接执行监督法分类和对分类结果进行评价。

（一）建立分类模板

监督法分类的基本思想是根据先验知识在待分类图像上选择已知类别的样本区域，以此为基础对非样本区域的数据进行特征统计，从而达到识别非样本区域类别和属性的目的。在监督法分类过程中，首先要找到合适的模板，这个需要将个人判读的经验、实际调查的结果结合起来，对图像上的样本进行识别、归类。ERDAS 软件的监督分类是基于模板进行的，

其分类模板主要是通过分类模板编辑器来完成的，该编辑器可以完成模板的生成、管理、评价和编辑等功能。

1. 显示待分类遥感图像

在 ERDAS 的 Viewer 窗口中，打开待分类的遥感图像，为后续的 AOI 模板定义提供可操作的图像。例如图像文件名为 supervised. img，打开图像时，勾选 Fit to Frame，以便根据窗口框架显示全部图像。

2. 调用分类模板编辑器

在 ERDAS 主界面，点击 Main 菜单，选择 Image Classification，弹出监督分类的子菜单，点击 Signature Editor，调用监督法分类模板编辑器，如图 7-21 所示。分类模板提供了分类模板的建立、删除、合并、评价等功能。

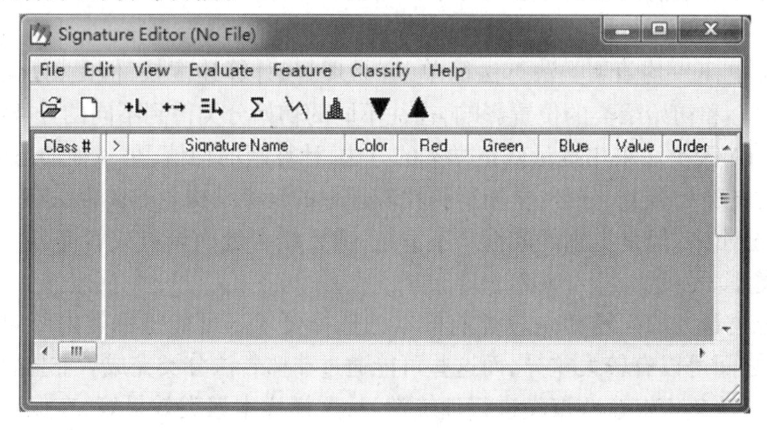

图 7-21　Signature Editor 分类模板编辑器

从图 7-21 中可以看出，分类的属性字段顺序是随机放置的，根据分类的目的和为了突出某些字段的作用，需要利用分类模板编辑器中的 View、Columns 命令对其做必要的调整。

具体方法是点击编辑器的 View 菜单，选择"Columns"命令，在弹出的对话框里，按住 Shift 键，用鼠标左键从上往下选择需要重点使用的字段名，点击"Apply"按钮，分类属性表中不需要显示的字段将被隐藏，需要被显示的将突显在属性字段表里。

3. 通过 AOI 工具来定义新的分类模板

在 ERDAS 软件中，提供了四种方法来获取分类的模板信息，在实际工作中，根据自身的需要可以选择其中一种或几种方法结合起来使用。调用 AOI 绘图工具在原始图像上获取分类模板信息。

以某一地区高分辨率影像为对象，进行监督法分类模板定义。

(1)在 Viewer 窗口中，打开待分类图像，点击 Raster 菜单，选择 Tools 工具，

得到 Raster 工具面板，在该面板中调用工具，可以获取 AOI 样本区域。如图 7-22 所示。

(2)在原始图像窗口中选择感兴趣的亮白色区域(如居民地中的房屋)，绘制一个多边形 AOI，在 Signature Editor 窗口中，单击 Create New Signature 图标，将多边形 AOI 区域拾取到 Signature Editor 窗口的分类模板属性表中。如图 7-23、图 7-24 所示。重复以上步骤，将所有已经目视判明或者实际调查确定的居民地所在像元逐一圈选，绘制成 AOI 多边形，依次添加至分类模板属性表中。一般情况下，对应某一类别的地物，绘制一定数量的 AOI 即可，不必要全部都绘制。

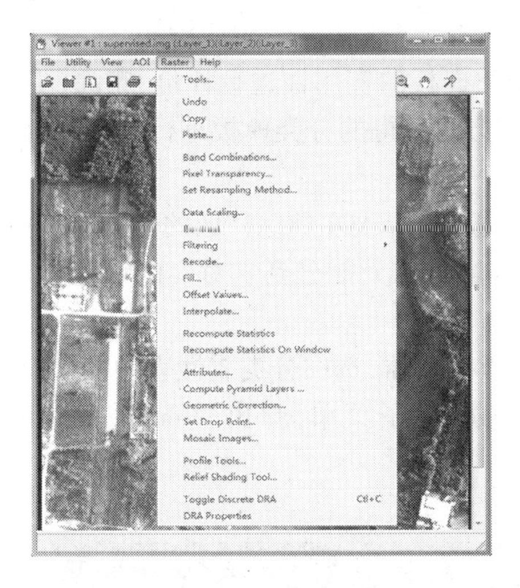

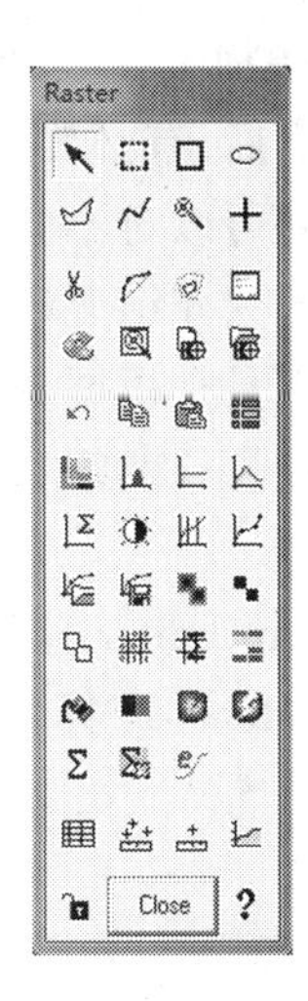

图 7-22　Raster 菜单与工具面板

图 7-23　用多边形工具选定的 AOI 区域

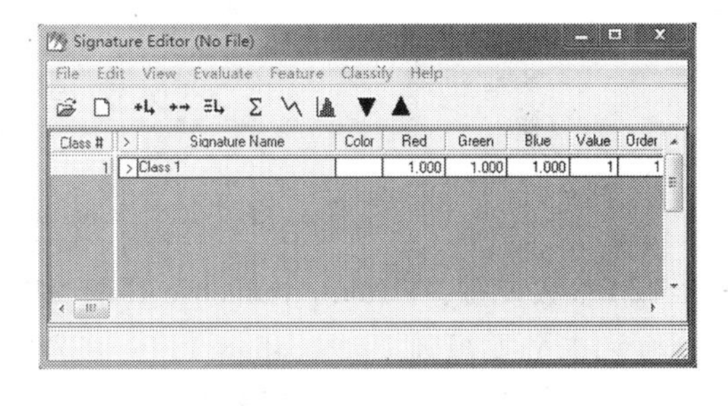

图 7-24　多边形 AOI 添加至字段属性表

(3)在 Signature Editor 窗口中,按住 Shift 键,依次单击选择 Class #字段下面的分类编号,将前面绘制的居民地 AOI 模板全部选定。

(4)在 Signature Editor 窗口中,单击 Merge Signatures 图标,生成综合了之前所选 AOI 区域的所有信息,名字改为 jumindi,从而建立了关于居民地的新的模板,同时,点击 Edit 菜单,选择 Delete 子菜单,将之前所选的全部模板删除,只保留合并后的一个综合模板。

(5)在字段属性表中,对合并后的 jumindi 模板进行颜色属性的更改。

(6)重复上述步骤,将感兴趣的区域有代表性的样本区域逐一绘制成多边形的 AOI,并添加到字段属性表中,进行合并、改名和配赋新的颜色,直到将所有感兴趣的区域全部提取出来,用上述方法可以得到多个 AOI,例如居民地 AOI、水系 AOI、林地 AOI、园地 AOI、草地 AOI、道路 AOI、裸露地 AOI、未用地 AOI 等。所有 AOI 绘制完毕,保存分类模板。

（二）评价分类模板

分类模板建立之后，有必要对分类模板的实用性进行评价、删除、更名、合并等操作处理。分类模板的合并可以对不同训练方法获得的分类模板进行综合分类，提高分类的可靠性和适用性。本试验只介绍混淆矩阵评价。

混淆矩阵评价工具是根据分类模板，分析 AOI 训练样区的像元是否完全落到当初圈定的类别之中，通常情况下，期望 AOI 区域的像元能分到它对应的训练类别中。评价过程如下：

（1）打开 Signature Editor 分类模板编辑器，选中分类属性表中的所有类，点击 Signature Editor 的菜单 Evaluation，选择 Contingency 子菜单，弹出"Contingency Matrix"对话框，如图 7-25 所示。

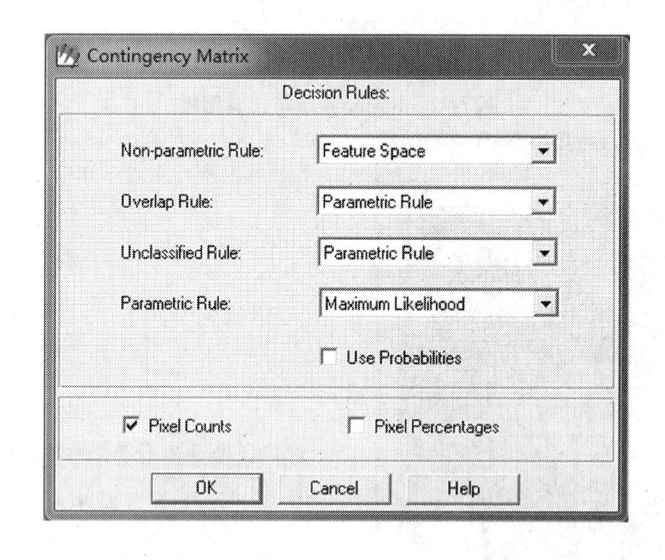

图 7-25 "Contingency Matrix"对话框

（2）参数设置：在 Non-parametric Rule 中选择特征空间 Feature Space，在 Overlap Rule 叠加规则和未分类规则 Unclassified Rule 中选择 Parametric Rule，勾选像元统计 Pixel Counts，点击"OK"按钮，计算分类的误差矩阵，如图 7-26 所示。

从误差矩阵可以看出，本应该属于 lindi 的 1 020 个像元，有 906 个属于 lindi，有 103 个属于 yuandi，有 11 个属于 caodi；本应该属于园地的 392 个像元，有 286 个属于 yuandi，有 28 个属于 lindi，有 78 个属于 caodi。其他类别基本属于对应的类别，数据上显示没有错误分类的像元。一般误差矩阵总的百分数要控制在 85% 以上，否则，认为分类模板精度过低，需要重新建立分类模板。

（三）执行监督法分类

监督法分类就是依据建立的分类模板，在一定分类规则的约束下，对遥感图像像元进行聚类判断的过程。在监督分类中，决策规则是多层次、多类型的，有利用非参数的特征空间、平行六面体等；有利用参数分类模板的最大似然法、马氏距离法、最小距离法等。非参数规则和参数规则可以并用，但是，要注意适用范围。监督法分类的过程如下：

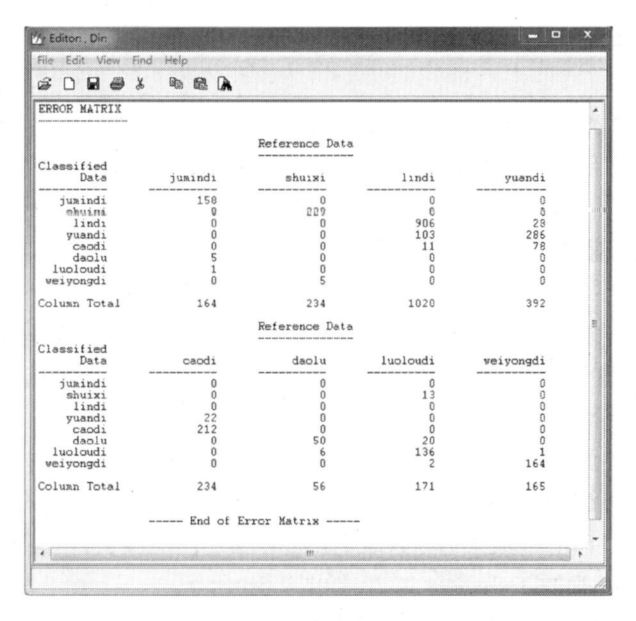
ERROR MATRIX

Reference Data

Classified Data	jumindi	shuixi	lindi	yuandi
jumindi	158	0	0	0
shuixi	0	229	0	0
lindi	0	0	906	28
yuandi	0	0	103	286
caodi	0	0	11	78
daolu	5	0	0	0
luoloudi	1	0	0	0
weiyongdi	0	5	0	0
Column Total	164	234	1020	392

Reference Data

Classified Data	caodi	daolu	luoloudi	weiyongdi
jumindi	0	0	0	0
shuixi	0	0	13	0
lindi	0	0	0	0
yuandi	22	0	0	0
caodi	212	0	0	0
daolu	0	50	20	0
luoloudi	0	6	136	1
weiyongdi	0	0	2	164
Column Total	234	56	171	165

----- End of Error Matrix -----

图 7-26 混淆矩阵

(1)在 ERDAS 主界面下,点击快捷图标 Classifier,接着选择“Supervised Classification”子菜单,弹出监督法分类界面,如图 7-27 所示。

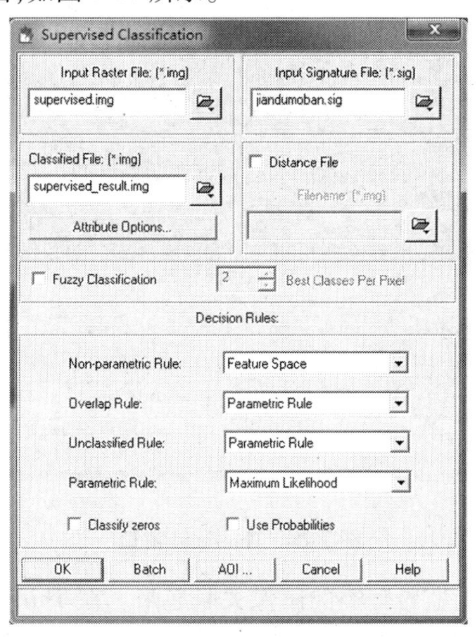

图 7-27 监督法分类界面

(2)定义参数:输入待分类图像文件的路径、文件名,直接点击按钮选择,例如,supervised;输入模板文件名、路径,点击按钮进行选择,如 jiandumoban. sig;分类结果文件存放路径,点击按钮,输入文件名,例如 surpervised. img。非参数规则项选择 Feature Space,叠加规则和未分类规则均选择 Parametric Rule,参数规则选择 Maximum Likelihood,也可以定义分类图的属性项目。

(3)点击“OK”按钮,执行监督法分类。

(四)监督法分类评价

1. 分类叠加

分类叠加是将分类图像和原始图像一起放在一个窗口下进行分层显示，以观察分类图像与原始图像之间的关系。一般是将原始图像放在底层，将分类图像放在上层，通过设置透明度和不同颜色来进行查看。非监督分类的结果往往采用这种方法来判明地物类别属性，评价分类结果。对于监督法分类而言，该方法只是查看分类的准确性。

2. 阈值处理

阈值处理方法首选确定哪些像元最有可能没有被正确分类，以此来对监督分类的结果进行优化。使用者可以对每一类设置一个阈值，将不属于它的类别筛选出去，被筛选出去的像元将被赋予另一个类别值。具体方法如下：

(1)在 ERDAS 界面，点击 Classifier 图标，在“Classification”对话框中选择 Threshold 子菜单，弹出 Threshold 窗口，如图 7-28 所示。点击 File-Open，弹出“Open Files”对话框，如图 7-29 所示。在该对话框中填入 supervised_result. img，在距离文件中调入 distance. img，点击“OK”。调出分类类别的 Threshold 窗口，如图 7-30 所示。

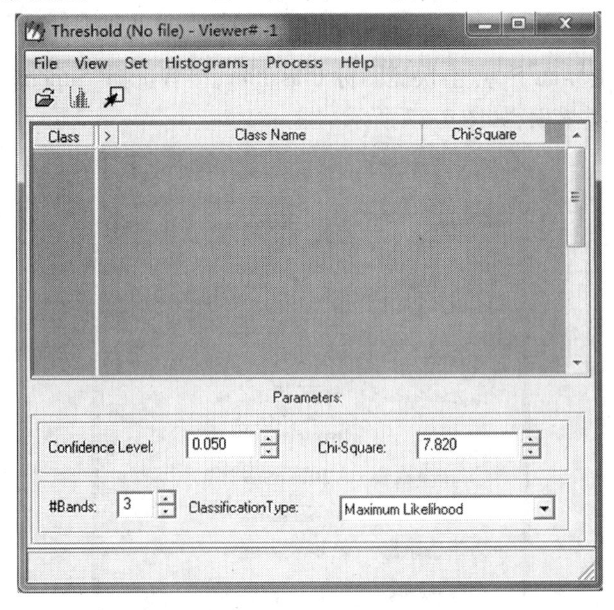

图 7-28　Threshold 窗口

(2)将 Threshold 窗口与监督分类的图像关联起来。在 Threshold 窗口点击 View 菜单，选择 Select Viewer 子菜单，点击分类结果图像所在窗口，建立二者之间的关联。点击 Histogram 菜单，选择 Compute 子菜单，计算所有类别的距离直方图。

(3)选择类别，查看、确定阈值。在 Threshold 窗口的属性表里，用鼠标点击类别后的空格处，使得“ > ”移动到该类别处，例如选择 lindi，点击 Histogram 菜单，选择 View 子菜单，则显示林地的距离直方图，如图 7-31 所示。通过拖动 Histogram X 轴设置阈值，属性窗口中的 Chi-Square 发生变化。

(4)显示阈值处理图像，观察其变化，保存阈值图像。

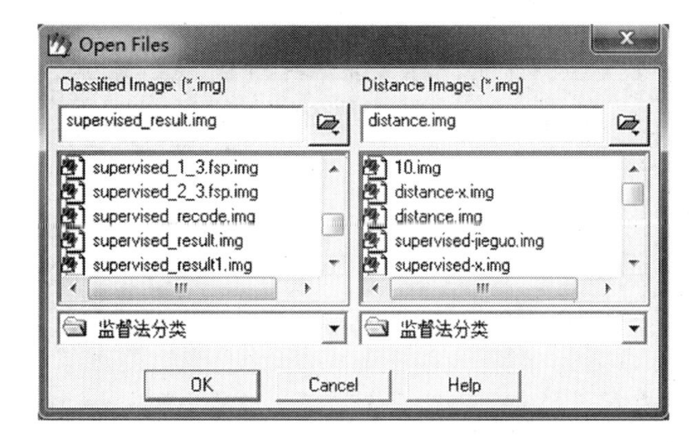

图 7-29 “Open Files”对话框

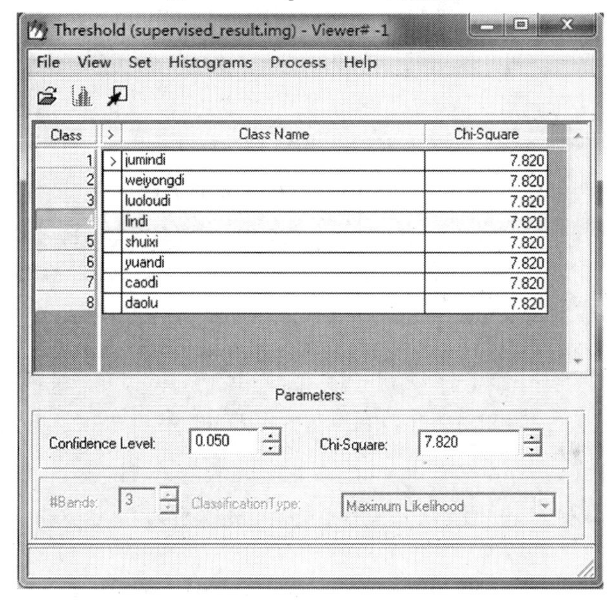

图 7-30 Threshold 窗口(lindi)

点击 Process,选择 To Viewer 子菜单,阈值图像将掩膜在监督分类结果图像上,采用卷帘、混合、闪烁等显示观察二者之间的变化。点击 Process,选择 To File 子菜单,打开“Threshold To File”对话框,在 Output Image 中确定存储路径及文件名,点击“OK”按钮。

3. 分类精度评估

分类精度评估是将专题分类图像中的特定像元与已知分类的参考像元进行比较,实际使用时常常将分类数据与地面调查数据、先验地图、航空像片等数据进行对比分析。

(1)在 Viewer 窗口打开分类前原始图像,在 ERDAS 工具条点击 Classifier 图标,点击 Accuracy Assessment 启动精度评估窗口,如图 7-32 所示。

(2)在 Accuracy Assessment 窗口打开待评定精度的分类图像,点击 Open,选择分类结果图像,例如 supervised-result. img,点击“OK”按钮,返回窗口。同时,将 Accuracy Assessment 窗口与原始图像窗口建立关联,点击 View,选择 Select Viewer,点击原始图像所在窗口,这样就建立了两个窗口之间的关联。

(3)设置随机点的色彩。在 Accuracy Assessment 窗口,点击 View,选择 Change Colors,

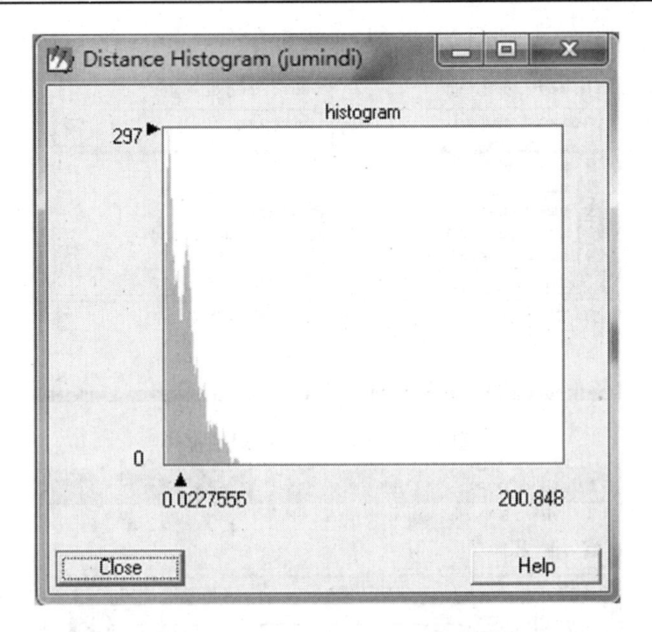

图 7-31　Distance Histogram 直方图

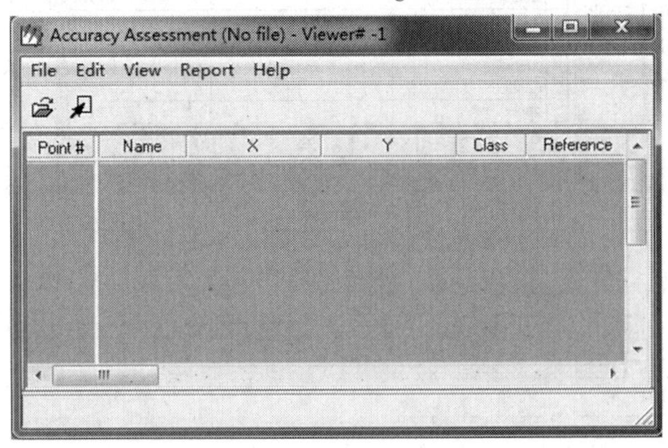

图 7-32　分类精度评估窗口

在打开的对话框中分别设置参考点和无参考点的随机点的色彩,如图 7-33 所示。

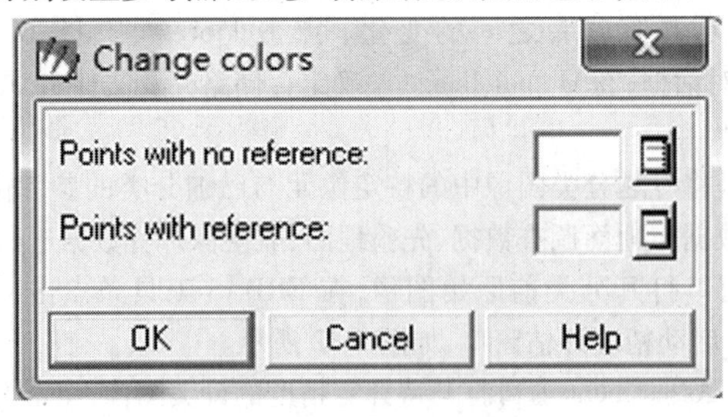

图 7-33　设置随机点的颜色

(4)产生随机点。在 Accuracy Assessment 窗口,点击 Edit,选择 Create,点击 Add Random Points 子菜单,弹出对话框如图 7-34 所示。

(5)显示随机点。在 Accuracy Assessment 窗口,单击 View,选择 Show All,在原始图像上

产生若干随机点。单击 Edit,选择 Show Class Values,在精度评定窗口的评估表中显示各点的类别号。在该窗口,可以在 Class 中直接输入实际的类别值,观察随机点的变化。

(6)在 Accuracy Assessment 窗口,输出精度报告。点击 Report,选择 Options,设定要输出的报告内容。点击 Report,分别选择 Accuracy Report 和 Cell Report 子项,生成随机点并进行相关设置,点击 File – Save Table 保存分类精度评定数据表格。

分类精度评定是分类后要进行的一项非常必要的工作,如果经过分类评价,得到比较满意的分类精度,则保存分类结果;否则,需要做进一步的处理,如对分类模板做修改,重新评定模板的效果,或者做后续的分类后处理等工作。

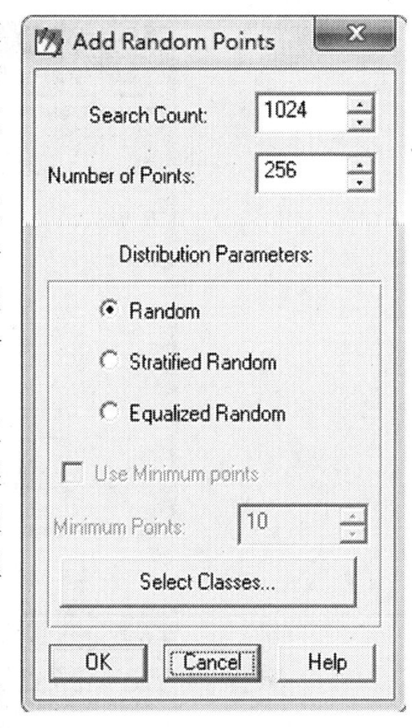

图 7-34 "Add Random Points"对话框

(五)分类后处理

无论是监督法分类还是非监督法分类,都是根据图像的光谱信息进行的,都带有一定的盲目性。因此,需要对分类的结果进行进一步的处理,期待获得满意的分类效果,这些分类后的工作称为分类后处理。ERDAS 提供的分类后处理主要有聚类统计(Clump)、过滤分析(Sieve)、去除分析(Eliminate)和分类重编码(Recode)等。下面做简要介绍。

1. 聚类统计

在 ERDAS 面板工具条中,点击 Interpreter 图标,选择 GIS _Analysis 子菜单,点击"Clump",打开"Clump"对话框,如图 7-35 所示。在该对话框中,在 Input File 栏填入需要进行聚类统计的分类结果图像,例如 supervised_result. img,在 Output File 栏填入输出路径及文件名,例如 supervised_result_clump. img,其他各项默认。

2. 去除分析

去除分析是删除分类图像中的小图斑或者是 Clump 的聚类图像中的 Clump 类组中的小图斑。去除分析是将分类图像中的小图斑合并到相邻的大类中去。方法如下:在 ERDAS 面板工具条中,点击 Interpreter 图标,选择 GIS _Analysis 子菜单,选择 Eliminate 子菜单。在 Input File 中输入分类后专题图像文件名及路径,例如 supervised_result. img,在 Output File 输入保存路径和文件名,例如 supervised_result_Eliminate. img,其他参数视实际情况设定。点击"OK"按钮,执行去除操作,如图 7-36 所示。

3. 分类重编码

分类重编码主要是针对非监督法的类别调整而设计的。非监督分类主要在 ISODATA 算法下基于像元的光谱信息来聚类,把图像上相似的或者相近的像元聚集到一起,形成专题类别,然后将分类结果与原始图像对照,结合实地进行类别的判断,该合并的进行合并,得到最后的分类图像。鉴于以上情况,非监督分类时,所分的类别要比实际类别多出 2 倍以上。

在 ERDAS 面板工具条,点击 Interpreter 图标,选择 GIS _Analysis 子菜单,选择 Recode 子

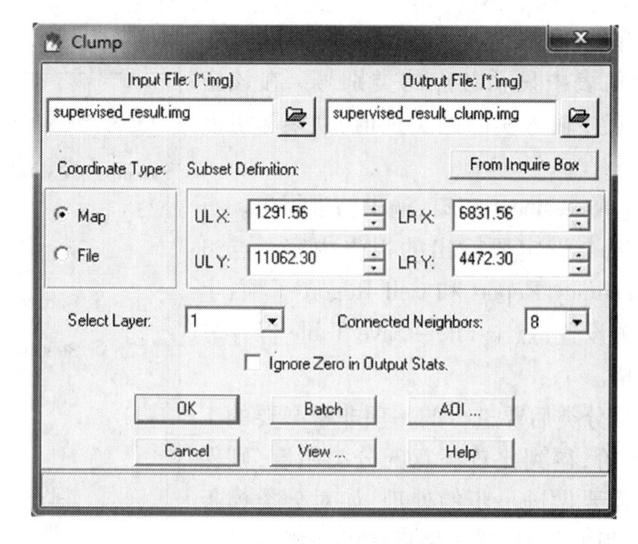

图 7-35 "Clump"对话框

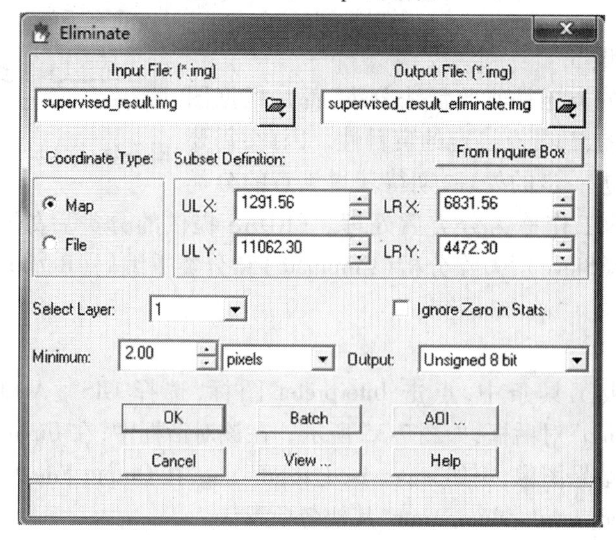

图 7-36 执行去除分析的对话框

菜单,打开"Recode"对话框,如图 7-37 所示。在 Input File 中输入分类后专题图像文件名及路径,例如 supervised_result. img,在 Output File 中输入文件名 supervised_result_Recode. img,其他参数视实际情况设定。点击"Setup Recode"按钮,弹出 Thematic Recode 表格,在该表格中,改变 New value 的值,将 12 类合并为 6 类,点击"OK"按钮,返回"Recode"对话框,点击"OK"按钮,完成分类重编码。分类重编码调整的结果如图 7-38 所示。

在 Viewer 窗口中,打开分类重编码的图像,点击 Raster 菜单,点击 Tools 工具子菜单,点击 Attributes 属性表,弹出 Raster Attributes Editor 属性表,改变属性表中类别的颜色,得到分类重编码的遥感图像。

五、技能训练

通过监督法分类的训练,能用其他软件进行监督法分类处理。

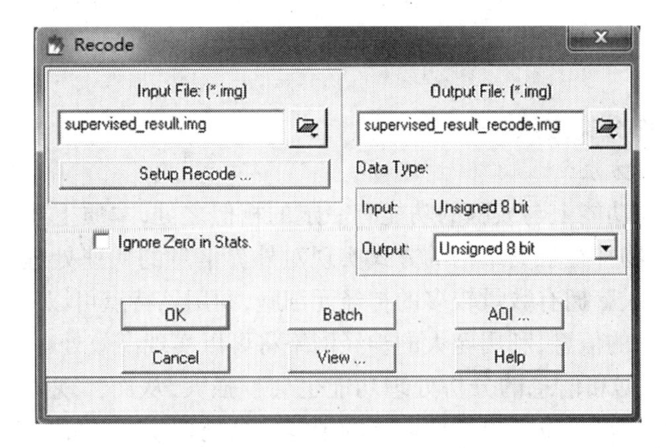

图 7-37 分类重编码“Recode”对话框

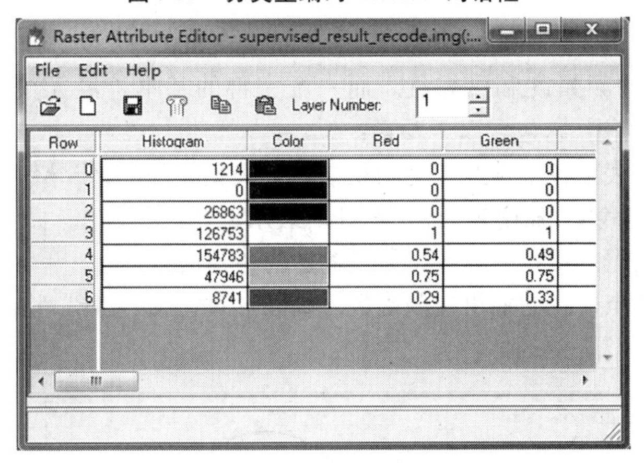

图 7-38 分类重编码调整的结果

六、思考练习

对于监督法分类，如何提高分类精度？

任务三 遥感图像智能分类方法

一、任务描述

遥感图像智能分类是近几年兴起的比较流行的方法，在一定程度上提高了分类精度，对某些地物的分类和提取取得了满意的效果，但是它不具有普遍适用性，在某些方面受到了一定限制。因此，针对具体问题具体分析，是否运用该方法进行分类，还需要结合具体的实际情况来进行，这里仅做一般的介绍。

二、教学目标

（1）通过智能遥感图像分类方法的学习，掌握最新的技术动态，能准确理解智能图像分类的基本原理与一般过程。

（2）能理解智能图像分类的基本操作流程，掌握其核心要点。

三、相关知识

（一）神经元网络分类方法

1. 人工神经网络方法

人工神经网络在功能上与人脑的功能有一定的相似之处，本质上还是一种功能上的模拟，借助于与人类生物神经触突结构的方式实现对外界信息的快速处理。神经元是神经网络处理的基本单位，人脑拥有数量较多的神经元细胞，利用该特点可以构建庞大的人工神经节点网络。对于外界的信息，利用庞大的神经网络将可以实现高效处理。因此，人工神经网络模型越强大，对数据和信息的分析处理功能也会越强大，从而体现出该方法具有强大优势。以此为基础，人类可以设计出类似人脑的智能信息处理模型，解决复杂的分类问题。

1）人工神经网络模型

人工神经网络基本模型可以用图 7-39 来表示。在该图中，多个输入节点互相联结，通过权值来表达联结的频繁度和可靠性。而一个完善的基本神经元模型大致可以表达为图 7-40 所示的概念模型，它包含以下要素：

（1）联结关系。表示各个神经元之间联结频率或关联程度，传导信息越频繁，说明该类神经元之间的关系越稳固，强度越大，一般用 w_{ij} 表示。

（2）神经元搜集器。负责处理各个节点输送的各种信息。

（3）用于处理节点信息的输出控制函数。函数形式包括一般线性函数、指数级函数、多分段函数等。

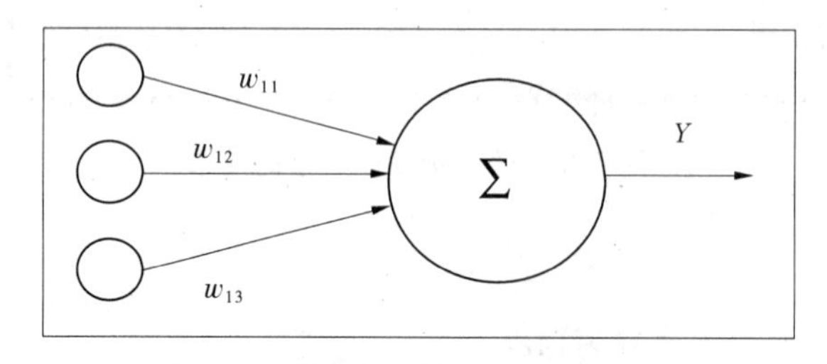

图 7-39　单个人工神经网络基本模型

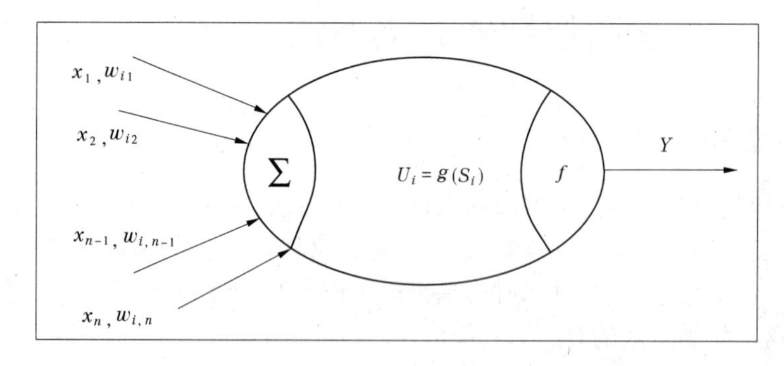

图 7-40　神经元的基本模型

多层神经网络结构是一种由多个层次若干神经节点按一定方式连接的网络。该网络模型拥有特别多的神经节点，可以对复杂信息进行处理。每一个神经节点可能都有多个输入数据，经过复杂的计算，按照需要选用合适的输出函数，获得一种较为可靠的结果，由此形成巨型的多层人工神经网络，如图 7-41 所示。输入部分为 $x_1, x_2, \cdots, x_n$，相当于生物神经节点树突，θ_i 为条件数据，w_{ij}为相邻节点连接权，它们的符号代表了神经节点的两种状态，要么处于兴奋状态，要么处于抑制状态，$f(\cdot)$为处理函数，y_i 为最终结果。

这个模型可以描述为如图 7-41 所示结构。

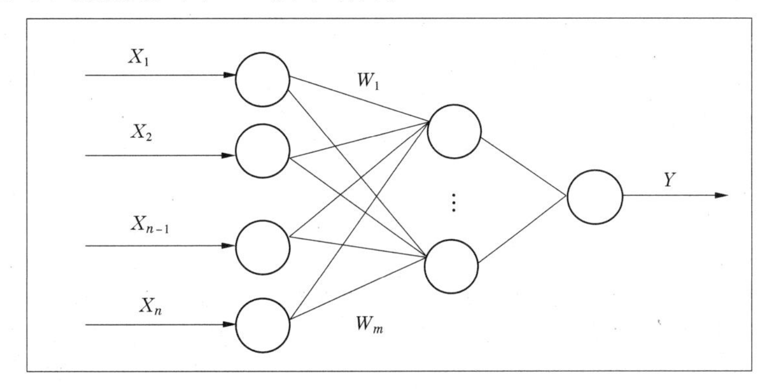

图 7-41　多层人工神经网络示意图

2）人工神经网络分类器的建立

人工神经网络分类器可以用图 7-42 来描述。从该图可以看出，这种分类器分为两步：第一步为计算"输入"和"输出"每一类的匹配值，这个值反映输入和输出类的相似程度；第二步是在匹配值中选择匹配值为最大的类。它的大小代表了"输入"和"输出"的相似程度，值越大越靠近。一般而言，分类器是主要采用计算概率的方式来确定开头和结尾的关系及匹配数据值。

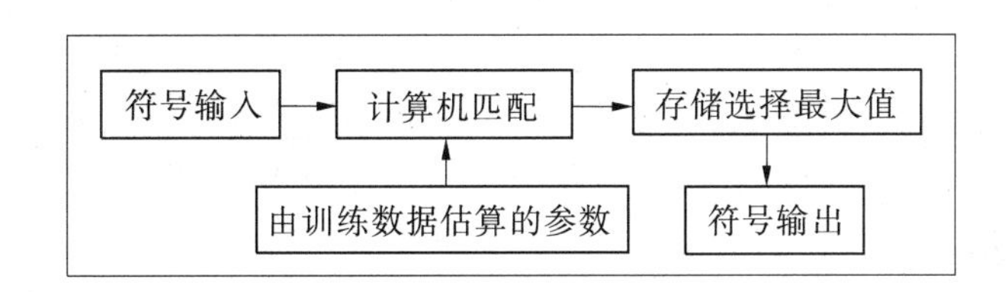

图 7-42　人工神经网络分类器建立过程

经过训练与学习，人工神经网络可以得到一批有对应关系的输入输出数据，经过分析研究得到两类数据之间的潜在联系，收集新的初始数据，根据这些关系，来推演所预期的结果。由此可见，人工神经网络在自我调节和适应方面具有一定的优越性。

2. BP 神经网络方法

BP 神经网络是一种改进型的人工神经网络，如图 7-43 所示，在遥感图像分类中采用 BP 神经计算方法来实现。BP 神经算法在误差传播方式与以往有很大的不同，按照开始到结尾传播误差，当无法达到原来的效果时，按原通路返回，不断修改连接权，从而使得结果与预期更接近，因此被称为"前向"网络。

该网络结构层次一般由输入输出层和中间过渡层组成。BP 神经网络信息输送的路径一般是从开始层，经过多个层次后到达结尾层，若获得的结果与预期一致或者接近，则给出结果。若获得结果与实际不符，沿着原路径反向传播误差，然后根据连接传导误差导数朝着原来路径返回，对各处的连接权进行修改，使得总的误差传播趋近于最小化，直到达到事先

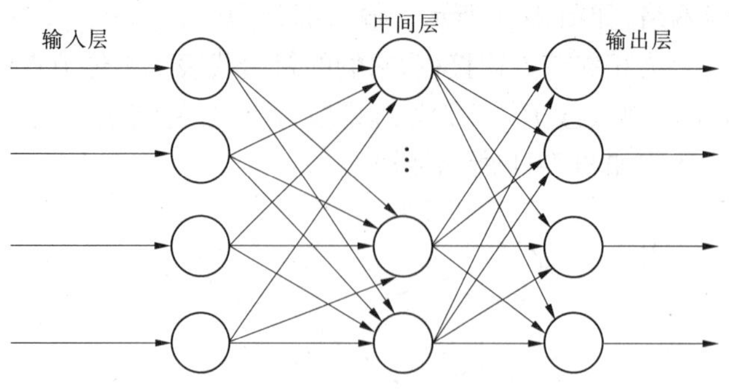

图 7-43　BP 神经网络结构

预期。

BP 神经网络的样本训练是根据节点误差验证来进行的,整个神经网络通过这样的调整来与外界变化相协调,当外部环境变化时,神经网络能及时修改节点之间的权值,由此整个神经网络的信息处理能力将大大提高。基于这一思路,研究者提出了各种学习的规则和方法,来适应各种网络分类需求。

在神经云网络节点数的规划中,实际的输入层和输出层数量往往根据具体情况来确定。对于网络上隐含节点数量的选择,一般先预先给定一个值,经过反复的试验调整后得出数量,一般选择的原则以全局误差最小为原则,当然,全局误差应该小于事先给定的合限误差。神经网络节点需要用到节点激活函数,而且要保证该函数是可导型的,该函数可以很好地解决数据获取与数据成果之间的非线性映射问题。神经网络分类中,样本的学习和训练是分类的主要工作,因此神经网络分类法是相对智能化的学习法。

神经网络分类算法在遥感分类领域得到了极为广泛的应用,但是 ,它在自身机制上也存在一些不足,主要表现在:①当参与分类的数据量比较大时,神经网络分类训练时间会比较长,有时需数十个小时,甚至更久;② 神经网络训练中容易出现麻痹现象,甚至有时候完全无法训练下去;③有时能取得极小值而使得全局收敛无法达到最优解。

(二)支持向量机分类

1. 支持向量机的思想

支持向量机的分类方法是一种基于数理统计理论和机器学习理论的训练方法,可以应用到高分辨率遥感影像分类之中。假设所研究的问题是在线性可分的情况下,去寻求一个分类中的超级平面,进而将不同的类区分开来,在线性不可分的情况下,将一个低维度空间的分类映射到一个高维度的线性不可分的环境中,并在该空间中寻找最优解。同时,在结构化分险中找到属性的最佳分类超平面,使得分类结果最佳。支持向量机分类算法的基本出发点是在分类超平面中寻找具有最佳解的分类平面。

要获得遥感影像最佳的分类支持平面,一个最需要提及的概念就是狭义最优分类面的问题。该平面的特点是用一次支持向量便可以完成简单两类的区分,而且该平面可以做到唯一。SVM 方法用于分类主要就是要找到这样一个平面,从而实现简单的、线性的可分类别用于支持影像分类。对于所有线性可分环境下的元素来讲,一般在一维空间可用点来表示,二维空间用线来区分,三维空间用平面来表示,图 7-44 中所列的两种类型的点是两种不同的类,用 T 来表示它们之间的分割平面,也叫超级平面,T_1 是其中一个分类超级平面,T_2 是另外一个分类超级平面,T_1、T_2、T 均处于一个体系之中,距离有所不同。T_1 与 T_2 之间的距离是这三个面中的两两距离最大的，称为类别之间的分类距离。

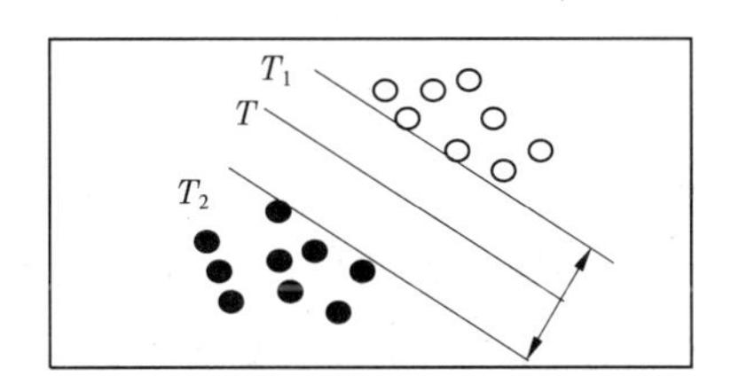

图 7-44　最优分类面与超级平面

从图 7-44 可以理解，最优分类面的意思就是既能把不同的类别分开，同时它们之间的距离也是最大的，这也确保了所分的类别之间是完全正确的。错误概率为零，风险值最小，具备这样的特征的分类面就可以理解为最优分类面。

在 SVM 分类函数方面，用于 SVM 分类的函数具备这样一个特点，每一次分类的中间节点上都可以找到相应的子分类函数，也就是一个支持向量，分类的函数是所有节点上的分类子函数的各种线性的组合，如图 7-45 所示。

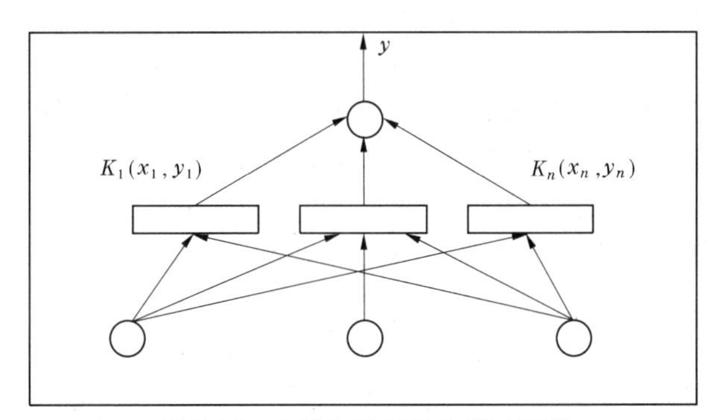

图 7-45　支持向量机的分类示意图

利用小的训练样本，非线性问题向高维空间的线性问题的转换，高维模式下的最优超级分类面等问题上，SVM 分类方法表现出某种十分突出的优势。支持向量机最后成功地转化成解具体分类的动态线性规划问题。因此，SVM 的求解已经是对整个分类问题独一无二的最佳优选解。如果只考虑分类等问题，在通过训练积累了丰富的知识之后，在经验和知识结构上的风险值可以降到最低，也就是使得风险值达到最小化，结合核函数的方法和在理论上最优化，将线性的一般分类函数进行有效的扩展，构成广义上的可延伸的线性分类方法，这就是 SVM 分类。

2. 常用于支持向量机分类的核函数

（1）一般线性可分核函数（linear）

$$K(x_i, x_j) = (x_i \cdot x_j) \tag{7-19}$$

（2）一般高次多项式核函数（polygon）

$$K(x_i, x_j) = [(x \cdot x_i) + 1]^q \tag{7-20}$$

其中 q 可以理解为多项式的高阶次数，于是可整理为 q 阶高次多项式型分类器。

（3）以质点为中心的径向函数（RBF）

$$K(x_i, x_j) = \exp\left(-\frac{|x - x_i|^2}{\sigma^2}\right) \tag{7-21}$$

在此约束条件下,任何一个支持型向量将对应一个径向基(距离)核函数的任一个基函数所在的中心。

(4)Sigmoid 函数

$$K(x,x_i) = \tanh[v(x \cdot x_i) + c] \tag{7-22}$$

SVM 支持向量机的核函数中,多项式型的核函数和高斯径向基型核函数最为常用,在高分辨率遥感分类问题中的应用方面,也是十分有意义的。

3. SVM 分类问题

SVM 的分类问题是在高维空间转换为一般函数均可解决的分类问题,该方法的分类根据分类可行性的难度有三种情况:第一种称为一般线性可分的问题,第二种称为近似线性可分的问题,第三种称为非线性可分的问题。在二维向量的范围内,通过一个例子来讨论三种分类情况问题。

1)一般线性可分类的问题

对于图 7-46 所列的两类训练样本而言,只需用一条直线就可以把两类待分类的样本正确地予以区分,这样的分类问题称为线性可分的问题。

2)近似线性的可分类问题

对于图 7-47 所列的两类训练样本而言,两个训练样本要正确区分其类别而获得确定的边界,只需要用到一根直线就可以大致把它们区分开来。但是,分类之后的某一类或者两类都拥有少量的对方类的要素,这样就使得经过分离的两类中至少有一类是掺杂其他类别的,如此分类,实际上是没有完全正确分类,把上述情形称为近似的线性可分类问题。

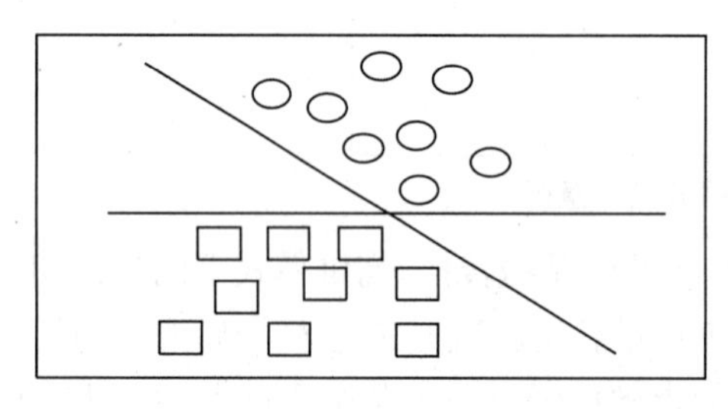

图 7-46 线性可分类的情形

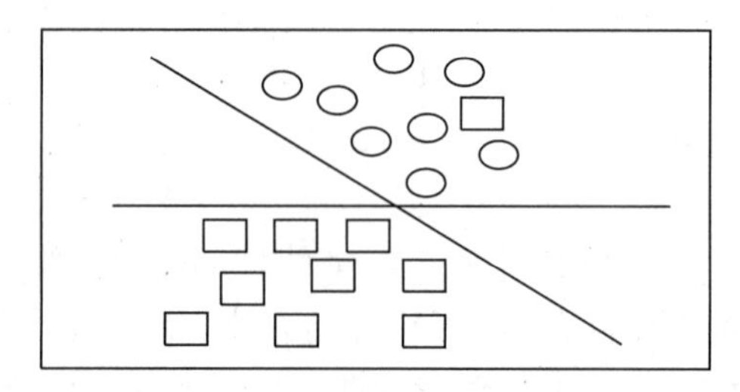

图 7-47 近似线性可分类的情形

3)非线性可分类的问题

对于图 7-48 所列的两类训练样本而言,只用一条直线也无法将两类训练样本分开,这时只能用一条曲线将不同的训练类别区别开来,如此便可以将两个不同的类完全正确区分开来,上述问题称为曲线型分类问题。

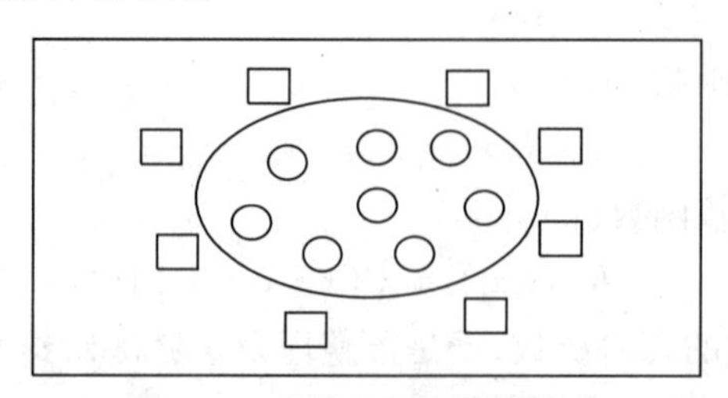

图 7-48 非线性可分类的情形

遥感影像的分类问题就是特殊曲线可分类问题,是一个常规线性可分无法解决的问题。

一般的做法是采取变换空间维的问题,即将非线性变换转变成高维空间的分类问题,在新的高维空间来寻找最优解的分类面。在实际的分类问题中,这个变换涉及的问题也比较麻烦,于是这个问题又进一步转换为寻找最佳的核函数来达到解决问题的目的。

4. 支持向量机方法的优势

(1)支持向量机分类基本上围绕风险结构最小的基本原则,遵守这一原则时,可以投入少量的训练样本,同样可以解决大样本所能获得的精度。从这个角度来看,有利于节省分类训练的时间,同时提高了分类精度。

(2)SVM 学习分类算法有比较严密的分类理论支持,分类精度比较高。

(3)支持向量机的分类算法具有超级强大的高维空间特征分类面处理能力。

(三) 专家系统分类

1. 专家系统的概念及简化模型

专家系统(ES)是人工智能领域最活跃和最广泛的领域之一。自 1965 年人类第一个专家系统 Dendral 在美国斯坦福大学问世以来,经过 50 多年的发展,各种专家系统已经遍布各大专业领域,专家系统已经得到了更加广泛的应用。

专家系统的概念:使用人类专家推理的计算机模型来处理现实世界中需要专家做出解释的复杂问题,并得出与专家相同的结论。简单来说,专家系统可以看作是"知识库"和"推理机"的高效结合,如图 7-49 所示。从图 7-49 中可以获知,知识库就是专家知识在计算机中的映射,推理机是利用知识进行推理的能力在计算机的映射,这两个方面的构造是专家系统的主要方面。知识库的建立,涉及知识的获取、知识的表达、数据挖掘等方面知识;而推理机的建立,涉及机器推理、模糊推理、人工神经网络、人工智能等多个。由此可见,专家系统是一个非常复杂的系统,主要归功于大量成功的案例,以及简单灵活的开发工具,它直接模仿人类的心理过程,利用一系列的规则来表示专家知识。

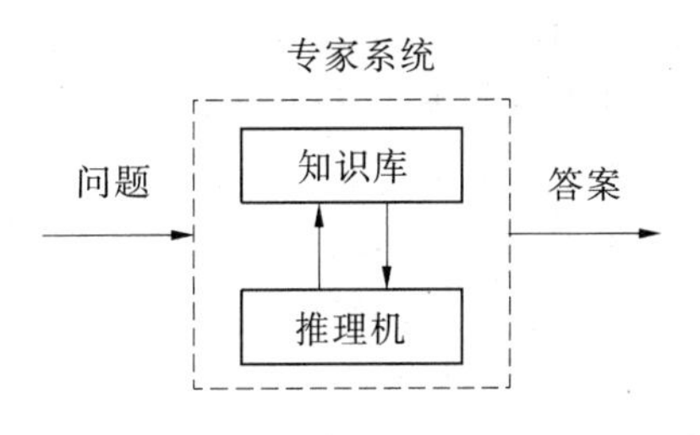

图 7-49　简化专家系统

2. 几种典型的专家系统

1)基于规则的专家系统(rule base reasoning,RBR)

该系统是根据以往专家诊断的经验,将其归纳成规则,通过启发式经验知识进行推理。它的特点是具有明确的前提条件,可以得到确定的结果。基于规则的专家系统主要包括两大步骤来完善专家系统:第一步是专家提出规则,第二步是算法自动生成。RBR 是建构专家系统最常用的方式,这种方法容易使系统与人类专家合作,提供友好的人机交互界面,易于被用户所理解。规则库中的规则具有相同的结构,例如,if …then…。这个结构便于管理,便于推理机的设计。它也存在一些缺点,当系统非常复杂时,难以用结构化的规则来表达,如果全部用规则的形式来表达,提炼规则十分困难,规则库的建立会非常庞杂,实时处理会受到较大影响。因此,基于规则的专家系统适合于系统结构简单、前提与结论都明确,问题仅仅用规则就可以全部概括的情形,知识是经验的,问题的求解可以视作是一系列的独立操作。

2)基于案例推理的专家系统

基于案例推理的专家系统,就是采用以前的案例解求当前问题的技术。首先获取当前问题的信息,通过搜索寻找最相似的过去的案例。如果找到了最佳匹配,就建议使用与过去所用相同的解,如果搜索相似案例失败,则将这个案例作为新案例。因此,基于案例推理的专家系统能够不断地获得新的经验,以增加系统解求问题的能力。该方法在案例特征的选择、权重分配及实例修订时的一致性检验等方面还存在一些问题。

3)基于 Web 的专家系统

随着网络的发展,Web 已经成为用户的交互接口,大多数软件都基于网络接口而开发。专家系统的发展顺应潮流,将人机交互定位在 Web 层次:专家、知识工程师与用户通过浏览器访问专家系统服务器,将问题传递给服务器,服务器通过后台大型的推理机,并调用综合知识库进行推理运算,将结论反馈给用户。如图 7-50 所示,采用三层网络结构进行访问。

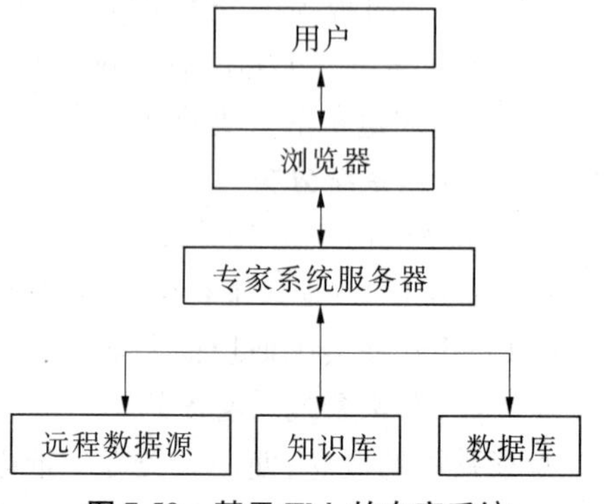

图 7-50　基于 Web 的专家系统

3. 遥感图像专家系统分类

遥感图像专家系统分类是将专家系统理论和分析机制应用于遥感影像分类的方法,即把某一特定领域的专家知识输入到计算机中,辅助人们解决影像分类问题的系统。在对遥感影像进行解译的过程中,常规的计算机分类方法往往仅根据影像的光谱信息对地物要素加以识别,使得分类结果的精度受到相当程度的影响。随着“3S”测绘技术的发展,越来越多的地理数据和环境数据得以空间化,并以数字形式应用于分析研究,能够为遥感影像分类提供空间辅助信息,为基于知识的地物解译提供数据基础。

专家系统分类方法是利用专家系统的理论,基于遥感影像数据和地理信息数据提取专家知识,再利用知识建立规则库应用于整个区域的影像分类方法。专家系统理论和技术是整个分类器设计的重要指导思想,数据通过知识库和推理机实现自动分类。传统的遥感影像分类是基于图像算法和处理器来进行的。专家系统的遥感影像分类综合了地物的光谱信息、空间特征和专家的知识等多方面的信息,能有效地识别地物类型,分类精度相对于单纯的光谱分类有显著提高。遥感图像专家系统分类的过程包括数据准备和预处理、专家知识获取和规则库建立、推理机分类等三个主要步骤,如图 7-51 所示。

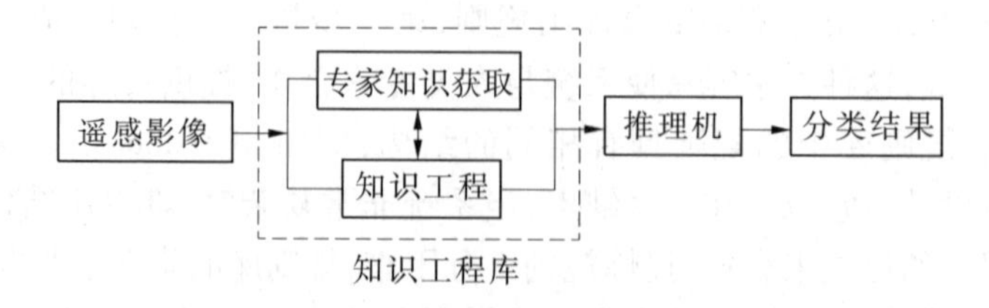

图 7-51　遥感图像专家系统分类

在应用遥感图像专家系统分类法完成影像分类过程中,知识库的建立和推理机制设计是关键性工作,其中知识库的准确性和完性是决定分类精度的重要因素。通常情况下遥感图像专家系统分类器的知识库建立需要由拥有丰富专业知识的领域专家和熟悉专家系统推理机制的知识工程师协作完成。

随着知识的发现与数据挖掘理论的发展,越来越多的学者开始尝试利用数据挖掘方法从数据仓库中自动提取专家知识,实现利用计算机替代领域专家和知识工程师的工作。在遥感图像专家系统分类器中,专家知识自动提取功能的实现能够显著提高专家系统分类的效率,为遥感图像专家系统分类方法的应用和推广开辟了新的途径。

四、任务实施

本案例是利用已经制作好的知识分类器对遥感影像进行分类,知识分类器由两部分组成:第一部分是软件用户界面,第二部分是功能执行过程界面。具体步骤如下。

(一)数据准备

在系统自带的数据文件夹中,找到 mobility_factors. ckb 文件,确定文件存在且完好。

(二)启动知识分类器

在 ERDAS 的图标面板工具条上,点击 Classifier 图标,在 Classification 菜单中选择 Knowledge Classifier 子菜单,打开"Knowledge Classification"(知识分类)对话框,如图 7-52 所示。在该对话框中,点击按钮,选择知识库 Knowledge Base 为 mobility_factors. ckb,弹出"SELECT THE CLASSES OF INTEREST"(选择感兴趣的类)对话框,如图 7-53 所示。

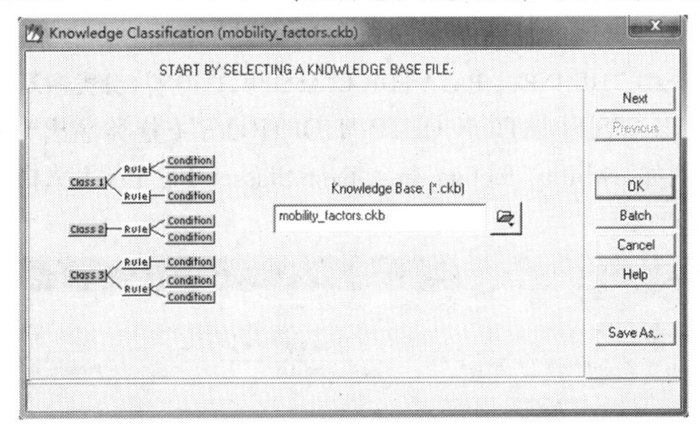

图 7-52　"Knowledge Classification"(知识分类)对话框

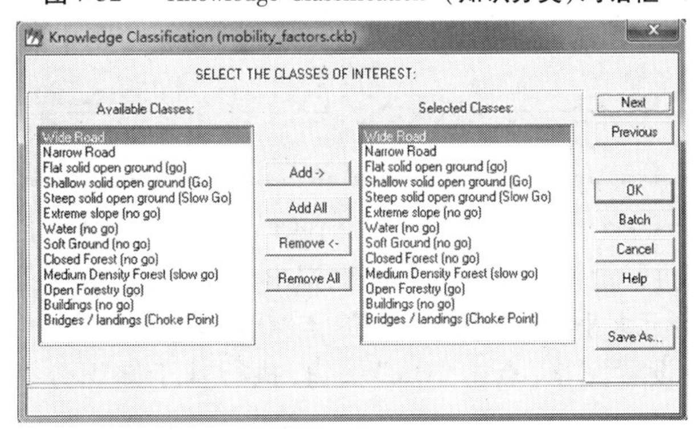

图 7-53　"SELECT THE CLASSES OF INTEREST"(选择感兴趣的类)对话框

(三)对自己感兴趣的类别进行选择和设置

系统提供的知识库 mobility_factors. ckb 对所分类型已经进行了专家知识论证,用户可

以根据需要来调用其中感兴趣的类别,也可以全部都选择,以此作为自己的输出分类结果。具体操作步取为:

(1)点击“Remove All”按钮,将右侧所选的分类类别(Selected Classes)全部予以清除。

(2)在左侧可选类(Available Classes)列表框中,选择自己感兴趣的类,如 Residential,点击 Add,将其添加至右侧的已选类中;同理,将左侧列表框中的 Commercial Services 添加到右侧的 Selected Classes 中,这里选择 Add ALL。

(3)选择完毕后,点击“Next”按钮,打开“SELECT THE INPUT PATA FOR CLASSIFICATION”对话框,如图 7-54 所示。选择道路 roads 层,Layer_1。点击“Next”按钮,进入下一个参数设置页面。

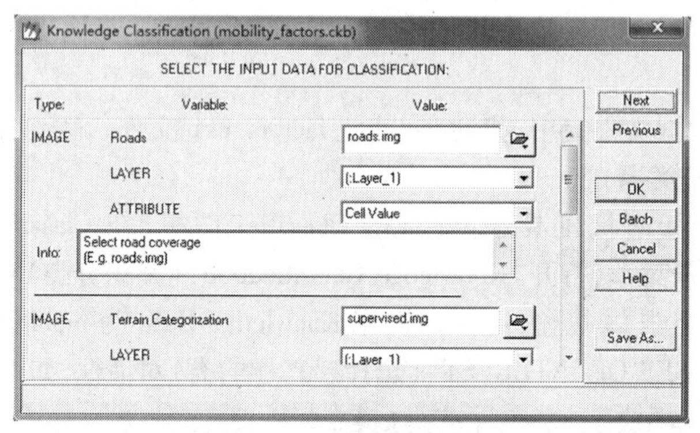

图 7-54 “SELECT THE INPUT PATA FOR CLASSIFICATION”(分类输入数据)对话框

(4)在“SELECT CLASSIFICATION OUTPUT OPTIONS”(分类输出)对话框中,给定输出文件路径及文件名,例如 mobility_factors. img,Best Classer Per Pixel 选择 1,打开 Set Window 对话框,如图 7-55 所示。

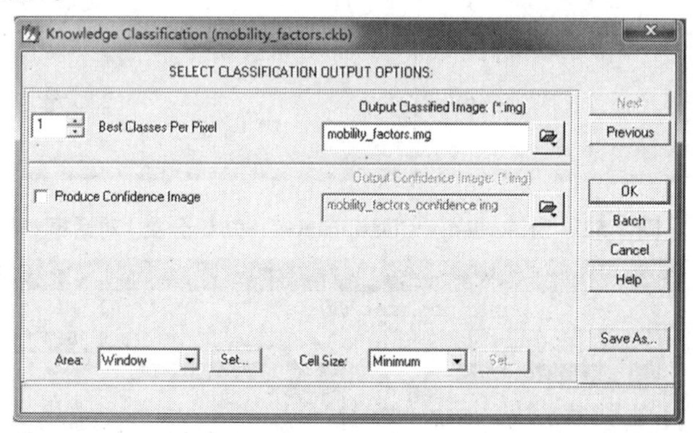

图 7-55 “SELECT CLASSIFICATION OUTPUT OPTIONS”(分类输出)对话框

可以对窗口大小进行设置,点击“OK”按钮,退出该步设置。在 Cell Size 中选择 Specify 项,在该对话框设置像元大小,选择合适的单位,点“OK”按钮退出。

(5)待所有参数设置完毕,点击“OK”按钮,执行基于知识分类器的图像分类,如图 7-56、图 7-57 所示。

(6)查看分类结果,如图 7-58 所示。到这一步,借助于知识分类器进行专家分类的过程完成。关于如何建立专家知识库,有兴趣的读者可以自行参考相关书籍进行研究。

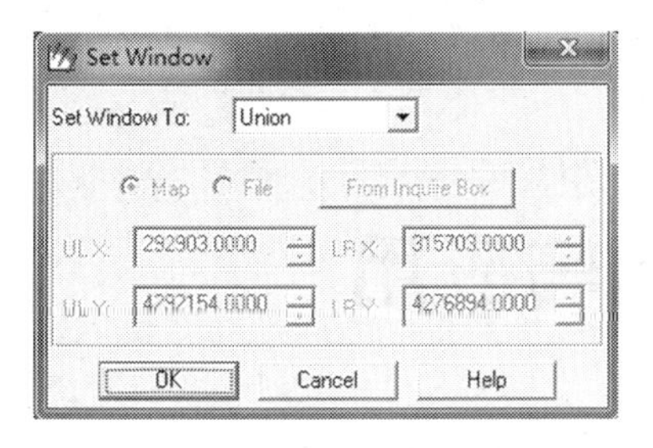

图 7-56　“Set Window”对话框

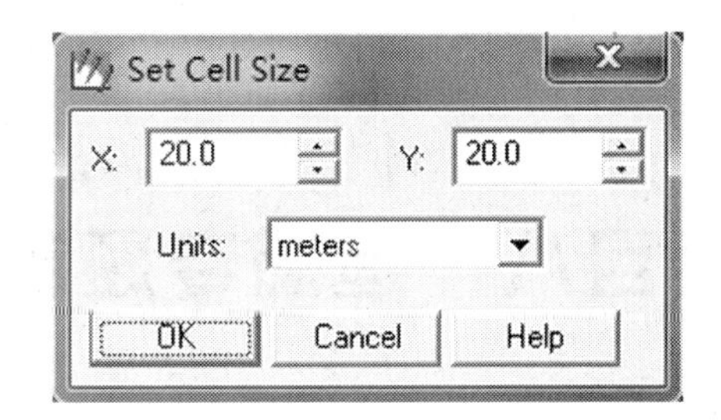

图 7-57　“Set Cell Size”对话框

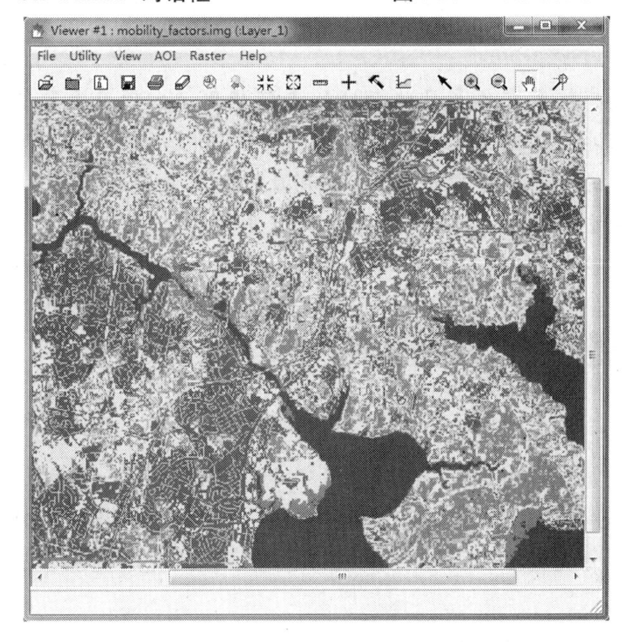

图 7-58　基于知识分类器的专家分类结果

五、技能训练

能运用专家知识和知识工程师进行专家系统的构建,并指导分类。

六、思考练习

如何提高专家系统分类的效率?

项目八　遥感专题制图与应用

项目概述

遥感专题是遥感技术在各个具体领域的专门应用。本项目主要选取了遥感影像地图、植被指数图、土地利用图三个专题图的制作和一个变化检测技术的应用,通过与遥感影像分类相结合的专题及专题应用,可以有效解决其他领域对遥感信息的急迫需求,同时可以拓展遥感应用领域,发挥遥感信息的重要作用。

任务一　遥感影像地图制图

一、任务目标

遥感专题制图是遥感图像处理的重要应用之一,它综合运用遥感图像处理的基础知识,对遥感专题信息进行分类、提取,为各种领域对遥感信息的应用提供了一个方向。

二、学习目标

(1)掌握遥感影像专题制图的内容、方法和流程。

(2)能理解遥感专题地图的作用。

三、相关知识

(一)遥感影像地图的概念

遥感影像地图是指以遥感影像作为地图要素的主体,辅助一定数量的线划及符号要素和图廓整饰要素的具有某一种地图投影和满足一定制图几何精度的地图。遥感影像地图既具有一般地图所具有的几何精度和线划要素表示,同时具有极为丰富的影像信息,它结合了经过地面控制点几何纠正后的影像的优点,也结合了地图中常用的几何要素的表达方式,例如通过点、线要素来表达具体的地物的方法,使得地图图面看起来不仅直观、清晰,信息还十分丰富。遥感影像地图的制作主要包括影像的纠正、线划要素的制作和图廓整饰三个部分。

(二)遥感影像图的制作

影像纠正采取的方法主要是在影像控制的区域内均匀选定一系列地面控制点,用 GPS 的方式测定这些控制点坐标,然后选用合适的几何纠正模型,对遥感影像进行精确的几何纠正,获得符合某种地图投影的影像。控制点的获取方法有很多种,一种是在影像所在区域均匀布设一定数量的地面点,然后用 GPS 的方法直接实地测定,从而获得高精度的地面控制点;另一种方式是从地形图上对应的范围选取精度比制作影像图高一个级别的图面控制点,获取其图解的坐标。按照相关规范要求,对遥感影像进行精加工处理后,平面位置误差控制在1～1.5个像元才能制作影像图,而用于一般判读目的的,残余误差可放宽至2～3个像元。

遥感影像地图的制图比例尺与制图精度有关,一般参照万分之　地图所用的1 m分辨率的遥感影像作为基本标准,来确定其他制图比例尺的大小。

遥感影像地图的制作根据用图需要在制作影像时,可以采取影像融合的技术对图像进行处理。例如,为了突出水系要素,在TM图上可以采用TM4、TM3、TM2三个波段合成影像,为了突出城市信息,可以采用TM7、TM4、TM2波段,为了更好地显示植被,可以采用TM5、TM4、TM3波段合成一幅假彩色图像。这样可以使影像图面显示效果最佳,空间特征表达丰富,增加影像图所承载的信息量。

跨景制作影像图时,尽量选择同一季节的影像,并做影像基色和反差调整处理及镶嵌边平滑处理。对于高差很大的地区,应考虑投影误差的改正,尤其是高分辨率的遥感影像,如IKONOS必须做投影改正。将基准高程面设置在制图区域的平均高程面上,用DTM数据计算Y方向的投影差,加以改正。必要时可以对影像文件坐标进行转换,使影像地图具有所需地图投影坐标。

影像地图上线划要素的制作,有些可以直接从图像上判读提取,如公路、铁路、城镇、机场等。必要时可以采用增强的方法,例如公路、铁路可以采用专题色彩填充表达,也就是影像上能清楚显示的要素均以影像来表示,而不用符号来表示,例如河流、湖泊、山体、海岸线等;影像上能清楚显示,但又不能准确判读其位置和特征的,用说明注记表示;影像上重要地物无法识别的可以用符号表示,例如小的居民点、农村道路等;影像上没有的要素用符号和注记表示,例如高程注记、河流流向、山名、境界、高压线、地类界等。

(三)遥感影像图的制作流程

遥感影像图的制作流程如图8-1所示。

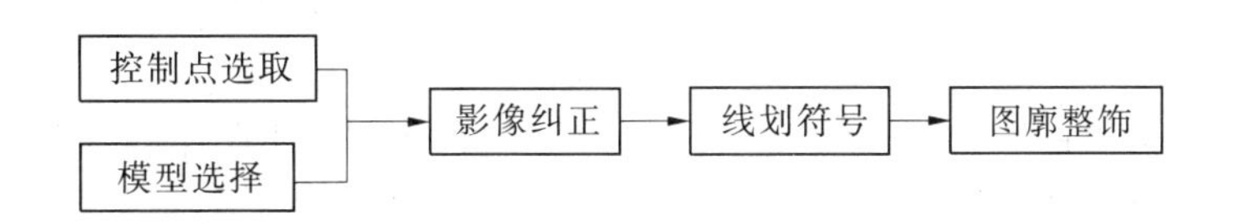

图8-1　遥感影像地图的制作流程

(四)遥感影像图的制作要素

1. 影像要素

遥感影像地图主要是以影像形式来表现的,影像清晰、易辨,易于判读和表达,具有一定的几何精度和良好的现势性,色彩均匀、色调一致性好、反差适中、灰雾度小,能较好地反映该区域的地物、地貌及地理景观,在影像达不到这个要求时,可以用线划和符号要素进行表达。

2. 线划及符号、说明注记要素

影像上表达不清楚的地方,一般用线条进行表示,有属性的用相应的符号表示,没有对应地物又需要表示的,可以用符号或者说明注记进行图面表示。

3. 地图整饰要素

地图整饰要素主要包括地理坐标、制作参考系、地图格网、绘图比例尺、地图图例、指北

针、图名等。

四、任务实施

遥感影像地图的制作主要涉及两大块：一块是遥感影像的制作，另一块是遥感影像地图的建立及附属要素的制作编辑。遥感影像的制作主要解决遥感影像的几何变形、属性及色彩调整问题。这几步在前面已经涉及，这里不再重复。下面主要对遥感影像地图的建立及附属要素的编辑做一些介绍。内容包括新建地图、绘制地图图框、绘制格网线和坐标、绘制地图比例尺、绘制地图图例、绘制地图指北针、放置地图图名（见图 8-2）等。

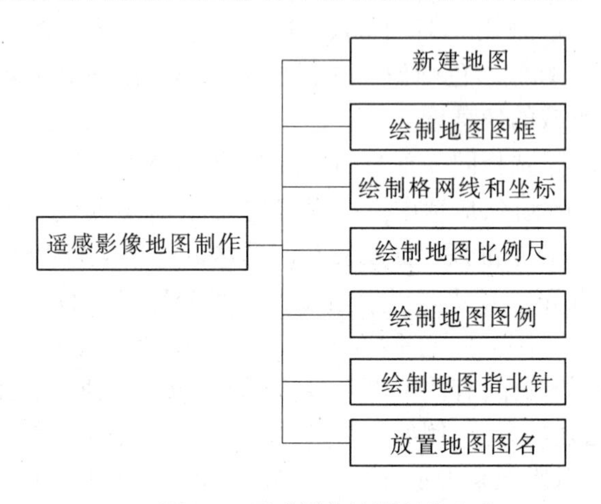

图 8-2　遥感影像地图制作内容

（一）新建地图

如图 8-3 所示，在 Main 菜单中调用遥感影像地图编辑器 Map Composer。在新建地图对话框中，需要输入的是图幅的相关信息，包括图幅的文件名、地图文件存储的文件夹、图幅的宽度信息、高度信息、图幅的单位尺寸、屏幕显示比例尺、图幅的背景色彩等基本信息。这些信息可以根据制图的设计文件来填写，也可以根据系统提供的模板来定制。具体操作步骤如下：

在新建地图对话框中，如图 8-4 所示，通过点击确定文件存储的路径，接着在 New Name 空白框中输入影像地图的文件名，例如 image-map，同时依次输入地图的图幅宽度 28.00，图幅高度 28，制图单位尺寸选择 centimeters 等，点击“OK”按钮。弹出地图制图窗口和注记面板 Annotation（见图 8-5）。

遥感影像地图的编制工作主要集中在地图制图窗口和注记面板之间的交互制图，在地图制图窗口中集成了主要菜单和主要快捷图标。在 Annotation 面板中，有常用工具集，可以通过调用该面板的工具，在地图制图框中，绘制几何注记，创建文字，绘制地图的图框、坐标网格线、图廓线、地图制图比例尺、图例和图名等基本信息。

（二）绘制地图图框

地图图框的绘制，可以有三种方式：第一种是通过选择注记面板中的多边形工具，在地图制图框界面空白处直接拖动绘制一个矩形或者其他形状的图框；第二种方式是直接从已经准备好的窗口中调用图框；第三种方式是从准备好的图像文件和矢量文件中间接调用图框。下面以第二种方式为例，介绍操作步骤。

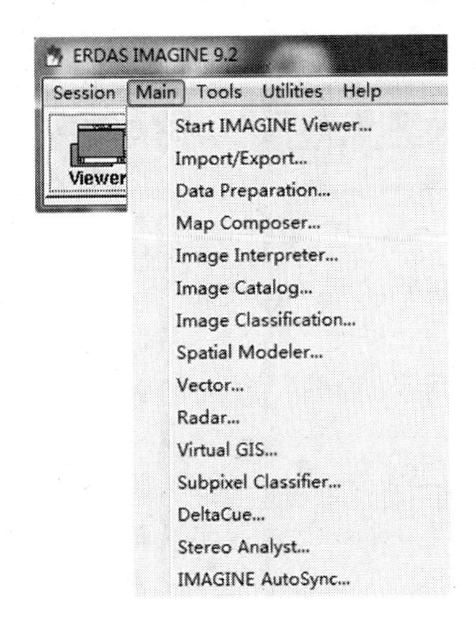

图 8-3 遥感影像地图制作菜单

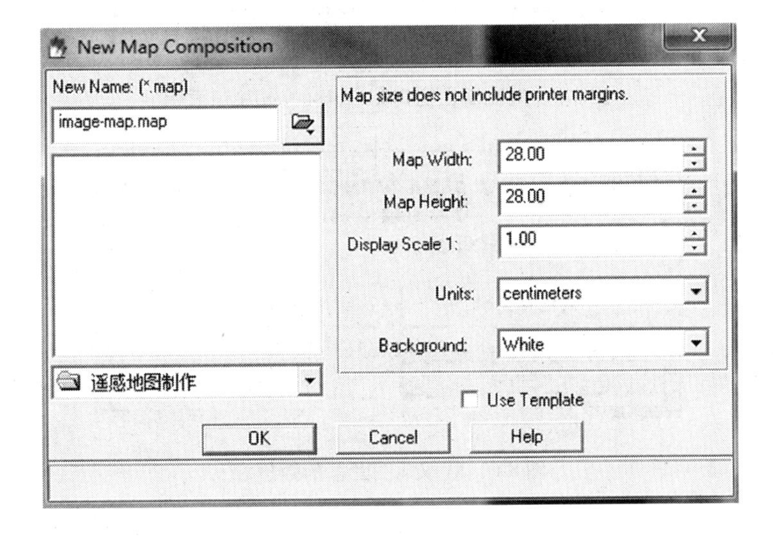

图 8-4 新建地图对话框

如图 8-5 所示,在 Annotation 注记面板中选择(创建地图框架)按钮,将鼠标移动到地图制图窗口的白色地图区域中,单击鼠标左键,弹出地图图框来源对话框。如图 8-6 所示,点击"Viewer"按钮,这时弹出让拾取某一窗口,用鼠标左键点击已经打开的待制图的遥感图像所在窗口,进行视图获取,拾取窗口成功后,弹出建立框架的对话框"Map Frame",在该窗口中设置地图图框的相关参数,如图 8-7 所示。输入图框框架的名字,例如 MapFrame_1. img。地图图框的范围取决于三个要素:制图范围、图纸范围和地图比例尺。其关系如下:

(1)第一个选项是保持比例尺不变,改变制图范围和图框范围。

(2)第二个选项是制图范围不变,改变比例尺图框范围。

(3)第三个选项是保持图框范围不变,改变比例尺和制图范围。

在以上三个选项之间,根据绘制图框的需要进行选择,并设置好相应的参数大小。

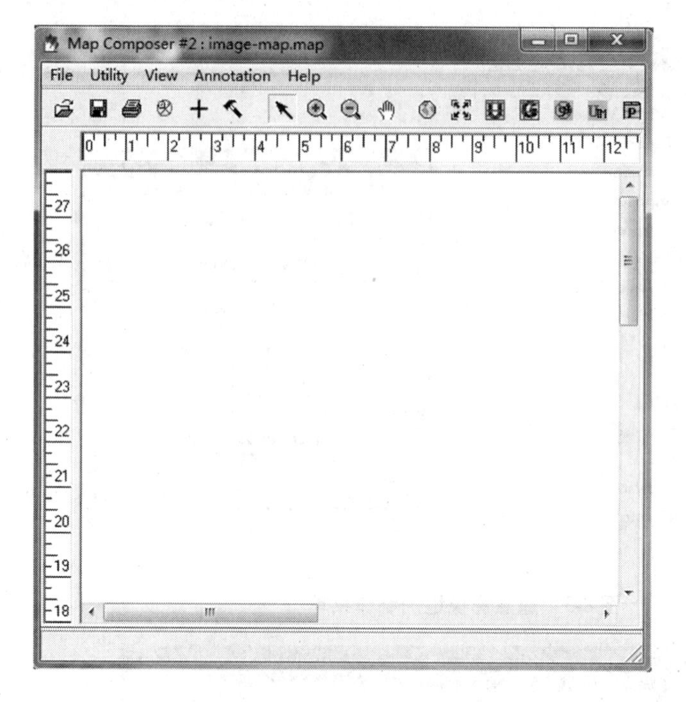

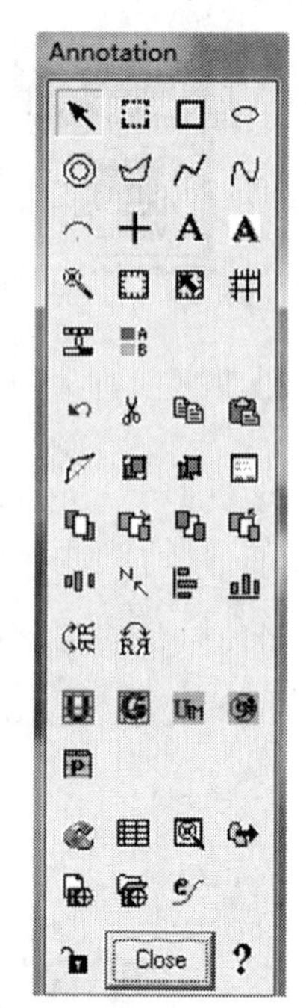

图 8-5　地图制图窗口和 Annotation 注记面板

图 8-6　获取地图图框的数据源

这里选择第二个选项，图框宽度和高度选择 13，比例尺可以根据图像大小及制图需要设定，例如输入 50 000，或者默认，制图范围可以自己设定，也可以选择使用整个图像(Use Entire Source)。完成以上设置之后，点击"OK"按钮，影像将置放于地图制图窗口中，如图 8-8 所示。影像在图框中的位置可以点击进行调整，方法是当鼠标在影像上呈现箭头时，按住鼠标左键拖动位置即可。

（三）绘制格网线和坐标

在 Annotation 面板点击(创建格网点)图标，用鼠标点击地图制图窗口空白处，弹出格网和坐标设置的对话框，如图 8-9 所示。输入格网和坐标图层名，例如 tukuang，图廓线和图框的间距为 0. 200 cm，地图制图单位选择 Meters，设置横轴的图廓线的内网长度为 0. 1 cm，点击"Copy to Vertical"(复制到垂直方向格网)。点击"Apply"按钮，横轴和纵轴的格网绘制好，坐标标注在格网四周，覆盖在影像上，如图 8-10 所示。

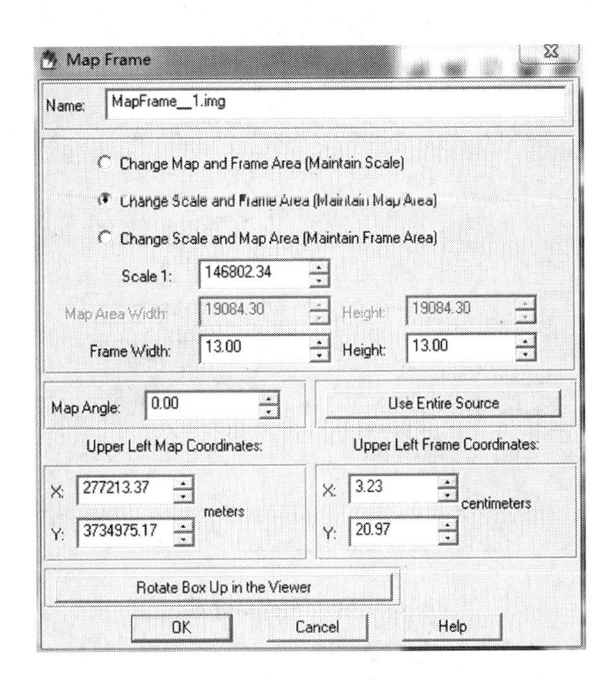

图 8-7 地图图框设置

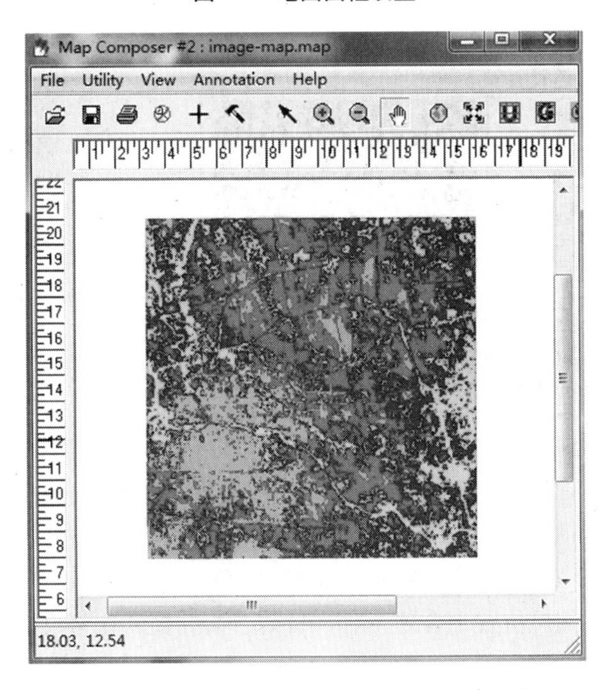

图 8-8 遥感专题制图影像

(四)绘制地图比例尺

在 Annotation 面板点击(创建比例尺)按钮,鼠标移动到地图制图窗口空白处,点击鼠标左键,弹出拾取提示对话框,如图 8-11 所示,鼠标移动到影像下方,点击影像,弹出比例尺设置对话框,如图 8-12 所示。输入比例尺图层名,例如 bilichi,单位选择 Meters,定义的比

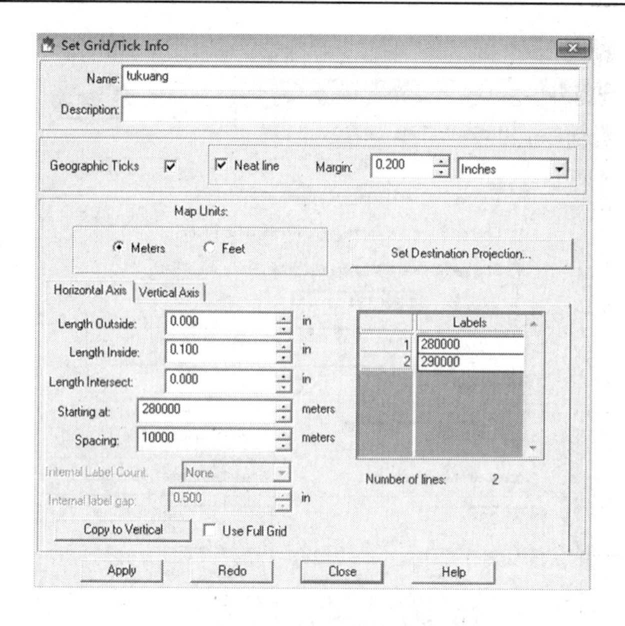

图 8-9　格网和坐标设置

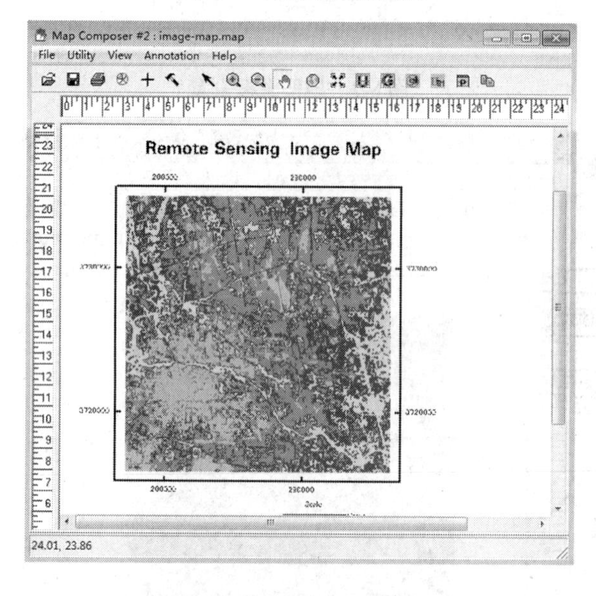

图 8-10　绘制出格网和坐标

例尺最大长度为 3.00 cm。点击“Apply”按钮,比例尺图层绘制于地图制图窗口中,如图 8-13 所示。如果比例尺位置不合理,点击鼠标左键,并拖动比例尺图层到合适位置。

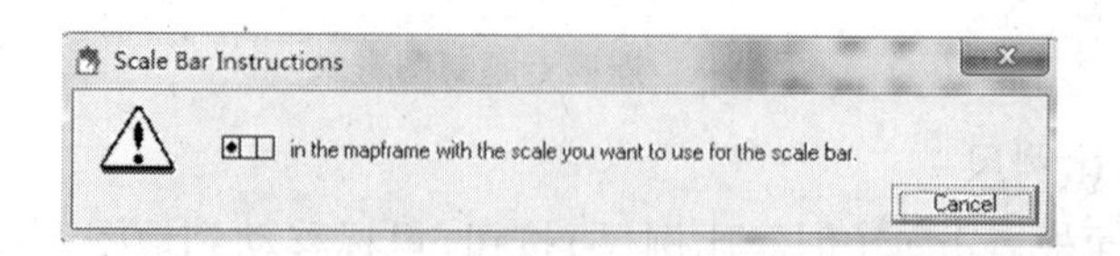

图 8-11　拾取提示对话框

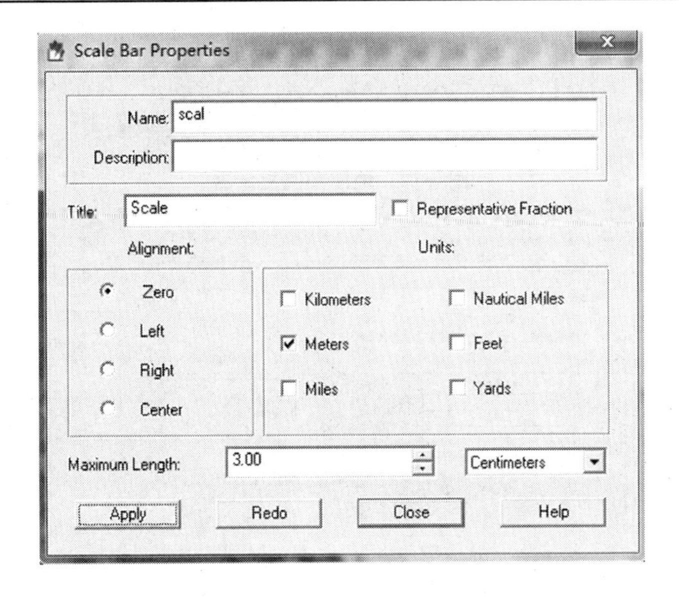

图 8-12　地图比例尺设置对话框

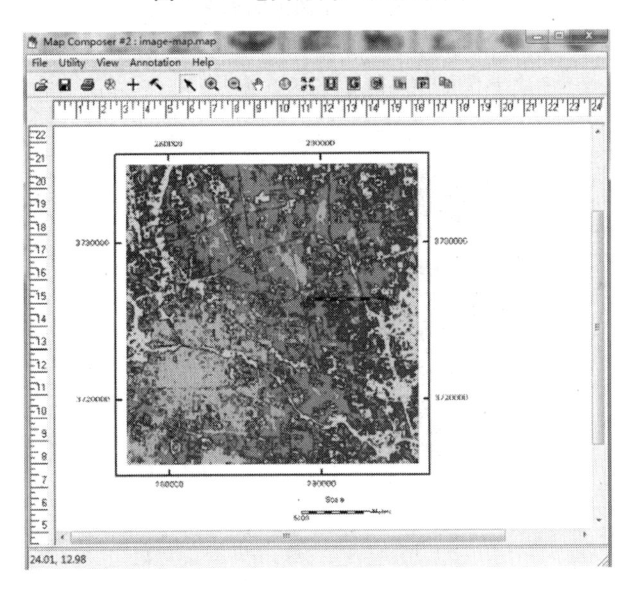

图 8-13　绘制出的地图比例尺

(五)绘制地图图例

在 Annotation 面板中选择 (Creat Legend)图标,点击鼠标左键,将鼠标移动到地图制图窗口空白处,弹出地图图例指示器,如图 8-14 所示,再将鼠标移动至地图制图窗口的影像上,待光标变为箭头时,点击地图制图窗口的影像,弹出图例属性对话框,如图 8-15 所示。在该窗口填入地图图例名称,如 tuli,在 Row 所在列,选中 2 ~ 5 的四个分类项,然后点击"Apply"按钮,地图图例出现在地图制图窗口中,用鼠标左键拖动图例到合适的位置即可。图例绘制于地图窗口,如图 8-16 所示。

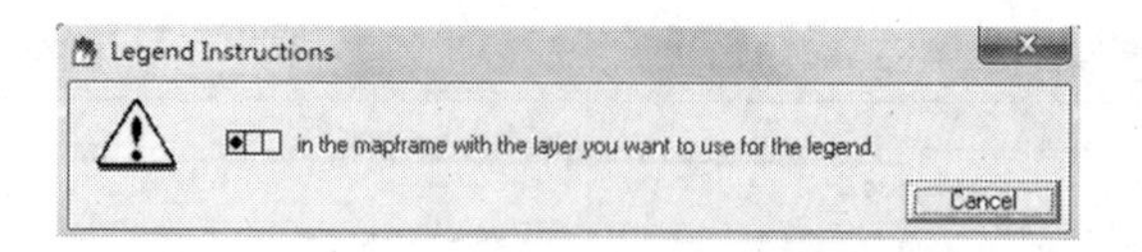

图 8-14　地图图例指示器

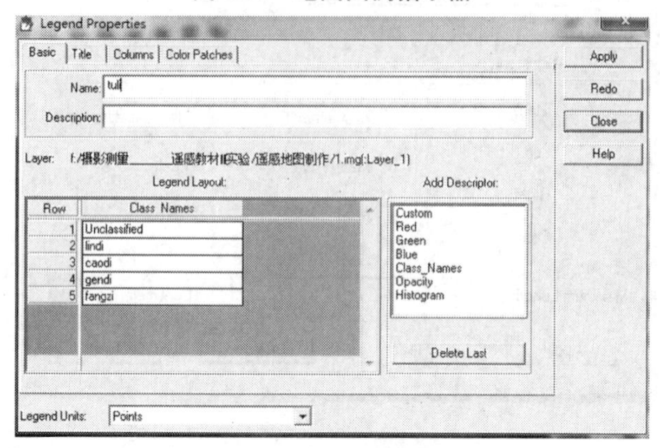

图 8-15　地图图例属性

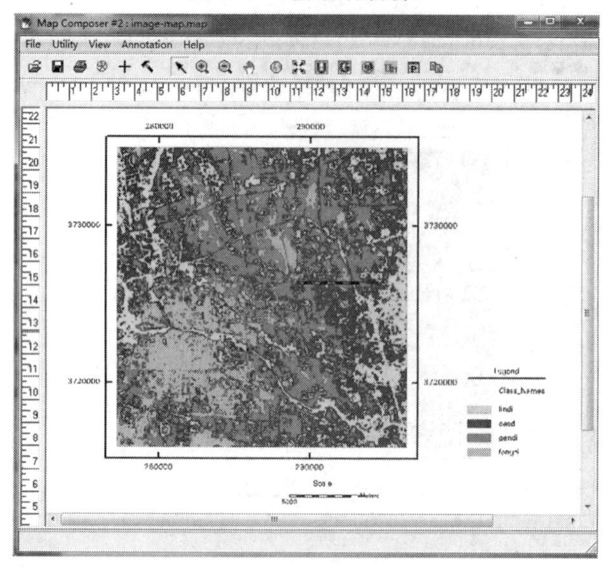

图 8-16　配置地图图例

（六）绘制地图指北针

在地图制图窗口的 Annotation 菜单下，单击样式 Style 菜单，打开“Style for Composer”对话框，如图 8-17 所示，点击右侧的图标，选择 other 项，弹出很多样式，在下拉菜单中选择 Menu（见图 8-18），在 Standard 选项卡下，选择 Black North　Arrow 2，指定指北针的颜色、大小和单位，大小这里输入 30，其他默认，点击“OK”按钮。在地图制图窗口的 Annotation 面板上点击✚按钮，鼠标移动到地图制图窗口，在空白处右上角点击鼠标左键，放置指北针，如图 8-19 所示。

若要对指北针进行调整，在地图制图窗口，双击指北针图标，弹出“Symbol Properties”对话框，如图 8-20 所示，对指北针的坐标、单位、尺寸、旋转角度等进行调整。

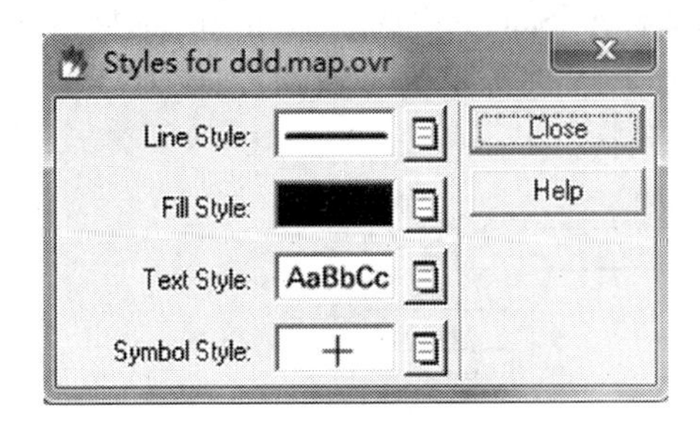

图 8-17　“Style for Composer”对话框

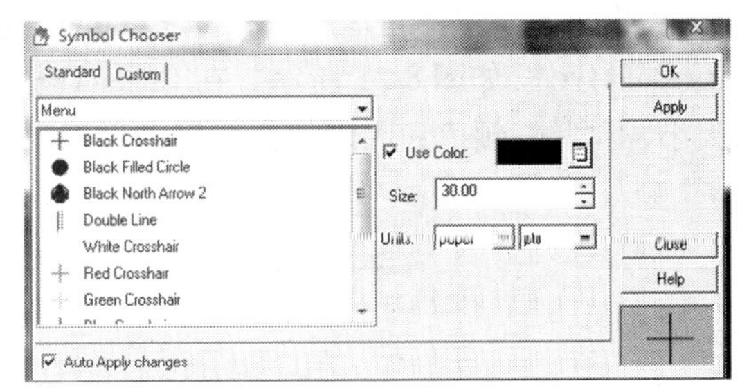

图 8-18　“Symbol Chooser”对话框

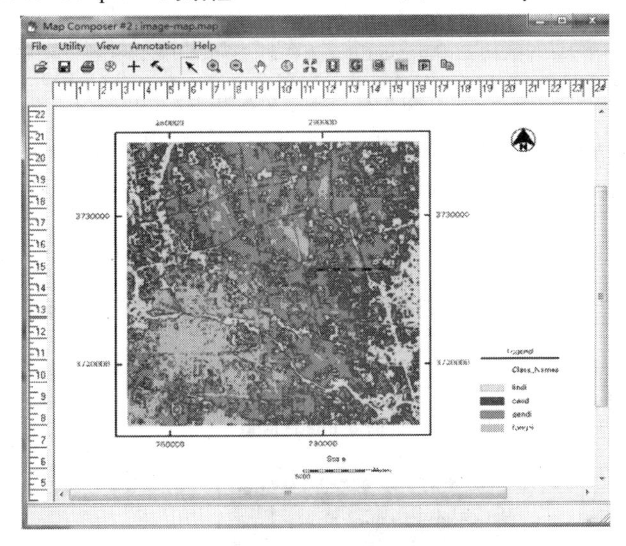

图 8-19　放置指北针

Symbol Properties

Name:	Element_80		
Description:			
Center X:	20.87	Type:	Map
Center Y:	21.06	Units:	Centimeters
Angle:	0.000000	Units:	Radians
Size:	30.00	Type:	Paper
		Units:	Points

Apply　Close　Help

图 8-20　指北针符号调整

(七)放置地图图名

本操作分两步:第一步是更改地图中的字体样式;第二步在地图制图窗口中放置图名,并做适当调整。具体操作为选择 Map Composer 窗口的 Annotation 菜单,在样式 Styles 对话

框中选择 Text Style 右侧的▤图标，选择 other，选择标准 Standard 选项下 Menu，选择 Black Galaxy Bold 字体，如图 8-21 所示。在 Custom 选项板可以进行更为专业的设计，对字体、字形、大小、下划线、颜色和阴影等都可以做更细致的设计。

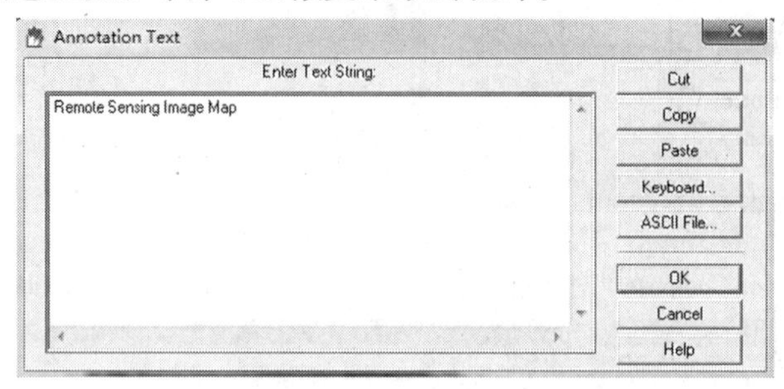

图 8-21　注记文本框

在地图制图窗口的 Annotation 面板中，点击**A**图标，弹出注记文本对话框，在该框中输入地图图名，例如 Remote Sensing Image Map，点击“OK”按钮，完成图名的添加，如图 8-22 所示。

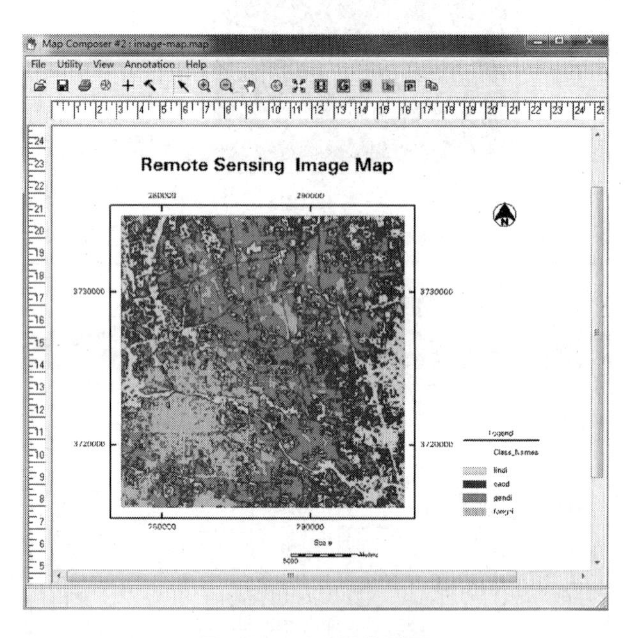

图 8-22　遥感影像地图

五、技能训练

能熟练运用各种遥感图像处理软件，进行遥感专题地图的制作。

六、任务思考

遥感专题地图制图与一般的地图制图有何异同？

任务二 遥感土地利用监测

一、任务目标

利用遥感的方法对土地利用进行监测是一项极为重要的内容,也是一项常规的技术手段,根据通用的遥感算法和实时更新的影像数据,可以实现对土地的实时监控,从而为土地合理开发利用提供一个良好的监控环境。

二、学习目标

(1)遥感土地利用的基本知识的理解。

(2)能运用遥感技术方法对土地利用要素进行提取与制作土地利用现状图。

三、相关知识

(一)土地利用遥感监测的原理

土地利用主要是研究各种土地的利用现状,它是一种地球表面的社会利用状态,包括工业用地、农业用地、林业用地、住宅用地、商业用地等。以林业用地来看,分为经济林地、防护林地、用材林地、薪炭林地,这是从其目的来分;从土地覆盖来看,仅反映其自然布局,有森林、草场、农田等;从林地树种来看,又有针叶林地、阔叶林地和针阔混交林地等。

土地利用状况是人们依据土地本身自然属性和社会需求,经过长期改造和利用的结果。依据土地的用途和利用方式,土地利用的分类系统有不同类别和等级,也就是土地是分类且分等定级的。一级分类,如耕地、园地、林地、草地、城乡居民及工矿用地、交通用地、水面滩涂用地、未分地块等。二级分类,如耕地又可以分为水田、水浇地、旱地、菜地、园地等。利用遥感技术进行土地利用现状调查,以摸清土地的数量及分布状况,是遥感应用中最早也是基础性最强的一项工作。

土地利用图是表达土地资源的利用现状、地域差异和分类的专题图。跟土地有关的各类图主要有土地利用现状图、土地资源开发利用图、土地利用类型图、土地覆盖图、土地利用区划图及各种土地规划图。从目前使用情况来看,土地利用图用途最广,在制图时要求能反映土地的实际利用状况、利用方式、利用类型及各个用地块的分布、数量,与环境的依存关系等。

(二)土地利用图的制作内容、流程与方法

利用遥感技术制作土地利用现状图,其基本的步骤包括影像判读与分析、解译标志的建立、影像监督法分类、分类后处理、图斑勾绘、专题图制作等。制作流程如图8-23所示。

四、任务实施

(一)根据土地利用的目的进行遥感影像判读

影像判读是对图像上的各种特征进行综合分析、比较、推理和判断,最后对感兴趣的对象进行提取,为后续应用打下坚实的基础。根据土地利用的技术要求,对一级分类的类别进行重点判读,主要涉及农用地、水域、居民地和工矿用地、交通用地及未用土地等。农用地中

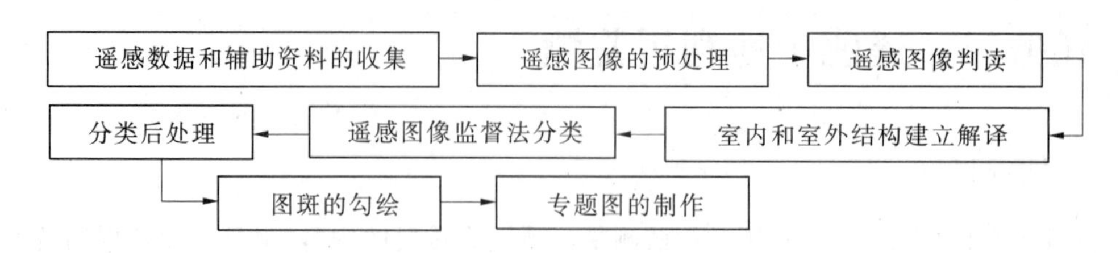

图 8-23　土地利用现状图制作流程

以耕地、林地、园地和其他用地为主，水域部分主要涉及河流、池塘、湖泊。综合运用形状、大小、纹理、色调、色彩、阴影、相关特征等进行判读和识别。

（二）遥感影像监督法分类

根据用地调查的分析，按照监督法分类的流程，先建立分类模板，进行模板评价，执行监督法分类及分类后处理。

分类模板是分类前最为关键的信息，模板的好坏在一定程度上影响到分类的结果，分类模板主要由各种类型的代表样本区域所组成，训练样区对每一类别而言，要有代表性和非常高的可信度，尽可能选择纯色样本，尽可能避免混色样本，这样能在一定程度上提高样本的纯度，从而提高分类的精度。在选择样本时要尽可能将一定区域的纯色样本圈选完整，而避免出现漏掉，使得样本不具有完整性。对于同物异谱的类别要进行严格区分，结合前面的判读结果，进一步确认类别属性，必要时样本实证并分离开，做不同的样本处理。

分类模板建立之后，要对样本类别，特别是训练样本逐一检查样本质量，剔除不太可靠的样本，对于剩余的样本，根据分类需要做必要的调整，例如合并处理，经过综合的分析、比较、验证，从而建立质量较高的分类模板。由于影像的精度所限，作为学习之用，训练样本主要选定了居民地、水系、耕地、植被四大类，如图 8-24 所示。

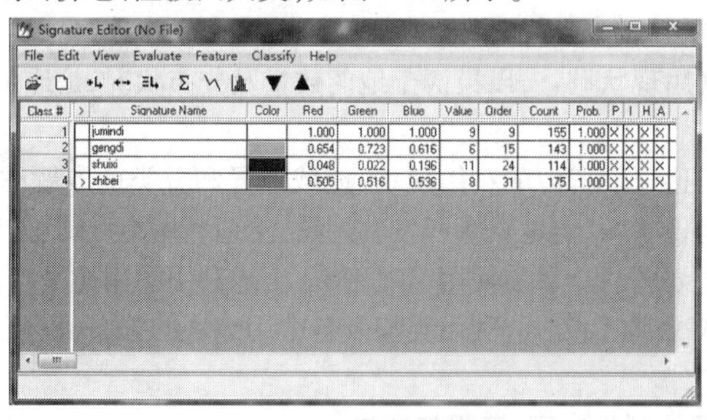

图 8-24　监督分类模板

（三）监督分类评价

监督法分类结果一般采用统计方法来衡量训练样本之间的分离程度。根据统计所约定的规则对误差进行检查，即错分类别和漏分类别的误差。错分误差是指像元被分到一个错误的类别，而没有被正确分类；漏分误差即像元没有被分到对应的类别。这两类误差都表明，无论怎么分，某一像元没有正确分类。由此，可以构建误差矩阵，即遥感分类上用得比较多的一种评价方法，混淆矩阵如图 8-25 所示。利用经过分析、评价的分类模板，对遥感影像进行监督法分类，得到分类的结果，如图 8-26 所示。

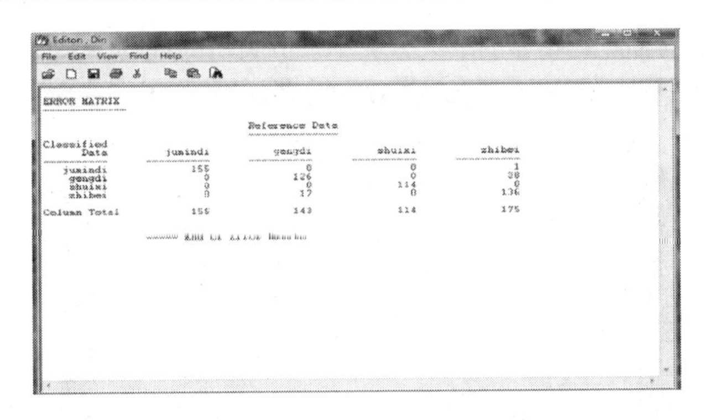

ERROR MATRIX

Classified Data	Reference Data juanindi	gengdi	shuixi	zhibei
juanindi	155	0	0	1
gengdi	0	126	0	38
shuixi	0	0	114	0
zhibei	0	17	0	136
Column Total	155	143	114	175

图 8-25　监督分类模板

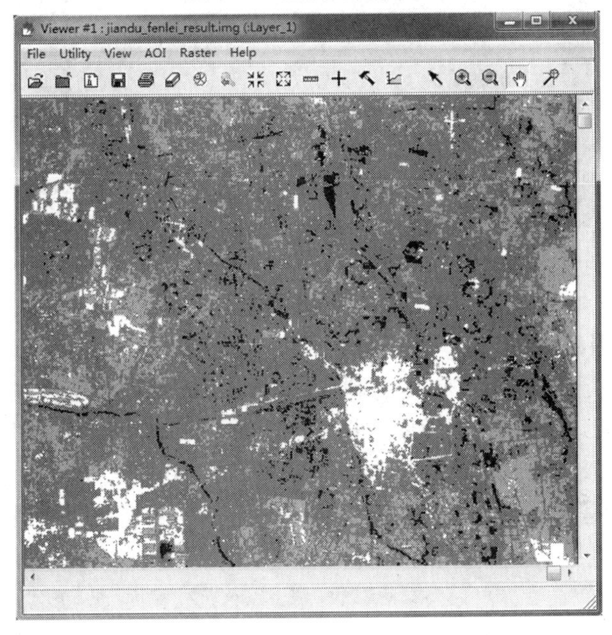

图 8-26　监督法分类结果

(四)分类后处理

纯粹利用光谱信息对遥感影像进行分类,在分类的结果图上会出现所谓的噪声,即与分类中的其他类有明显区别且不属于该类型容易造成误判的影响因素。产生噪声的因素很多,有原始影像在获取时本身带有各种随机噪声和系统噪声,也有混合像元在分类的边界产生的错误分类。还有一种比较特殊的情况,对于土地利用分类来说,需要圈起来表示到图上的都是所谓"图斑"级别的用地类型,而低于这一技术指标的要素,在测量制图处理时,往往会加以综合取舍,非常小无法列入制图要素的一般情况下,给予舍去不表示到图上。在图像处理上,对于上述零星的类别,往往用综合的方法进行剔除,或者合并到某一相近的类别中。

分类后处理的方法主要有聚类分析、去除分析和过滤分析。聚类统计分析对监督分类结果进行相邻区域像元类别数的统计,对于同类像元较多的类别,产生一个 clump 图像组,即采用多数平滑技术进行聚类处理。其基本思想是周围相似度比较高的像元对中心像元的光谱进行平均贡献,即中心像元的值取自周围像元的均值,从而平滑掉比较突出的像元值。利用这种方法遍历一遍整个图像,完成整个分类图的平滑处理。去除分析是对聚类统计之

后的较小聚类组，将其合并到相邻的最大分类中。分类后处理的结果如图 8-27 所示。

图 8-27　分类后处理的结果

（五）土地利用遥感制图

基于遥感影像的土地利用现状图的制作，按照 ERDAS 软件提供的地图制图功能进行处理。主要步骤是新建地图、绘制地图图框、绘制地图比例尺、绘制地图图例、添加地图图名等。本例主要按居民地、耕地、水系、植被四类来进行大致分类，居民地是建设用地，耕地和植被是农用地，水系是水利设施用地。制作完成的土地利用现状图如图 8-28 所示。

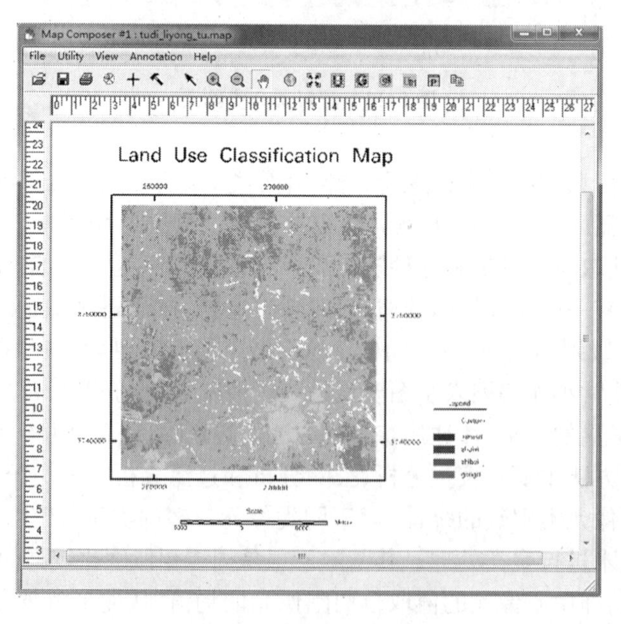

图 8-28　土地利用现状图

五、技能训练

能运用常规的遥感图像处理软件完成土地利用现状图的制作。

六、任务思考

土地利用图的制作流程与一般意义上的土地调查有何联系？

任务三　植被遥感

一、任务目标

利用遥感技术方法对大面积的植被进行监测是一项非常有意义的活动。我国是农业大国，对农作物的长势和病虫害监测、对森林资源的监测与利用，都是植被遥感的应用范畴。本任务的目的是利用植被指数 NDVI 对植被的长势情况进行监测，从而为植被资源的活动情况提供良好的动态监测。

二、学习目标

(1)理解植被遥感指数 NDVI 的意义。
(2)能利用常规遥感图像处理软件进行植被指数提取，并制作植被指数指数图。

三、相关知识

(一)植被遥感的基本原理

植被遥感主要是通过绿色植物叶子和植被冠层的光谱特性及其差异、变化而反映的。不同光谱通道所获得的植被信息与植被的不同要素或某种特征状态有各种不同的特性。例如，可见光中绿光波段对区分植被敏感，红光波段对植被覆盖度和生物生长状况敏感。由于植被极其复杂，仅仅用单个波段或者数个单波段来提取植被信息还是有相当大的局限性。在实际工作中，往往是用多光谱遥感数据经过分析运算，产生一些对植被的长势、生物量有一定指示意义的数值，这些数值称为植被指数。这种指标可以不依赖其他辅助资料，而仅依靠单纯的光谱信息，就能对植被生长的状态信息进行一种合理表达，能对植被的覆盖度、生产活力及生物量等开展定性和定量的评价。

植被指数是遥感监测地面植物生长和分布的一种常规方法。利用植被指数提取的方法，在近红外波段和红光波段能够较好地反映植被之间的光谱反射特性及其差异。植被在红光波段 0.55 ~ 0.681 μm 有一个较强的吸收带，与叶绿素密度成反比，在近红外波段 0.725 ~ 1.1 μm 有一个较高的反射峰，与叶绿素密度成正比。通过对红波段和近红外波段反射率的线性或非线性组合，可以消除地物光谱产生的影响。常见的植被指数包括差值指数 DVI、比值植被指数 RVI、归一化植被指数 NDVI。归一化植被指数 NDVI(normalized difference vegetation index)也称标准化植被指数，在植被遥感及植被物候研究中得到了大量应用。

归一化植被指数的定义：

$$NDVI = \frac{DN_{NIR} - DN_R}{DN_{NIR} + DN_R} \tag{8-1}$$

式中 DN——波段的灰度值；

NIR——近红外波段；

R——红色波段。

归一化植被指数被定义为近红外波段与可见光波段数值之差和这两个波段数值之和的比值，其比值的范围限定在[－1,1]。实际上，NDVI 是简单比值 RVI 经非线性的归一化处理所得的。它是植物生产状态及植被空间分布密度的最佳指标因子，与植被分布密度呈线性相关。

目前，资源类卫星用数据中，以 TM 遥感图像为例，TM－3 在波长 0.63～0.69 μm 为红外波段，为叶绿素主要吸收波段；TM－4 在波长 0.76～0.90 μm 为近红外波段，对绿色植被的差异敏感，为植被通用波段。在 MODIS 遥感影像中，第一波段为红色波段，其波长范围为 0.62～0.67 μm，第二个波段为近红外波段，其波长范围为 0.841～0.876 μm 可以用第一波段和第二波段计算植被指数。从以上的分析中可以看出，在计算植被指数时，遥感数据的红色波段主要考虑叶绿素的吸收情况，近红外波段主要考虑植被对波段的反射情况。两者的差与和的比值，反映了植被对两种波段的敏感程度，进一步验证了归一化植被指数对植被的生长状态及覆盖度的影响。

（二）植被指数图的制作

植被指数图的制作过程一般包括计算、生产植被指数影像文件，对植被指数影像文件进行非监督法分类，分类重编码，制作植被指数图。

四、任务实施

植被指数图的制作过程可以分为四部分：第一部分是制作植被指数影像文件，用于后续的影像非监督分类；第二部分是进行植被指数影像的非监督法分类；第三部分是进行分类的合并与调整，例如用分类重编码的方法；第四部分是按专题制图的要求制作植被指数图。制作流程如图 8-29 所示。

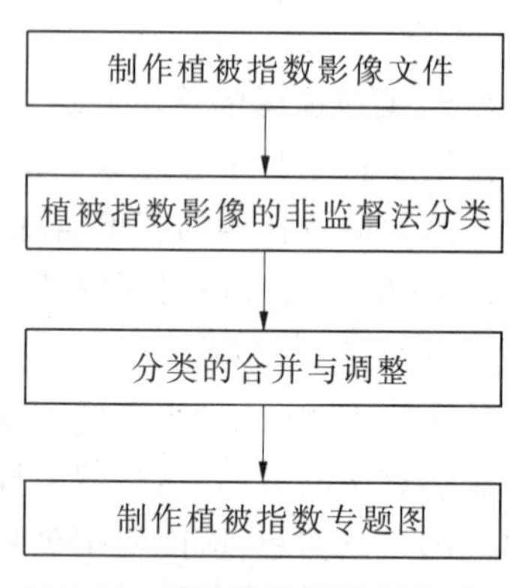

图 8-29　植被指数图的制作过程

（一）提取植被指数，制作植被指数影像

在 Main 菜单下，选择影像解译模块 InterPreter，选择 Spectral Enhancement 中的 Indices 子菜单，如图 8-30、图 8-31 所示。

在图 8-31 的界面中，输入用于分类的图像，选择输出的路径，给定输出文件名，例如 ndvi.img，传感器类型为 Landsat TM，实现的计算功能选择 NDVI 方法，采用的是波段 4 和波段 3 相差与波段 4 与波段 3 取和的比值来计算，输出类型为单精度 Float 类型。点击“OK”按钮，执行自动计算，获得植被指数影像，如图 8-32 所示。

（二）对植被指数影像进行非监督法分类

在 Main 菜单下，选择 Image Classification，再选择 Unsupervised，如图 8-33、图 8-34 所示。

在影像分类界面下，输入文件，例如 ndvi.img，输出文件，如 ndvi_fenlei.img。在初始聚

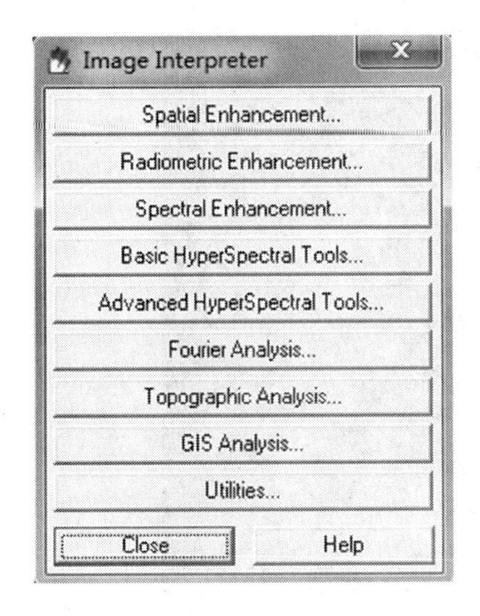

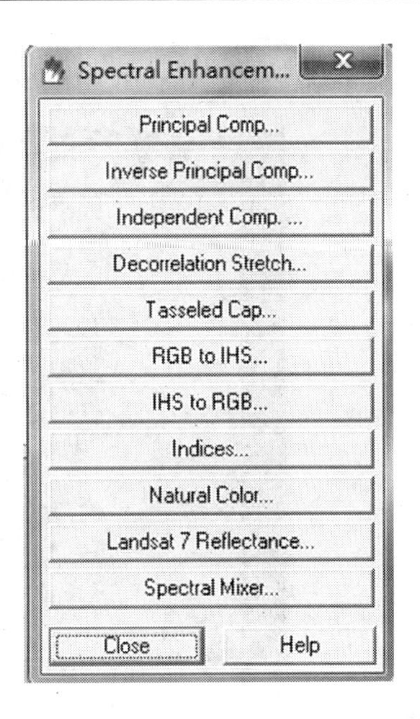

图 8-30 影像解译模块下的 Indices

图 8-31 “Indices”对话框

类方法(Initiallize from Statistics)上依然按照图像的像素值进行自由聚类,自由聚类分类的类别数确定为 10,迭代循环次数为 24,设置迭代收敛的阈值为 0.95,参数定义完毕之后,点击 OK 按钮,自动执行非监督法分类。

聚类的过程按照像元的光谱特征值进行统计分类,所分的 10 个类,根据影像判读的结果,可以按照一定的方法进行类别调整,并按百分数的方法对植被的覆盖率进行类别所占比例处理。植被指数分类结果如图 8-35 所示。

图 8-32 植被指数图

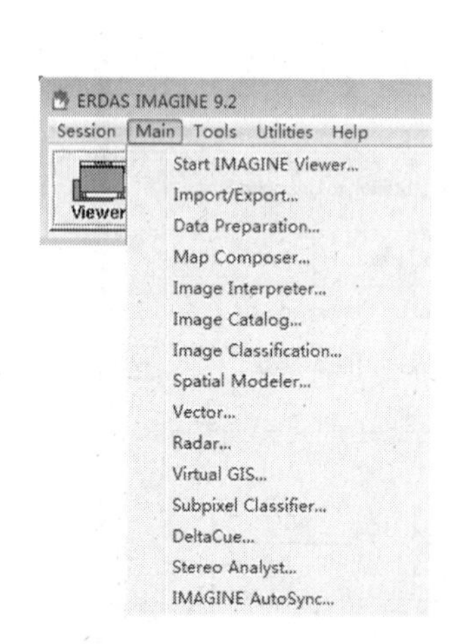

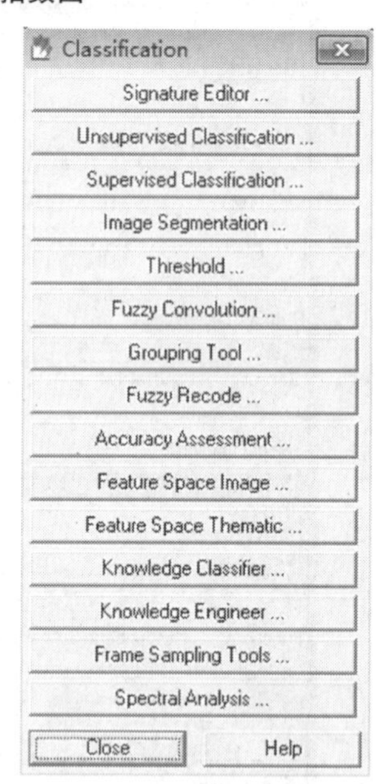

图 8-33 非监督法分类

（三）分类重编码处理

分类重编码的处理，主要是解决类别合并、合并后的色彩处理、执行分类重编码，最后得到分类重编码之后的影像。具体操作如下：

在 Main 菜单的 InterPreter 模块下，选择 GIS Analisys 中的 Recode 子菜单，弹出分类重编码对话框，在该对话框中，输入文件为植被指数非监督分类图，例如 ndvi－fenlei. img，输出文件，例如 ndvi－fenlei－recode. img。点击 Setup Recode，把 10 个类别两两合并，通过改变

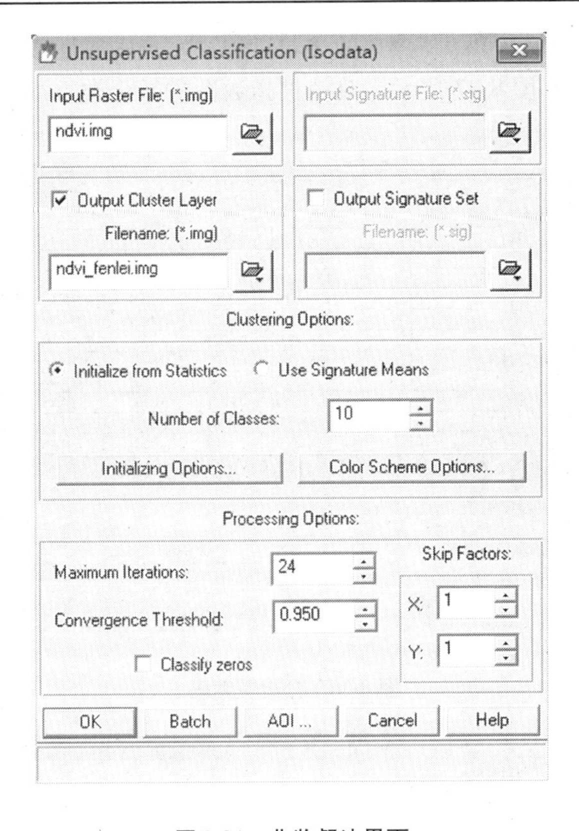

图 8-34 非监督法界面

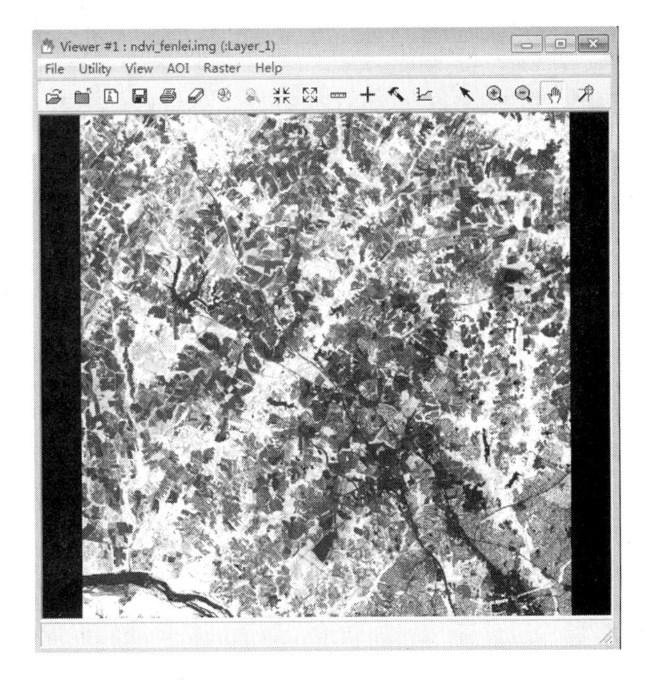

图 8-35 植被指数影像非监督法分类图

New Value 值合并,合并处理为 5 个类别,如图 8-36 所示。分类重编码后,回到 ERDAS 界

面，打开分类重编码影像，在 Raster 菜单的 Tools 工具中，点击属性 Attribute 表格，对分类后的类别颜色进行调整，如图 8-37 所示。对植被指数图进行分类重编码的结果如图 8-38 所示。

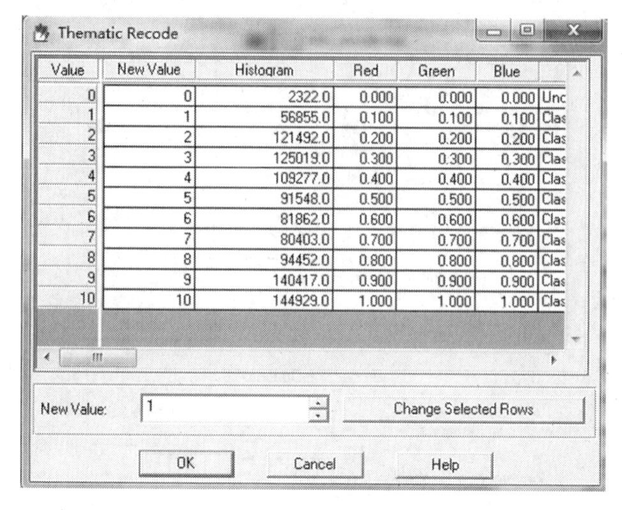

Value	New Value	Histogram	Red	Green	Blue	
0	0	2322.0	0.000	0.000	0.000	Unc
1	1	56855.0	0.100	0.100	0.100	Clas
2	2	121492.0	0.200	0.200	0.200	Clas
3	3	125019.0	0.300	0.300	0.300	Clas
4	4	109277.0	0.400	0.400	0.400	Clas
5	5	91548.0	0.500	0.500	0.500	Clas
6	6	81862.0	0.600	0.600	0.600	Clas
7	7	80403.0	0.700	0.700	0.700	Clas
8	8	94452.0	0.800	0.800	0.800	Clas
9	9	140417.0	0.900	0.900	0.900	Clas
10	10	144929.0	1.000	1.000	1.000	Clas

图 8-36　分类重编码

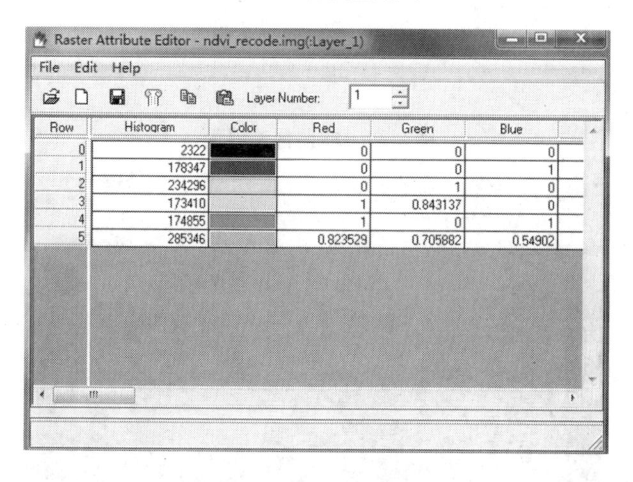

Row	Histogram	Color	Red	Green	Blue
0	2322		0	0	0
1	178347		0	0	1
2	234296		0	1	0
3	173410		1	0.843137	0
4	174855		1	0	1
5	285346		0.823529	0.705882	0.54902

图 8-37　分类属性对话框

（四）植被指数专题图的制作

在 Main 菜单下调用专题制图菜单 Map composer，点击新建地图，得到新建专题地图的对话框，输入文件名，例如 NDVI. img，定义地图宽度参数 28，高度参数 28，制图单位选择 centimeters，背景根据自己的需要设定，点击“OK”按钮。

在地图制图窗口和 Annotation 面板中，通过按钮定义地图图框，按照需要定义制图范围、图框范围和制图比例尺；通过按钮加载地图制图的格网线和地理坐标；通过按钮定义地图图例；通过按钮定义地图制图的比例尺，添加地图制图比例尺条；通过A按钮来添加图名，添加图名后，双击图名，对图名的内容、字体大小、字型、色彩做适当的修改，如图 8-39 所示。

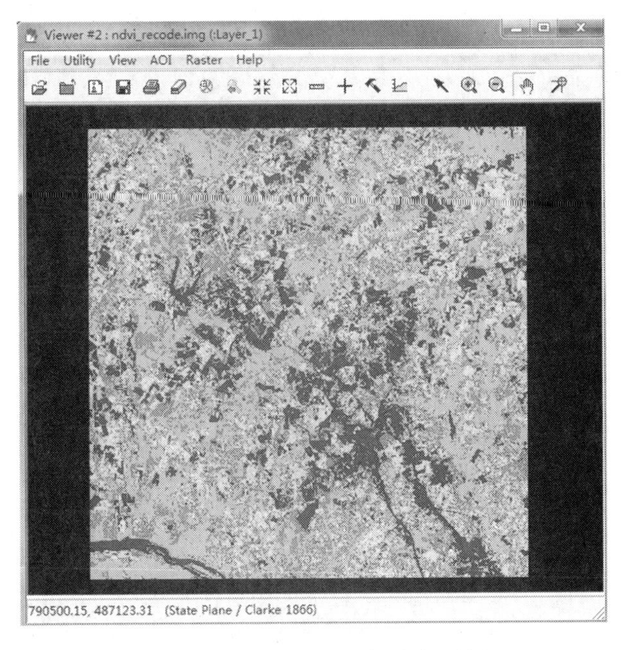

图 8-38　植被指数图分类重编码结果

在 Annotation 面板中，点击按钮，得到新建图例对话框，输入文件名 NDVI，在对话框左侧新建一个字段，点击鼠标右键，字段改名为 NDVI，根据分类重编码的结果，在 Row 列中输入植被指数所占百分数，然后鼠标左键选中该行，点击“Apply”按钮，完成，得到植被指数图，如图 8-40 所示。

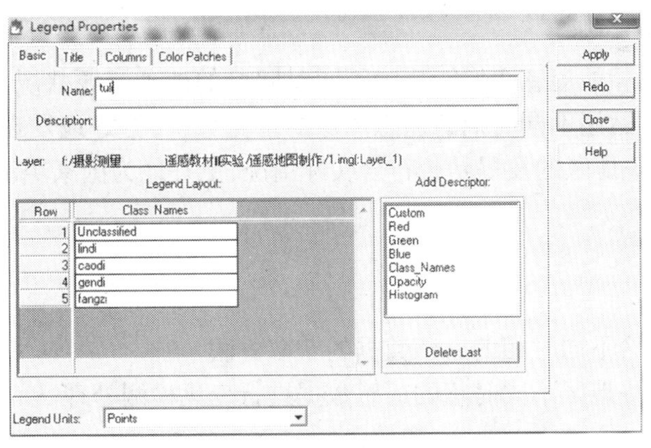

图 8-39　植被指数图图例属性设置

五、技能训练

能运用常规遥感图像处理软件进行植被指数图的制作。

六、任务思考

植被指数图的意义有哪些？

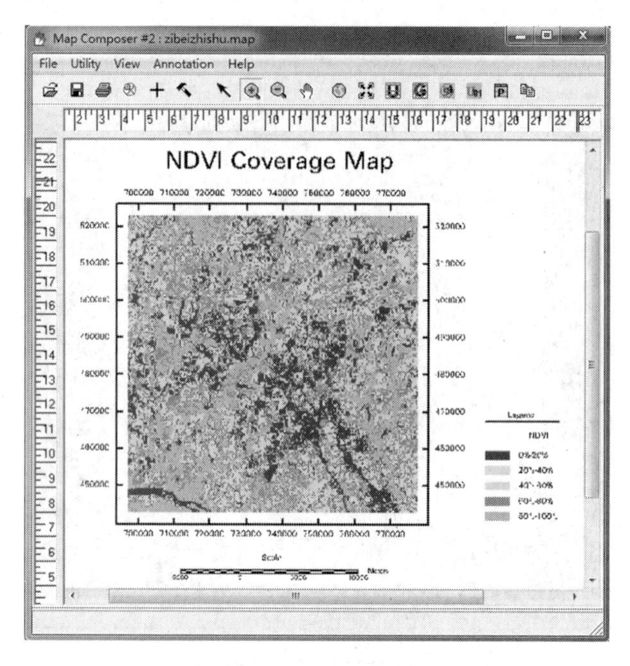

图 8-40　植被指数图

任务四　遥感变化检测

一、任务描述

同一地区不同时相的遥感图像能反映不同时间段的地理资源状况及人文变化情况，本任务的目的旨在通过运用不同时期的遥感图像的对比分析，更好地发现和理解某一地区的发展变化，从而推至该地区的发展是否符合实际情况，更好地为国家经济建设提供宏观支持与宏观决策依据。

二、学习目标

(1)掌握同一地区不同时相的遥感数据的获取方法。

(2)掌握运用同一地区不同时相的遥感数据进行变化检测处理。

三、相关知识

(一)遥感影像变化检测的概念、内容及意义

变化检测就是根据不同时间的多次观测来确定一个物体的状态变化或确定某种现象变化的过程。这是目前学术界公认的关于变化检测的权威定义。遥感影像变化检测是指给定同一地区多个时相的单波段或多波段遥感图像，采用图像处理的方法，检测出该地区的地物有无变化，并对该变化做出定性或定量的分析。

这种检测从不同时期的遥感图像中，定量地分析和确定地物变化的特征和过程。它涉及变化的类型、分布状况及变化信息的描述，即需要确定变化前后的地物类型、界限和分析变化的属性。变化检测的研究对象为地物，包括自然地物和人造地物，其中人造地物在军事

上常被称为目标。描述地物的特性包括空间分布特性、波谱反射与辐射特性、时相变化特性。

遥感变化检测的主要内容,概括来说包含以下四个方面:

(1)试验区内的地物类别是否有了变化。

(2)变化的地物的区域在哪里,即确定变化区域。

(3)确定变化地物的属性,即确定出变化地物前后的属性。

(4)分析变化信息在时间和空间中的分布模式和规律。

前两个问题是遥感变化检测中最基本和共性的问题,是所有遥感变化检测都共通的问题。后两个问题则要结合具体的实例进行具体分析。

地表生态系统和人类社会活动都是动态发展和不断演变的。社会经济活动对自然资源的开发和利用日益增大,人类活动引起地表环境的变化越来越剧烈。为了加强自然资源和国土空间的合理规划与利用,促进经济的全面发展和社会的进步,迫切需要对各种自然资源进行持续有效的检测与管理。遥感技术以其快速、准确、周期短等优势在自然资源的变化检测中发挥着重要影响。

遥感影像变化检测就是从不同时期的遥感数据中分析确定、定量评价地表随时间的变化而引起影像像元光谱响应发生变化的特征与过程。实时精确地获取地表变化信息对于更好地保护生态环境、管理自然资源、研究社会发展,以及理解人类活动与自然环境之间的关系和交互作用有着重要的意义。自动化和半自动化的多时相遥感影像变化检测技术已经广泛应用到土地调查、城市研究、生态系统监测、灾害监测评估以及军事侦察等应用中。

(二)遥感影像变化检测的流程

变化检测的一般流程大致可以概括为以下四步:

第一步:进行不同时相遥感影像的预处理,通过预处理解决数据的配准问题、辐射校正,减弱数据获取的过程中环境因素的影响,从而减少变化检测中的各种外界因素的影响,保证变化检测的客观性和科学性。

第二步:通过合理的算法实施变化检测,分析不同地物之间的光谱特征、空间特征、纹理特征等的差异,提取变化信息,确定未变化信息,对信息进行分析和描述,得到检测结果。

第三步:检测结果的后处理与输出。变化检测的后处理是指对得到的检测结果进行再次处理,以满足实际需求。主要方法包括滤波处理、数学形态学处理等。通常情况下,像元级的变化检测是将变化和未变化的区域以二值图的方式表示。在特征级和目标级的变化检测中,不仅需要标注出变化的特征或目标,而且需要输出描述特征或目标变化的各种参数。

变化检测的结果根据用户的需要可以以报表的形式输出,也可以以变化图的形式输出,还可以存储在数据库中。

第四步:精度评价。全面、准确地评价变化检测结果的精度。具体流程如图 8-41 所示。

(三)遥感影像变化检测的方法

1. 遥感信息变化检测的方法分类

(1)从变化检测的信息层次角度,可以分为像素级变化检测、特征级变化检测和目标级变化检测三个层次。

(2)从使用的算法角度出发,可以分为直接分析法、影像代数运算检测、多通道数据变换的检测、图像分类的检测、结构特征分析的检测等。

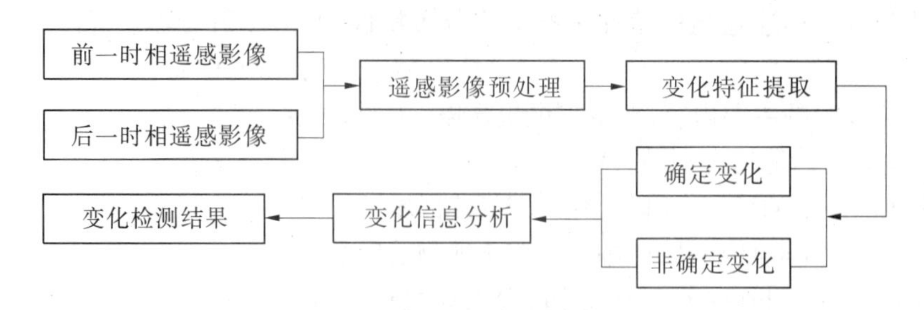

图 8-41　遥感影像变化检测的一般过程

(3)从应用的角度出发,可以分为土地覆盖的变化检测、人工地物的变化检测、土壤植被指数的变化检测等。

(4)按数据源不同可以分为三类:利用新旧影像的变化检测、利用新影像与旧影像的变化检测、利用立体像对的三维变化检测。

2. 常用的变化检测方法

1)影像代数法

影像代数法也称直接比较法,通过对前、后不同时相的影像中对应波段的亮度值进行简单的运算,得到运算后的影像,该影像代表了各个像元经过代数运算后的特征亮度值,主要目的是突出影像上变化的区域。代数运算法主要包括影像差值法、影像比值法和变化向量分析法。

波段差值法是最早出现的变化检测方法,基本原理是将前、后时相的影像对应的波段的灰度值做差值,得到差值影像,其结果是反映每一类地物的变化信息。在差值影像中,变化区域特征值变化较大,未发生变化区域特征值变化较小,要进一步分析发生变化的区域,则需要做阈值分割。该方法的优点是操作简单,容易实现。缺点是只能发现哪些区域有变化,但不知晓变化区域的类型;另外一个问题是随着类型的增加,阈值的划分比较困难。

影像比值法是将前、后两幅不同时相的影像对应波段的像元灰度值做比值,得到影像的比值图像。比值大于 1 的或者小于 1 的,认为像元表示地物有变化;比值等于 1 的代表像元表示的地物未变化。该方法类似于差值法,方法简单、易于操作,可以克服因地形起伏和光照的影响,有抑制噪声的作用,消除同物异谱现象。

变化向量分析法(change vector analysis,CVA)是波段差值法的扩展。原理是将前、后两幅不同时相的影像波段上的像元各自构建成一个一维的向量,然后用两个向量做差值,得到差值向量。变化向量的长度代表变化强度,变化向量的方向代表不同地物变化类型。变化向量分析法是目前应用最广泛的方法,同时也为许多其他变化检测方法提供基础数据。该方法的优势在于可以利用全部的波段来检测变化像元,从而可以克服由单一波段比较带来的信息缺失,而且可以通过变化向量的方向提供变化类型的信息,缺点是阈值的选取比较困难。

2)影像变换法

从多时相影像数据中提取出的特征信息能够起到突出变化地物、区分变化类别、提高检测精度的效果,这类方法统称为影像变换法。该方法是通过数据变换,消除或者减少影像各个波段之间的相关性,用尽量少的波段表达更多的有效信息,以实现影像降维的目的。此方法既提高了检测的效率,又保证了变化检测的精度。最具代表性的影像变换法主要有主成分分析法、典型相关分析法、缨帽变换法。

主成分分析法(PCA 法)也称 K－L 变换,是在统计特征的基础上的线性变换,即误差最小的正交变换。对于多波段遥感影像,某些波段之间存在很大的相关性,运用 K－L 变换可以把原始图像中的有用信息集中到特征空间图像中去,从而剔除冗余信息、重复信息,达到数据压缩的目的。K－L 变换用于变化检测主要通过两种方式实现:一种是先对不同时相的影像进行 PCA 变换,再计算主分量的差值,提取变化信息;另一种方式是先将影像合成为一幅新影像,再进行不同分量的 PCA 变换。由于变换会损失波长信息,它的不足之处是容易产生伪变换信息。

缨帽变换也称 K－T 变换,是一种线性特征变换,是一种对植被检测比较敏感的方法。随着植被的生长,植被的绿度信息会越来越丰富,而土壤的亮度信息会越来越少,通过代数变换计算就可以检测出植被的变化。

上述变换方法主要用于:

(1)两幅多时相影像的所有光谱通道进行共同变换。

(2)变换多光谱差值影像,虽然这些变换各自具有优缺点,但是由于本质作用在于变换影像,所以其核心部分和技术难点仍在于变化阈值的确定。

3)基于图像空间特征的方法

图像的空间特征主要包括光谱统计特征、纹理特征、结构特征。这种方法的原理是特征提取技术,通过提取图像的特征信息,如方差、边界、轮廓等来实现变化检测。特征级变化检测是采用一定的算法先从原始图像中提取特征信息,如边缘、形状、轮廓、纹理等,然后对这些特征信息进行综合分析与变化检测。由于特征级的变化检测对特征进行关联处理,把特征分类成有意义的组合,因而它对特征属性的判断具有更高的可信度和准确性。

4)分类后比较法

分类后比较法主要是通过监督或非监督分类方法来获取影像地物分类图,该方法不仅可获得变化发生的位置,还可提供变化的类型信息,因此常与其他检测算法结合使用。利用神经网络法、支持向量法、决策树方法、面向对象的方法等,对要分析的遥感影像进行分类,在分类的基础上进行变化比较。通过采用直接比较法和分类后比较法,认为分类后比较法更适用研究。

5)面向对象的检测方法

面向对象的处理是高分辨率遥感影像解译领域的重要思想。面向对象的变化检测是以分割地物对象作为处理单元,综合考虑对象的光谱、空间和纹理信息,提高变化检测结果的精度和完整性。面向对象分析法,是针对高分辨率影像提出来的,该方法在对影像分析时,不仅考虑影像的光谱信息,而且兼顾地物之间的空间信息。面向对象法,顾名思义是针对对象进行处理分析,而不同于传统的基于像素进行分析。所以,影像分割是面向对象法的前提,就是把影像分割成一个个对象,充分利用对象的光谱、形状、大小、上下文等特征进行变化检测。

(四)遥感变化检测的应用领域

变化检测是遥感对地观测中应用最广泛的技术之一,在环境、资源、城市、灾害、军事等领域都起到了重要的作用。总结起来,遥感变化检测技术具有表 8-1 所示应用领域。

表 8-1　遥感变化检测的应用领域

应用领域	具体方向
生态系统监测	旱地变化监测 植被变化监测 沙地变化监测 自然保护区监测 冰层覆盖情况监测 山地检测与影响评估 滑坡监测
城市变化研究	城市扩展和不透水面变化监测 建筑物变化检测 森林变化监测 湖泊环境监测 湿地环境监测 海岸环境监测
灾害评估与监测	地震损害评估 海啸损害评估 漏油工业区监测和影响评估
军事应用	战争对环境的影响评估 核试验场检测 军事打击效果评估
土地资源调查	用地覆盖、土地利用监测

四、任务实施

(一)变化检测的意义

变化检测是根据同一地区两个不同时期的遥感图像来计算其变化和差异,系统根据人为设定的阈值将重点变化的区域进行显示和标明,同时输出两个分析结果图像,其一是图像变化文件,其二是主要变化区域文件。变化检测在遥感图像处理上是一个非常重要的应用,也能及时发现变化区域的范围、大小,及时为决策部门提供有力的数据保障。

(二)数据准备

试验数据是同一地区在两个不同年份的遥感图像数据,文件名分别为 alt_spot_87. img、alt_spot_92. img,如图 8-42、图 8-43 所示,通过目视判读和对比分析发现,这两幅图像上有部分区域范围发生了较大变化,需要对其变化的范围进行标明,这就是遥感图像检测可以实现的任务。

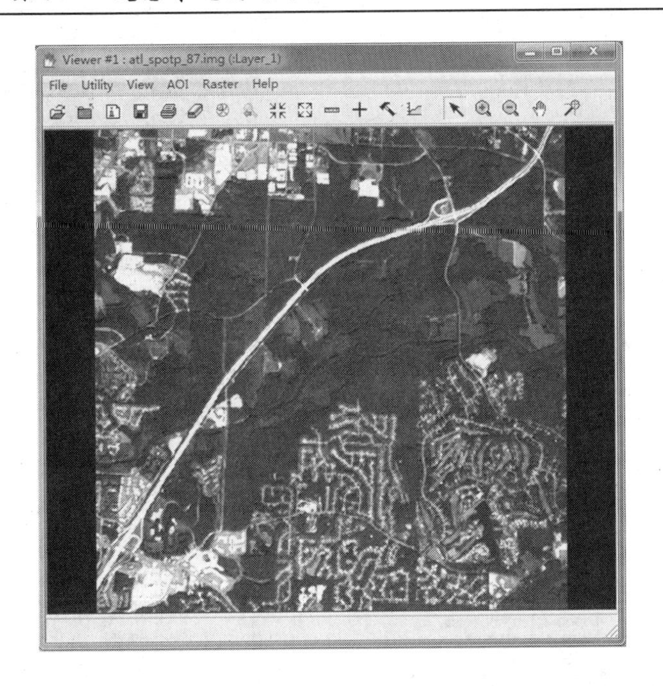

图 8-42　变化前的遥感图像

图 8-43　变化后的遥感图像

（三）实现过程

（1）在 ERDAS 图标面板工具条上单击“Main”，选择“Image Interpreter”→“Utilities”→“Change Detection”命令，打开“Change Detection”对话框，如图 8-44、图 8-45 所示。

（2）在该界面中，主要涉及输入/输出文件名的给定、层的选择、变化比例或数值的设定、颜色的调整等。

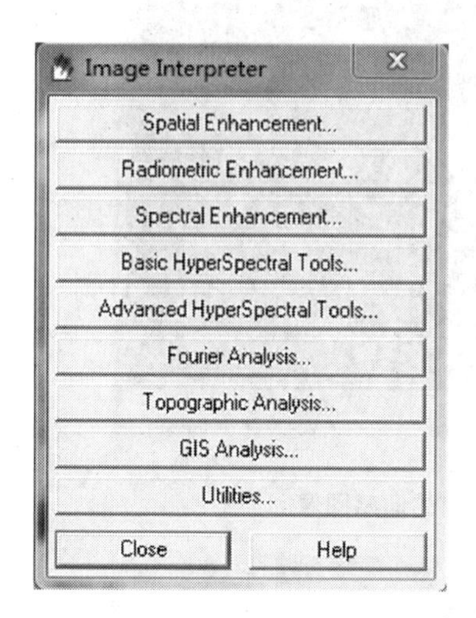

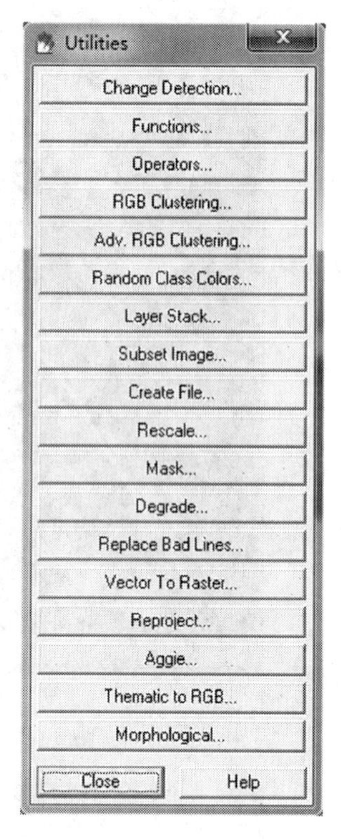

图 8-44　变化检测菜单

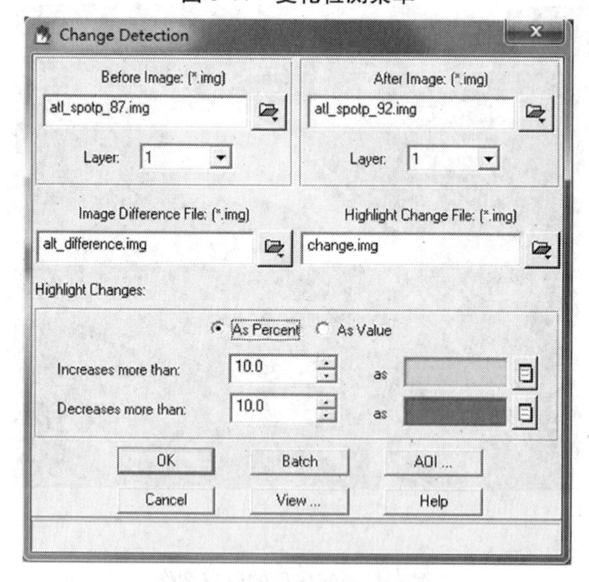

图 8-45　变化检测对话框

输入部分要求提供变化前的影像,例如 alt_spot_87. img,同时要求提供变化后的影像 alt_spot_92. img;输出部分需要填入图像变化部分文件名,例如,可以输入 alt_difference. img,同时要求填入主要变化部分的文件名,例如这里输入 alt_change. img。变化前和变化后的图像数据都选择一层数据(layer 1),变化指标方面有两种体现方式:一种是按变化比例(As Percent),它适合于连续色到图像变化分析;例如这里可以输入:增加(Increases more than)10,或者减少(Decreases more than)10,点击右侧的白色按钮可以设置颜色。另一种方式是变化数值(As Value),是按绝对数值来填入增加量或者减少量的。

(3)点击"OK"按钮,执行变化检测功能。变化对比如图8-46、图8-47所示。

图8-46　遥感图像一般变化区域

图8-47　遥感图像主要变化区域

五、技能训练

能运用不同的遥感图像处理软件进行遥感动态检测处理。

六、任务思考

遥感动态检测与一般意义上地图检查有何区别与联系?

参 考 文 献

[1] 王之卓. 摄影测量原理[M]. 北京:测绘出版社,1976.
[2] 王之卓. 遥感摄影测量原理续编[M]. 北京:测绘出版社,1986.
[3] 张祖勋,等. 数字摄影测量学[M]. 武汉:武汉测绘科技大学出版社,1996.
[4] 张军,等. 摄影测量与遥感技术[M]. 成都:西南交通大学出版社,2015.
[5] 宁静生,等. 测量学概论[M]. 武汉:武汉大学出版社,2004.
[6] 张剑清,等. 摄影测量学[M]. 武汉:武汉大学出版社,2003.
[7] 国家测绘局. 1:500 1:1 000 1:2 000 地形图航空摄影规范: GB/T 6962—2005[S]. 北京:中国标准出版社,2008.
[8] 国家测绘局、1:500 1:1 000 1:2 000 地形图航空摄影测量内业规范:GB/T 7930—2008[S]. 北京:中国标准出版社,2008.
[9] 国家测绘局. 低空数字航空摄影测量内业规范: CHZ 3003—2010[S]. 北京:测绘出版社,2010.
[10] 国家测绘局. 低空数字航空摄影规范:CHZ 3005—2010[S]. 北京:测绘出版社,2010.
[11] 孙家抦. 遥感原理与应用[M]. 武汉:武汉大学出版社,2009.
[12] 赵英时. 遥感应用分析原理与方法[M]. 北京:科学出版社,2003.
[13] 党安荣,王晓栋,陈晓峰,等. ERDAS IMAGINE 遥感图像处理方法[M]. 北京:清华大学出版社,2003.
[14] 李德仁,周月琴,金为铣. 摄影测量与遥感概论[M]. 北京:测绘出版社,2001.
[15] 闫利. 遥感图像处理实验教程[M]. 武汉:武汉大学出版社,2010.
[16] 朱述龙,张占睦. 遥感图像获取与分析[M]. 北京:科学出版社,2000.
[17] 王振武,孙佳骏,于忠义,等. 基于支持向量机的遥感图像分类研究综述[J]. 计算机科学,2016,43(9):11-17,31.
[18] 王崇倡,郭健,武文波. 基于 ERDAS 的遥感影像分类方法研究[J]. 测绘工程,2007(3):31-34,39.
[19] 赵春霞, 钱乐祥. 遥感影像监督分类与非监督分类的比较[J]. 河南大学学报(自然科学版), 2004(3): 90-93.
[20] 贾永红, 张春森, 王爱平. 基于 BP 神经网络的多源遥感影像分类[J]. 西安科技学院学报, 2001(1): 58-60.
[21] 蒋捷峰. 基于 BP 神经网络的高分辨率遥感影像分类研究[D]. 北京:首都师范大学, 2011.
[22] 王国胜. 支持向量机的理论与算法研究[D]. 北京:北京邮电大学, 2008.
[23] 陈建杰, 叶智宣. 多分类 SVM 主动学习及其在遥感图像分类中的应用[J]. 测绘科学, 2009(4): 97-100.
[24] 毕学工,杭迎秋,李昕,等. 专家系统综述[J]. 软件导刊,2008,7(12):7-9.